国家级实验教学示范中心教材

仪器分析实验

（第二版）

李文友　丁　飞　主编

纪念南开大学化学学科创建 100 周年(1921—2021)

科 学 出 版 社

北 京

内 容 简 介

本书为国家级实验教学示范中心教材。全书共 20 章,包含 76 个实验,分为基础实验、研究型实验和开放型实验三个层次。在介绍各种近代仪器分析实验的同时,力图反映学科发展的前沿及实际应用,注重培养学生的动手能力、分析问题和解决问题的能力。

本书可作为综合性大学、师范院校、农林和医药院校等相关专业的仪器分析实验教材,也可供从事分析测试工作的科技人员参考。

图书在版编目(CIP)数据

仪器分析实验 / 李文友,丁飞主编. —2 版. —北京:科学出版社,2021.8
国家级实验教学示范中心教材
ISBN 978-7-03-069389-1

Ⅰ. ①仪… Ⅱ. ①李… ②丁… Ⅲ. ①仪器分析-实验-高等学校-教材 Ⅳ. ①O657-33

中国版本图书馆 CIP 数据核字(2021)第 139697 号

责任编辑:丁 里 / 责任校对:杨 赛
责任印制:赵 博 / 封面设计:迷底书装

科学出版社 出版

北京东黄城根北街 16 号
邮政编码:100717
http://www.sciencep.com

三河市骏杰印刷有限公司印刷

科学出版社发行 各地新华书店经销

*

2008 年 3 月第 一 版 开本:787×1092 1/16
2021 年 8 月第 二 版 印张:21 1/4
2024 年 12 月第十次印刷 字数:541 000

定价:69.00 元

(如有印装质量问题,我社负责调换)

第二版前言

本书第一版自 2008 年面世以来，已在实验教学中使用了 12 年。第一版教材立足于培养学生分析问题和解决问题的能力，将实验原理与实验技术紧密结合，用原理指导实验操作，使学生能够掌握基本实验技术和方法，通过实验加深对实验原理的理解。12 年的教学实践证明教材很好地实现了出版意图，在实验教学中收到了良好的效果。

党的二十大报告指出："我们要坚持教育优先发展、科技自立自强、人才引领驱动，加快建设教育强国、科技强国、人才强国，坚持为党育人、为国育才，全面提高人才自主培养质量，着力造就拔尖创新人才，聚天下英才而用之。"仪器技术处在不断的发展中，仪器的应用范围和方向也在不断发生变化，教学中使用的仪器也在更新。为了更好地实施科教兴国战略，强化现代化建设人才支撑，满足教学需求，为学生提供更加准确的实验教材和更高质量的实验内容，本书在第一版的基础上进行了修订，在仪器及实验原理、实验操作、实验内容等方面进行了调整，全书形式和风格基本延续了第一版教材。

本书内容丰富，理论课涉及的教学内容都有相应的实验，部分未能涉及的重要分析仪器也安排了一些实验。在每一章中，首先介绍本章实验所涉及的基本原理与实验技术、相关仪器的主要结构、特点及使用方法等，然后是实验部分。对每一个实验的方法原理、实验步骤等都做了比较详细的说明，使学生即使未上理论课也可以顺利地进行实验，掌握分析方法。各章节更新的内容有所不同，实验安全是化学实验室的重中之重，绪论中增加了关于实验室安全的提示及常用信息，提醒学生注意实验室安全；原子发射光谱法、原子吸收光谱法、紫外-可见分光光度法、拉曼光谱法、气相色谱法、核磁共振波谱法、热分析法等章节的实验操作部分进行了更新；原子发射光谱法、原子吸收光谱法、分子荧光光谱法、红外光谱法、拉曼光谱法、伏安法和极谱法、离子色谱法、核磁共振波谱法、热分析法、毛细管电泳法、圆二色光谱分析法等章节的部分实验内容有所调整或新增了实验内容；删除了"光电子能谱分析法"一章；新增了"X 射线衍射分析法"一章，包含两个实验。书末增加了附录部分，提供了部分常用数据；最后针对第一版中的部分错误进行了更正，并更新了部分配图。

本书共 20 章，包含 76 个实验。第一版中部分仪器虽已更换，但对于学生了解不同仪器类型及其发展历史很有价值，因此保留了少量老旧型号仪器的实验内容，可以作为学生课外学习资料。

本书的编写由南开大学化学学院仪器分析实验教学一线具有丰富教学经验的中青年教师负责，具体分工为：王京实验师，第 2、7 章；唐安娜副教授、刘安安讲师、王京实验师，第 3 章；李文友教授，第 5 章；杨成雄副教授，第 6 章；李一峻教授，第 9、10 章；林深副教授，第 11 章；夏炎副教授，第 13 章；丁飞高级实验师，第 15 章；刘玉萍副教授，第 16 章；尹学博教授、李琰实验师，第 17 章；唐安娜副教授，第 18 章；南晶高级实验师，第 19 章；朱宝林副教授，第 20 章；第 4、12 章实验操作部分分别由李琰实验师、王荷芳教授改写；第 8、

14 章沿用第一版教材；第 1 章绪论和附录部分由程春英高级实验师收集和整理。

　　本书由南开大学化学学院何锡文教授、杨万龙教授和北京化工大学杨屹教授审阅，他们在审阅过程中提出了很多宝贵的修改意见；化学国家级实验教学示范中心(南开大学)主任邱晓航教授对编写工作提出了很多指导性意见。科学出版社丁里编辑负责书稿的编辑工作，提出了很多有益的建议。在此对以上人员的辛苦劳动表示衷心的感谢，对他们认真负责的态度表示尊重和敬佩。

　　由于编者水平有限，书中仍难免会有一些疏漏和缺点，恳请使用本书的老师、学生及各界读者本着实事求是的态度批评指正。

李文友　丁　飞

2023 年 7 月于南开园

第一版前言

随着近代科学技术的发展，分析化学已经迅速成为一门多学科、综合性的科学。分析化学包括化学分析和仪器分析。仪器分析手段的出现，使分析化学的面貌发生了根本变化，因此，一切新的化学反应或新的仪器测量手段的研究都是现代分析化学必不可少的内容。与化学分析相比，仪器分析发展更快。目前，在科学研究、工农业生产、进出口贸易、环境保护、资源开发、尖端科学、国防建设、新材料、医学、药学等领域中，所遇到的大部分表征与测量已由仪器分析承担。由于仪器分析的方法和内容迅速增加，重要性日益突出，"仪器分析"课程和"仪器分析实验"课程已经列为高等院校化学类及其相关专业的公共基础课。随着科学技术的发展和各种先进的分析仪器的不断出现，开设的仪器分析实验课的内容也不断改革、不断丰富、不断更新。

本书是按照综合性大学化学专业"仪器分析教学大纲"和当前教学改革的需要，吸取我们多年的教学实践经验编写而成的。本书内容丰富，信息量大，不仅涉及仪器分析课程的教学内容对应的实验，而且涉及一些重要的课本之外的仪器分析实验。每一种分析方法，首先介绍实验的基本原理与实验技术、相关仪器的主要结构及使用方法、方法特点等，然后介绍实验部分。对于每一个实验的方法原理、实验步骤等都做了比较详细的说明，使学生即使未上理论课也可以顺利地进行实验，掌握分析方法。

为了培养学生分析问题和解决问题的能力，本书将实验原理与实验技术紧密结合，用原理指导实验操作，使学生能够掌握基本实验技术和方法，通过实验又进一步加深对实验原理的理解。因此本书安排了三个层次的实验，即基础实验、研究型实验和开放型实验。基础实验中有理论验证性实验和实际样品分析实验。研究型实验是比基础实验层次高一些的带有研究性质的实验，实验内容比基础实验复杂。开放型实验具有创新性质，通过实验能使学生进一步熟悉、应用仪器以及更多的实验技术和方法，开拓思路，培养创新精神。

全书共 20 章，68 个实验，内容包括原子发射光谱法、原子吸收光谱法、紫外-可见分光光度法、分子荧光光谱法、红外光谱法、拉曼光谱法、电位分析法、电解与库仑分析法、伏安法和极谱法、气相色谱法、高效液相色谱法、离子色谱法、气相色谱-质谱联用分析法、核磁共振波谱法、热分析法、毛细管电泳法、流动注射-原子光谱联用分析法、圆二色光谱分析法及 X 射线光电子能谱法。每一种分析方法包括 2~6 个不同层次的实验。

本书的作者都是南开大学化学学院教学第一线的具有丰富教学经验的中青年教师。具体分工如下：杨万龙教授，第 1 章；黄志荣教授、沙伟南副教授，第 2 章；王新省教授，第 3 章；张贵珠教授、李琰老师，第 4 章；李文友教授，第 5 章；姜萍副教授，第 6 章；郭俊怀教授、陈朗星教授，第 7 章；陈朗星教授，第 8 章；李一峻教授，第 9 章、第 10 章；刘六战副教授，第 11 章；董襄朝教授，第 12 章；杨万龙教授、夏炎博士、只炳文高级工程师，第 13 章；孔德明副教授，第 14 章；丁飞实验师、刘双喜教授，第 15 章；吴世华教授，第 16

章；尹学博副教授，第 17 章；唐安娜副教授，第 18 章；李妍博士，第 19 章；刘玉萍博士，第 20 章。

本书由南开大学化学学院何锡文教授、严秀平教授、邵学广教授审阅，他们对本书内容的修改、补充、完善提供了许多宝贵的建议和意见；化学实验教学中心的李琰老师对本书的整理、补充和加工付出了辛勤的劳动；化学实验教学中心主任吴世华教授对本书的编写工作提出了许多指导性、建设性的意见。科学出版社赵晓霞编辑负责本书书稿的编辑加工，付出了繁重的劳动。他们的奉献精神以及认真负责的工作态度令人钦佩，在此一并表示衷心的感谢。

由于作者水平所限，书中缺点、错误在所难免，恳请读者批评指正。

杨万龙　李文友

2007 年 12 月

目　录

第1章 绪 论

1.1 引 言

分析化学是研究物质的分离、组成、含量、结构、测定方法、测定原理等多种信息的科学，具有跨学科、综合性的特点，是化学学科的一个重要分支。分析化学是高等学校化学及相关专业本科生的一门重要基础课，在培养学生严谨求实的科学精神和解决实际问题的动手能力方面有着不可替代的作用。经过 100 多年的发展与变革，分析化学已经从经典的化学分析进入了一个崭新的阶段，发展成为由许多密切相关的分支学科交叉组成的学科体系。分析化学的任务不仅仅是提供物质的含量和组成，更重要的是对物质的形态、结构、微区、表面、薄层及活性等进行瞬时追踪、在线监测及过程控制。随着现代科学技术的发展，各种仪器分析手段不断涌现，分析化学在技术上已从常量分析发展到痕量分析，从组成分析到形态分析，从总体到微区表面和逐层分析，从宏观组成到微观结构分析，从静态到快速反应追踪分析，从离线到在线分析，从破坏试样到无损分析，分析化学的应用范围几乎涉及国民经济、国防建设、资源开发和人类生存等各个方面。以计算机应用为主要标志的信息时代的来临，给分析化学带来了更为深刻的变革。在这巨大的变革中，分析化学吸取了当代科学技术(包括化学、物理学、数学、计算机、生物学等)的最新成就，利用物质一切可以利用的性质，建立表征测量的新方法、新技术，开拓了分析化学的新领域。在即将到来的以信息和生物技术为龙头、以新材料为基础的科技革命的新浪潮中，分析化学也必然将是一个十分活跃的领域。

近年来，生命科学、材料科学、能源科学、环境科学等学科的飞速发展，进一步促进了分析化学的发展，一些用于复杂体系、超痕量组分、特殊环境和特殊要求的测量方法正在研究和建立之中。毫无疑问，分析化学已成为"为人类提供更安全未来的关键科学"，分析化学可与时俱进定义为"发展和应用各种方法、仪器和策略，以获得有关物质在空间和时间方面组成和性质的信息科学"。

仪器分析技术的出现，使分析化学的面貌发生了根本的变化，仪器分析与化学分析构成了分析化学不可分割的两大支柱。因此，一切新的化学反应或新的仪器测量手段的研究都是现代分析化学必不可少的内容。多年以来，高等学校对仪器分析课程的教学内容、教学方法、教学手段进行了很大的改革，随着各种先进分析仪器的不断出现，仪器分析课程的教学内容不断更新，教学方法不断改革，以适应科学发展的需要。

分析化学是一门多学科的综合性科学。它的研究内容包括物质化学组成和含量、材料的表面微观结构、工业生产质量、环境质量以及生物过程的控制。因此，在分析技术上广泛使用计算机，以达到分析过程的自动化，在数据采集和处理上大量采用数学与统计学方法，即化学计量学手段进行快速和有效的分析，各种新的仪器分析手段将得到更加广泛的应用。可以预计，在不久的将来，分析化学将发生更大的质的飞跃，一个崭新的分析化学新时代即将来临。

1.2　仪器分析实验和仪器分析课程

仪器分析是一门实验技术性很强的课程,必须通过严格的实验训练,包括实验方案的设计、实验操作和技能的训练、实验数据的处理和谱图解析以及实验结果的表述等,才能有效利用这一手段获得所需要的信息。随着教学改革的不断深入和各种先进分析仪器的不断出现,仪器分析课程内容也不断丰富、不断更新、不断改革,以适应科学发展的需要。现在开设的仪器分析课程内容包括原子光谱、分子光谱、电化学分析、色谱、X 射线衍射、圆二色光谱、核磁共振波谱及热分析等。

理论可以更好地指导实验,通过实验可以进一步验证和发展理论,所以仪器分析课和仪器分析实验课是相辅相成的。仪器分析实验特别是大型仪器分析实验,其特点是操作比较复杂,影响因素较多,信息量大,需要通过对大量实验数据的分析和谱图解析获得有用的信息。通过仪器分析实验教学,学生可以加深对各种仪器分析方法原理的理解,进一步巩固课堂教学的效果。更重要的是通过实验教学,可以培养学生实事求是的科学作风和良好的科学综合素养,以及独立从事科学研究,理论联系实际,提高分析问题和解决问题的能力,为今后的学习和工作打下坚实的基础。

在实验安排上,将实验原理与实验技术紧密结合,用原理指导实验操作,使学生能够掌握基本实验技术和方法,通过实验又进一步加深对实验原理的理解。实验内容分为基础实验、研究型实验和开放型实验三个层次。基础实验包括理论验证性实验和实际样品分析实验,是为本科生开设的,学生按照既定的实验步骤进行操作,通过实验学生可以掌握所进行实验仪器的结构和各主要部件的基本功能、基本操作和使用方法,以及基本实验技术和实验数据的处理方法。研究型实验是比基础实验更高层次的带有研究性质的实验,实验内容比基本实验复杂,是为研究生开设的。开放型实验具有创新性质,是供本科生、研究生在课余时间选做的。学生通过开放型实验,能够进一步熟悉、掌握和应用仪器,理解和掌握更多的实验技术和方法,开拓思路,培养创新精神,增强独立从事科研工作的能力。

1.3　仪器分析实验课程的基本要求和注意事项

仪器分析实验课程的目的是让学生以分析仪器为工具,亲自动手获得所需要的信息,是学生进行的一种特殊形式的科学实践活动,是学生未来走向社会独立进行科学实践的预演。学生通过仪器分析实验,能够培养独立解决实际问题和独立从事科学实践的能力,掌握和提高从事科学实践的技能,增强创新意识和探索精神。要达到仪器分析实验的教学目的,学生应严格遵守以下规则。

1.3.1　仪器分析实验室规则

(1) 仪器分析实验室的仪器种类较多,分放于不同的实验室中,采用学生分组、循环实验方式组织仪器分析实验课程。

(2) 学生应遵守课堂纪律,不做与实验无关的事情。

(3) 学生在实验前须认真预习,仔细阅读仪器分析实验教材,熟悉所做实验的方法和原理、实验操作步骤等，上课时教师要认真检查学生的预习情况。

(4) 实验前不要自行打开仪器，也不要随意旋转仪器上的任何按钮。实验中应认真听取教师对仪器性能的讲解，了解实验参数设置的依据和仪器操作方法。

(5) 在实验过程中，要正确操作，细致观察，认真记录，周密思考。所有的原始数据都应边实验边准确地记录在实验记录本上，不要记录在草稿本、小纸片或其他地方。原始数据的记录要做到真实、详细、清楚、及时，不允许随意删改。若记录错误，经过教师认可后，可在错误数据上轻轻画一条线，将正确的数据记在旁边，不可乱涂乱改或用橡皮擦拭。

(6) 注意保持实验室桌面、地面、水池的清洁。节约使用药品、水、电等，不要浪费。将废渣、废液倒在指定的地方。

(7) 爱护仪器，学会正确使用仪器，如有必要实验结束后在教师指导下关闭仪器和工作站。

(8) 实验结束后，应将玻璃器皿洗刷干净，仪器复原，整理好实验台面。值日生要认真做好清洁卫生工作。离开实验室前，妥善处理废水废液，妥善放置各种化学药品，认真检查水电门窗和气体钢瓶，保证实验室的安全。

(9) 根据要求认真完成实验报告，查阅有关知识，分析实验中出现的各种现象并学会合理处理实验数据。

1.3.2　实验室安全规则

实验室安全是实验人员必须掌握的基本常识，实验人员在进行实验时必须注意安全。

(1) 不得在实验室内吸烟、进食或喝饮料。

(2) 浓酸、浓碱具有腐蚀性，在使用时要注意安全。

(3) 对于实验室常用的一些易燃、易爆的物质，应该了解这些物质的特性，做到安全使用。

(4) 汞盐、砷化物、氰化物等剧毒物品，使用时应严格按照程序执行。

(5) 使用有机溶剂(如乙醇、乙醚、苯、丙酮等)时，一定要远离火焰和热源。用后应将瓶塞盖紧，放在阴凉处保存。

(6) 加热或进行剧烈反应时，实验人员不得离开。

(7) 使用电器设备时，切不可用湿手开启电闸和电器开关。

(8) 如果发生化学灼伤，应立即用大量水冲洗皮肤；眼睛受化学灼伤或异物入眼，应立即将眼睛睁开，用大量水冲洗；如果烫伤，须立即用大量凉水冲洗 10～30min。各种受伤严重者在应急处理后及时送往医院进行治疗。

1.3.3　实验试剂的取用

仪器分析是精密的分析方法，实验药品取用不当，或者药品交叉污染，可造成实验误差较大或实验失败，甚至损坏衣物和损伤皮肤。取用药品时应该遵守以下规则：

(1) 取用具有腐蚀性、挥发性、毒性的药品，必须在通风橱中进行，且操作时要戴手套和护目镜。

(2) 液体实验试剂需要加热时，最好在电热套中进行；加热熔点较低的液体试剂时，应使用水浴。

(3) 使用药品前应看清试剂瓶上的标签，打开的瓶盖不要乱放，要倒置在干净无污染的地方。取用试剂使用干净的量器，避免交叉污染。

(4) 配制的标样要写明试剂的名称、浓度和日期。标签脱落的试剂，不要使用。

(5) 剩余的试剂连同废液倒入相应类型废液桶中，所有的实验用品废弃物禁止投入水槽。

(6) 实验过程中不能擅自离开。

1.3.4　实验药品的存放

(1) 见光和受热易分解的试剂，放在棕色试剂瓶中，且需置于阴暗处，避开仪器散光散热的部位。

(2) 有毒试剂取用完毕应立即放回专用样品柜。

(3) 易氧化、易挥发、易风化、易潮解的药品，取用完毕应立即把盖子拧紧，必要时进行封口，放回专用药品柜。

(4) 易挥发的药品不要相邻敞口放置，防止交叉污染。

1.3.5　玻璃仪器的洗涤

仪器分析是一门技术性强、精密度和准确度很高的工作，为减少误差，一定要保证所用玻璃仪器的洁净。常用玻璃仪器的洗涤方法大致有以下几种。

(1) 水刷洗。附着在仪器上的尘土和其他可以通过刷洗除去的可溶或不可溶的物质都可以用水刷洗法除去。不同的玻璃仪器需要使用不同的毛刷；为保证清洗干净，毛刷大小、形状要合适。

(2) 酸性洗涤液清洗。常用酸性洗涤液有浓盐酸、盐酸-过氧化氢洗涤液、盐酸-乙醇洗涤液。附着在玻璃仪器上的一些无机物、碱性污垢、碱性有机染料、用坩埚灼烧过的碱性沉积污垢等，可选择此类洗涤剂。

(3) 碱性洗涤剂清洗。常用的碱性洗涤剂有氢氧化钠、氢氧化钠-乙醇洗液、氢氧化钠-高锰酸钾洗液。附着在玻璃仪器上的酸性附着物、有机物油脂、二氧化锰等弱还原性物质等，可选择此类洗涤剂。

(4) 铬酸洗液。此洗液具有强酸性、强氧化性，不仅可以清洗无机污垢，也可以清洗有机物和油污。但使用时被清洗物需保证干燥，避免洗液被稀释降低其去污能力，洗液可以反复使用直到其由深棕色变为绿色。

(5) 选择合适的络合剂。例如，氯化银沉淀可用氨水清洗。

(6) 选择合适的有机溶剂。根据相似相溶的原理，一些油脂或有机聚合物等可以选择合适的有机溶剂清洗。常用的有机溶剂有乙醇、苯、四氯化碳、氯仿、乙醚、二甲苯、丙酮等。

(7) 超声波清洗。超声波清洗法具有清洗质量好、清洗快的优点。对于几何形状比较复杂、多孔仪器、弯曲带死角的仪器和盲孔的孔径较小的玻璃仪器，用此种清洗方法效果很好。

将清洗干净的玻璃仪器进行干燥时，常用的方法有烘干法、晾干法、烤干法、吹干法、有机溶剂干燥法。需注意的是，对带刻度的玻璃仪器不要采用加热法进行干燥，以免影响这些玻璃仪器的精确度。

1.4　常用气体钢瓶

仪器分析实验室利用气体钢瓶来获得各种气体。气体钢瓶是特制的储存压缩气体的耐压钢瓶，一般由合成钢或无缝碳素钢制成。钢瓶和其他高压容器一样必须有使用证书，在钢瓶的肩部用钢印的形式标记出制造厂家、制造日期、钢瓶型号、工作压力、试验压力、试验日期、钢瓶容积、钢瓶质量。钢瓶上的减压阀的一般开启方向为：易燃气体钢瓶采用左旋，其他为右旋。

按照气体在钢瓶中存在的形态对仪器分析实验中常用气体分类，使用钢瓶的特点如下。

1.4.1 压缩气体

部分常用压缩气体钢瓶外部特征(瓶身颜色、字体颜色、字样等)如表 1-1 所示。

表 1-1 部分常用压缩气体钢瓶外部特征

气体名称	瓶身颜色	字体颜色	字样	色环
氧气	天蓝色	黑色	氧	$p=1.520\times10^7$ Pa，无环 $p=2.026\times10^7$ Pa，白色单环 $p=3.040\times10^7$ Pa，白色双环
氢气	深绿色	红色	氢	$p=1.520\times10^7$ Pa，无环 $p=2.026\times10^7$ Pa，红色单环 $p=3.040\times10^7$ Pa，红色双环
氮气	黑色	黄色	氮	$p=1.520\times10^7$ Pa，无环 $p=2.026\times10^7$ Pa，棕色单环 $p=3.040\times10^7$ Pa，棕色双环
压缩空气	黑色	白色	压缩空气	$p=1.520\times10^7$ Pa，无环 $p=2.026\times10^7$ Pa，白色单环 $p=3.040\times10^7$ Pa，白色双环
氩气	灰色	绿色	氩	
氦气	棕色	白色	氦	$p=1.520\times10^7$ Pa，无环 $p=2.026\times10^7$ Pa，白色单环 $p=3.040\times10^7$ Pa，白色双环
氖气	红褐色	白色	氖	$p=1.520\times10^7$ Pa，无环 $p=2.026\times10^7$ Pa，白色单环 $p=3.040\times10^7$ Pa，白色双环

1.4.2 液化或低温液化气体

部分液化或低温液化气体钢瓶外部特征(瓶身颜色、字体颜色、字样等)如表 1-2 所示。

表 1-2 部分液化或低温液化气体钢瓶外部特征

气体名称	瓶身颜色	字体颜色	字样	色环
二氧化碳	黑色	黄色	二氧化碳	$p=1.520\times10^7$ Pa，无环 $p=2.026\times10^7$ Pa，黑色单环
二氧化氮	白色	黑色	液化二氧化氮	
二氧化硫	黑色	白色	二氧化硫	黄色
光气	绿色	红色	液化光气	红色
甲烷	褐色	白色	甲烷	$p=1.520\times10^7$ Pa，无环 $p=2.026\times10^7$ Pa，淡黄色单环 $p=3.040\times10^7$ Pa，淡黄色双环

气体名称	瓶身颜色	字体颜色	字样	色环
乙烯	紫色	红色	乙烯	$p=1.216\times10^7$ Pa，无环 $p=1.520\times10^7$ Pa，白色单环 $p=3.040\times10^7$ Pa，白色双环
氯气	绿色	白色	液氯	
氨气	黄色	黑色	氨	
石油液化气	灰色	红色	石油液化气	

1.4.3 其他常用气体

其他常用气体钢瓶外部特征如表 1-3 所示。

表 1-3 其他常用气体钢瓶外部特征

气体名称	瓶身颜色	字体颜色	保存方式
乙炔	白色	红色	将乙炔溶解在活性丙酮中
液氮			液氮储存在杜瓦瓶中

钢瓶内压很大，内装气体可能有毒、易燃或易爆，使用钢瓶时要注意以下事项：

(1) 将钢瓶放置在特制的钢瓶间(柜)中，或用钢瓶链固定，防止倾倒。钢瓶间(柜)须设置在阴凉、干燥处，并远离热源。

(2) 可燃性气体钢瓶要远离明火，不得和氧气钢瓶邻近存放；相互接触易产生易燃易爆气体的钢瓶不能邻近存放；易燃烧的棉、麻、有机油污等不能放置在钢瓶附近；不同气体钢瓶的减压阀和导管不能混合使用。

(3) 使用气体时减压阀和开关阀要同时开启和关闭。开关时要轻开轻关，不要用猛力，阀门不可完全打开。

(4) 钢瓶中的气体不能用完，一般情况下要保留 0.05 MPa 残余气体。可燃性气体要留有更多，如氢气至少留有 2 MPa，乙炔至少留有 0.2 MPa。

(5) 搬运或移动钢瓶时需旋紧安全帽和阀门，使用防震垫，用专用推车运输并固定在车上。

(6) 仪器管理人员要经常检查钢瓶是否漏气。使用过程中避免敲撞钢瓶，操作员的站立位置应与钢瓶接口处垂直，不能穿带油污的服装、不能戴易产生静电的手套操作。

(7) 所有气体钢瓶必须定期进行技术检查。

第2章 原子发射光谱法

2.1 基本原理

分析物在光源中被原子化后,气态原子如果获得能量,就会从基态跃迁到较高的能态。这些处于激发态的原子在回到基态或较低的能态时会发出特征辐射。光源中的气态原子在获得较高的能量后还会发生电离,电离后的气态离子如果继续获得能量同样可以从基态跃迁到较高的能态,它们在回到基态或较低的能态过程中同样会发出特征辐射。激发态原子和离子发出的特征辐射取决于元素原子的外层价电子结构,因此通过谱线波长找出同一元素两条以上的灵敏线就可确定其在样品中是否存在,这就是光谱的定性分析。元素的灵敏线一般是指强度较大的一些谱线,它们通常具有较低的激发能和较大的跃迁概率,多为跃迁至基态的共振线。对每种元素选择一两条灵敏线测其强度就可进行定量分析。谱线强度与分析元素浓度间存在以下关系:

$$I=Ac^B \tag{2-1}$$

式中:I 为谱线的发射强度;A 为与实验条件、元素性质、存在状态及分析物组成有关的常数;c 为待测元素的浓度;B 为与蒸发过程及谱线自吸收效应有关的常数。式(2-1)首先由 Lomakin 和 Scheibe 在 1930 年和 1931 年分别提出,所以称为 Scheibe-Lomakin 公式。它是发射光谱定量分析的基础。光电法光谱分析场合,式(2-1)可改写为

$$I=Ac \tag{2-2}$$

可见,谱线发射强度 I 与分析物浓度 c 之间存在简单线性关系。摄谱法光谱分析场合,可将其转换为

$$\lg I=B\lg c+\lg A \tag{2-3}$$

此时,光谱线强度的对数值与分析物浓度对数值呈线性关系。

原子发射光谱法可以进行定性分析、半定量分析和定量分析。在进行定量分析时,该方法具有如下特点:

(1) 选择性高。由于每个元素都有一些可供选用而不受其他元素谱线干扰的特征谱线,只要正确地选择分析条件,就可以获得准确可靠的分析结果。

(2) 检出能力强。经典光源的检出限可达 0.1~10 μg/g,电感耦合等离子体(ICP)的检出限可达 ng/mL。

(3) 对于低含量成分的测定,具有较高的精密度。在一般情况下,经典光源的相对标准偏差为 5%~20%,ICP 的相对标准偏差一般可在 1%以下。

(4) 样品消耗少。

(5) 分析速度快,可用于生产流程控制分析和地质普查。

(6) 可进行多元素同时或连续测定。

(7) 仪器设备相对于其他多元素分析方法(如 ICP 质谱法、火花源质谱法、X 射线荧光光

谱法等)来说成本比较低。

其局限性主要包括：

(1) 分析结果会受样品组成的影响，特别是经典光源。

(2) 只能用于元素分析而不能确定这些元素在样品中存在的状态。

(3) 理论上可分析周期表中的所有元素，但是对于一些非金属元素如稀有气体、卤素等，一般很难得到必需的分析条件，检出限很差，或者无法分析。因此，目前可用原子发射光谱法分析的元素仍主要局限于金属元素和少数非金属元素。

2.2 仪器及使用方法

2.2.1 原子发射光谱仪

原子发射光谱仪主要由进样装置、激发光源、色散元件、检测器和数据处理系统等部分组成，见图 2-1。

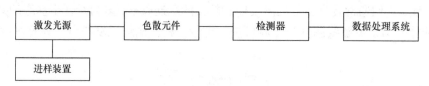

图 2-1 原子发射光谱仪的基本组成结构

1. 进样装置

原子发射光谱法的进样方式取决于光源，电弧和火花光源测定的样品主要是固体。对于金属或合金等导体样品，可直接将其装在电极架上进行分析。对于矿物或岩石等非导体样品，可先将其磨成细粉，再将细粉与铜或石墨等导体粉末混匀，并加入适当的胶黏剂压制成片，然后引入光源进行分析。对于电弧光源，还可将样品磨成约 200 目的细粉，再装入带孔的石墨电极中，然后将其作为电极引入光源进行测定。电感耦合等离子体光源测定的样品主要是溶液。样品溶液先由蠕动泵提升到雾化器(也可通过载气在雾化器出口处所产生的负压进行溶液的提升)，经雾化器雾化后由载气带入等离子体光源。

2. 激发光源

激发光源在原子发射光谱仪中的主要作用是为分析物蒸发、原子化和激发提供所需要的能量，以产生辐射信号。因此，好的光源应具有足够的蒸发、原子化和激发能力，同时受样品组成的影响小，此外还要求稳定性好、灵敏度高、信背比大、线性范围宽、谱线的自吸收效应小、样品消耗少、到达稳定工作状态的时间短、具有足够的亮度、结构简单易于操作且能够满足各种分析的需要。

目前常用的光源主要有直流电弧、交流电弧、火花、直流等离子体、微波感生等离子体和电感耦合等离子体等。其中，电弧和火花是热激发光源，是局部热平衡(LTE)光源，它们都是应用历史比较长的经典光源。等离子体光源出现于 20 世纪 60 年代，在 70 年代得到迅速发展，其性能比经典光源有了很大的提高，现已成为一种应用非常广泛的光源。

1) 直流电弧

直流电弧电极温度高，蒸发能力强，适用于分析难挥发样品。但它放电不稳定，电极表面存在放电斑点游移，因此电弧温度较低，不能激发难电离的元素，分析的精密度和准确度也比较差。同时，因为自吸收效应较严重，所以线性范围比较小。它也不宜用于分析低熔点的轻金属。

2) 交流电弧

交流电弧主要分析性能和应用范围均与直流电弧相似，所不同的是它采用了交流每半周强制引燃的方式，抑制了电弧半径的扩张，增加了电流密度，因此其放电温度比直流电弧略有升高，稳定性也好于直流电弧，只是电极温度有所降低，而这又使某些低熔点的轻金属(如纯锌等)能够得以分析。

3) 火花

火花光源的稳定性比电弧好，因为其放电间歇时间比较长，所以放电半径比电弧小得多，放电温度也明显高于电弧，因此它具有比较强的激发和离子化能力。此外，火花光源的自吸收效应也比电弧小，并且具有样品消耗小的优点。其缺点是电极温度较低、蒸发能力较差、受样品组成的影响比较严重，所以一般仅适用于金属及合金等导体的分析。

4) 等离子体光源

等离子体光源可以分为高频等离子体和微波等离子体，其中应用最广的是电感耦合等离子体(inductively coupled plasma，ICP)。它是在一个三轴同心的石英炬管内形成的。三层炬管中都通有气体，通常为氩气。其中，切向引入的外气流(也称冷却气或等离子气)流量最大，它的主要作用是维持和稳定等离子，并防止等离子体向外到达外管。中气流(也称辅助气)的主要作用是使等离子易于点燃及保护中心管出口，并控制炬焰的竖向位置。内气流(也称载气或雾化气)的主要作用是在等离子体的中间穿出一条通道以使放电具有环状结构，并将样品带入等离子体。在炬管的外边高于中间管和内管的地方，有一个由紫铜管或镀银紫铜管制成的 2 匝或 3 匝的高频感应线圈(也称负载线圈)，线圈内有冷却水通过，线圈中通有高频电流，这样在炬管周围就形成了高频电磁场。当特斯拉线圈产生的火花将等离子炬点燃之后，因为放电具有环状结构，所以此时负载线圈就成为变

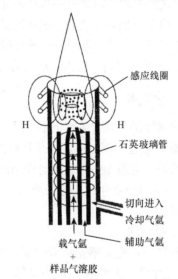

图 2-2　电感耦合等离子体炬管结构示意图

压器的初级，而等离子的感应区就成为变压器的单匝闭合次级，这样高频电能就会不断地被耦合到等离子中以维持等离子的放电持续不灭。图 2-2 为电感耦合等离子体炬管结构示意图。电感耦合等离子体光源的特点是：蒸发、原子化和激发的能力强，可以将样品进行充分挥发和原子化，并能使分析物得到有效激发；具有良好的稳定性，当分析物浓度大于 100 C_L 时，光电直读法的相对标准偏差小于 1%；基体效应小，一般情况下可以忽略；自吸收效应通常可以忽略，因此分析校正曲线的线性范围宽，可达 5 个或 6 个数量级。它的局限性主要在于设备和运转费用比较高，只能分析溶液样品。

3. 色散元件

原子发射光谱仪色散元件的主要作用是将入射准直后的复合光色散成单色光,现在常用的有平面闪耀光栅、凹面光栅和中阶梯光栅,它们都是利用光的衍射和干涉现象进行分光的。

(1) 平面闪耀光栅的色散能力有限,主要用在光栅摄谱仪中。

(2) 凹面光栅同时起色散元件和成像物镜的作用,因此它具有集光能力强的优点。但采用这种光栅的装置都不同程度地存在像散和球差问题,在现有的商品化仪器中光量计(多道直读光谱仪)常采用这种装置。

(3) 中阶梯光栅的色散原理与平面闪耀光栅的基本相同,不同的是它具有高精密的宽平刻槽,刻槽为直角阶梯形,光栅刻线比闪耀光栅少得多,但闪耀角却比闪耀光栅大得多。闪耀光栅利用的光谱衍射级次是一级或二级,中阶梯光栅所用的是从几十到将近 200 的光谱级。因为平面闪耀光栅提高线色散率和分辨率主要是通过增大成像物镜的焦距和增加刻线密度,而中阶梯光栅是通过采用大的衍射角和高的衍射级次,所以后者的色散能力和分辨率均比前者好很多。此外,由于通过衍射级次使检测波长都集中在闪耀角附近并采用了比较小的物镜焦距,中阶梯光栅具有良好的集光能力。因为采用了高的衍射级光谱,所以中阶梯光栅光谱级重叠的现象十分严重。为此,它需要采用二维色散,即在中阶梯光栅前再增加一个辅助棱镜或光栅,由此得到的谱图是不同级次的光谱沿一个方向色散,同一级次不同波长的光谱沿另一方向色散,两个方向相互垂直。这样得到的二维谱图只需要很小的谱区面积就可覆盖 165~800 nm 波长的光谱。因此,采用中阶梯光栅作为色散元件的仪器还具有结构紧凑的特点。正因为中阶梯光栅具有上述诸多优点,所以它在目前商品化的全谱直读光谱仪中被广为采用。

4. 检测器

检测器的作用是对经过色散和聚焦成像后分析物给出的特征辐射进行检测,因此对检测器的要求是它应该对远紫外至近红外光谱区的辐射有响应并有高的量子效率,同时还应具有宽的动态响应范围。原子发射光谱法使用的检测器有感光板(也称相板或光谱干板)、光电倍增管和 20 世纪 90 年代迅速发展起来的固态成像检测器,按检测方式的不同将其分为摄谱法和光电直读法。

1) 摄谱法

摄谱法是先将感光板置于成像物镜的焦平面上,接受激发光源给出的分析物特征辐射的感光(此过程称为摄谱),再经显影、定影将谱线记录在相板上。然后利用映谱仪找出元素的特征谱线并观测其大致强度,就可进行光谱的定性及半定量分析。再用测微光度计测量谱线的黑度,就可进行光谱的定量分析。因为相板记录的是一个波段范围内的所有谱线,所以它的优点是得到的信息量大。这种方法的缺点是分析步骤多(要经过摄谱、暗室处理、译谱和测光),周期长,速度慢;相板的感光范围比较小,一般为 250~500 nm,在乳剂中加入增感剂也只能使短波的感光限达到 200 nm,长波的达到 700 nm;受感光板性质的影响,线性范围比较小,一般只有两个数量级。

2) 光电直读法

光电直读光谱仪用得最多的检测器就是光电倍增管,它又按照仪器分析通道的多少分为多道和单道扫描两种类型。前者是在光谱仪的焦面上按分析线的波长位置安装了许多固定的出射狭缝和相应的检测系统。它可以对多元素进行同时分析,所以比较适合样品简单但数量较大的常规分析和例行分析。其缺点是在定量分析时常需要对存在的光谱干扰进行校正且不能进行定性分析。后者是让出射狭缝在光谱仪的焦面上扫描移动,在不同时间检测不同波长的谱线。它可进行多元素的连续测定,所以使用灵活方便。固态成像检测器可以同时检测整个光区的光谱并且又是一种直接的光电转换元件,它兼具感光板和光电倍增管的双重优点,近年来已被越来越多地用于电感耦合等离子体光谱仪中,成为颇受欢迎的全谱直读型仪器。固态成像检测器响应的光谱范围很宽,可以从远紫外直到近红外,并且具有灵敏度高、动态范围宽、暗电流小、噪声低等优点,因此它的出现为光谱分析领域带来了新的活力。目前用于商品化仪器中的固态成像检测器主要有两种:一种是电荷注入检测器(charge injection detector,CID);另一种是电荷耦合检测器(charge coupled detector,CCD)。

　　5. 数据处理系统

　　由检测器得到的信息还需要根据要求和所用方法经过相应的处理才能得到所需的分析结果,这一步工作是由数据处理系统完成的。在光电直读的仪器中,它主要由通信电路和计算机等部分组成。现代分析仪器的发展趋势是使分析过程完全自动化,所以计算机除了用于采集、处理数据和保存分析结果外,还起着控制分析仪器的作用。在摄谱法中,进行定量分析时,对从测微光度计测出数据的处理可以由人工来完成,但操作烦琐、工作量大,因此也可将测出的数据输入计算机,由此计算输出分析结果。也有人采用半自动或全自动测光装置直接将测微光度计得到的数据送入计算机进行处理,以便得到分析结果。

2.2.2　电感耦合等离子体发射光谱仪

　　在电感耦合等离子体原子发射光谱仪(inductively coupled plasma optical emission spectrometer,ICP-OES)分析中,试样溶液被雾化后形成气溶胶,由氩载气携带进入等离子体炬焰。在炬焰的高温下,溶质的气溶胶经历多种物理化学过程而被迅速原子化,成为原子蒸气,进而被激发,发射出元素的特征光谱,经分光后进入检测器而被记录下来,从而对待测元素进行定性和定量分析。

　　以 ICAP 7400 为例,仪器由以下五个部分组成(图 2-3)。

　　(1) 高频发生器:提供 ICP 光谱仪的光源。

　　(2) 进样系统:将溶液样品转换为气溶胶,使其进入 ICP 炬焰。它包含雾化器、雾化室、炬管、等离子气、辅助气、载气及各种气路装置系统(图 2-4)。

　　(3) 分光系统:由棱镜和中阶梯光栅组合的二维色散分光系统(图 2-5)。

　　(4) 检测系统:电荷注入检测器(CID)可以实现多谱线同时测定,具有全谱直读功能。CID兼有相板和光电倍增管的双重优点,它具有 262 144 个感光单元,每个感光单元都可以单独地接收光信号,可以检测 165~800 nm 波长范围内的所有谱线。

　　(5) 计算机系统:完成程序控制、实时控制、数据处理三部分工作,还包括操作系统、谱线图形制作、工作曲线制作、背景定位与扣除、光谱干扰校正系数制作与储存、基体干扰校正系数制作与储存等各种功能,以及内标法、标准加入法、管理样或标准样的插入称样校正、金属氧化物的计算等各种类型数据处理。

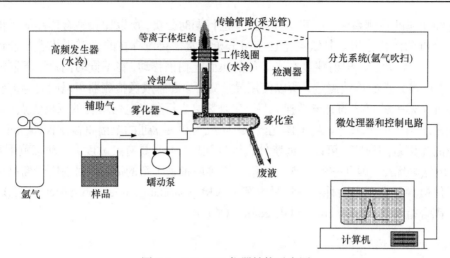

图 2-3　ICP-OES 仪器结构示意图

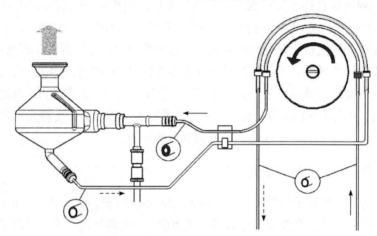

图 2-4　ICAP 7400 进样系统示意图

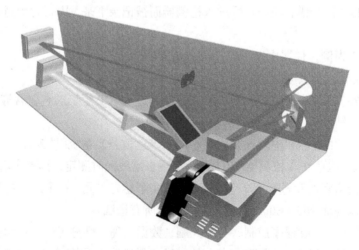

图 2-5　ICAP 7400 二维色散中阶梯光栅分光系统

ICAP 7400 电感耦合等离子体发射光谱仪的使用方法如下。

1) 开机至待机状态

日常工作中仪器应处在通电的待机状态，以保证光室温度保持在 38℃±0.2℃。

(1) 打开电源开关、稳压电源开关、UPS 开关等外部供电电源。

(2) 打开仪器左侧主机开关，等待 1 min 左右，确认计算机的网络已连接。

(3) 启动 Qtegra 软件，等待仪器初始化完成，较长时间不用仪器可关闭软件。

(4) 仪器开机后，等待"光室温度"稳定在 38℃±0.2℃，此过程需要 3 h 左右，仪器进入待机状态。

2) 点火

点燃等离子体炬焰。

(1) 确保有足够的氩气储量用于连续工作。

(2) 打开氩气并调节分压为 0.5～0.6 MPa(80～90 psi)。

(3) 打开 Qtegra 软件，设置氩气对光室进行吹扫的气量，确保以小气量吹扫 2 h 以上，或者大气量吹扫 0.5 h 以上。

(4) 检查并确认进样系统(炬管、雾化室、雾化器、泵管等)是否正确安装。

(5) 上好蠕动泵夹子，进样管置于超纯水中。

(6) 开启排风。

(7) 开启循环水机并确认冷却水压力为 40 psi。

(8) Qtegra 软件"仪表盘"界面中各个连锁状态呈绿色说明仪器准备工作已就绪，点击软件主页中央蓝色"仪器准备"图标，选择仪器预热 15 min，光谱优化 1 min，手动进样冲洗时长 30 s 和样品提升时长 30 s，点击"确定"，仪器自动完成点火、等离子预热、仪器最佳化等准备工作。

3) 样品检测

根据样品建立检测方法，进行检测，并对检测数据进行处理。

4) 熄火至待机状态

熄灭等离子体炬焰，仪器恢复至待机状态。

(1) 测试完毕后，用超纯水冲洗进样系统 5 min。

(2) 点击 Qtegra 软件主页中央蓝色"仪器准备"图标，点击"熄火"。

(3) 2 min 后关闭循环水机。

(4) 关闭排风。

(5) 松开蠕动泵夹子。

(6) 10 min 后关闭氩气，此时仪器为待机状态(若长时间停用仪器，可关闭仪器主机左侧电源开关，进入关机状态)。

实验 1 电弧发射光谱摄谱法定性及半定量分析

一、实验目的

(1) 了解光谱定性分析的基本原理、摄谱仪的构造和各部件的作用。

(2) 了解映谱仪的构造及使用。

(3) 通过对氧化镁及铜合金的光谱定性分析、氧化铜中杂质元素的半定量测定，初步掌握光谱定性和半定量分析方法。

二、实验原理

元素的光谱取决于其原子外层的电子构型。每种元素原子的外层电子构型均不同，都有其自身的独特光谱，因此根据其特征谱线的出现与否就可以确定它是否存在。这就是原子发射光谱的定性分析。其中，采用摄谱法比较方便，特别是对固体样品的分析。通常的方法有标准谱图比较法、与元素纯单质或化合物的光谱进行比较的方法和波长测定法。本实验采用标准谱图比较法。

摄谱分析的半定量分析方法有两种，分别是比较黑度法和谱线呈现法。比较黑度法与比色法中的目视比色法相似。其做法是将试样与预先配好的标准系列(二者基本组成相近)在相同的实验条件下在同一感光板上并列摄谱，然后在映谱仪上对试样与标样中元素的分析线的黑度进行目视比较，从而确定试样中各元素的含量。本实验就是采用这种方法。

WP$_1$ 型 1 m 平面光栅摄谱仪是用于激发待测试样，经色散器得到元素光谱的仪器。光学系统采用埃伯特-法斯提(Ebert-Fastic)装置，其光路见图 2-6。该仪器配有 600 条/mm 和 1200 条/mm 刻痕的平面反射光栅，采用垂直对称式的光路形式。外光路采用能均匀照明狭缝的三透镜照明系统，从狭缝进入摄谱仪内的光经平面反射镜折向大凹面镜下部的准直物镜 Q$_1$ 使其成为平行光束投射到光栅上，色散后再经凹面镜上部的投影物镜 Q$_2$ 把各单色光聚焦在光谱干板上。转动光栅转台就可以使不同波段范围的光成像于光谱干板上。

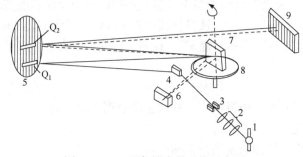

图 2-6　WP$_1$ 型仪器光学系统示意图

1. 光源；2. 照明系统；3. 狭缝；4. 反射镜；5. 凹面镜；6. 二次反射镜；
7. 光栅；8. 光转台；9. 光谱干板；Q$_1$. 准直物镜；Q$_2$. 投影物镜

三、仪器与试剂

1. 仪器

WPC-100 型平面光栅摄谱仪(光栅 1200 条/mm，λ_b=300.0 nm)；8W 型光谱投影仪(映谱仪)；电极加工设备；砂轮；暗室洗相设备；天津光谱 I 型感光板；光谱纯石墨电极；铁电极。

2. 试剂

氧化镁；铜合金；氧化铜。

四、实验步骤

1. 准备工作

(1) 电极：将铁电极两端用砂轮磨光，加工若干支端面直径为 2~3 mm、头部为圆台形的石墨上电极，再加工若干支头部带有适当圆孔的石墨下电极。

(2) 装样：取 6 支石墨下电极，其中 2 支分别装入氧化镁和铜合金试样，装紧压平用于光谱定性分析。将另外 4 支电极分别装入杂质含量为 5 μg/g、20 μg/g、80 μg/g 的氧化铜标样及未知杂质含量的氧化铜试样，装紧压平用于光谱半定量分析。

(3) 调节摄谱仪：遮光板高 3.2 mm，狭缝高 1 mm，狭缝宽 10 μm，中心波长为 290.0 nm。交流电弧电压 220 V，电流 5 A。

2. 摄谱

(1) 在暗室红灯下将天津光谱 I 型感光板乳剂面向下装入板盒，然后将板盒装到摄谱仪上。

(2) 移动板盒位置至 20，装上一对铁电极，调好电极距离 3 mm，拉开板盒挡板，用交流电 5 A 曝光 5 s 摄铁谱。

(3) 移动板盒位置至 21，上电极用石墨电极，下电极为装有氧化镁试样的石墨电极，调好电极距离 3 mm，用交流电 5 A 曝光 1 min。

(4) 移动板盒位置至 22，更换上电极，下电极换成装有铜合金试样的石墨电极，用交流电 5 A 曝光 1 min。

(5) 移动板盒位置至 23，装上一对铁电极，用交流电 5 A 曝光 5 s 再摄一条铁谱。

(6) 移动板盒位置至 24，用头部为圆台形的石墨电极作上电极，将装有杂质含量为 5 μg/g 的氧化铜石墨电极作下电极，用交流电 5 A 曝光 30 s。

(7) 同步骤(6)，在板盒位置 25、26、27 处用交流电 5 A 曝光 30 s，分别对杂质含量为 20 μg/g、80 μg/g、未知杂质含量的氧化铜试样进行摄谱。摄谱记录见表 2-1。

表 2-1　样品摄谱记录

板移	试样	预燃时间/s	曝光时间
20	铁		5 s
21	氧化镁	3	1 min
22	铜合金	3	1 min
23	铁		5 s
24	杂质含量为 5 μg/g 氧化铜	3	30 s
25	杂质含量为 20 μg/g 氧化铜	3	30 s
26	杂质含量为 80 μg/g 氧化铜	3	30 s
27	未知杂质含量氧化铜	3	30 s

3. 暗室处理

摄谱后，关上板盒，整理仪器，关闭电源。在暗室红灯下进行显影和定影。

(1) 显影液的配方(选用 PQ-2 型菲尼酮-对苯二酚显影液配方)：将约 400 mL 蒸馏水加热至 35～45℃，然后依次加入 0.5 g 菲尼酮、45 g 无水亚硫酸钠、4 g 对苯二酚、26 g 无水碳酸钠、0.2 g 苯并三氮唑，再用蒸馏水稀释至 500 mL 备用。

(2) 定影液的配方(选用天津感光胶片厂推荐配方)：将约 400 mL 蒸馏水加热至 35～45℃，然后依次加入 120 g 硫代硫酸钠、7.5 g 无水亚硫酸钠、7.5 mL 冰醋酸、3.8 g 硼酸、7.5 g 钾明矾，再用蒸馏水稀释至 500 mL 备用。

(3) 暗室处理：将显影液和定影液分别倒入两个瓷盘中，用另一个瓷盘接一些清水。用电炉将显影液加热至 18～20℃。在红灯下打开板盒取出相板，将乳剂面用水润湿，然后面朝上置于显影液中。轻轻摇动瓷盘，使显影液慢慢通过相板乳剂表面。视显影液情况显影 2～4 min。用水洗去相板上的显影液，然后将乳剂面朝上放入定影液中进行定影。定影时同样需要慢慢摇动瓷盘，直到相板完全透明为止，大约需要 10 min。将显影液和定影液分别倒回瓶中，并将相板放在流水下冲洗 5～10 min，晾干以备译谱使用。

4. 译谱

用元素谱图法进行试样的全分析。

(1) 打开电源和上面的镜盖，将谱板乳剂面向上置于映谱仪上，波长应该使看到的谱线短波在左、长波在右。用上面中间的电镀调焦旋钮将谱线调清晰。

(2) 将元素标准谱图下方的铁谱与谱板上的铁谱对好，然后根据相板上出现的谱线从短波到长波依次找出试样中的大量元素和杂质元素。谱板上又黑又粗的谱线对应试样中的大量元素。谱板上又细又浅的谱线对应试样中的杂质元素。

(3) 在译谱过程中应注意元素谱线间的相互干扰，特别是大量元素对杂质元素的干扰。因此，一般要选择 2～3 条灵敏线进行核对，这样才能确定某种元素是否在样品中存在。

(4) 按以上方法给出氧化镁及铜合金试样光谱定性分析的结果。

(5) 用比较黑度法，在同一块谱板上直接比较所摄的氧化铜未知试样与标准试样的谱线黑度，估计未知试样中杂质元素的含量。

(6) 译谱完成后，整理仪器，关闭电源。

五、实验数据及结果

根据译谱结果给出氧化镁试样中的大量元素和杂质元素，给出氧化铜样品中杂质元素的名称和含量(μg/g)，并针对实验中出现的问题进行适当的讨论。

六、注意事项

(1) 装谱板时必须乳剂面向下。装板盒时一定要卡紧，以免露光。板盒挡板必须全拉开。

(2) 显影时乳剂面向上，谱板全浸在溶液中，边摇动边显影，至显影完全。

(3) 译谱时标准谱图铁谱与谱板铁谱严格对齐。

七、思考题

(1) 用摄谱法进行定性分析时应注意哪些问题？

(2) 氧化镁及铜合金试样光谱定性分析的结果，大量元素是什么，杂质元素是什么？

实验 2　ICP-OES 全谱直读光谱法测定自来水中的多种微量元素

一、实验目的

(1) 掌握 ICP-OES 分析方法的基本原理。

(2) 了解 ICP-OES 全谱直读光谱仪的基本结构和工作原理。

(3) 掌握 ICP-OES 全谱直读光谱仪同时测定多种元素的分析方法。

二、实验原理

ICP-OES 全谱直读光谱仪可以进行各类样品中多种微量元素的同时测定，尤其是对水溶液中多种微量元素的测定，它是一种极有竞争力的分析方法。本实验采用 ICAP 7400 全谱直读光谱仪。如果分析物在蒸发时没有发生化学反应，并且等离子体光源中谱线的自吸收效应也可忽略，则谱线强度与分析物浓度之间存在简单的线性关系，由此即可测出样品中分析物的含量。这种方法简便、快速、准确。

三、仪器与试剂

1. 仪器

ICAP 7400 ICP-OES；容量瓶；移液管。

2. 试剂

100 μg/mL Ca、100 μg/mL Na、100 μg/mL Mg、10 μg/mL As、10 μg/mL Ba、10 μg/mL Cr、10 μg/mL Cd、10 μg/mL Cu、10 μg/mL Fe、10 μg/mL S、10 μg/mL P、10 μg/mL Pb、10 μg/mL Zn 的 5% HCl 标准储备液；超纯水；自来水；高纯氩(含量＞99.99%)。

四、实验步骤

1. 溶液配制

(1) 标准溶液的配制。用 100 μg/mL Ca、100 μg/mL Na、100 μg/mL Mg、10 μg/mL As、10 μg/mL Ba、10 μg/mL Cr、10 μg/mL Cd、10 μg/mL Cu、10 μg/mL Fe、10 μg/mL S、10 μg/mL P、10 μg/mL Pb、10 μg/mL Zn 的 5% HCl 标准储备液配制一套标准溶液系列(表 2-2)。

表 2-2　标准溶液系列配制表(元素浓度单位：μg/mL)

元素	I	II	III	IV
As、Ba、Cd、Cu、Cr、Fe、Pb、Zn、S、P	0	0.1	1	10
Ca、Mg、Na	0	1	10	100

(2) 自来水经过滤和适当酸化处理后备用。

2. 建立实验方法

ICP-OES 仪器点火成功后，在软件中建立实验方法。

(1) 元素分析线及观测方向的选择见表 2-3。

表 2-3　元素分析线波长及观测方向

元素	波长/nm	观测方向	元素	波长/nm	观测方向
Na	589.592	垂直	As	189.042	水平
Ca	317.933	垂直	Fe	259.940	水平
Mg	279.553	垂直	Pb	220.353	水平
Cr	267.716	水平	Zn	213.856	水平
Cd	228.802	水平	S	180.731	水平
Cu	324.754	水平	P	177.499	水平
Ba	455.403	水平			

(2) 等离子体实验条件的选择。高频功率为 1150 W，冷却气流量为 12 L/min，辅助气流量为 0.5 L/min，雾化器流量为 0.5 L/min。

(3) 蠕动泵实验条件的选择。分析模式为正常，样品检测转速为 50 r/min，冲洗转速为 70 r/min，稳定时长为 5 s。

(4) 样品检测队列的设置。先检测标准曲线的 4 个点，再检测自来水样品，样品检测重复次数均为 3 次。

3. 样品检测

将建立好的实验方法加入样品检测列表，点击"开始"，按照软件提示进行样品检测。检测结束后熄灭等离子体炬焰，仪器恢复至待机状态。

4. 实验数据

通过观察实验数据的相对标准偏差和标准曲线线性关系，判断实验数据的精密度。对实验数据进行保存和打印。

五、实验数据及结果

进行分析结果的后处理。

六、注意事项

(1) 两瓶氩气串联，确保其中一瓶氩气为满瓶。

(2) 注意氩气和冷却水循环机的开启及关闭顺序正确。

(3) 等离子体炬焰点火过程中执行光谱最优化结束后，需确认光谱仪优化后的 x，y 值小于 ±3，否则需要执行矩管准直程序，以调整光路中谱线的位置。

(4) 样品检测过程中随时检查雾化器雾化是否正常，废液是否流出，确保雾化器不堵塞，雾化室无积液。

七、思考题

ICP-OES 全谱直读光谱法具有哪些优越分析性能？

实验 3　ICP-OES 全谱直读光谱法测定氯化铵试剂中的杂质元素

一、实验目的

(1) 掌握 ICP-OES 分析方法的基本原理。

(2) 了解 ICP-OES 全谱直读光谱仪的基本结构和工作原理。

(3) 掌握 ICP-OES 全谱直读光谱仪同时测定多种元素的分析方法。

(4) 掌握 ICP-OES 样品分析中元素检出限的确定方法。

二、实验原理

氯化铵试剂中常含有 Al、Ca、Cu、Fe、Mg、Mn、Na、Sn、Zn 等多种杂质元素，其含量的确定以前多采用原子吸收光谱法进行逐一测定，既麻烦又耗时。ICP-OES 全谱直读光谱仪则可以对各种样品中的多种杂质元素进行同时分析，方法简单快速。

检出限(detection limit)是衡量一种分析方法优劣的重要指标。国际纯粹与应用化学联合会(IUPAC)推荐，元素的检出限为能以适当的置信水平(confidence level)被检出的最小分析信号测量值所对应的分析物浓度。对于 ICP 发射光谱法，其值可由式(2-4)表示。

$$C_L = K\frac{S_{xb}}{S} = KS_C \tag{2-4}$$

式中：C_L 为分析元素检出限；K 为置信因子，其值越大，置信水平就越高，一般推荐 $K=3$，对于一个严格的单侧高斯正态分布来说，此时的置信水平为 99.6%；S_{xb} 为空白溶液背景信号测量值的标准偏差；S 为灵敏度，即分析校准曲线的斜率；S_C 为测出空白浓度的标准偏差。可见，只要测出 S_C 就可获得元素的检出限。S_C 通常由空白溶液平行测定 21 次统计获得。

三、仪器与试剂

1. 仪器

ICAP 7400 ICP-OES 光谱仪；万分之一电子天平；烧杯；容量瓶；移液管；玻璃棒。

2. 试剂

10 μg/mL Ca、Fe、K、Mg、Na、P、S、Zn 的 5% HNO_3 标准储备液；超纯水；高纯氩(含量＞99.99%)；氯化铵试样。

四、实验步骤

1. 溶液配制

(1) 标准溶液的配制。用 10 μg/mL Ca、Fe、K、Mg、Na、P、S、Zn 的 5% HNO_3 标准储备液配制一套标准溶液系列(表 2-4)。

表 2-4　标准溶液系列配制表(元素浓度单位：μg/mL)

元素	I	II	III	IV
Ca、Fe、K、Mg、Na、P、S、Zn	0	0.1	1	10

(2) 氯化铵样品溶液的制备。用万分之一电子天平准确称取 0.5 g 氯化铵样品，将其置于 25 mL 烧杯中，超纯水溶解，然后转移至 25 mL 容量瓶中，定容后摇匀备用。

2. 建立实验方法

ICP-OES 仪器点火成功后，在软件中建立实验方法。

(1) 元素分析线及观测方向的选择见表 2-5。

表 2-5　元素分析线波长及观测方向

元素	波长/nm	观测方向	元素	波长/nm	观测方向
Na	589.592	垂直	K	766.490	水平
Ca	317.933	垂直	Fe	259.940	水平
Mg	279.553	垂直	P	177.499	水平
S	180.731	水平	Zn	213.856	水平

(2) 等离子体实验条件的选择。高频功率为 1150 W，冷却气流量为 12 L/min，辅助气流量为 0.5 L/min，雾化器流量为 0.5 L/min。

(3) 蠕动泵实验条件的选择。分析模式为正常，测样检测转速为 50 r/min，冲洗转速为 70 r/min，稳定时长为 5 s。

(4) 样品检测队列的设置。先检测标准曲线的 4 个点，再检测未知样和样品空白，标准样品和未知样检测重复次数均为 3 次，样品空白检测重复次数均为 21 次。

3. 样品检测

将建立好的实验方法加入样品检测列表，点击"开始"，按照软件提示进行样品检测。检测结束后熄灭等离子体炬焰，仪器恢复至待机状态。

4. 实验数据

通过观察实验数据的相对标准偏差和标准曲线线性关系，判断实验数据的精密度。对实验数据进行保存和打印。

五、实验数据及结果

1. 计算氯化铵样品中杂质元素的含量

$$w_X = \frac{测定结果(\mu g/mL) \times 溶液体积(mL) \times 10^{-6}}{称样量(g)} \times 100\% \qquad (2\text{-}5)$$

2. 计算元素溶液的检出限

$$C_L/(\mu g/mL)=3\times S_C \qquad (2\text{-}6)$$

六、注意事项

(1)～(4)同实验 2 "注意事项"。

(5) 若样品盐分较高，则应随时观测雾化情况，样品未完全溶解严禁上机。

七、思考题

进行样品检测时，选择待测元素特征谱线的原则是什么?

实验 4 ICP-OES 全谱直读光谱法检测生物样品

一、实验目的

(1) 了解 ICP-OES 仪器的构造及工作原理。

(2) 掌握生物样品的预处理方法，了解微波消解仪的使用。

(3) 掌握 ICP-OES 对样品进行定量分析时方法参数的设定。

二、实验原理

样品预处理使待测样品中金属离子形成可溶性盐转入溶液中供测试分析用，这个过程就是分析样品(试液)的制备，即预处理。它是无机元素原子光谱分析不可缺少的关键环节，也是整个分析过程中最费时、费力的环节，对分析结果的准确性具有直接影响。任何损失和沾污通常都是分析结果的主要误差源。

对于 ICP-OES 分析，要求样品为无机水溶液，清澈、无悬浮物。溶液总的质量浓度小于1%，若大于 1%应配套使用高盐雾化器。溶液为中性或偏酸性，酸体积含量通常不超过 5%，尽可能与标准溶液的酸度保持一致，溶液介质尽可能用盐酸或硝酸溶液。在样品预处理过程中要防止空气污染、试剂空白及容器污染，保证待测元素完全溶入溶液，杜绝待测元素的挥发或被容器表面吸附。

无机元素原子光谱分析中常用的预处理技术主要包括酸消解法、干灰化法、微波消解法。微波消解法利用微波的穿透性和激活反应能力，加热密闭容器内的试剂和样品，使微波消解罐内压力增加，反应温度升高，从而大大提高了反应速率，缩短了样品制备的时间，并且可控制反应条件，易于实现自动化，提高制样精度。消解过程中因消解罐完全密闭，不会产生尾气泄漏，避免了因尾气挥发而使样品损失的情况。

生物样品包括人体血液、器官、动物组织等样品和微生物样品，以及菌类、藻类等。这类样品的主体为碳水化合物，其中的金属元素含量很低，需要将其有机物主体除去，余下的金属元素溶液可以用 ICP-OES 检测其元素浓度。微波消解的消解力强，特别适用于生物样品的预处理。对于组织样品，需要剪碎后放入真空冷冻干燥机中低温干燥 48 h，取出研磨成粉状并记下干重，加入硝酸和过氧化氢，使用微波消解仪进行样品的消解，赶酸后定容配制成样品溶液。

三、仪器与试剂

1. 仪器

ICAP 7400 ICP-OES 光谱仪；HG08C-4 微波消解仪；万分之一电子天平；容量瓶；移液管。

2. 试剂

100 μg/mL Ca、100 μg/mL Na、100 μg/mL Mg、10 μg/mL Ba、10 μg/mL Fe、10 μg/mL Cr、10 μg/mL Cu、10 μg/mL Cd、10 μg/mL Pb、10 μg/mL Zn 的 5% HNO_3 标准储备液；超纯水；高纯氩(含量＞99.99%)；牛血清白蛋白(BSA)；高纯硝酸；30%过氧化氢。

四、实验步骤

1. 样品制备

1) 微波消解罐的装配

准确称量 BSA 固体样品 0.2 g 置于微波消解测量罐，加入 5 mL 高纯硝酸、2 mL 30%过氧化氢，将消解罐用扳手旋紧密封。

移取 5 mL 高纯硝酸、2 mL 30%过氧化氢置于微波消解对比罐，将消解罐用扳手旋紧密封。

2) 微波消解反应

将消解罐对称放置在微波消解炉内，将压力传感器和温度传感器连接在微波消解测量罐上，关闭炉门。在主控制器上输入反应条件(表 2-6)，点击"运行"。反应结束后，待温度降至 60℃以下，打开炉门，取出微波消解罐。

表 2-6　BSA 样品及空白样品微波消解反应条件

序号	时间/min	温度/℃	压力/kPa
1	3	120	900
2	3	150	1100
3	5	180	1300
4	—	0	—

2. 溶液配制

(1) 标准溶液的配制。用 100 μg/mL Ca、100 μg/mL Na、100 μg/mL Mg、10 μg/mL Ba、10 μg/mL Fe、10 μg/mL Cr、10 μg/mL Cu、10 μg/mL Cd、10 μg/mL Pb、10 μg/mL Zn 的 5% HNO_3 标准储备液配制一套标准溶液系列(表 2-7)。

表 2-7　标准溶液系列配制表(元素浓度单位：μg/mL)

元素	I	II	III	IV
Ba、Cd、Cu、Cr、Fe、Pb、Zn	0	0.01	0.1	1
Ca、Mg、Na	0	0.1	1	10

(2) 未知样溶液和空白样品溶液的配制。将微波消解测量罐和对比罐中的样品分别转移至 100 mL 容量瓶，用超纯水反复润洗消解罐，容量瓶定容后摇匀备用。

3. 建立实验方法

ICP-OES 仪器点火成功后，在软件中建立实验方法。

(1) 元素分析线及观测方向的选择见表 2-8。

表 2-8　元素分析线波长及观测方向

元素	波长/nm	观测方向	元素	波长/nm	观测方向
Na	589.592	垂直	Cr	267.716	水平
Ca	317.933	垂直	Fe	259.940	水平
Mg	279.553	垂直	Pb	220.353	水平
Ba	455.403	水平	Cu	324.754	水平
Cd	228.802	水平	Zn	213.856	水平

(2) 等离子体实验条件的选择。高频功率为 1150 W，冷却气流量为 12 L/min，辅助气流量为 0.5 L/min，雾化器流量为 0.5 L/min。

(3) 蠕动泵实验条件的选择。分析模式为正常，测样检测转速为 50 r/min，冲洗转速为 50 r/min，稳定时长为 0 s。

(4) 样品检测队列的设置。先检测标准曲线的 4 个点，再检测未知样和样品空白，样品检测重复次数均为 3 次。

4. 样品检测

将建立好的实验方法加入样品检测列表，点击 "开始"，按照软件提示进行样品检测。检测结束后熄灭等离子体炬焰，仪器恢复至待机状态。

5. 实验数据

通过观察实验数据的相对标准偏差和标准曲线线性关系，判断实验数据的精密度。对实验数据进行保存和打印。

五、实验数据及结果

计算 BSA 样品中各元素的含量：

$$w_X = \frac{[样品测定结果(\mu g/mL) - 空白测定结果(\mu g/mL)] \times 溶液体积(mL) \times 10^{-6}}{称样量(g)} \times 100\% \quad (2\text{-}7)$$

六、注意事项

ICP-OES 仪器操作注意事项同实验 2 "注意事项"。

微波消解反应属于带压反应，使用过程中应注意以下几点：

(1) 样品测量罐内的固体称样量不能大于 0.5 g，防止反应过于剧烈。

(2) 装配空白对比罐时，务必安装防爆膜。

(3) 使用扳手时应卡紧螺母，且不宜用力过猛，防止滑丝。

(4) 若微波消解仪长期停用，第一次使用前应对压力传感器的管路进行注水排气。

(5) 连接微波消解罐的压力传感器和温度传感器时，注意管线不要发生缠绕。

(6) 反应结束后微波消解罐温度自然冷却至 60℃以下，方能打开炉门。

七、思考题

(1) 有机物样品消解不完全直接进样检测，会导致什么结果？原因是什么？

(2) ICP-OES 分析中对检测样品的状态要求是什么？原因是什么？

实验 5　ICP-OES 全谱直读光谱法测定纯锌样品的纯度

一、实验目的

(1) 了解 ICP-OES 仪器的构造及工作原理。

(2) 了解样品预处理的各种方法，掌握酸化消解的样品预处理方法。

(3) 掌握纯锌样品纯度测定方法。

二、实验原理

中华人民共和国国家标准 GB/T 470—2008 规定：锌锭按化学成分分为 5 个牌号(表 2-9)。锌的含量测定通常采用倒减法，即 100%减去其中杂质总量的差值。将分析测量结果与表 2-9 对照就可确定锌的等级。纯锌试剂中含有 Pb、Cd、Fe、Cu、Sn、Al、As、Sb 等多种杂质元素，早期其含量的测定多采用分光光度法和火焰原子吸收光谱法，步骤烦琐且耗时。ICP-OES 全谱直读光谱法可以对样品中的多种元素进行同时分析，并且具有检出限低、精密度高、线性范围宽和干扰效应小等特点。因此，采用这种方法不仅可以大大提高分析效率，而且分析结果更加准确可靠。

表 2-9　GB/T 470—2008 锌锭的化学成分(%)

牌号	Zn 99.995	Zn 99.99	Zn 99.95	Zn 99.5	Zn 98.5
Zn(不小于)	99.995	99.99	99.95	99.5	98.5
Al(不大于)	0.001	0.002	0.01	—	—
Cd(不大于)	0.002	0.003	0.01	0.01	0.01
Cu(不大于)	0.001	0.002	0.002	—	—
Fe(不大于)	0.001	0.003	0.02	0.05	0.05
Pb(不大于)	0.003	0.005	0.03	0.45	1.4
Sn(不大于)	0.001	0.001	0.001	—	—
总量(不大于)	0.005	0.01	0.05	0.5	1.5

三、仪器与试剂

1. 仪器

ICAP 7400 ICP-OES 光谱仪；电热板；万分之一电子天平；烧杯；玻璃棒；容量瓶；移液管；表面皿；洗瓶。

2. 试剂

1 mg/mL Al、As、Cd、Cu、Fe、Pb、Sb、Sn 的 5% HCl 标准储备液；超纯水；高纯氩(含量＞99.99%)；盐酸(优级纯)；锌试剂。

四、实验步骤

1. 样品制备

用万分之一电子天平准确称取 0.5 g 锌样品，置于 100 mL 烧杯中，加 10 mL 体积比为 1：1 盐酸，盖上表面皿，在电热板上加热溶解。待锌固体完全溶解后，蒸发至近干，用洗瓶冲洗表面皿和烧杯内壁。冷却后将其全部转移到 25 mL 容量瓶中，用 5% HCl 超纯水溶液定容，摇匀备用。

2. 溶液配制

本实验采用多点参比系列，其浓度见表 2-10。分别移取 1 mg/mL Al、As、Cd、Cu、Pb、Sb、Fe、Sn 共 8 种杂质元素的标准储备液 1 mL 于 100 mL 容量瓶中，用 5% HCl 超纯水溶液定容至刻度，摇匀。该溶液中各杂质元素的浓度为 10 μg/mL。然后用 25 mL 容量瓶逐级稀释成浓度分别为 5 μg/mL、1 μg/mL 和 0 μg/mL 的标准溶液。

表 2-10　标准溶液系列表(元素浓度单位：μg/mL)

元素	I	II	III	IV
Al、As、Cd、Cu、Fe、Pb、Sb、Sn	0	1	5	10

3. 建立实验方法

ICP-OES 仪器点火成功后，在软件中建立实验方法。

(1) 元素分析线及观测方向的选择见表 2-11。

表 2-11　元素分析线波长及观测方向

元素	波长/nm	观测方向	元素	波长/nm	观测方向
Al	309.271	水平	Fe	259.940	水平
As	189.042	水平	Pb	220.353	水平
Cd	228.802	水平	Sb	217.581	水平
Cu	324.754	水平	Sn	189.989	水平

(2) 等离子体实验条件的选择。高频功率为 1150 W，冷却气流量为 12 L/min，辅助气流量为 0.5 L/min，雾化器流量为 0.5 L/min。

(3) 蠕动泵实验条件的选择。分析模式为正常，测样检测转速为 50 r/min，冲洗转速为 70 r/min，稳定时长为 5 s。

(4) 样品检测队列的设置。先检测标准曲线的 4 个点，再检测未知样，样品检测重复次数均为 3 次。

4. 样品检测

将建立好的实验方法加入样品检测列表，点击"开始"，按照软件提示进行样品检测。检测结束后熄灭等离子体炬焰，仪器恢复至待机状态。

5. 实验数据

通过观察实验数据的相对标准偏差和标准曲线线性关系，判断实验数据的精密度。对实验数据进行保存和打印。

五、实验数据及结果

1. 杂质元素的质量分数(%)计算

$$w_X = \frac{测定结果(\mu g/mL) \times 溶液体积(mL) \times 10^{-6}}{称样量(g)} \times 100\% \tag{2-8}$$

2. 锌含量(%)计算

$$w_{Zn} = 100\% - \sum_{j=1}^{8}(w_x)_j \tag{2-9}$$

将计算结果与纯锌的国标表(表2-9)对照，得出锌的牌号。

六、注意事项

同实验2"注意事项"。

七、思考题

样品预处理时经常使用酸消解法、干灰化法和微波消解法，这三种方法分别适用于什么样品？其优缺点是什么？

第 3 章　原子吸收光谱法

3.1　基　本　原　理

原子吸收光谱法(atomic absorption spectrometry，AAS)是基于待测元素气态基态原子对共振辐射的吸收而产生的元素定量分析方法。

1955 年沃尔什(Walsh)提出，在温度不太高的稳定火焰条件下，峰值吸收系数与火焰中待测元素的原子浓度成正比。采用锐线光源(发射线的半宽度远小于吸收线的半宽度，发射线与吸收线的中心频率相等)测量峰值吸收，从而解决了原子吸收的实际测量问题。光源的发射线通过一定厚度的原子蒸气，并被基态原子所吸收，吸光度与原子蒸气中待测元素的基态原子数之间的关系遵循朗伯-比尔定律：

$$A = \lg(I_0 / I) = K'N_0L \tag{3-1}$$

式中：I_0 和 I 分别为入射光和透射光的强度；N_0 为单位体积基态原子数；L 为光程长度；K' 为与实验条件有关的常数。

由式(3-1)可知，吸光度与蒸气中基态原子数呈线性关系。由于常用的火焰温度低于 3000 K，火焰中基态原子占绝大多数，可以用基态原子数 N_0 代表总的原子数 N。

实际工作中，要求测定试样中待测元素的浓度 c，在确定的实验条件下，试样中待测元素浓度与蒸气中原子总数有确定的关系：

$$N = ac \tag{3-2}$$

式中：a 为比例常数。将式(3-2)代入式(3-1)得

$$A = KcL \tag{3-3}$$

这是原子吸收光谱法定量分析的基本关系式。它表示在确定的实验条件下，吸光度与试样中待测元素的浓度呈线性关系。

原子吸收和原子发射是相互联系的两种相反的过程。因为原子吸收线比发射线的数目少得多，所以光谱干扰少，选择性高。又因为原子蒸气中基态原子数远多于激发态原子数(例如，在 2000 K 的火焰中，基态与激发态 Ca 原子数之比为 1.2×10^7)，所以原子吸收光谱法灵敏度高。火焰原子吸收光谱法的灵敏度为 $10^{-9} \sim 10^{-6}$，石墨炉原子吸收光谱法的绝对灵敏度为 $10^{-14} \sim 10^{-12}$ g。又因为激发态原子数的温度系数显著大于基态原子，所以原子吸收光谱法比原子发射光谱法具有更佳的信噪比。因此，原子吸收光谱法是一种选择性好、准确度高、灵敏度高的定量分析方法。

3.2　仪器及使用方法

3.2.1　原子吸收分光光度计

原子吸收分光光度计的型号较多，自动化程度也各不相同。按光束分类，可以分为单光束型和双光束型仪器。按波道分类，可以分为单波道型、双波道型、多波道型仪器。单光束型仪器的示意图见图 3-1。

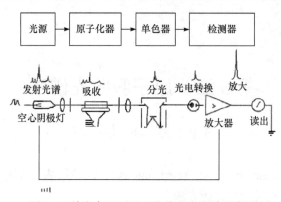

图 3-1　单光束型原子吸收分光光度计示意图

1. 光源

光源的作用是发射待测元素的共振辐射。要求光源为锐线光源，辐射强度大、稳定性好、背景小。目前，应用广泛的光源是空心阴极灯，如图 3-2 所示。灯管由硬质玻璃制成，一端有由石英做成的光学窗口。两根钨棒封入管内，一根连有由钛、锆、钽等有吸气性能的金属制成的阳极；另一根上镶有圆筒形的空心阴极，在空心圆筒内衬上熔入待测元素的纯金属或合金。管内充有几百帕低压的稀有气体氖气或氩气。

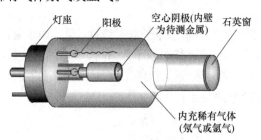

图 3-2　空心阴极灯的构造

空心阴极灯的工作原理：当在阴、阳两极间加上电压时，气体发生电离，带正电荷的气体离子在电场的作用下轰击阴极，使阴极表面的金属原子溅射出来，金属原子与电子、稀有气体原子及离子碰撞激发而发出辐射。最后金属原子又扩散回阴极表面而重新沉积下来。测定哪种元素，就用哪种元素的空心阴极灯。

2. 原子化系统

原子化系统的作用是将试样中的待测元素变成气态基态原子。原子化的方法有火焰原子化及非火焰原子化等方法。

1) 火焰原子化器

火焰原子化器是由火焰的燃烧热提供能量，使待测元素原子化。火焰原子化器由三部分组成：雾化器、预混合室和燃烧器，如图 3-3 所示。雾化器的作用是将试样溶液雾化，提供细小的雾滴。雾滴越小，火焰中生成的气态基态原子就越多。预混合室中，在喷嘴前装有撞击球，可使气溶胶雾滴更小；还装有气流扰流器，它对较大的雾滴有阻挡作用，并且有助于气体混合均匀，使火焰稳定，降低噪声。燃烧器的作用是产生火焰，使进入火焰的试样气溶胶脱溶、蒸发、灰化和原子化。燃烧器是狭缝型，多用不锈钢制成。燃烧器的角度和高度可以调节，以便选择合适的火焰部位进行测量。

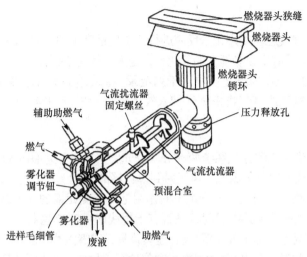

图 3-3　火焰原子化器的构造

气路系统是火焰原子化器的供气部分。在气路系统中，用压力表、流量计、调节阀来控制和测量气流量。燃气为乙炔气体，由乙炔钢瓶提供。因为乙炔与铜、银能生成乙炔铜、乙炔银，所以乙炔管道及接头严禁使用铜或银的材质。乙炔为易燃、易爆气体，故乙炔钢瓶应远离明火，储存在通风良好的地方。

2) 石墨炉原子化器

石墨炉原子化器是一种非火焰原子化器。它是用电加热方法使试样干燥、灰化、原子化。因此，石墨炉原子化法又称为电热原子化法。石墨炉原子化器由电源、保护气系统、石墨管炉等部分组成。电源电压为 10～25 V，电流为 250～500 A，一般最大功率不超过 5000 W。石墨炉温度最高可达 3300 K。石墨管管长约 28 mm，管内径不超过 8 mm，管中间的小孔为进样孔，直径小于 2 mm。其工作原理是当石墨炉接通电源后，有大的电流通过石墨管，产生高温、高热，使石墨管中的试样原子化。如图 3-4 所示，光源发出的光从石墨管中穿过，管内外都有保护性气体通过，通常采用氩气，有时也用氮气。管外气体保护石墨管不被氧化、烧蚀。管内氩气由两端流向管中心，由中心小孔流出，这样可除去测定过程中产生的基体蒸气，同时防止已经原子化的原子发生氧化。在炉体的夹层中通有冷却水，使达到高温的石墨炉在完成一次分析后能迅速降至室温。该原子化法的最大优点是注入的试样几乎全部原子化，故灵敏度高。缺点是基体干扰及背景大，测定数据的重现性比火焰原子化法差。

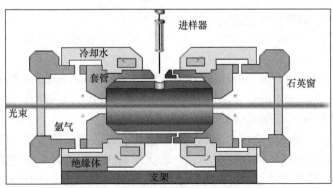

图 3-4　石墨炉原子化器结构示意图

3) 其他原子化法

(1) 氢化物发生原子化法。应用化学反应进行原子化是常用的方法，砷、锑、铋、锗、锡、铅、硒、碲等元素通过化学反应生成易挥发的氢化物，送入空气-乙炔火焰或电热的石英管中原子化。

(2) 低温原子化法。低温原子化主要用于测定汞，将试样中汞盐用氯化亚锡还原为金属汞，由于汞的挥发性，用氮气或氩气将汞蒸气带入气体吸收管进行测定。

3. 分光系统

光学系统分外光路系统和分光系统两部分。外光路系统使空心阴极灯发出的共振线准确通过燃烧器上方的待测试样的原子蒸气，再照射到单色器的狭缝上。分光系统主要由分光元件(光栅或棱镜)、反射镜、狭缝等组成。分光系统的作用是将待测元素的共振线与其他谱线分开。通常根据待测元素的谱线和待测共振线附近是否有干扰线来决定单色器的狭缝宽度。若待测元素光谱比较复杂(如铁族元素、稀土元素等)或有连续背景，狭缝宜小。若待测元素的谱线简单，共振线附近没有干扰线(如碱金属和碱土金属)，则狭缝可以增大，以提高信噪比，降低检出限。

4. 检测系统

检测系统由检测器、放大器、对数转换、显示或打印装置组成。光信号检测是由光电倍增管将光信号变成电信号，经放大器放大后进行对数转换，经计算机处理得到测定结果。

光电倍增管是由光敏阴极和若干个电子倍增极(也称打拿极，dynode)组成，如图3-5所示。在光照射下，阴极发射出光电子，在高真空中被电场加速向第一打拿极运动，平均每个光电子使打拿极发射几个电子，这就是二次发射。二次发射的电子又被加速向第二个打拿极运动。此过程多次发生，最后电子被阳极收集。光阴极上每产生一个光电子，可以使阳极上产生 $10^6 \sim 10^8$ 个光电子。光电倍增管的放大倍数主要取决于电压和打拿极的个数。

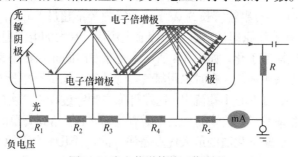

图 3-5　光电倍增管的工作原理

3.2.2　ZA3000 型原子吸收分光光度计

1. 主要技术参数

(1) 光学系统：波长为 190～900 nm；光栅刻线密度为 1800 gr/mm；Czerny-Turner 型单色器；光谱带宽为 0.2 nm、0.4 nm、1.0 nm、2.0 nm。光源系统为 8 灯座自动切换；灯电源供电方式为 400 Hz 方波脉冲；灯电流调节为 0～10 mA。

(2) 原子化系统：100 mm 全钛金属燃烧器；金属套高效玻璃喷雾器；耐腐蚀全塑雾化室；多种自动安全保护功能包括乙炔漏气报警和自动关闭系统。石墨炉原子化器采用专用石墨管，可以实现更高精度的双进样功能。在石墨炉分析中，试样干燥过程中的暴沸现象将导致分析精度降低，使用暴沸自动检测功能可以对其进行实时监控。通过石墨管残留清除功能和自动进样器的快速进样，实现更快和更高精度的分析。

2. 火焰原子吸收分光光度计操作步骤

1) 开机

依次开启稳压电源、空气压缩机(分压 0.5 MPa)、乙炔钢瓶(分压 0.09 MPa)、水循环机(20℃±2℃)、排风和计算机。将所需空心阴极灯插入灯位，打开仪器主机电源，15 s 后打开软件"原子吸收分光光度计"。

2) 关机

依次关闭乙炔钢瓶、水循环机、空气压缩机、仪器主机、排风、稳压电源、软件和计算机。

3. 石墨炉原子吸收分光光度计操作流程

石墨炉原子吸收分光光度计操作流程如图 3-6 所示。

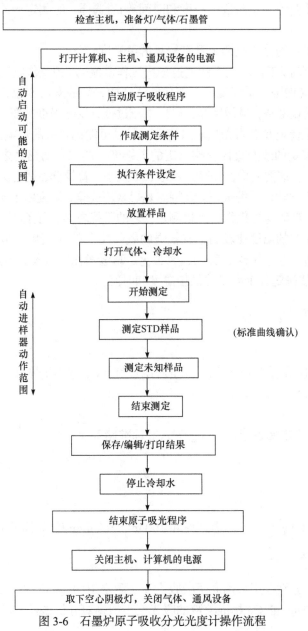

图 3-6　石墨炉原子吸收分光光度计操作流程

实验 6　原子吸收测定最佳实验条件的选择

一、实验目的

(1) 了解原子吸收分光光度计的构造、性能及操作方法。
(2) 了解实验条件对灵敏度、准确度的影响及最佳实验条件的选择。

二、实验原理

在原子吸收光谱分析中，测定条件(如分析线、灯电流大小、火焰类型、燃助比、燃烧器高度及石墨炉原子化过程各个阶段的温度和时间等)的选择，对测定的灵敏度、准确度有很大的影响。

通常选择共振线作为分析线测定具有较高的灵敏度。

使用空心阴极灯时，工作电流不能超过最大工作电流。灯的工作电流过大，易产生自吸(自蚀)作用，多普勒效应增强，谱线变宽，工作曲线弯曲，灯的寿命变短，测定灵敏度降低。灯的工作电流小，谱线宽度窄，灵敏度高。但灯电流过低，发光强度减弱，发光不稳定，信噪比下降。因此，在保证稳定和适当光强输出情况下，尽可能选较低的灯电流。

燃气和助燃气流量的改变直接影响测定的灵敏度。燃气与助燃气之比与化学计量关系相近，为化学计量火焰。这类火焰温度高、稳定、干扰小、背景低，适合大多数元素的测定。富燃火焰是指燃气大于化学计量的火焰。其特点是燃烧不完全，温度略低于化学计量火焰，具有还原性，适合易形成难解离氧化物的元素测定，它的干扰较多，背景高。贫燃火焰是指燃气小于化学计量的火焰，它的温度比较高，有较强的氧化性，有利于测定易解离、易电离的元素。

石墨炉原子化过程包括干燥、灰化、原子化、高温净化等阶段。通过绘制吸光度-温度曲线、吸光度-时间曲线确定各个阶段的最佳温度和时间。

三、仪器与试剂

1. 仪器

ZA3000 型原子吸收分光光度计；Ca 空心阴极灯；Cu 空心阴极灯；容量瓶；吸量管。

2. 试剂

500.0 μg/mL Ca 标准储备液；1.0 μg/mL Cu 标准储备液。

四、实验步骤

1. 溶液配制

配制 250 mL 10.0 μg/mL Ca 标准溶液和 100 mL 20.0 ng/mL Cu 标准溶液。

2. 分析线的选择

在不同的波长下分别采用火焰原子吸收光谱法测定 10.0 μg/mL Ca 标准溶液和石墨炉原子吸收光谱法测定 20.0 ng/mL Cu 标准溶液的吸光度。根据对分析试样灵敏度的要求、干扰的情况，选择合适的分析线。试样浓度低时，选择灵敏线；试样浓度高时，选择次灵敏线，并要求选择没有干扰的谱线。

3. 空心阴极灯工作电流的选择

在实验步骤 2. 选择的波长下，分别采用火焰原子吸收光谱法测定 10.0 μg/mL Ca 标准溶液和石墨炉原子吸收光谱法测定 20.0 ng/mL Cu 标准溶液，每改变一次灯电流，记录相应的吸光度值。

4. 燃助比的选择

固定其他条件和助燃气流量，改变燃气流量，测定 10.0 μg/mL Ca 标准溶液，记录吸光度值。

5. 燃烧头高度的选择

改变燃烧头的高度，测定 10.0 μg/mL Ca 标准溶液，记录吸光度值。

6. 优化测定条件

改变石墨炉原子化过程中干燥、灰化、原子化、高温净化各阶段的温度和时间，测定 20.0 ng/mL Cu 标准溶液，记录吸光度值。

五、实验数据及结果

(1) 绘制吸光度-灯电流曲线，确定最佳灯电流。
(2) 绘制吸光度-燃气流量曲线，确定最佳燃助比。
(3) 绘制吸光度-燃烧头高度曲线，确定最佳燃烧头高度。
(4) 绘制石墨炉原子化过程中干燥、灰化、原子化、高温净化各阶段的吸光度-温度曲线、吸光度-时间曲线，确定各个过程最佳的温度和时间。

六、注意事项

(1) 实验时，要求打开通风设备，使金属蒸气及时排出室外。
(2) 在仪器关机的状态下更换空心阴极灯，仪器通电后不能进行此操作。
(3) 室内若有乙炔气味，应立即关掉乙炔气源，排除问题后，再继续进行实验。
(4) 乙炔钢瓶总压低于 0.5 MPa 时，应及时更换钢瓶。

七、思考题

(1) 如何选择最佳实验条件？实验时，若条件发生变化，对结果有什么影响？
(2) 在原子吸收分光光度计中，为什么单色器位于火焰原子化器之后，而紫外分光光度计的单色器则位于样品池之前？

实验 7 火焰原子吸收光谱法测定钙

一、实验目的

(1) 掌握原子吸收光谱法的基本原理。

(2) 了解火焰原子吸收分光光度计的使用。

(3) 初步掌握标准曲线法及标准加入法的定量分析方法及常用的消除化学干扰的方法。

二、实验原理

原子吸收光谱法也称为原子吸收分光光度法，是一种选择性好、灵敏度高的分析手段。一般常用火焰法和非火焰法两大类。

火焰原子吸收光谱法是最常用的一种定量分析方法。通常将试样溶液以气溶胶形式引入火焰，溶液经过溶剂挥发、盐类的蒸发，最后解离成气态原子。在常用的空气-乙炔火焰温度(2300℃)下，大多数元素的原子均处于基态。当一个含有待测元素的辐射源(空心阴极灯)发射其共振谱线，通过火焰中试样蒸气时，待测元素的原子吸收部分共振辐射，而未被吸收的共振辐射则作为一种有用的分析信号，被原子吸收分光光度计的检测系统接收，经过放大、对数变换，以吸光度值记录或显示出来。这个数值反映的是被吸收的共振辐射，其吸收的程度是试样蒸气中分析元素浓度的函数。

原子吸收光谱法是一种选择性好、干扰小、灵敏度高的定量分析方法，但在实际工作中仍然不可忽略干扰问题。对于一些熔点、沸点较高，较难解离的化合物，干扰尤为严重，必须予以重视，否则将会得到错误的数据结果。

原子吸收光谱法中的干扰主要有物理干扰、化学干扰、电离干扰、光谱干扰和背景干扰。

物理干扰是因待测试样与标准试样的黏度、表面张力和相对密度等物理性质的不同而产生的干扰，是非选择性干扰。消除物理干扰的方法有配制与待测试样组成相近的标准溶液，采用标准加入法检测或者稀释浓的待测试样。

化学干扰是火焰原子吸收光谱法中最重要的一种干扰，是指因待测元素原子与共存组分发生化学反应生成稳定的化合物，如更难挥发及更难解离的化合物，从而影响待测元素原子化，使产生的气态基态原子数减少，吸光度下降。消除化学干扰的方法主要有升高原子化温度、加入释放剂、加入保护剂、加入缓冲剂和化学分离等。

电离干扰是指一些碱金属、碱土金属及铜族金属等电离电位较低的元素在高温下易电离，使气态基态原子数降低，影响测定。这种干扰一般在溶液中加入 0.1% 的碱金属作为消电离剂就可消除。

光谱干扰包括谱线重叠、光谱通带内存在非共振吸收线及原子化器内的直流发射等干扰，可以通过选择合适的谱线或通过光源调制消除。

分子吸收和光散射作用是形成光谱背景的主要因素，可以采用邻近非共振线扣除法、连续光源背景校正法及塞曼(Zeeman)效应背景校正法来校正背景干扰。

三、仪器与试剂

1. 仪器及工作条件

1) 仪器

ZA3000 型原子吸收分光光度计；Ca 空心阴极灯；1 mL、2 mL 和 5 mL 吸量管；20 mL 容量瓶。

2) 工作条件

狭缝宽度 1.3 nm；空气压力 160 kPa，流量 15.0 L/min；乙炔流量 2.2 L/min；火焰测量高

度 7.5 mm；波长 422.6 nm，灯电流 7.5 mA。

2. 试剂

500.0 μg/mL Ca 标准储备液；Ca 未知液；500.0 μg/mL 磷酸根溶液；25.0 mg/mL 锶溶液；10%(质量分数)磺基水杨酸(SSA)溶液。

四、实验步骤

1. Ca 标准系列及未知液的配制

用 1 mL、5 mL 吸量管分别吸取 500.0 μg/mL Ca 标准储备液 0 mL、0.5 mL、1.0 mL、2.0 mL、3.0 mL、4.0 mL 于 6 个 50 mL 容量瓶中，用超纯水稀释至刻度，摇匀，配制浓度分别为 0 μg/mL、5 μg/mL、10 μg/mL、20 μg/mL、30 μg/mL、40 μg/mL 的 Ca 标准溶液系列。

在另外 4 个 50 mL 容量瓶中，用 1 mL 吸量管吸取未知液各 1.0 mL，再用 2 mL 吸量管分别移取 Ca 标准储备液 0 mL、1.0 mL、1.5 mL、2.0 mL，用超纯水稀释至刻度，摇匀，配制一套 Ca 未知液的增量系列。

2. Ca 干扰实验溶液的配制

按表 3-1 中的方法，在 5 个 50 mL 容量瓶中分别加入不同溶液，最后用超纯水稀释至刻度，摇匀。

表 3-1　Ca 干扰实验

编号	溶液	吸光度
1	Ca^{2+} 10.0 μg/mL(取 1.0 mL 500.0 μg/mL Ca^{2+}溶液于 50 mL 容量瓶中)	
2	Ca^{2+} 10.0 μg/mL + PO_4^{3-} 20.0 μg/mL	
3	Ca^{2+} 10.0 μg/mL + PO_4^{3-} 20.0 μg/mL + Sr^{2+} 1.0 mg/mL	
4	Ca^{2+} 10.0 μg/mL + PO_4^{3-} 20.0 μg/mL + 0.4% SSA	
5	Ca^{2+} 10.0 μg/mL + PO_4^{3-} 20.0 μg/mL + Sr^{2+} 1.0 mg/mL + 0.4% SSA	

3. 数据的测量

(1) 按仪器使用的工作条件，以空白溶液调吸光度等于 0，按照浓度由低到高检测标准系列及增量系列，记录吸光度值，用于制作标准曲线及标准加入曲线，求出未知液钙含量。

(2) 在同样条件下，连续测定 11 次 Ca 的空白溶液，并记录每一次的吸光度值，用于计算该方法的检出限。

(3) 在同样条件下，连续测定 11 次 Ca 未知液，并记录每一次的吸光度值，用于计算该方法的相对标准偏差。

(4) 在同样条件下，分别测定 Ca 干扰实验中的 5 个溶液，记录吸光度值。

五、实验数据及结果

1. 标准曲线法测量 Ca 未知液的含量

根据上述 Ca 溶液的标准系列与其对应的吸光度值绘制标准曲线。从标准曲线上根据 Ca 未知液的吸光度值，求出未知液中 Ca 的含量。

2. 标准加入法(增量法)测量 Ca 未知液的含量

根据上述 Ca 溶液的增量系列与其对应的吸光度值绘制标准曲线，用外推法求出吸光度为 0 时 Ca 的加入量，即未知液中 Ca 的含量(图 3-7)。

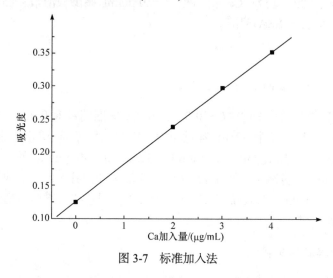

图 3-7 标准加入法

3. 特征浓度的计算

在原子吸收光谱法中,特征浓度定义为能产生 1%吸收或 0.0044 吸光度所需要的分析元素浓度，以 μg/mL/1%吸收表示。特征浓度可以用来比较在低浓度区域校准曲线的斜率，其计算公式为

$$特征浓度 = \frac{c \times 0.0044}{A} (\mu g/mL/1\%吸收) \tag{3-4}$$

式中：c 为待测试样浓度；A 为溶液浓度为 c 时所对应的吸光度；0.0044 为相对于 1%吸收时的吸光度。

将 10.0 μg/mL Ca 标准溶液所对应的吸光度值代入式(3-4)，计算出该方法中测定 Ca 的特征浓度。

4. 方法相对标准偏差(RSD)的计算

标准偏差 S 由式(3-5)确定

$$S = \left[\sum_{i=1}^{n} (X_i - \bar{X})^2 / (n-1) \right]^{1/2} \tag{3-5}$$

式中：X_i 为单次测定值；$\bar{X}$ 为 n 次重复测定的平均值；S 为有限测定次数(如 11 次)的标准偏差。

相对标准偏差 S_r 是将标准偏差 S 除以 n 次重复测定的算术平均值 $\bar{X}$ ，即

$$S_r(RSD) = \frac{S}{\bar{X}} \tag{3-6}$$

其数值可用小数或百分数表示。

将上述 Ca 未知液 11 次测量结果按上述公式计算其相对标准偏差 S_r (RSD)。

5. 检出限的计算

灵敏度 S 是指分析信号随分析物浓度变化的速度，即校准曲线的斜率，当浓度为 C、信号为 A 时，灵敏度为

$$S = \frac{\Delta A}{\Delta C} \tag{3-7}$$

检出限与置信水平、方法标准偏差及灵敏度有关，可表示为

$$D_L = \frac{kS_{b1}}{S} \tag{3-8}$$

式中：S_{b1} 为空白或背景信号的标准偏差；S 为灵敏度；k 为与置信水平有关的常数(IUPAC 推荐 $k=3$，在误差正态分布的条件下，其置信度为 99.7%)。

六、注意事项

同实验 6 "注意事项"。

七、思考题

(1) 空气-乙炔火焰原子吸收光谱法测定钙时，为什么选用富燃火焰而不选用贫燃火焰？

(2) 溶液中存在磷酸根时，对测定钙有什么影响？当溶液中引入锶盐或磺基水杨酸后，对钙的测定及干扰的消除有什么影响？为什么？

(3) 标准曲线法与标准加入法各有什么特点及优缺点？

(4) 特征浓度与检出限有什么区别？为什么有的方法检出限比特征浓度低一两个数量级，而有的方法检出限与特征浓度接近？

实验 8　石墨炉原子吸收光谱法测定铜的研究

一、实验目的

(1) 了解 ZA3000 型原子吸收分光光度计的基本构造。

(2) 掌握石墨炉原子化法的基本原理。

(3) 掌握塞曼效应校正背景的基本原理。

(4) 了解石墨炉原子吸收光谱法的操作步骤。

二、实验原理

石墨炉电热原子化法的原子化过程分为 4 个阶段，即干燥、灰化、原子化和高温净化，如图 3-8 所示，可在不同温度下，不同时间内分步进行。同时，其温度和时间均可控制。各个过程的作用分别如下：

(1) 干燥过程：蒸发掉试样中的溶剂。

(2) 灰化过程：除掉易挥发的基体和有机物。

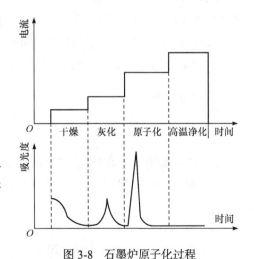

图 3-8　石墨炉原子化过程

(3) 原子化过程：使待测元素转化为气态基态原子。

(4) 高温净化过程：除残和净化石墨管。

原子吸收光谱法中背景干扰是不可忽视的。背景干扰产生的主要原因是分子吸收或光散射作用。校正背景的方法有邻近非共振线校正法、连续光源背景校正法及塞曼效应背景校正法。本实验采用塞曼效应背景校正法。塞曼效应是指在磁场作用下，简并的谱线发生分裂的现象(图 3-9)。以恒定磁场调制法为例，将恒定磁场加在原子化器上，塞曼效应使谱线分裂成 π 组分和 σ± 组分。π 组分平行于磁场方向，对平行于磁场方向的光产生吸收，测得总的吸收信号 $A_{原子} + A_{背景}$。σ± 组分垂直于磁场方向，对垂直于磁场方向的光产生吸收，测得 $A_{背景}$。通过扣除背景信号，得到待测原子吸收信号。

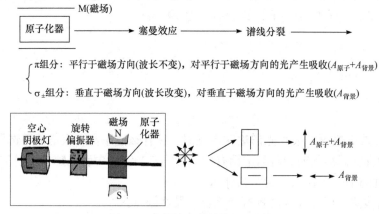

图 3-9　塞曼效应背景校正法原理

此外，使用基体改进剂可以消除基体干扰，提高测定的灵敏度和准确度。基体改进剂顾名思义是一种试剂，加入石墨炉或试样中，可以与试样基体、分析元素、石墨炉体三者相互作用，改善环境气氛，消除基体干扰，避免分析元素灰化损失，扩大基体与分析元素间的性质差异，最终有利于提高分析方法的灵敏度和准确度。例如，直接测定海水中的重金属元素含量时，首先要求解决海水基体干扰的问题。海水的含盐量为 2.5%～3.5%，此浓度产生的背景吸收很高。多种基体改进剂都可以用来消除海水中的基体干扰，常用的改进剂有 $NH_4H_2PO_4$，它可以使海水中大量的 NaCl 基体生成易挥发的 NaH_2PO_4 和 NH_4Cl，使 NaCl 基体在原子化前得到去除。本实验测定模拟海水中 Cu^{2+} 的含量，使用 $NH_4H_2PO_4$ 作为基体改进剂。

三、仪器与试剂

1. 仪器

ZA3000 型原子吸收分光光度计；Cu 空心阴极灯：波长 324.8 nm，灯电流 7.5 mA；狭缝宽度 1.3 nm；10～200 μL、200～1000 μL 取样器；5 mL 吸量管；10 mL、25 mL 容量瓶。

2. 试剂

1.0 μg/mL Cu 标准储备液；20%(质量分数)$NH_4H_2PO_4$ 溶液；模拟海水样品。

四、实验步骤

1. 参数设置

设置石墨炉原子化过程各阶段的温度和时间，如表 3-2 所示。

表 3-2　石墨炉原子化过程参数设置

原子化过程	开始/结束温度/℃	时间/s	气体流量/(mL/min)
干燥	80 / 140	40	200
灰化	600 / 600	20	200
原子化	2400 / 2400	5	30
高温净化	2500 / 2500	4	200

2. 标准曲线的绘制

配制一系列不同浓度 0 ng/mL、10 ng/mL、20 ng/mL、40 ng/mL、60 ng/mL、80 ng/mL 的 Cu 标准溶液，在最优化的测定条件下，测定标准溶液的吸光度值，绘制标准曲线。

3. 样品分析

取模拟海水样品 5.0 mL，加入 1.0 mL 20% $NH_4H_2PO_4$ 溶液作为基体改进剂，用超纯水定容至 10 mL，测定样品的吸光度值。

五、实验数据及结果

(1) 标准曲线法：测定不同浓度的 Cu 标准溶液的吸光度值，制作标准曲线，得到标准曲线方程。

(2) 测定实际样品中 Cu 的吸光度值，从上述线性方程中求得 Cu 的含量。

六、注意事项

同实验 6 "注意事项" (1)、(2)。

七、思考题

(1) 试述石墨炉原子化法的工作原理。为什么它比火焰原子化法有更高的灵敏度？

(2) 石墨炉原子吸收光谱法中，加入基体改进剂的作用是什么？

第 4 章　紫外-可见分光光度法

4.1　基　本　原　理

　　紫外-可见分光光度法(ultraviolet-visible spectrophotometry)是利用某些物质的分子吸收 200～800 nm 光谱区的辐射，发生价电子和分子轨道上的电子在电子能级间的跃迁，从而产生分子吸收光谱，并据此进行分析测定的方法。

　　紫外-可见分光光度法定量分析的理论基础是朗伯-比尔(Lambert-Beer)定律，即在一定波长处，待测物质的吸光度与它的溶液浓度和测量液膜厚度呈函数关系。使用固定波长的入射光照射厚度一定的均匀溶液时，待测物质的吸光度与它的浓度呈正比关系，从而可求出该物质在溶液中的浓度。紫外-可见分光光度法的定量分析方法有多种，如单波长法、双波长法、三波长法、导数光度法、催化动力学光度法等。

　　紫外-可见分光光度法具有使用方便、准确、迅速，样品用量少等优点，被广泛应用于农、林、牧、渔、医药、环保、地矿、冶金、物理、化工等各个领域，成为这些领域的实验室必备分析手段。尤其是各种新型光度法的问世，进一步扩大了紫外-可见分光光度法的应用范围，如浑浊样品、性质极为相似的同系物、元素之间的分别测定等。

　　本章从化学、环保、医药、生化等领域进行了实验设计，并尽可能采用多种新型光度法，如催化动力学光度法、导数光度法、多波长法等，做到方法新、应用面广，给学生以多方位培养。

4.1.1　分子吸收光谱的形成

　　分子中的电子总是处在某种运动状态中，每种状态都具有一定的能量，属于一定的能级。电子受到光、热、电等的激发，吸收了外来辐射的能量，就从一个能量较低的能级跃迁到另一个能量较高的能级。分子内部运动包括价电子运动、分子内原子在平衡位置的振动和分子绕其重心的转动，因此分子具有电子能级、振动能级和转动能级。按量子力学计算，它们是不连续的，即具有量子化的性质。所以，一个分子吸收了外来辐射之后，它的能量变化 ΔE 为其振动能变化 ΔE_v、转动能变化 ΔE_r 及电子运动能变化 ΔE_e 的总和，即

$$\Delta E = \Delta E_v + \Delta E_r + \Delta E_e \tag{4-1}$$

式(4-1)中 ΔE_e 最大，一般为 1～20 eV。

　　若 ΔE 恰好等于电磁波的能量 $h\nu$，则分子将从较低能级跃迁到较高能级。现假设 ΔE_e 为 5 eV，可计算得到其相应的波长为 250 nm。因此，由分子内部电子能级的跃迁而产生的光谱位于紫外区或可见光区内。

　　分子的振动能变化 ΔE_v 大约是 ΔE_e 的 1/10，一般为 0.05～1 eV。

　　分子的转动能变化 ΔE_r 大约是 ΔE_v 的 1/10 或 1/100，一般小于 0.05 eV。当发生电子能级和振动能级之间的跃迁时，必然也要发生转动能级之间的跃迁。由于得到的谱线彼此间的波长间隔只有 250 nm×0.1%=0.25 nm，如此小的间隔使它们连在一起，因此紫外-可见吸收光谱呈现带状，称为带状光谱。

物质只能选择性地吸收那些能量相当于该分子电子运动能变化 ΔE_e、振动能变化 ΔE_v 及转动能变化 ΔE_r 的总和的辐射。由于各种物质分子内部结构的不同，分子的能级也不同，各种能级之间的间隔也互不相同，这就决定了它们对不同波长光的选择性吸收。如果改变通过某一吸收物质的入射光的波长，并记录该物质在每一波长处得吸光度 A，然后以波长为横坐标，以吸收度 A 为纵坐标作图，这样得到的谱图称为该物质的吸收光谱或吸收曲线。物质的吸收光谱反映了它在不同的光谱区域内吸收能力的分布情况，可以从波形、波峰的强度、位置及数目研究物质的内部结构，对目标物进行定性、定量分析。

4.1.2 基本概念

1. 生色团

分子中含有非键轨道和 π 分子轨道的电子体系，能产生 n→π* 和 π→π* 跃迁，吸收紫外或可见光，这样的基团称为生色团(chromophore)，如 $>C=C<$、$>C=O$、$—N=O$、$>C=C—O—$ 等。

2. 助色团

本身不能吸收紫外或可见光，但能使生色团吸收峰向长波位移并增强其强度的官能团称为助色团(auxochrome)，如 $—OH$、$—NH_2$、$—SH$、$—OR$ 及一些卤族元素等。这些基团中都含有孤对电子，它们能与生色团中 π 电子相互作用，使 π→π* 跃迁能量降低并引起吸收峰位移。

3. 红移与蓝(紫)移

某些有机化合物经取代反应引入含有未成键电子的基团($—NH_2$、$—OH$、$—Cl$、$—Br$、$—NR_2$、$—OR$、$—SH$、$—SR$ 等)之后，吸收峰的波长 λ_{max} 将向长波长方向移动，这种效应称为红移(red shift)。

与红移效应相反，有时在某些生色团(如 $>C=O$)的碳原子一端引入一些取代基之后，吸收峰的波长会向短波长方向移动，这种效应称为蓝移(blue shift)。

溶剂极性的不同也会引起某些化合物吸收光谱的红移或蓝移，这种作用称为溶剂效应。在 π→π* 跃迁中，激发态极性大于基态，当使用极性大的溶剂时，由于溶剂或溶质相互作用，激发态 π* 比基态 π 的能量下降更多，因而激发态与基态之间的能量差减小，导致吸收谱带 λ_{max} 红移。而在 n→π* 跃迁中，基态 n 电子与极性溶剂形成氢键，降低了基态能量，使激发态与基态之间的能量差变大，导致吸收谱带 λ_{max} 向短波方向移动(蓝移)。

4.1.3 朗伯-比尔定律

作为光吸收的基本定律，朗伯-比尔定律指出：当一束平行的单色光照射到均匀的溶液时，入射光被溶液的吸收程度与溶液的厚度及被测物质的浓度成正比，用数学式表达为

$$I / I_0 = 10^{-abc} \quad \text{或} \quad \lg(I_0 / I) = abc \tag{4-2}$$

式中：I 为透射光强度；I_0 为入射光强度；a 为吸光系数；b 为溶液厚度(cm)；c 为溶液浓度(g/L)；I/I_0 为透射比，用 T 表示，若以百分数表示，则 $T\%$ 称为百分透光率；而 $(1-T\%)$ 称为百分吸收率；I/I_0 的负对数用 A 表示，称为吸光度，此时式(4-2)可写成

$$A = abc \tag{4-3}$$

若 c 为物质的量浓度(mol/L)，则式(4-3)又可写成

$$A = \varepsilon bc \tag{4-4}$$

式中：ε 为摩尔吸光系数。如果 b 的单位用 cm，则 ε 的单位为 L/(mol·cm)。如果浓度 c 的单位用质量浓度 g/100 mL，b 的单位用 cm，则式(4-4)中的吸光系数用符号 $E_{1\,cm}^{1\%}$ 表示，称为比吸光系数，它与 ε 的关系可表示为

$$E_{1\,cm}^{1\%} = 10\varepsilon / M \tag{4-5}$$

式中：M 为待测物质的摩尔质量。用比吸光系数的表示方法特别适用于分子量未知的化合物。

4.1.4 光谱曲线的表示方法

将不同波长的单色光依次通过被分析的物质，分别测得不同波长下的吸光度或透光率，然后绘制吸收强度参数-波长曲线，即为物质的吸收光谱曲线。在紫外-可见光谱中，波长 λ 用 nm 为单位，吸收强度参数用透光率 $T/\%$、吸收率、A、ε、$\lg\varepsilon$ 或 $E_{1\,cm}^{1\%}$ 等表示(图 4-1)。

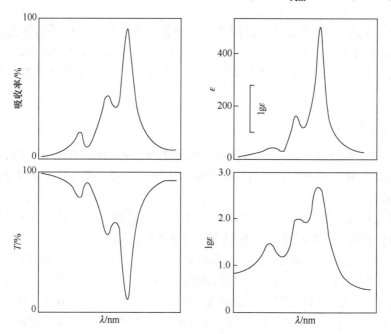

图 4-1　紫外吸收曲线的各种表示方法

用吸收率、ε 及 $\lg\varepsilon$ 为纵坐标的吸收曲线中，具有最大吸收值的波长称为最大吸收波长，一般用 λ_{max} 表示；而以 $T/\%$ 为纵坐标的吸收曲线中，λ_{max} 对应的是曲线的最低点。

吸收曲线描述了物质对不同波长光的吸收能力，它反映了物质分子能级的变化，所以吸收曲线的形状、最大吸收波长 λ_{max} 的位置及吸收强度(如 ε、$\lg\varepsilon$)等与分子的结构有密切的关系。因此，利用吸收曲线可以对物质进行定性分析；而用某一波长下测得的吸光度与物质浓度关系的工作曲线，可以对物质进行定量分析。为了得到较高灵敏度，一般测定 λ_{max} 处的吸光度。

4.1.5 对朗伯-比尔定律的偏离

根据朗伯-比尔定律，吸光度 A 与浓度 c 成正比，但有时会出现偏离朗伯-比尔定律的情况，一般以负偏离居多，因而影响了测定的准确度。引起偏离朗伯-比尔定律的因素很多，通常可归成两类，一类与样品的浓度有关，另一类则与仪器有关。

通常只有在溶液浓度小于 0.01 mol/L 的稀溶液中朗伯-比尔定律才能成立。随着溶液的浓度增大，吸光质点间的平均距离缩小，邻近质点间彼此的电荷分布会产生相互影响，从而改变它们对特定辐射的吸收能力，即吸光系数发生改变，产生偏离。

朗伯-比尔定律只适用于单色光，但在紫外-可见分光光度法中，从光源发出的光经单色器分光，为满足实际测定中需有足够光强的要求，狭缝必须有一定的宽度。因此，由出射狭缝投射到待测溶液的光并不是单色光，实际用于测量的是一小段波长范围的复合光。吸光物质对不同波长的光的吸收能力不同，导致了对朗伯-比尔定律的负偏离。这种非单色光是所有偏离朗伯-比尔定律的因素中较为重要的一个。

溶剂对吸收光谱的影响也很重要。在分光光度法中广泛使用各种溶剂，它们会对生色团的吸收峰高度、波长位置产生影响。溶剂还会影响待测物质的物理性质和组成，从而影响其光谱特性，包括谱带的电子跃迁类型等。

当试样为胶体、乳状液或有悬浮物质存在时，入射光通过溶液后，有一部分光因散射而损失，使吸光度增大，从而对朗伯-比尔定律产生偏离。

4.2 仪器及使用方法

4.2.1 紫外-可见分光光度计

紫外-可见分光光度计基本由五个部分组成(图 4-2)，即光源、单色器、吸收池、检测器和数据处理系统。

图 4-2 紫外-可见分光光度计基本结构示意图

1. 光源

光源应能够在仪器操作所需的光谱区域内发射连续辐射，有足够的辐射强度和良好的稳定性，而且辐射能量随波长的变化应尽可能小。紫外-可见分光光度计中常用的光源有两类。用于可见光区的光源，用钨灯或卤钨灯；用于紫外光区的光源，用氢灯或氘灯。

钨灯和碘钨灯可使用的范围为 340～2500 nm。这类光源的辐射能量与施加的外加电压有关，在可见光区，辐射的能量输出与工作电压的四次方成正比。为使光源稳定，必须严格控制灯丝电压，仪器应配有稳压电源。

在近紫外区测定使用氢灯或氘灯。它们可在 160～375 nm 产生连续光谱。氘灯的灯管内充有氘，它是紫外光区应用最广泛的一种光源，其光谱分布与氢灯类似，但光强度比相同功率的氢灯大 3～5 倍。

2. 单色器

单色器是能从光源辐射的复合光中分出单色光的光学装置，波长在紫外-可见区域内任意可调。单色器一般由入射狭缝、准光镜(透镜或凹面反射镜使入射光成平行光)、色散元件、聚焦元件和出射狭缝等几部分组成。关键部分是起分光作用的色散元件，常用棱镜和光栅。

棱镜有玻璃和石英两种材料，依据不同波长光通过棱镜时有不同的折射率而将不同波长的光分开。由于玻璃可吸收紫外光，所以玻璃棱镜只能用于 350～3200 nm 的波长范围，即可见光区域内。石英棱镜适用的波长范围较宽，从 185～4000 nm，可用于紫外、可见、近红外三个光区。

光栅是利用光的衍射与干涉作用制成的，可用于紫外、可见、近红外光区，而且在整个波长区具有良好的、几乎均匀一致的分辨能力。它具有色散波长范围宽、分辨率高、成本低、便于保存和易于制备等优点。缺点是各级光谱会重叠而产生干扰。

入射、出射狭缝，透镜及准光镜等光学元件中，狭缝在决定单色器性能上起重要作用。狭缝的大小直接影响单色光纯度，但过小的狭缝又会减弱光强。

单色器的性能直接影响入射光的单色性，从而也影响测定的灵敏度、选择性及校准曲线的线性关系等。

3. 吸收池

紫外-可见分光光度法一般使用液体样品，分析试样放在吸收池中。吸收池一般有石英和玻璃材料两种。石英池适用于可见及紫外光区，玻璃吸收池只能用于可见光区。为减少光的反射损失，吸收池的光学面必须完全垂直于光束方向。在高精度的分析测定中(紫外区尤其重要)，吸收池要挑选配对。因为吸收池材料本身的吸光特征以及其光程长度的精度等对分析结果都有影响。

4. 检测器

检测器用来检测光信号，测量单色光透过溶液后光强度的变化。常用的检测器有光电池、光电管和光电倍增管等，通过光电效应将照射到检测器上的光信号转变成电信号。检测器在测定的光谱范围内具有灵敏度高，对辐射能量的响应时间短、线性范围宽，对不同波长的辐射响应相同，噪声水平低、稳定性好等特点。

光电管阴极上光敏材料不同，光谱的灵敏区也不同。可分为蓝敏和红敏两种光电管，前者是在镍阴极表面上沉积锑和铯，可用波长范围为 210～625 nm；后者是在阴极表面上沉积银和氧化铯，可用波长范围为 625～1000 nm。与光电池相比，光电管具有灵敏度高、光敏范围宽、不易疲劳等优点。

在紫外-可见分光光度计上，现在广泛使用的检测器是光电倍增管，它是检测微弱光最常用的光电元件，不仅响应速度快，能检测 $10^{-9}～10^{-8}$ s 的脉冲光，而且它的灵敏度比一般的光电管高 200 倍，因此可使用较窄的单色器狭缝，对光谱的精细结构有更好的分辨能力。

5. 数据处理系统

数据处理系统的作用是放大、记录信号并控制仪器。目前，大多数紫外-可见分光光度计都配有计算机，一方面可以对分光光度计进行操作控制，另一方面可以进行数据处理。

4.2.2　紫外-可见分光光度计的类型

紫外-可见分光光度计的种类很多，一般可归纳为三种类型，即单光束分光光度计、双光束分光光度计和双波长分光光度计。

1. 单光束分光光度计

单光束分光光度计是经单色器分光后的一束平行光轮流通过参比溶液和样品溶液，进行吸光度的测定。这种简易型分光光度计结构简单，操作方便，维修容易，适用于常规分析。国产 722 型、751 型、724 型，英国 SP500 型以及 DU-8 型等均属于此类光度计。

2. 双光束分光光度计

双光束分光光度计是经单色器分光后经反射镜(M_1)分解为强度相等的两束光，一束通过参比池，另一束通过样品池(图 4-3)。光度计自动比较两束光的强度，其比值即为试样的透射比，经对数变换转换成吸光度并作为波长的函数记录。双光束分光光度计一般都能自动记录吸收光谱曲线。由于两束光同时分别通过参比池和样品池，还能自动清除光源强度变化所引起的误差。这类仪器有国产 710 型、730 型、740 型等。

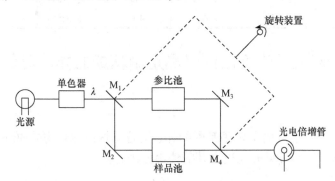

图 4-3　双光束分光光度计光路示意图

3. 双波长分光光度计

双波长分光光度计是由同一光源发出的光被分成两束，分别经过两个单色管，得到两束不同波长(λ_1 和 λ_2)的单色光；利用切光器将两束光以一定的频率交替照射统一吸收池，然后经过光电倍增管和电子控制系统，最后由显示器显示出两个波长处的吸光度差值 ΔA($\Delta A = A_{\lambda_1} - A_{\lambda_2}$) (图 4-4)。对于多组分混合物、浑浊试样(如生物组织液)分析，以及存在背景干扰或共存组分吸收干扰的情况，利用双波长分光光度法能提高灵敏度和选择性。双波长分光光度计可获得导数光谱，通过光学系统转换能方便地转化为单波长工作方式。如果能在 λ_1 和 λ_2 处分别记录吸光度随时间变化的曲线，可用于化学反应动力学研究。

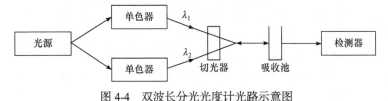

图 4-4　双波长分光光度计光路示意图

4.2.3　紫外-可见分光光度计的校正

通常验收新仪器或仪器使用一段时间后都要进行波长校正和吸光度校正。采用下列方法进行校正较为简便和实用。镨钕玻璃可用来校正分光光度计可见光区的波长标尺，钕玻璃则对紫外和可见光区都适用，利用若干特征吸收峰进行校正。

可用 K_2CrO_4 标准溶液校正吸光度标度。将 0.0400 g K_2CrO_4 溶于 1 L 0.05 mol/L KOH 溶液中，在 1 cm 光程的吸收池中，25℃时用不同波长测吸光度值(表 4-1)。

表 4-1　K_2CrO_4 标准溶液的吸光度

λ/nm	吸光度 A	λ/nm	吸光度 A	λ/nm	吸光度 A	λ/nm	吸光度 A
220	0.4559	300	0.1518	380	0.9281	460	0.0173
230	0.1675	310	0.0458	390	0.6841	470	0.0083
240	0.2933	320	0.0620	400	0.3872	480	0.0035
250	0.4962	330	0.1457	410	0.1972	490	0.0009
260	0.6345	340	0.3143	420	0.1261	500	0.0000
270	0.7447	350	0.5528	430	0.0841		
280	0.7235	360	0.8297	440	0.0535		
290	0.4295	370	0.9914	450	0.0325		

实验 9　双波长光度法同时测定硝基酚的邻、对位异构体

一、实验目的

(1) 掌握双波长光度法同时测定硝基酚的邻、对位异构体混合物的原理。

(2) 熟悉 Cary60 紫外-可见分光光度计的使用方法。

二、实验原理

1. 等吸收点双波长法原理

图 4-5 是邻、对硝基酚在碱性条件下的吸收光谱，两者严重重叠，用普通光度法难以实现两者的相互测定。用等吸收点双波长法可以解决这一难题，其原理如下：

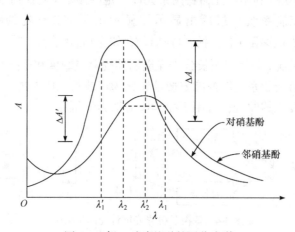

图 4-5　邻、对硝基酚的吸收光谱

$$A_{\lambda_2} = A_{\lambda_2}^{邻} + A_{\lambda_2}^{对} = \varepsilon_{\lambda_2}^{邻} c_{邻} L + A_{\lambda_2}^{对} \tag{4-6}$$

$$A_{\lambda_1} = A_{\lambda_1}^{邻} + A_{\lambda_1}^{对} = \varepsilon_{\lambda_1}^{邻} c_{邻} L + A_{\lambda_1}^{对} \tag{4-7}$$

使

$$A_{\lambda_2}^{对} = A_{\lambda_1}^{对} \text{ (测定邻硝基酚时)} \tag{4-8}$$

$$\Delta A = A_{\lambda_2} - A_{\lambda_1} = A_{\lambda_2}^{邻} + A_{\lambda_2}^{对} - (A_{\lambda_1}^{邻} + A_{\lambda_1}^{对}) \tag{4-9}$$

将式(4-8)代入式(4-9)得

$$\Delta A = A_{\lambda_2}^{邻} - A_{\lambda_1}^{邻} = (\varepsilon_{\lambda_2}^{邻} - \varepsilon_{\lambda_1}^{邻}) c_{邻} L$$

ΔA 仅与 $c_{邻}$ 有关。

同理

$$\Delta A' = (\varepsilon_{\lambda_2}^{对} - \varepsilon_{\lambda_1}^{对}) c_{对} L$$

$\Delta A'$ 仅与 $c_{对}$ 有关。

2. 寻找等吸收点——精密确定法

为了提高分析结果的精密度,可用精密确定法最终确定波长组合 λ_2-λ_1(λ_2'-λ_1')。在紫外-可见分光光度计上,先固定 λ_2,使 λ_1 向长波或短波方向改变 1 nm 左右,观察ΔA 变化的大小,从中找出ΔA 变化最小的 λ_1 值。

三、仪器与试剂

1. 仪器

Cary60 紫外-可见分光光度计;25 mL 比色管;5 mL 移液管;石英比色皿。

2. 试剂

7.5×10^{-4} mol/L 邻硝基酚储备液;7.5×10^{-4} mol/L 对硝基酚储备液;1 mol/L NaOH 溶液;未知储备液一份。

四、实验步骤

1. 溶液配制

(1) 邻硝基酚标准溶液的配制:分别移取邻硝基酚储备液 1.0 mL、2.0 mL、3.0 mL、4.0 mL、5.0 mL 于 5 个 25 mL 比色管中,加入 2 滴 1 mol/L NaOH 溶液,用蒸馏水定容至刻度,摇匀。

(2) 对硝基酚标准溶液的配制:分别移取对硝基酚储备液 1.0 mL、2.0 mL、3.0 mL、4.0 mL、5.0 mL 于 5 个 25 mL 比色管中,加入 2 滴 1 mol/L NaOH 溶液,用蒸馏水定容至刻度,摇匀。

(3) 未知混合液的配制:移取 4.0 mL 未知储备液于 1 个 25 mL 比色管中,加入 2 滴 1 mol/L NaOH 溶液,用蒸馏水定容至刻度,摇匀。

(4) 参比溶液的配制:在 1 个 25 mL 比色管中加入 2 滴 1 mol/L NaOH 溶液,用蒸馏水定容至刻度,摇匀。

2. 吸收光谱测定(在"Scan"界面下)

1) 设定参数

点击"设置",X 模式:500～350 nm;Y 模式:Abs;扫描速度:中低速;点击"基线",设为基线校正,激活"基线"。

2) 基线扫描

扣除试样空白对吸收光谱的影响。将盛装参比溶液的比色皿放入试样室,点击"基线"以扣除背底。

3) 测试样品吸收光谱

放入邻硝基酚标准溶液(邻位 3.0 mL),点击"开始",扫描 350～500 nm 波长范围内邻硝基酚溶液的吸收光谱图;然后继续放入对硝基酚标准溶液(对位 1.0 mL),点击"继续",测定对硝基酚溶液的吸收光谱图。扫描结束后点击"完成"。此时,邻、对硝基酚的吸收光谱图就显示在同一个谱图界面中。

4) λ_2-λ_1(对)和 λ_2'-λ_1'(邻)波长对的确定

点击谱图界面中的读图快捷方式(倒数第二个黄色图标),选定"峰值-最大-x, y 标签",点击"确定",即优先显示邻硝基酚(红色线)的最大吸收波长,记为 λ_2'。然后点击选定对硝基酚的吸收谱图(此时谱线变为红色),同样读取对硝基酚的最大吸收波长,记为 λ_2。点击快捷图标的第二个(大箭头),选择"跟踪"。将光标移至 λ_2' 处,此时显示该处的 y 值,为对硝基酚在 λ_2' 处的吸光度,并记录。在对硝基酚的曲线上,寻找另一个等吸收点对应的波长,即为测定对位的参比波长 λ_1。同样找出并记录测定邻位的参比波长 λ_1'。

3. 标准曲线的绘制及未知样测定

在"Concentration"界面下进行以下操作(注意:保持计算机与仪器的通信)。

1) 设定参数

点击"设置",勾选自定义参数,下拉菜单设置为:Read(415)-Read(382);点击"标准样品",数量:5,标准样品浓度:3.0,6.0,9.0,12.0,15.0,单位:10^{-5} mol/L;点击"样品",数量:1。

2) 调零,扣除背景

将装有参比溶液的比色皿放入仪器,点击"调零",此时屏幕左上方显示吸光度为 0.0000。

3) 测定邻硝基酚的标准曲线

点击"开始",设置存储路径与文件名;点击"确定",进入测试样品列表界面;点击"继续",根据提示放入 1 号邻硝基酚标准溶液(1mL);点击"确定",则自动转入标准曲线图界面,按照提示依次放入剩余邻硝基酚标准溶液进行测量。此时,屏幕左边出现邻硝基酚标准曲线,右边出现对应数据信息。

4) 测定未知混合液中邻硝基酚的含量

5 个邻硝基酚标准溶液测定完成后,将自动弹出提示:"转到样品"。继续放入待测未知混合液,点击"确定",即可在窗口右侧数据信息部分得到未知混合液中邻硝基酚的含量。保存并打印。

5) 测定对硝基酚的标准曲线

在"Concentration"界面点击"文件"-"新建文件",出现新窗口。按照邻硝基酚的测定方法设定对硝基酚的参数：Read(399)-Read(430)，数量：5，标准样品浓度：1.5，3.0，4.5，6.0，7.5，单位：10^{-5} mol/L；点击"样品"，数量：1。测定硝基酚标准溶液，绘制对硝基酚标准曲线。

6) 测定未知混合液中对硝基酚的含量

在测定对硝基酚标准曲线条件下测定未知混合液，可得其中对硝基酚的含量，保存并打印。

五、实验数据及结果

(1) 绘制邻、对硝基酚的吸收光谱曲线。

(2) 绘制邻、对硝基酚的标准曲线。

(3) 根据测得稀释后的未知混合液中邻、对硝基酚的浓度，计算原始未知混合液中邻、对硝基酚的浓度。

六、注意事项

(1) 配制 12 个溶液时，切记在每个溶液中滴加 2 滴 NaOH 溶液后，再用蒸馏水定容至刻度。

(2) 测定标准曲线时，邻、对硝基酚的标准溶液要按照浓度由低到高的顺序测定。在换下一个标准溶液时，比色皿无须用蒸馏水清洗，直接用待测标准溶液润洗即可。但换未知混合液时，必须用蒸馏水清洗，再用未知混合液润洗后，方可进行测定。

七、思考题

(1) 简述双波长光度法同时测定硝基酚的邻、对位异构体的原理。

(2) 还有哪些定量测定邻、对硝基酚混合溶液的方法？

(3) 如何减小实验测定的误差？

实验 10　分光光度法测定溴百里香酚蓝指示剂的解离常数

一、实验目的

(1) 通过实验熟悉用分光光度法测定酸碱指示剂的解离常数。

(2) 掌握 Cary60 紫外-可见分光光度计及 PHSJ-3F 型 pH 计的正确使用。

二、实验原理

本实验所选用的酸碱指示剂是溴百里香酚蓝(BTB)。它是一元弱酸(HIn)，在水溶液中存在如下的解离平衡：

$$HIn \rightleftharpoons H^+ + In^-$$

指示剂的酸型 HIn 和碱型 In^- 一般具有不同的颜色，在可见光区均有较强的吸收，而且其最大吸收峰的波长也不一样。由解离平衡可以看出，当溶液中[H^+]不同，即 pH 不同时，[HIn]和[In^-]也各不相同，因而溶液的吸光度 A 必然发生变化。所以，吸光度 A 的变化就代表了[In^-]与[HIn]比值的变化。通过对某一最大吸收峰处吸光度 A 的测定，就可以求出[In^-]与[HIn]的比值。按照解离平衡的关系，由

$$K_{HIn} = \frac{[In^-]}{[HIn]}[H^+] \tag{4-10}$$

取负对数得

$$pK_{HIn} = pH - lg\frac{[In^-]}{[HIn]} \tag{4-11}$$

根据式(4-11)即可用代数法或图解法求出指示剂的解离常数。

三、仪器与试剂

1. 仪器

Cary60 紫外-可见分光光度计；PHSJ-3F 型 pH 计；25 mL 比色管；10 mL 烧杯；100 mL 容量瓶；5 mL、10 mL 移液管；10 mL 量筒。

2. 试剂

0.1%溴百里香酚蓝储备液的制备：称取 0.1 g BTB，用 20%乙醇溶液溶解，移入 100 mL 容量瓶中，用 20%乙醇稀释至刻度，摇匀。

0.01% BTB 溶液的制备：吸取 10 mL 0.1% BTB 储备液于 100 mL 容量瓶中，用蒸馏水稀释至刻度，摇匀。

0.02 mol/L KH_2PO_4溶液；0.2 mol/L Na_2HPO_4溶液；3 mol/L NaOH 溶液。

四、实验步骤

1. 缓冲溶液的配制

用移液管分别移取 3 mL 0.01% BTB 溶液于 7 个洁净的比色管中，再按表 4-2 所列体积，用移液管移取磷酸盐溶液分别加至各比色管中，并向第 7 号比色管中加入 1 滴 3 mol/L NaOH 溶液。然后将 7 个比色管分别用蒸馏水稀释至刻度，摇匀。

表 4-2　缓冲溶液配制时所用溶液的体积

比色管号	$V(KH_2PO_4)$/mL	$V(Na_2HPO_4)$/mL	pH
1	5	0	
2	10	1	
3	5	1	
4	5	5	
5	1	5	
6	1	10	
7	0	5	

2. 吸收光谱的制作

以蒸馏水作空白，用 1 cm 比色皿，在紫外-可见分光光度计上分别制作 1 号、4 号、7 号溶液的吸收曲线。波长范围 420～700 nm。由所测定的数据找出 BTB 酸型(低 pH 时)的最大吸收波长 λ_{HIn} 和碱型(高 pH 时)的最大吸收波长 λ_{In^-}。并选定一个波长(可选用 λ_{In^-})测其余各号溶液的吸光度值。

3. 溶液 pH 的测定

将以上 7 个比色管中的溶液分别倒入 7 个 10 mL 清洁、干燥的小烧杯中，依次在 pH 计上测量其 pH，并记录。

五、实验数据及结果

1. 吸收曲线的绘制

将上述实验数据在同一坐标上，以波长为横坐标、吸光度为纵坐标，绘制 1 号、4 号、7 号溶液的吸收曲线。在吸收曲线上某点三条线共聚，此点吸光度值只与 BTB 总浓度有关，与 pH 无关，该点称为等吸收点，找出等吸收点波长。

2. 求 pK_{HIn}

根据不同 pH 下的 BTB 吸光度数据，可用代数法或图解法求出 pK_{HIn}。

1) 代数法

反应式如下：

$$\text{HIn} \rightleftharpoons \text{H}^+ + \text{In}^-$$

混合常数为

$$K_{HIn} = a_{H^+} \frac{[\text{In}^-]}{[\text{HIn}]} \tag{4-12}$$

$$C = [\text{HIn}] + [\text{In}^-] \tag{4-13}$$

分布分数为

$$\delta_{HIn} = \frac{a_{H^+}}{K_{HIn} + a_{H^+}} \tag{4-14}$$

$$\delta_{In^-} = \frac{K_{HIn}}{K_{HIn} + a_{H^+}} \tag{4-15}$$

又由

$$A = \varepsilon bc \tag{4-16}$$

可知总吸光度

$$
\begin{aligned}
A &= A_{HIn} + A_{In^-} = \varepsilon_{HIn}[\text{HIn}]b + \varepsilon_{HIn}[\text{In}^-]b \\
&= \frac{\varepsilon_{HIn} a_{H^+} cb}{K_{HIn} + a_{H^+}} + \frac{\varepsilon_{In^-} K_{HIn} cb}{K_{HIn} + a_{H^+}} \\
&= \frac{a_{H^+} A_{HIn} + K_{HIn} A_{In^-}}{K_{HIn} + a_{H^+}}
\end{aligned} \tag{4-17}
$$

整理得

$$K_{\text{HIn}} = \frac{A - A_{\text{HIn}}}{A_{\text{In}^-} - A} a_{\text{H}^+} \tag{4-18}$$

取负对数可得

$$pK_{\text{HIn}} = pH + \lg \frac{A_{\text{In}^-} - A}{A - A_{\text{HIn}}} \tag{4-19}$$

式中：A 为选定波长下测得的溶液吸光度；A_{In^-} 为选定波长下指示剂全部以碱型 In⁻ 存在，即高 pH 7 号溶液的吸光度；A_{HIn} 为选定波长下指示剂全部以酸型 HIn 存在，即低 pH 1 号溶液的吸光度。式(4-19)为用分光光度法测定一元弱酸平衡常数的基本公式。将实验数据代入式(4-19)，分别计算各 pH 时 BTB 溶液的 pK_{HIn} 值，并取其平均值，填入表 4-3 中。

表 4-3 实验数据记录表

编号	1	2	3	4	5	6	7
A							
pH							
pK_{HIn}							
pK_{HIn} 平均值							

2) 图解法

由于

$$pK_{\text{HIn}} = pH + \lg \frac{A_{\text{In}^-} - A}{A - A_{\text{HIn}}}$$

移项可得

$$pH = pK_{\text{HIn}} + \lg \frac{A - A_{\text{HIn}}}{A_{\text{In}^-} - A} \tag{4-20}$$

以 pH 为纵坐标、$\lg \frac{A - A_{\text{HIn}}}{A_{\text{In}^-} - A}$ 为横坐标作图，可以得到一条斜率为 1 的直线，直线在纵轴上的截距即 pK_{HIn}。当[In⁻]=[HIn]时，$\lg \frac{[\text{In}^-]}{[\text{HIn}]} = 0$，pH=$pK_{\text{HIn}}$，即可求得 pK_{HIn}。并将图解法与代数法计算的结果进行比较。

六、思考题

简述用分光光度法测定酸碱指示剂解离常数的原理。

实验 11 环境污染废水中甲醛的催化动力学光度法的测定

一、实验目的

(1) 学习催化动力学光度法的基本原理。
(2) 掌握催化动力学光度法的基本操作方法。

(3) 了解催化动力学光度法的特点及应用。

二、实验原理

动力学光度法是用分光光度计测量反应物浓度与反应速率之间定量关系的一种分析方法。催化动力学光度法则是以催化反应为基础测定物质含量的方法，它可以测定催化剂、活化剂或抑制剂的浓度或含量。该方法灵敏度极高，一般可达微克级，广泛应用于环境、生化、痕量金属分析等方面。

本实验利用催化动力学光度法测定废水中甲醛的含量。在室温及酸性条件下，甲醛对溴酸钾氧化乙基橙的反应具有显著的催化作用：

$$乙基橙 + 溴酸钾 \xrightarrow[K]{甲醛} 氧化乙基橙 + 溴化钾$$

且该催化反应具有一定的诱导期(t)，乙基橙最大吸收波长 $\lambda_{max} = 508$ nm，甲醛浓度为 $0.10 \sim 1.5$ mg/L 时与 $1/t$ 呈良好线性关系(图 4-6)。该方法检出限为 0.05 mg/L。

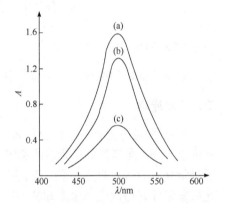

图 4-6　废水中甲醛含量的吸收光谱
$T = 27℃$, $t = 9$ min. HCHO: (a) 0.00 mg/L; (b) 1.0 mg/L; (c) 1.4 mg/L

三、仪器与试剂

1. 仪器

Cary60 紫外-可见分光光度计；1 cm 比色皿(玻璃)；10 mL 比色管；秒表。

2. 试剂

甲醛标准溶液：取 2.8 mL 36%～38%甲醛溶液，用水稀释至 1 L，用碘量法标定，用时稀释成 10 mg/L 的工作溶液。

0.025%乙基橙水溶液；2.0 mol/L 硫酸溶液；0.05 mol/L 溴酸钾溶液；0.01 mol/L 硝酸银溶液；阳离子交换树脂。

四、实验步骤

1. 标准曲线的绘制

于 10 mL 比色管中分别加入 1.4 mL 0.025%乙基橙溶液，1.0 mL 2.0 mol/L 硫酸溶液，0.10 mL、0.20 mL、0.40 mL、0.60 mL、0.80 mL、1.00 mL、1.5 mL 甲醛标准溶液，加水至 8.3 mL，摇匀，再加入 1.7 mL 0.05 mol/L 溴酸钾，混匀，同时用秒表计时，并将试液转入 1 cm 比色皿。反应 4 min 后，在 508 nm 处开始记录吸光度的变化，测量反应的诱导期(t)的大小，以 $1/t$ 对甲醛的浓度作标准曲线。

2. 样品分析

取一定量的实验室(环境)废水，加入 3 mL 0.01 mol/L 硝酸银，摇匀，过滤，滤液通过强酸性阳离子交换树脂以除去 Fe^{3+} 等阳离子，然后取流出液进行分析，方法同标准曲线的绘制。

五、实验数据及结果

绘制 $1/t$-$c_{甲醛}$ 标准曲线，并从标准曲线上查找未知样品中甲醛的含量。

六、注意事项

(1) 催化动力学光度法灵敏度高，故干扰严重，一定注意所用试剂的纯度并确保器皿的干净。

(2) 计时准确是提高精密度的关键。

七、思考题

(1) 什么是催化动力学光度法？与动力学光度法有何区别？

(2) 怎样保证反应时间的统一性？

实验 12　海水中蒽、菲的定性检出

一、实验目的

学习用萨特勒标准谱图和紫外分光光度法进行未知物的初步鉴定。

二、实验原理

紫外-可见分光光度法能提供未知物分子中生色团和共轭体系的信息，所以适用于不饱和有机化合物，尤其是共轭体系的鉴定，以此推断未知物的骨架结构。应该指出的是，分子或离子对紫外光的吸收只是它们含有的生色团和助色团的特征，而不是整个分子或离子的特征，因此只靠紫外光谱确定一个未知物的结构是不现实的，还要配合红外光谱、核磁共振波谱、质谱等进行综合分析。由于紫外-可见分光光度计价格便宜、操作简单，在定性分析中仍是一种常用的辅助方法。

本实验利用蒽、菲在紫外区的特征吸收峰对其进行定性鉴定。如图 4-7 所示，在 293 nm 和 251 nm 处菲有两个非常尖锐的特征吸收峰，其他波长处的峰均不明显；而且在 251 nm 处的吸收强度远大于 293 nm 处的强度，这是菲定性分析的依据；蒽在 253 nm 处有较强的尖锐吸收峰，在 340 nm、357 nm、375 nm 处还有三个较弱的吸收峰，这是蒽定性分析的基础。

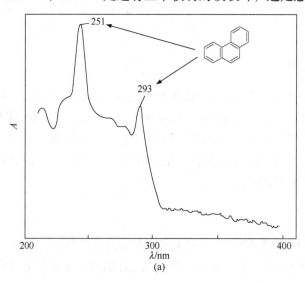

(a)

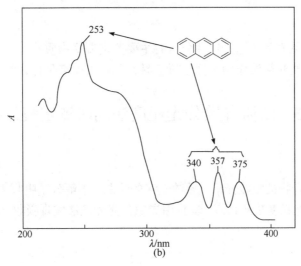

图 4-7 菲(a)和蒽(b)的紫外吸收光谱

当两者同时存在时，251 nm 处的菲峰便不可作为菲的检出依据，因为此波长段蒽也有很强的吸收，所以只能以 293 nm 处的吸收峰为检出菲的依据，而且还要注意到 $A_{251}>A_{293}$。对于蒽的检出，当菲存在时，253 nm 处的吸收峰也不能完全说明问题，只有从 340 nm、357 nm、375 nm 处的三个弱峰进行综合考虑。

三、仪器与试剂

1. 仪器

Cary60 紫外-可见分光光度计；10 mL 比色管。

2. 试剂

200 µg/mL 蒽标准溶液-甲醇溶液；200 µg/mL 菲标准溶液-甲醇溶液。

四、实验步骤

1. 标准谱图的绘制

在 220～400 nm，用 1 cm 比色皿，甲醇为空白，分别扫描蒽、菲的标准谱图。

2. 蒽、菲混合谱图的绘制

分别绘制蒽、菲含量比为 1∶1、1∶2、2∶1 的混合物谱图。

3. 未知液谱图的绘制

分别绘制未知液 1、2 的谱图，并与标准谱图进行对照分析。

五、实验数据及结果

(1) 判断未知液中菲、蒽是否存在。
(2) 判断未知液中除菲、蒽外，有无其他物质。

六、思考题

(1) 使用紫外-可见光度法进行定性分析时主要鉴定哪些物质?

(2) 紫外-可见分光光度法作为定性分析工具,其最大缺点是什么?

实验 13　二阶导数分光光度法同时测定痕量锗和钼

一、实验目的

通过对锗、钼络合物的吸收光谱、导数光谱的绘制,了解分子吸收光谱、导数光谱的绘制方法,并掌握导数分光光度法的特点,学会用导数分光光度法实现吸收光谱严重重叠物质间的分别定量测定。

二、实验原理

导数分光光度法是在 20 世纪 70 年代以后随着计算机技术的应用而发展的一种方法,目前可以得到四级以上的高阶导数光谱。一阶导数光谱常用于精确地确定宽谱的最大峰位,且具有分辨重叠峰及识别"肩峰"的能力,有利于提高选择性。对于两个重叠的峰,如果一个为锐峰,另一个为宽峰,采用二阶导数光谱可排除宽峰对锐峰的干扰,对锐峰进行识别,同时具有放大效应。

根据朗伯-比尔定律,用 $A=\varepsilon Cl$ 对 λ 求导,可得一阶导数。对吸收定律一次微分,可得

$$\frac{\mathrm{d}A}{\mathrm{d}\lambda} = \frac{\mathrm{d}\varepsilon}{\mathrm{d}\lambda} = Cl \tag{4-21}$$

同理,对吸收定律进行二次微分,得二阶导数

$$\frac{\mathrm{d}^2 A}{\mathrm{d}\lambda^2} = \frac{\mathrm{d}^2 \varepsilon}{\mathrm{d}\lambda^2} Cl \tag{4-22}$$

三阶导数

$$\frac{\mathrm{d}^3 A}{\mathrm{d}\lambda^3} = \frac{\mathrm{d}^3 \varepsilon}{\mathrm{d}\lambda^3} Cl \tag{4-23}$$

n 阶导数

$$\frac{\mathrm{d}^n A}{\mathrm{d}\lambda^n} = \frac{\mathrm{d}^n \varepsilon}{\mathrm{d}\lambda^n} Cl \tag{4-24}$$

可见,这些导数值与样品浓度 C 呈线性关系,可用于定量测定。

本实验是通过锗、钼与苯基荧光酮形成络合物,其吸收光谱严重重叠(图 4-8),而其导数光谱(图 4-9)有较大差异,可对锗、钼进行分别定量测定。

三、仪器与试剂

1. 仪器

Cary60 紫外-可见分光光度计;10 mL 比色管;5 mL 移液管。

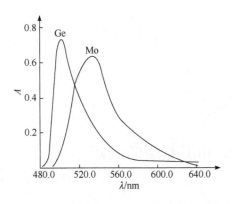

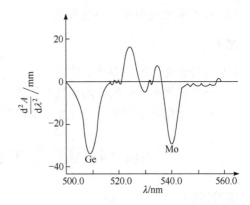

图 4-8 锗、钼-苯基荧光酮-CPC 络合物的吸收光谱   图 4-9 锗、钼-苯基荧光酮-CPC 络合物的二阶导
                                                                          数光谱(锗、钼质量浓度为 20 μg/mL)

2. 试剂

100.0 μg/mL 锗(Ⅳ)标准溶液，用时稀释成 10.0 μg/mL；100.0 μg/mL 钼(Ⅵ)标准溶液，用时稀释成 10.0 μg/mL；3 mol/L 硫酸溶液；0.3 g/L 苯基荧光酮-乙醇溶液；5 g/L 氯代十六烷基吡啶(CPC)溶液。

四、实验步骤

1. 溶液的配制

分别移取 10.0 μg/mL 锗(钼)标准溶液 0 mL、1.00 mL、2.00 mL、3.00 mL、4.00 mL、5.00 mL 于 6 个 10 mL 比色管中，再分别移取 3 mol/L 硫酸溶液 6.00 mL、0.3 g/L 苯基荧光酮-乙醇溶液 4.00 mL、5 g/L CPC 溶液 1.50 mL 于每个比色管中，用蒸馏水稀释至刻度，摇匀，放置 5 min。

2. 吸收光谱及二阶导数光谱的绘制

分别取 2 mL(10.0 μg/mL)锗、钼配成的标准络合物溶液，以试剂为空白，在 400～620 nm 波长范围内扫描其吸收光谱，并作其二阶导数光谱，找出测定锗、钼的波长区间 (Mo 为 534～551 nm；Ge 为 498～513 nm)。

3. 标准曲线的绘制

在上述选择好的波长区间内，对实验步骤 1.所配溶液进行二阶导数光谱测定，用峰面积法。

4. 未知液的测定

取未知液 2.0 mL，操作同实验步骤 3.，在标准曲线上求出未知液中锗、钼的含量。

五、实验数据及结果

(1) 求出锗、钼络合物的最大吸收波长。
(2) 求出锗、钼络合物导数光谱峰位。
(3) 绘制标准曲线，求出相关系数 r。

(4) 求出未知液中锗、钼的含量。

六、思考题

(1) 导数分光光度法有什么优点?
(2) 导数分光光度法的应用原则是什么?
(3) 在什么情况下导数分光光度法能提高测定的灵敏度?

实验 14　蛋白质中色氨酸和酪氨酸的测定

一、实验目的

(1) 掌握蛋白质的测定方法。
(2) 熟悉紫外-可见分光光度计的使用方法。

二、实验原理

蛋白质是一类重要的生物大分子物质,不同的蛋白质具有各种不同的生理功能。它的结构单元是氨基酸,除一些芳香族氨基酸,如色氨酸(Trp)、酪氨酸(Tyr)、苯丙氨酸(Phe)和含硫氨基酸外,其他天然氨基酸在 210~310 nm 几乎没有吸收,蛋白质的紫外吸收性质实际上是反映组成蛋白质分子的一些芳香族氨基酸的吸收特性。

图 4-10 为三种芳香族氨基酸的吸收光谱。它们除了在 190~220 nm 有一强吸收峰外,

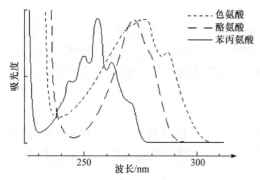

图 4-10　色氨酸、酪氨酸、苯丙氨酸在 pH=4 的吸收光谱

在 250~300 nm 均有吸收峰。在 0.1 mol/L NaOH 中,酪氨酸和色氨酸的吸收光谱分别是 λ_{max}=293 nm($\varepsilon_{293\,nm}$, 2300)和 λ_{max}=280.5 nm ($\varepsilon_{280.5\,nm}$, 5250)。它们的吸收曲线在 294.4 nm($\varepsilon_{294.4\,nm}$, 2375)和 257.15 nm($\varepsilon_{257.15\,nm}$, 2748)交叉。在一个简单的混合物中,通常可以通过等吸收点测定其浓度,这里用 294.4 nm 更为合适,因为这个等吸收点接近酪氨酸的峰,且 $\Delta\varepsilon/\Delta\lambda$ 最小。选择 280 nm 是因为这时色氨酸的 $\lambda_{max}(\Delta\varepsilon/\Delta\lambda)$ 最小。

$$n(\text{Trp}) = (0.263a_{280} - 0.170a_{294.4}) \times 10^{-3} \tag{4-25}$$

这里蛋白质的量是已知的,$a_{294.4}$ 和 a_{280} 分别为蛋白质在 294.4 nm 和 280 nm 的吸光系数。$n(\text{Tyr})$ 和 $n(\text{Trp})$ 分别为每克蛋白质中酪氨酸和色氨酸的物质的量,如果溶液中蛋白质的量是未知的,那么可以根据式(4-26)得到两者的物质的量之比:

$$\frac{n(\text{Tyr})}{n(\text{Trp})} = \frac{0.592a_{294.4} - 0.263a_{280}}{0.263a_{280} - 0.170a_{294.4}} \tag{4-26}$$

三、仪器与试剂

1. 仪器

Cary60 紫外-可见分光光度计。

2. 试剂

L-酪氨酸标准溶液：0.5%水溶液；L-色氨酸标准溶液：0.5%水溶液；酪氨酸碱性标准溶液：4%(0.1 mol/L NaOH)；色氨酸碱性标准溶液：4%(0.1 mol/L NaOH)。

四、实验步骤

1. 氨基酸谱图的绘制

以水为空白，在 240～300 nm，分别绘制 L-酪氨酸、L-色氨酸的吸收光谱。

2. 氨基酸碱溶液谱图的绘制

以 3 mol/L NaOH 溶液为空白，在 200～300 nm，分别绘制以上两种氨基酸碱溶液的吸收光谱。

3. 未知蛋白质溶液谱图的绘制

绘制未知蛋白质溶液在 240～300 nm 的吸收光谱。

五、实验数据及结果

(1) 从标准谱图中找出 λ_{max}(色氨酸)、λ_{max}(酪氨酸)。

(2) 从 0.1 mol/L 碱溶液的吸收光谱中找出 λ_{max}(色氨酸)、λ_{max}(酪氨酸)，找出两者的等吸收点，与标准谱图相对照。

(3) 计算未知液中 n(Tyr)∶n(Trp)。

六、思考题

简要叙述蛋白质测定的方法原理。

第 5 章 分子荧光光谱法

5.1 基 本 原 理

5.1.1 分子荧光的产生

每种物质分子中都具有一系列严格分立的能级，称为电子能级，而每个电子能级中又包含一系列振动能级和转动能级。室温下，大多数分子处在基态的最低振动能级。处于基态的分子吸收电磁辐射后被激发为激发态。激发态是不稳定的，将很快跃迁回基态。这些过程可用雅布隆斯基(Jablonski)能级图(图 5-1)来描述。在图 5-1 中，基态用 S_0 表示，第一电子激发单重态和第二电子激发单重态分别用 S_1 和 S_2 表示，第一电子激发三重态和第二电子激发三重态分别用 T_1 和 T_2 表示，用 $v = 0$，1，2，3，…表示基态和激发态的振动能级。由于一般的光谱仪器分辨不出转动能量，图中未画出转动能级。

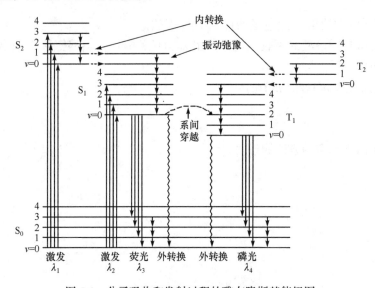

图 5-1 分子吸收和发射过程的雅布隆斯基能级图

电子激发态的多重度可用 $M=2S+1$(其中 S 为电子自旋量子数的代数和，其值为 0 或 1)来表示。图 5-2 为单重态与三重态激发示意图。由图 5-2 可见，当所有的电子都配对时，$S=0$，$M=1$，分子的电子态处于单重态，用符号 S 表示。大多数有机化合物分子的基态是处于单重态的。分子吸收光能后，如果电子在跃迁过程中不发生自旋方向的变化，这时分子处于激发的单重态，如图 5-1 中的 S_1 和 S_2。如果电子在跃迁过程中还伴随着自旋方向的改变，则 $S=1$，$M=3$，分子处于激发的三重态，用符号 T 表示。根据洪德规则，处于分立轨道上的非成对电子，平行自旋比成对自旋更稳定，因此三重态的能级总是比相应的单重态能级略低一些。而单重态到三重态的激发概率只相当于单重态到单重态激发的 10^{-6}，因此这一过程实际上很难发生。但是这种激发过程并不是到达三重态的唯一途径，它还可以从邻近的激发单重态产生。另外，单重态分子的激发态寿命为 $10^{-9} \sim 10^{-7}$ s，三重态分子的激发态寿命为 $10^{-4} \sim 10$ s。

基态单重态　　　　　　　　激发单重态　　　　　　　　激发三重态

图 5-2　单重态与三重态激发示意图

　　假设分子在吸收辐射后被激发到 S_2 以上的某个电子激发单重态的不同振动能级上，处于较高振动能级上的分子很快地发生振动弛豫，将多余的振动能量传递给介质而降落到该电子激发态的最低振动能级，然后又经内转换及振动弛豫而降落到第一电子激发单重态的最低振动能级。处于该激发态的分子若以辐射形式去活化跃迁至基态的任一振动能级，便发射出荧光。当 S_1 与 T_1 之间发生系间穿越后，就会通过产生快速的振动弛豫而降落到 T_1 的最低振动能级，从这里若以辐射形式跃迁至基态的任一振动能级，就发射出磷光。

5.1.2　荧光参数

1. 荧光强度

　　荧光强度是指在一定条件下仪器所测的荧光物质发射荧光相对强弱的一种量度，所用的单位为任意单位。

2. 荧光激发光谱

　　荧光激发光谱(简称激发光谱)是引起荧光的激发辐射在不同波长下的相对效率。将荧光样品置于光路中，固定荧光发射波长(通常选择荧光最大发射波长)和狭缝宽度，然后令发射单色器扫描，得到荧光强度-激发波长的关系曲线，这一曲线称为荧光激发光谱。激发光谱中荧光强度最大处所对应的激发波长称为最大激发波长。

　　激发光谱的形状与测量时选择的发射波长无关，但其相对强度与发射波长有关。通常用最大激发波长辐射样品。

3. 荧光发射光谱

　　与激发光谱密切相关的是荧光发射光谱(简称荧光光谱)。它是分子吸收辐射后再发射的结果。将荧光样品置于光路中，选择合适的激发波长(通常选择荧光最大激发波长)和狭缝宽度并使其固定不变，然后令发射单色器扫描，得到荧光强度-发射波长的关系曲线，这一曲线称为荧光发射光谱。荧光光谱中荧光强度最大处所对应的发射波长称为最大发射波长。

　　在通常的荧光分光光度计上所得到的荧光激发光谱和发射光谱属于"表观"光谱，只有对仪器的光源、单色器及检测器等元件的光谱特性进行校正后，才能获得"校正"(或称"真实")的荧光激发光谱和发射光谱。

4. 荧光量子产率

　　荧光量子产率(φ)也称荧光效率或量子效率，它表示物质发射荧光的能力，通常可表示为

$$\varphi = \frac{\text{发出荧光的量子数}}{\text{吸收激发光的量子数}}$$

或

$$\varphi = \frac{发射荧光的分子数}{激发分子总数}$$

5.1.3　荧光强度与溶液浓度的关系

根据荧光产生的机理可知，溶液的荧光强度 I_f 与该溶液吸收的激发光强度 I_a 以及溶液中荧光物质的荧光量子产率 φ 成正比：

$$I_f = \varphi I_a \tag{5-1}$$

又根据朗伯-比尔定律，得

$$I_a = I_0 - I_t = I_0(1 - 10^{-\varepsilon bc}) \tag{5-2}$$

式中：I_0 和 I_t 分别为入射光强度和透射光强度；ε 为摩尔吸光系数；b 为样品池的光程；c 为荧光物质的浓度。

将式(5-2)代入式(5-1)，得

$$\begin{aligned} I_f &= \varphi I_0(1 - 10^{-\varepsilon bc}) = \varphi I_0(1 - e^{-2.3\varepsilon bc}) \\ &= \varphi I_0\left[2.3\varepsilon bc - \frac{(2.3\varepsilon bc)^2}{2!} + \frac{(2.3\varepsilon bc)^3}{3!} - \cdots\right] \end{aligned} \tag{5-3}$$

当 $\varepsilon bc \leq 0.05$ 时，式(5-3)中的第二项及以后各项可以忽略。于是，式(5-3)可近似为

$$I_f = 2.3\varphi I_0\varepsilon bc \tag{5-4}$$

当 I_0 及 b 一定时，则得到

$$I_f = Kc \tag{5-5}$$

即荧光强度与荧光物质的浓度成正比。不过，这种线性关系只有对低浓度 $\left(c \leq \dfrac{0.05}{\varepsilon b}\right)$ 的溶液才成立。

5.2　荧光分光光度计

荧光分光光度计由光源、激发单色器、样品池、发射单色器及检测器等组成(图 5-3)。

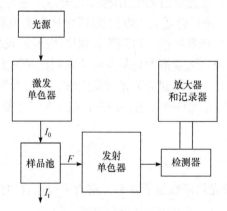

图 5-3　荧光分光光度计示意图

由光源发出的光经激发单色器分光后得到所需波长的激发光，然后通过样品池使荧光物质激发产生荧光。荧光是向四面八方发射的。为了消除入射光和散射光的影响，荧光的测量通常在与激发光成直角的方向上进行。同时，为了消除溶液中可能共存的其他光线的干扰(如由激发光产生的反射光和散射光，以及溶液中的杂质荧光等)，以获得所需要的荧光，在样品池和检测器之间设置了发射单色器。经过发射单色器的荧光作用于检测器上，转换后得到相应的电信号，经放大后再记录下来。

5.2.1　光源

目前大部分荧光分光光度计都采用高压氙灯作为光源。这种光源是一种短弧气体放电灯，外套为石英，内充氙气，室温时其压力为 506.5 kPa，工作时压力约为 2026 kPa。250～800 nm 光谱区呈连续光谱，450 nm 附近有几条锐线，300～400 nm 波段的辐射强度几乎相等。

工作时，在相距约 8 mm 的钨电极间形成强的电子流(电弧)，氙原子与电子流相撞而解离为氙正离子，氙正离子与电子复合而发光，氙原子解离发射连续光谱，而激发态的氙则发射分布于 450 nm 附近的线状光谱。

氙灯需用优质电源，以保持氙灯的稳定性和延长其使用寿命。

5.2.2　单色器

荧光分光光度计有两个单色器：激发单色器和发射单色器。前者用于扫描荧光激发光谱及选择激发波长；后者用于扫描荧光发射光谱及分离荧光发射波长。

5.2.3　样品池

荧光分析用的样品池需用低荧光的材料制成，通常用石英或合成石英，形状以方形或长方形为宜。玻璃样品池因能吸收波长小于 323 nm 的射线而不适用于荧光分析。

5.2.4　检测器

荧光分光光度计中普遍采用光电倍增管作为检测器。

实验 15　荧光分光光度法测定维生素 B_2 的含量

一、实验目的

(1) 了解荧光分析法的基本原理。

(2) 学习荧光分光光度计的使用方法。

二、实验原理

维生素 B_2 在波长 230～490 nm 的光照射下，激发出峰值在 526 nm 左右的绿色荧光，在 pH=6～7 的溶液中荧光最强，在 pH=11 时荧光消失。

三、仪器与试剂

1. 仪器

RF-5301PC 型荧光分光光度计；25 mL 比色管；吸量管。

2. 试剂

10.0 μg/mL 维生素 B_2 标准溶液：称取 10.0 mg 维生素 B_2，先溶解于少量的 1%乙酸中，然后用 1%乙酸定容至 1000 mL(溶液应保存在棕色瓶中，置于阴凉处)。

四、实验步骤

1. 标准系列溶液的配制

取 6 个 25 mL 比色管，分别加入 0 mL、0.5 mL、1.0 mL、1.5 mL、2.0 mL 和 2.5 mL 10.0 μg/mL 维生素 B_2 标准溶液，用蒸馏水稀释至刻度，摇匀。

2. 测定荧光激发光谱和发射光谱

取上述 3 号标准系列溶液,测定激发光谱和发射光谱。先固定发射波长为 525 nm,在 400～500 nm 进行激发波长扫描,获得溶液的激发光谱和荧光最大激发波长 λ_{ex};再固定激发波长为 λ_{ex},在 480～600 nm 进行发射波长扫描,获得溶液的发射光谱和荧光最大发射波长 λ_{em}。

3. 标准曲线的绘制

(1) 波长的设定：将激发波长和发射波长分别设定为上述得到的 λ_{ex} 和 λ_{em} 值。

(2) 绘制标准曲线：用 1 号标准系列溶液将荧光强度"调零"，然后分别测定 2～6 号标准系列溶液的荧光强度。

4. 未知试样的测定

取未知试样溶液 2 mL 置于 25 mL 比色管中，用蒸馏水稀释至刻度，摇匀。测定此溶液的荧光强度。

五、实验数据及结果

(1) 从绘制的维生素 B_2 的激发光谱和发射光谱曲线上，确定其最大激发波长和最大发射波长。

(2) 绘制维生素 B_2 的标准曲线，并从标准曲线上确定未知试样溶液中维生素 B_2 的浓度。

(3) 计算出原始未知试样中维生素 B_2 的浓度。

六、注意事项

测定的顺序要从低浓度到高浓度，以减小测量误差。

七、思考题

(1) 什么是荧光激发光谱？如何绘制荧光激发光谱？

(2) 什么是荧光发射光谱？如何绘制荧光发射光谱？

实验 16　荧光分析法同时测定羟基苯甲酸的邻、间位异构体

一、实验目的

(1) 用荧光分析法进行多组分含量的测定。
(2) 学习使用 RF-5301PC 型荧光分光光度计。

二、实验原理

邻羟基苯甲酸和间羟基苯甲酸虽然分子组成相同，但因其取代基的位置不同而具有不同的荧光性质。在 pH=12 的碱性溶液中，二者在 310 nm 附近紫外光的激发下均会发射荧光；在 pH=5.5 的弱酸性溶液中，间羟基苯甲酸不发射荧光，邻羟基苯甲酸因分子内形成氢键增加了分子刚性而有较强荧光，且其荧光强度与 pH=12 时相同。利用上述性质，可以同时测定邻羟基苯甲酸和间羟基苯甲酸混合物中两组分的含量：①在 pH=5.5 时直接测定二者混合物中邻羟基苯甲酸的含量，间羟基苯甲酸不干扰测定；②测定 pH=12 时二者混合物的荧光强度，从中减去 pH=5.5 时测得的同样量混合物溶液的荧光强度(邻羟基苯甲酸的荧光强度)，即可求出间羟基苯甲酸的含量。已有研究表明，二者荧光强度与其浓度在 0～12 μg/mL 均呈良好线性关系，并且对羟基苯甲酸在上述条件下均不会发射荧光，不会干扰测定。

三、仪器与试剂

1. 仪器

RF-5301PC 型荧光分光光度计；25 mL 比色管；吸量管。

2. 试剂

150 μg/mL 邻羟基苯甲酸标准溶液；150 μg/mL 间羟基苯甲酸标准溶液；0.1 mol/L NaOH 溶液；HAc-NaAc 缓冲溶液：47 g NaAc 和 6 g 冰醋酸溶于水并稀释至 1 L，得 pH=5.5 的缓冲溶液。

四、实验步骤

1. 配制标准系列和未知溶液

(1) 分别移取 0.40 mL、0.80 mL、1.20 mL、1.60 mL 和 2.00 mL 150 μg/mL 邻羟基苯甲酸标准溶液于 5 个 25 mL 比色管中，各加入 2.5 mL pH=5.5 的 HAc-NaAc 缓冲溶液，用蒸馏水稀释至刻度，摇匀。

(2) 分别移取 0.40 mL、0.80 mL、1.20 mL、1.60 mL 和 2.00 mL 150 μg/mL 间羟基苯甲酸标准溶液于 5 个 25 mL 比色管中，各加入 3.0 mL 0.1 mol/L NaOH 溶液，用蒸馏水稀释至刻度，摇匀。

(3) 取两份未知溶液各 2.0 mL 于 25 mL 比色管中，其中一份加入 2.5 mL pH=5.5 的 HAc-NaAc 缓冲溶液，另一份加入 3.0 mL 0.1 mol/L NaOH 溶液，均用蒸馏水稀释至刻度，摇匀。

2. 荧光激发光谱和发射光谱的绘制

用实验步骤 1.(1)中第三份溶液和(2)中第三份溶液分别绘制邻羟基苯甲酸和间羟基苯甲酸的激发光谱和发射光谱。先固定发射波长为 400 nm，在 250～350 nm 进行激发波长扫描，

获得溶液的激发光谱和最大激发波长$\lambda_{ex, max}$；再固定激发波长为$\lambda_{ex, max}$，在350～500 nm进行发射波长扫描，获得溶液的发射光谱和最大发射波长$\lambda_{em, max}$。

3. 标准曲线的绘制及未知溶液的测定

根据上述激发光谱和发射光谱扫描结果，确定一组波长(λ_{ex}和λ_{em})，使其对两组分都有较高的灵敏度，并在此组波长下测定上述标准系列溶液和未知溶液的荧光强度。

五、实验数据及结果

以标准系列溶液的荧光强度为纵坐标，分别以邻羟基苯甲酸或间羟基苯甲酸的浓度为横坐标制作标准曲线。根据pH=5.5时未知溶液的荧光强度，可从邻羟基苯甲酸的标准曲线上确定邻羟基苯甲酸在未知溶液中的浓度；根据pH=12时未知溶液的荧光强度与pH=5.5时未知溶液荧光强度的差值，可从间羟基苯甲酸的标准曲线上确定未知溶液中间羟基苯甲酸的浓度。

六、注意事项

测定的顺序要从低浓度到高浓度，以减小测量误差。

七、思考题

荧光分光光度计与紫外-可见分光光度计有哪些不同点？

实验17　荧光分光光度法测定乙酰水杨酸和水杨酸

一、实验目的

(1) 掌握用荧光分光光度计测定药物中乙酰水杨酸和水杨酸的方法。
(2) 掌握 RF-5301PC 荧光分光光度计的使用方法。

二、实验原理

乙酰水杨酸(ASA，阿司匹林)水解能生成水杨酸(SA)，而在阿司匹林中都或多或少存在一些水杨酸。以氯仿作溶剂，用荧光分光光度法可以分别测定它们。加少许乙酸可以增加二者的荧光强度。

在1%乙酸-氯仿中，乙酰水杨酸和水杨酸的激发光谱和荧光光谱如图5-4所示。

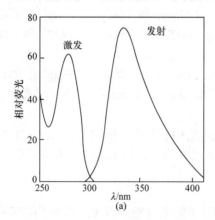
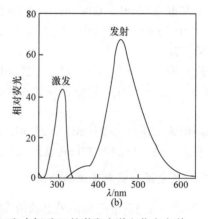

图5-4　在1%乙酸-氯仿中乙酰水杨酸(a)和水杨酸(b)的激发光谱和荧光光谱

为了消除药片之间的差异,可取几片药片一起研磨成粉末,然后取一定量的粉末试样用于分析。

三、仪器与试剂

1. 仪器

RF-5301PC 型荧光分光光度计；比色管；吸量管；容量瓶。

2. 试剂

400 μg/mL 乙酰水杨酸储备液:称取 0.4000 g 乙酰水杨酸溶于 1%乙酸-氯仿溶液中,用 1%乙酸-氯仿溶液定容于 1000 mL 容量瓶中,摇匀,备用；750 μg/mL 水杨酸储备液:称取 0.7500 g 水杨酸溶于 1%乙酸-氯仿溶液中,用 1%乙酸-氯仿溶液定容于 1000 mL 容量瓶中,摇匀,备用；乙酸；氯仿；阿司匹林药片。

四、实验步骤

1. 乙酰水杨酸和水杨酸使用液的配制

在两个 100 mL 容量瓶中分别准确移取 400 μg/mL 乙酰水杨酸和 750 μg/mL 水杨酸储备液各 1.00 mL,用 1%乙酸-氯仿溶液稀释至刻度,摇匀。

2. 配制标准系列溶液

(1) 分别移取 4.00 μg/mL 乙酰水杨酸标准溶液 2.00 mL、4.00 mL、6.00 mL、8.00 mL、10.00 mL 于 5 个 25 mL 比色管中,用 1%乙酸-氯仿溶液稀释至刻度,摇匀。

(2) 分别移取 7.50 μg/mL 水杨酸标准溶液 2.00 mL、4.00 mL、6.00 mL、8.00 mL、10.00 mL 于 5 个 25 mL 比色管中,用 1%乙酸-氯仿溶液稀释至刻度,摇匀。

3. 荧光激发光谱和发射光谱的绘制

用实验步骤 2.(1)中第三份溶液和(2)中第三份溶液分别绘制乙酰水杨酸和水杨酸的激发光谱和发射光谱,并分别找出它们的最大激发波长和最大发射波长。

4. 标准曲线的绘制

(1) 在乙酰水杨酸的最大激发波长和最大发射波长下,分别测定乙酰水杨酸标准系列溶液的荧光强度。

(2) 在水杨酸的最大激发波长和最大发射波长下,分别测定水杨酸标准系列溶液的荧光强度。

5. 阿司匹林药片中乙酰水杨酸和水杨酸的测定

将 5 片阿司匹林药片称量后研磨成粉末,准确称取 400.0 mg 粉末,用 1%乙酸-氯仿溶液溶解,全部转移至 100 mL 容量瓶中,用 1%乙酸-氯仿溶液稀释至刻度,摇匀。然后用定量滤纸迅速干过滤。取该滤液在与标准溶液同样条件下测量水杨酸的荧光强度。

将上述滤液稀释 1000 倍(用 3 次稀释完成),在与标准溶液同样条件下测量乙酰水杨酸的荧光强度。

五、实验数据及结果

(1) 从绘制的乙酰水杨酸和水杨酸的激发光谱和发射光谱曲线上，确定它们的最大激发波长和最大发射波长。

(2) 分别绘制乙酰水杨酸和水杨酸的标准曲线，从标准曲线上确定试样溶液中乙酰水杨酸和水杨酸的浓度，同时计算每片阿司匹林药片中乙酰水杨酸和水杨酸的含量(mg)，并将乙酰水杨酸测定值与说明书上的值比较。

六、注意事项

阿司匹林药片溶解后，1 h 内要完成测定，否则乙酰水杨酸的含量将会降低。

七、思考题

根据乙酰水杨酸和水杨酸的激发光谱和发射光谱曲线，解释这种分析方法可行的原因。

实验 18　苯环类物质的荧光光谱绘制及苯酚的定量测定

一、实验目的

(1) 了解荧光分析法的基本原理。
(2) 掌握 RF-5301PC 型荧光分光光度计的构造、原理及基本操作。
(3) 掌握荧光分析技术应用于定量分析的原理及方法。

二、实验原理

荧光物质分子吸收特定频率辐射能量后，由基态跃迁至第一电子激发态(或更高激发态)的任一振动能级。在溶液中这种激发态分子与溶剂分子发生碰撞，以热的形式损失部分能量后，回到第一电子激发态的最低振动能级(无辐射跃迁)，再以辐射形式去活化跃迁到电子基态的任一振动能级，便产生荧光。

荧光分析法具有灵敏度高、选择性好、标准曲线线性范围宽并能提供激发光谱、发射光谱、发光强度、发光寿命、量子产率、荧光偏振等诸多信息等优点，已成为一种重要的分析技术。但由于能够产生强荧光的物质相对较少，故其应用不太广泛。对于没有强荧光或没有荧光的物质，可设计相应的反应使其生成具有荧光特性的配合物进行测定。能产生强荧光的物质分子一般都具有大的共轭 π 键结构或刚性平面结构等特征。

取代基对荧光物质的荧光特性和强度有很大的影响。给电子取代基可使共轭体系增大，导致荧光增强，如—OH、—NH₂、—NR₂ 等；吸电子取代基会使荧光减弱，如—COOH、—NO等。本实验将对不同取代基对苯环类物质荧光特性的影响进行研究。

荧光定量分析是以物质所发射的荧光强度与浓度之间的线性关系为依据，常用的定量分析方法是标准曲线法。

三、仪器与试剂

1. 仪器

RF-5301PC 型荧光分光光度计；25 mL 比色管；吸量管。

2. 试剂

苯、苯酚、硝基苯、苯甲酸、苯胺溶液，均为 2.0×10^{-3} mol/L(乙醇溶解)；未知苯酚溶液。

四、实验步骤

(1) 分别取苯溶液 2.5 mL 及苯酚、硝基苯、苯甲酸、苯胺溶液各 0.25 mL 于 5 支 25 mL 比色管中，用乙醇定容，摇匀，待用。

(2) 将 2.0×10^{-3} mol/L 苯酚溶液用乙醇稀释至 2.0×10^{-5} mol/L。分别移取稀释后的苯酚溶液 0.0 mL、2.5 mL、5.0 mL、10.0 mL、12.5 mL、15.0 mL 于 6 支 25 mL 比色管中，用乙醇定容，摇匀，待用。

(3) 以乙醇为参比，绘制实验步骤(1)中各溶液的激发光谱和发射光谱，并确定各自的 $\lambda_{em, max}$ 和 $\lambda_{ex, max}$。

(4) 在定量测定模式下，依据实验步骤(3)中测得的苯酚的 $\lambda_{em, max}$ 和 $\lambda_{ex, max}$，设置定量测定的参数，以乙醇为参比，测定标准溶液系列的荧光强度，然后在相同条件下测量未知样的相对荧光强度 I_x。

五、实验数据及结果

(1) 将实验步骤(3)记录的苯、苯酚、硝基苯、苯甲酸及苯胺溶液的激发光谱和发射光谱叠加在一个坐标系中(利用操作软件)，比较苯环类物质荧光峰位置及强度的变化，讨论各荧光峰变化的理论依据。

(2) 根据实验步骤(4)测定的苯酚标准溶液系列的荧光强度 I_f 及浓度 c，绘制 I_f-c 标准曲线，再由未知溶液测得的 I_x，在标准曲线上求出未知样的浓度。

六、注意事项

定量测定时，测定的顺序要从低浓度到高浓度，以减小测量误差。

七、思考题

(1) 本实验中定量测定的条件参数是如何选择的？为什么？

(2) 观察苯酚、硝基苯、苯、苯甲酸及苯胺溶液的荧光光谱，说说它们的荧光峰位置及强度有什么不同，为什么？

(3) 试样溶液浓度过大或过小对测量有什么影响？应如何调整？调整的依据是什么？

(4) 影响荧光特性的因素有哪些？试列举说明。

第6章　红外光谱法

6.1　基本原理

红外光谱又称为分子振动转动光谱。当样品受到频率连续变化的红外光照射时,分子吸收某些频率的辐射,并由其振动或转动引起偶极矩净变化,产生分子振动和转动能级从基态到激发态的跃迁,使相应吸收区域的透射光强度减弱。记录红外光的百分透射比与波数或波长关系的曲线,就得到红外光谱图。红外光谱法不仅能定性分析,鉴定化合物和分子结构,还能定量分析。

6.1.1　红外光区的划分

红外光谱的三个波区如表 6-1 所示。

表 6-1　红外光谱的三个波区

区域	$\lambda/\mu m$	$\bar{v}/cm^{-1}$	能级跃迁类型
近红外区(泛频区)	0.75~2.5	13158~4000	OH、NH 及 CH 键的倍频吸收
中红外区(基本振动区)	2.5~25	4000~400	分子振动,伴随转动
远红外区(转动区)	25~1000	400~10	分子转动

6.1.2　产生红外吸收光谱的条件

红外光谱由分子振动能级(同时伴随转动能级)跃迁产生,物质分子吸收红外辐射应满足以下两个条件:

(1) 辐射光子具有的能量与发生振动跃迁所需的能量相等。

$$E_v = (v + 1/2)hv \tag{6-1}$$

(2) 辐射与物质之间有耦合作用。

为满足这一条件,分子振动必须伴有偶极矩的变化。只有发生偶极矩变化($\Delta\mu \neq 0$)的振动才能引起可观测的红外吸收光谱,该分子称为红外活性的。$\Delta\mu = 0$ 的分子振动不能产生红外振动吸收,称为红外非活性的。

6.1.3　分子的振动

1. 双原子分子的振动

分子中的原子以平衡点为中心,以非常小的振幅做周期性振动,可近似地看成简谐振动。影响基本振动频率的直接因素是原子量和化学键的力常数。化学键的力常数 k 越大,折合原子量越小,则化学键的振动频率越高,吸收峰将出现在高波数区;反之,则出现在低波数区。

分子中基团与基团之间、基团中的化学键之间都相互影响,基本振动频率除受化学键两端的原子质量、化学键的力常数影响外，还与内部因素(结构因素)和外部因素(化学环境)有关。

2. 多原子分子的振动

多原子分子振动光谱比双原子分子复杂很多，但可把它们的振动分解成许多简单的基本振动，即简正振动。

1) 简正振动的基本形式

(1) 伸缩振动。原子沿键轴方向伸缩，键长发生变化而键角不变的振动称为伸缩振动，用符号 ν 表示。它又可以分为对称伸缩振动(ν_s)和不对称伸缩振动(ν_{as})。对同一基团来说，不对称伸缩振动的频率稍高于对称伸缩振动。

(2) 变形振动(又称弯曲振动或变角振动)。基团键角发生周期变化而键长不变的振动称为变形振动，用符号 δ 表示。变形振动又分为面内变形振动和面外变形振动。面内变形振动又分为剪式振动(以 δ 表示)和平面摇摆振动(ρ)。面外变形振动又分为非平面摇摆振动(ω)和扭曲振动(τ)。同一基团的变形振动都在其伸缩振动的低频端出现。

2) 基本振动的理论数

简正振动的数目称为振动自由度，每个振动自由度相应于红外光谱图上一个基频吸收带。设分子由 n 个原子组成，振动形式应有($3n-6$)种，但直线形分子的振动形式为($3n-5$)种。例如，水分子是非线形分子，其振动自由度$=3\times3-6=3$；CO_2 分子是线形分子，其振动自由度$=3\times3-5=4$。

每种简正振动都有其特定的振动频率，似乎都应有相应的红外吸收谱带。有机化合物一般由多原子组成，因此红外光谱的谱峰一般较多。但实际上，红外光谱中吸收谱带的数目并不与公式计算的结果相同。基频谱带的数目常小于振动自由度。其原因有：①分子的振动能否在红外光谱中出现及其强度与偶极矩的变化有关，通常对称性强的分子不出现红外光谱，即红外非活性的振动；②简并；③仪器分辨率不高或灵敏度不够，对一些频率很接近的吸收峰分不开，或对一些弱峰不能检出。

6.1.4　吸收谱带的强度

红外吸收谱带的强度取决于分子振动时偶极矩的变化，而偶极矩与分子结构对称性有关。分子的对称性越高，振动中分子偶极矩变化越小，谱带强度也就越弱。一般来说，极性较强的基团(如 C═O、C—X 等)振动，吸收强度较大；极性较弱的基团(如 C═C、C—C、N═N 等)振动，吸收强度较小。红外光谱的吸收强度一般定性地用很强(vs)、强(s)、中(m)、弱(w)和很弱(vw)等表示。

6.1.5　基团频率

中红外光谱区可分成 $4000\sim1300\ \mathrm{cm^{-1}}$ 和 $1800\sim600\ \mathrm{cm^{-1}}$ 两个区域。最有分析价值的基团频率在 $4000\sim1300\ \mathrm{cm^{-1}}$，这一区域称为基团频率区、官能团区或特征区。区内的峰是由伸缩振动产生的吸收带，比较稀疏，易于辨认，常用于鉴定官能团。

在 $1800\sim600\ \mathrm{cm^{-1}}$ 区域中，除单键的伸缩振动外，还有因变形振动产生的谱带。这些振动与整个分子的结构有关。当分子结构稍有不同时，该区的吸收就有细微的差异，并显示出分子的特征。这种情况就像每个人有不同的指纹一样，因此称为指纹区。指纹区对于指认结构类似的化合物很有帮助，而且可以作为化合物存在某种基团的旁证。

1. 基团频率区

基团频率区又可分为以下三个区域：

(1) 4000～2500 cm^{-1} 为 X—H(其中 X 可以是 O、N、C 或 S 原子)伸缩振动区。

(2) 2500～1900 cm^{-1} 为三键和累积双键伸缩振动区。这一区域出现的吸收主要包括 —C≡C、—C≡N 等三键的伸缩振动，以及—C=C=C、—C=C=O 等累积双键的不对称伸缩振动。

(3) 1900～1200 cm^{-1} 为双键伸缩振动区，该区域主要包括三种伸缩振动：①C=O 伸缩振动，出现在 1900～1650 cm^{-1}，是红外光谱中很特征且往往最强的吸收，以此很容易判断酮类、醛类、酸类、酯类及酸酐等有机化合物，酸酐的羰基吸收谱带因振动耦合而呈现双峰；②C=C 伸缩振动，烯烃的 $\nu_{C=C}$ 为 1680～1620 cm^{-1}，一般较弱，单环芳烃的 C=C 伸缩振动出现在 1600 cm^{-1} 和 1500 cm^{-1} 附近，有 2～4 个峰，这是芳环的骨架振动，用于确认有无芳环的存在；③苯衍生物的泛频谱带，出现在 2000～1650 cm^{-1}。

2. 指纹区

(1) 1800～900 cm^{-1} 区域是 C—O、C—N、C—F、C—P、C—S、P—O、Si—O 等单键的伸缩振动和 C=S、S=O、P=O 等双键的伸缩振动吸收。其中，约为 1375 cm^{-1} 的谱带为甲基的 δ_{C-H} 对称弯曲振动，对判断甲基十分有用。C—O 的伸缩振动在 1300～1000 cm^{-1}，是该区域最强的峰，也较易识别。

(2) 900～650 cm^{-1} 区域的某些吸收峰可用来确认化合物的顺反构型。利用芳烃的 C—H 面外弯曲振动吸收峰可确认苯环的取代类型。

多数情况下，一个官能团有数种振动形式，因而有若干相互依存而又相互佐证的吸收谱带，称为相关吸收峰(简称相关峰)。用一组相关峰确认一个基团的存在，是红外光谱解析的一条重要原则。

3. 影响基团频率的因素

影响基团频率的因素大致可分为内部因素和外部因素。

内部因素有以下几种：

(1) 电子效应。它是由化学键的电子分布不均匀而引起的，包括诱导效应、共轭效应和中介效应。

(2) 氢键的影响。

(3) 振动耦合。

(4) 费米(Fermi)共振。其他的结构因素还有空间效应、环的张力等。

外部因素有外氢键作用、浓度效应、温度效应、试样的状态、制样方法和溶剂极性等。

6.1.6 谱图解析

谱图解析一般先从基团频率区的最强谱带入手，推测未知物可能含有的基团，判断不可能含有的基团。再利用指纹区的谱带进一步验证，找出可能含有基团的相关峰，用一组相关峰确认一个基团的存在。对于简单化合物，确认几个基团之后，便可初步确定分子结构，然后查对标准谱图核实。附录三列举了一些有机化合物的重要基团频率。

6.1.7　定量分析

红外光谱定量分析是依据物质组分的吸收峰强度进行的,它的理论基础是朗伯-比尔定律。红外光谱用于定量分析的优点是有许多谱带可供选择,利于排除干扰。对于理化性质相近、用气相色谱法定量分析存在困难的试样(如沸点高、热稳定性差的试样),往往可采用红外光谱法进行定量分析,且气体、液体和固体物质均可用红外光谱法测定。

红外光谱定量分析时吸光度的测定常用基线法(图 6-1)。假定背景的吸收在试样吸收峰两侧不变(透射比呈线性变化),可用画出的基线表示该吸收峰不存在时的背景吸收线,图 6-1 中 I 与 I_0 之比就是透射比(T)。一般用校准曲线法或者与标样比较进行定量分析。测量时由于试样池的窗片对辐射的反射和吸收,以及试样的散射会引起辐射损失,必须对这种损失进行补偿或校正。此外,试样的处理方法和制备的均匀性都必须严格控制,使其保持一致。

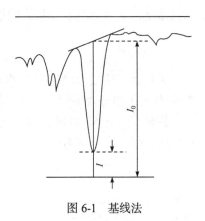

图 6-1　基线法

当组分不多、每个组分都有不受其他组分吸收峰干扰的"独立峰"时,混合物定量分析可用池内-池外法、标准曲线法、比例法和内标法。

1. 池内-池外法

池内-池外法借助比较未知样品和标准样品在独立峰波数处的吸光度完成。如果未知样品由 M 和 N 两种物质组成,要测 M 的百分含量,其定量分析过程如下:

(1) 分别测试 M 和 N 纯物质在所选溶剂中的定性光谱,选择 M 组分的独立峰波数 ν。

(2) 称取一定量的未知样品(M、N 的混合物)溶于所选溶剂中,配成已知浓度为 $c_总$ 的样品溶液,注入已知厚度为 b 的固定密封液池中,测得 ν 处吸光度 A_M,则

$$A_M = a_M b c_M \tag{6-2}$$

(3) 称取一定量的 M 纯物质溶于所选溶剂中,配成已知浓度为 c'_M 的标准溶液,在同一液池中测得 ν 处的吸光度为 A'_M,即

$$A'_M = a_M b c'_M \tag{6-3}$$

(4) 比较式(6-2)和式(6-3)可知

$$\frac{A_M}{A'_M} = \frac{a_M b c_M}{a_M b c'_M} \tag{6-4}$$

即

$$c_M = \frac{A_M}{A'_M} c'_M \tag{6-5}$$

(5) 样品中 M 组分的百分含量为

$$w_M = \frac{c_M}{c'_M} \times 100\% \tag{6-6}$$

池内-池外法不需求得吸光系数 a 值,方法简单,对组分简单的混合物分析结果准确。

2. 标准曲线法

标准曲线法最适用于重复性定量分析工作。标准曲线法就是把未知样品中各组分的纯物质分别配成一系列已知浓度的标准溶液,测定各自独立峰波数处的吸光度,以浓度为横坐标、相应的吸光度为纵坐标作图,就可以得到 c 与 A 的关系曲线(标准曲线)。在样品分析中,只要在同一厚度的液池中改注样品溶液,测定独立峰波数处的吸光度,就可以从已得的标准曲线找出其浓度。如果待测组分服从朗伯-比尔定律,一般测 3~4 个坐标点即可。

3. 比例法

采用薄膜法或糊状法制样的未知样品定量分析常使用比例法,通过比较同一谱图中各独立峰(代表各组分)的吸光度,得到组分之间的相对含量。

假设有一含 M 和 N 两组分的薄膜(未知厚度),从测得的红外光谱中找出代表各自组分的独立峰,吸光度分别为

$$A_M = a_M b_M c_M$$
$$A_N = a_N b_N c_N \tag{6-7}$$

其中,$b_M = b_N$。若令 $R = A_M / A_N$,则式(6-7)可写为

$$R = \frac{A_M}{A_N} = \frac{a_M c_M}{a_N c_N} = K \frac{c_M}{c_N} \tag{6-8}$$

其中,$K = a_M / a_N$,即两独立峰吸光系数比。首先测试已知含量的标准样品计算出 K 值,然后测量未知样品的两独立峰吸光度比,得到 R 值,因 K 值已知,而 $c_M + c_N = c_{总}$,代入式(6-8)得

$$\frac{c_M}{c_{总}} = \frac{R}{K + R} \times 100\% \tag{6-9}$$

$$\frac{c_N}{c_{总}} = \frac{K}{K + R} \times 100\% \tag{6-10}$$

4. 内标法

比例法的一个明显缺点是不能直接单独地定量测定样品中的某一组分。内标法是在样品中定量添加某纯物质(内标),用某组分的特征吸收峰与内标物质特征吸收峰进行比较,则同样在未知样品厚度的情况下,可直接给出这个组分在样品中的含量。具体步骤如下:

首先用已知量的混合物 M 组分(纯物质)与一定量的内标物质 K 均匀混合测其光谱,得到各自独立峰的吸光度:

$$A'_M = a'_M b'_M c'_M$$
$$A'_K = a'_K b'_K c'_K \tag{6-11}$$

式中 c'_M、c'_K 可以是 M、K 的质量。因为 $b'_M = b'_K$,所以

$$\frac{A'_M}{A'_K} = \frac{a'_M c'_M}{a'_K c'_K} \tag{6-12}$$

然后将一定量的内标物质 K 和已知量(m)混合物混合,M 和 K 的独立峰吸光度可写出如下关

系式：

$$\frac{A_{\mathrm{M}}}{A_{\mathrm{K}}} = \frac{a_{\mathrm{M}} c_{\mathrm{M}}}{a_{\mathrm{K}} c_{\mathrm{K}}} \tag{6-13}$$

因为 $a_{\mathrm{M}} = a'_{\mathrm{M}}$，$a_{\mathrm{K}} = a'_{\mathrm{K}}$，所以从式(6-12)和式(6-13)中可得样品中 M 组分的质量为

$$c_{\mathrm{M}} = \frac{A_{\mathrm{M}}}{A'_{\mathrm{M}}} \frac{A'_{\mathrm{K}}}{A_{\mathrm{K}}} \frac{c_{\mathrm{K}}}{c'_{\mathrm{K}}} c'_{\mathrm{M}} \tag{6-14}$$

M 组分在样品中的质量分数为

$$w_{\mathrm{M}} = \frac{c_{\mathrm{M}}}{m} \times 100\% \tag{6-15}$$

　　样品中其他服从比尔定律的组分含量同样根据上述步骤求得。若所测样品不服从比尔定律，应把一定量的内标均匀地混合到已知组成和质量的标准样品中，如此配好一组标准样品，利用不同的 $c_{\mathrm{M}}/c_{\mathrm{K}}$ 值得到 $A_{\mathrm{M}}/A_{\mathrm{K}}$ 值，就可以从标准曲线上直接读出相应的 $c_{\mathrm{M}}/c_{\mathrm{K}}$ 值 H，因为加入样品中的内标量 c_{K} 是已知的，从而根据 $c_{\mathrm{M}} = Hc_{\mathrm{K}}$ 得到 c_{M} 值。配内标时，样品已称量(m)，因此 M 组分在样品中的百分含量由式(6-15)可得。

　　糊状法制备样品的内标物质应具备以下条件：①红外光谱比较简单；②内标本身有独立峰；③不与样品作用；④对热稳定；⑤不吸水；⑥易粉碎等。硫氰化铅(在 2045 cm^{-1} 处有特征峰)和六溴化苯(在 1300 cm^{-1} 和 1255 cm^{-1} 处有特征峰)符合上述条件，可以作内标。

6.2　红外光谱仪

　　目前主要有两类红外光谱仪，即色散型红外光谱仪和傅里叶(Fourier)变换红外光谱仪。

6.2.1　色散型红外光谱仪

　　图 6-2 为色散型双光束红外光谱仪原理示意图。

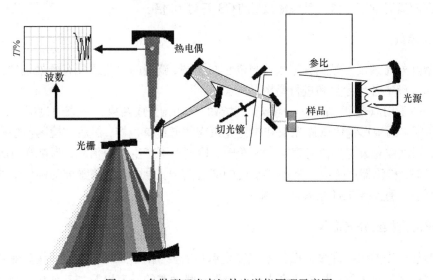

图 6-2　色散型双光束红外光谱仪原理示意图

1. 光源

红外光谱仪中所用的光源通常是一种惰性固体，用电加热使其发射高强度的连续红外辐射。常用的是能斯特灯或硅碳棒。

2. 吸收池

因玻璃、石英等材料不能透过红外光，红外吸收池要用可透过红外光的 NaCl、KBr、CsI 等材料制成窗片(需注意防潮)。固体试样常与纯 KBr 混匀压片，然后直接进行测定。

3. 单色器

单色器由色散元件、准直镜和狭缝构成，闪耀光栅是最常用的色散元件。狭缝的宽度可控制单色光的纯度和强度。光源发出的红外光在整个波数范围内不是恒定的，在扫描过程中狭缝将随光源的发射特性曲线自动调节狭缝宽度，既要使到达检测器的光强度近似不变，又要达到尽可能高的分辨能力。

4. 检测器

常用的红外检测器是高真空热电偶、热释电检测器和碲镉汞(MCT)检测器。

(1) 高真空热电偶是利用不同导体构成回路时的温差电现象，将温差转变为电位差。

(2) 热释电检测器是用硫酸三甘肽(triglycine sulfide，TGS)的单晶薄片作为检测元件。TGS 是铁电体，在一定温度(居里点 49℃)以下能产生很大的极化效应，其极化强度与温度有关，温度升高，极化强度降低。

(3) 碲镉汞检测器是由宽频带的半导体碲化镉和半金属化合物碲化汞混合制成，其组成为 $Hg_{1-x}Cd_xTe$(其中 $x \approx 0.2$)，改变 x 值能改变混合物组成，获得测量不同波段灵敏度各异的各种 MCT 检测器。它的灵敏度高，响应速度快，适于快速扫描测量和 GC-FTIR 联机检测。MCT 检测器分为两类：①光电导型是利用入射光子与检测器材料中的电子能态起作用，产生载流子进行检测；②光伏型是利用不均匀半导体受光照时，产生电位差的光伏效应进行检测。MCT 检测器都需在液氮温度下工作，其灵敏度比 TGS 高约 10 倍。

5. 记录系统

色散型红外光谱仪一般配有记录仪自动记录谱图，新型的仪器还配有微处理器，用于控制仪器的操作、设定各种参数和进行谱图的检索等。

光路一般采用双光束(图 6-2)。将光源发射的红外光分成两束，一束通过试样，另一束通过参比，利用半圆扇形镜使试样光束和参比光束交替通过单色器，然后被检测器检测。在光学零位法中，当试样光束与参比光束强度相等时，检测器不产生交流信号；当试样有吸收，两光束强度不等时，检测器产生与光强差成正比的交流信号，通过机械装置推动锥齿形的光楔，使参比光束减弱，直至与试样光束强度相等。

6.2.2 傅里叶变换红外光谱仪

色散型红外光谱仪在许多方面已不能完全满足需要。由于采用了狭缝，能量受到限制，尤其是在远红外区能量很弱；扫描速度太慢，使得一些动态的研究以及与其他仪器(如色谱)的联用发生困难；对一些吸收红外辐射很强或信号很弱样品的测定及痕量组分的分析等也受到一定的限制。随着光学、电子学尤其是计算机技术的迅速发展，20 世纪 70 年代出现了新一代的红外光谱测量技术和仪器，它就是基于干涉调频分光的傅里叶变换红外光谱仪(FTIR)。这种仪器不用狭缝，因而消除了狭缝对通过它的光能的限制，可以同时获得光谱所有频率的全部信息。它具有许多优点：扫描速度快，测量时间短，可在 1 s 内获得红外光谱。适于对快速反应过程的追踪，也便于和色谱法联用；灵敏度高，检出限可达 $10^{-12}\sim10^{-9}$ g；分辨率高，波数精度可达 0.01 cm^{-1}；光谱范围广，可研究整个红外区(10000$\sim$10 cm^{-1})的光谱；测定精度高，重复性可达 0.1%，而杂散光小于 0.01%。

　　傅里叶变换红外光谱仪没有色散元件，主要由光源(硅碳棒、高压汞灯)、迈克尔孙干涉仪、检测器、计算机和记录仪等组成(图 6-3)。其核心部分是迈克尔孙干涉仪，它将来自光源的信号以干涉图的形式送往计算机进行傅里叶变换，最后将干涉图还原成光谱图。干涉仪中固定镜(fixed mirror)固定不动，动镜(mobile mirror)做微小的移动，在固定镜和动镜之间放置一半透膜光束分裂器(beam splitter，BS)，将光源来的光分为相等的两部分，光束 I 和光束 II。光束 I 穿过光束分裂器被固定镜反射，沿原路返回光束分裂器并被反射到达检测器；光束 II 则反射到动镜再由动镜沿原路反射回来，通过光束分裂器到达检测器。这样，在检测器上得到的是 I 光和 II 光的相干光。如果进入干涉仪的是波长为 λ_1 的单色光，开始时，因动镜和固定镜离光束分裂器距离相等(此时称动镜处于零位)，I 光和 II 光到达检测器时相位相同，发生相长干涉，亮度最大。当动镜移动入射光的 $\lambda/4$ 距离时，则 II 光的光程变化为 $\lambda/2$，在检测器上两光相位差为 180°，则发生相消干涉，亮度最小。当动镜移动 $\lambda/4$ 的奇数倍，I 光和 II 光的光程差为 $\pm\lambda/2$、$\pm3\lambda/2$、$\pm5\lambda/2$、$\cdots$时(正负号表示动镜从零位向两边的位移)，都会发生这种相消干涉。

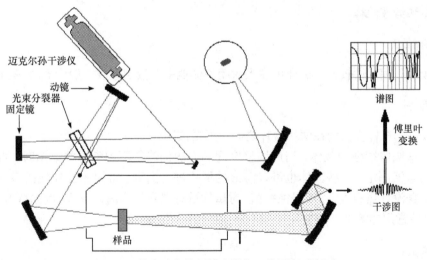

图 6-3　傅里叶变换红外光谱仪工作原理示意图

　　同样，动镜位移 $\lambda/4$ 的偶数倍时，即两光的光程差为 λ 的整数倍时，都将发生相长干涉。而部分相消干涉则发生在上述两种位移之间。因此，匀速移动动镜，即连续改变两束光的光程差时，在检测器上记录的信号将呈余弦变化，每移动 $\lambda/4$ 的距离，信号则从明到暗周期性地改变一次[图 6-4(a)]。图 6-4(b)是另一入射光波长为 λ_2 的单色光所得干涉图。如果是两种波长的

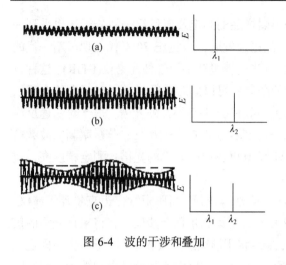

图6-4　波的干涉和叠加

光一起进入干涉仪，则得到两种单色光干涉图的叠加[图 6-4(c)]。当入射光为连续波长的多色光时，得到的是中心极大并向两侧迅速衰减的对称干涉图。

这种多色光的干涉图等于所有各单色光干涉图的叠加。当多色光通过试样时，由于试样对不同波长光的选择吸收，干涉图曲线发生变化。但这种极其复杂的干涉图是难以解释的，需要经计算机进行快速傅里叶变换，得到我们所熟悉的透射比随波数变化的普通红外光谱图。

6.3　试样的处理和制备

能否获得一张满意的红外光谱图，除了仪器性能的因素外，试样的处理和制备也十分重要。红外光谱的试样可以是气体、液体或固体。

6.3.1　气体试样

气体试样可在玻璃气槽内进行测定，它的两端粘有红外透光的 NaCl 或 KBr 窗片。先将气槽抽真空，再将试样注入。

6.3.2　液体和溶液试样

1. 液体池法

沸点较低、挥发性较大的试样可注入封闭液体池中，液层厚度一般为 0.01～1 mm。

2. 液膜法

沸点较高的试样直接滴在两块盐片之间，形成液膜。

对于一些吸收很强的液体，当用调整厚度的方法仍然得不到满意的谱图时，可用适当的溶剂配成稀溶液测定。一些固体也可以溶液的形式进行测定。常用的红外光谱溶剂应在所测光谱区内本身没有强烈吸收，不侵蚀盐窗，对试样没有强烈的溶剂化效应。例如，CS_2 是 1350～600 cm^{-1} 区域常用的溶剂，CCl_4 用于 4000～1350 cm^{-1} 区域。

6.3.3　固体试样

1. 压片法

将 1 mg 试样与 100 mg 纯 KBr 研细混匀，置于模具中，用 $(5\sim10)\times10^7$ Pa 压力压成透明薄片，即可用于测定。试样和 KBr 都应经干燥处理，研磨到粒度小于 2 μm，以免散射光影响。KBr 在 4000～400 cm^{-1} 区域不产生吸收，因此可测绘全波段光谱图。

2. 石蜡糊法

将干燥处理后的试样研细,与液体石蜡或全氟代烃混合,调成糊状,夹在盐片中测定。液体石蜡自身的吸收带简单,但此法不能用来研究饱和烷烃的吸收情况。

3. 薄膜法

薄膜法主要用于高分子化合物的测定。可将它们直接加热熔融后涂制或压制成膜。也可将试样溶解在低沸点的易挥发溶剂中,涂在盐片上,待溶剂挥发后成膜来测定。

实验 19 苯甲酸等红外光谱的测绘及结构分析

一、实验目的

(1) 掌握液膜法制备液体样品的方法。
(2) 掌握溴化钾压片法制备固体样品的方法。
(3) 学习并掌握 AVATAR 360 型红外光谱仪的使用方法。
(4) 初步学会对红外吸收光谱图的解析。

二、实验原理

物质分子中的各种不同基团在有选择地吸收不同频率的红外辐射后,发生振动能级之间的跃迁,形成各自独特的红外吸收光谱。据此,可对物质进行定性、定量分析,特别是对化合物结构的鉴定,应用更为广泛。

基团的振动频率和吸收强度与组成基团的原子质量、化学键类型及分子的几何构型等有关。因此,根据红外吸收光谱的峰值、峰强、峰形和峰的数目,可以判断物质中可能存在的某些官能团,进而推断未知物的结构。如果分子比较复杂,还需结合紫外光谱、核磁共振波谱及质谱等手段进行综合判断。最后可通过与未知样品相同测定条件下得到的标准样品的谱图或已发表的标准谱图(如萨特勒红外光谱图等)进行比较分析,进一步证实。如果找不到标准样品或标准谱图,则可根据所推测的某些官能团,用制备模型化合物的方法核实。

三、仪器与试剂

1. 仪器

AVATAR 360 型傅里叶变换红外光谱仪;可拆式液池架;压片机;玛瑙研钵;红外灯;万分之一电子天平。

2. 试剂

氯化钠盐片;聚苯乙烯薄膜;苯甲酸(于 80℃下干燥 24 h,存于保干器中);溴化钾(于 130℃下干燥 24 h,存于保干器中);无水乙醇;四氯化碳。

四、实验步骤

1. 波数检验

将聚苯乙烯薄膜插入红外光谱仪的试样安放处,从 4000~400 cm⁻¹ 进行波数扫描,得到红外吸收光谱。

2. 测绘无水乙醇的红外吸收光谱(液膜法)

取 2 片氯化钠盐片，在一盐片上滴 1～2 滴无水乙醇。用另一盐片压于其上，装入可拆式液池架中，再插入红外光谱仪的试样安放处。从 4000～400 cm^{-1} 进行波数扫描，得到红外吸收光谱。

3. 测绘苯甲酸的红外吸收光谱(溴化钾压片法)

取 1 mg 苯甲酸，加入 100 mg 溴化钾粉末，在玛瑙研钵中充分磨细。将研好的粉末填入磨具，在压片机上压成透明薄片。然后插入光路，从 4000～400 cm^{-1} 进行波数扫描，得到红外吸收光谱。

以上红外吸收光谱测定时的参比均为空气。

五、实验数据及结果

(1) 将测得的聚苯乙烯薄膜的红外吸收光谱与标准谱图对照。对 2850.7 cm^{-1}、1601.4 cm^{-1} 及 905.7 cm^{-1} 的吸收峰进行检验。在 4000～2000 cm^{-1}，波数误差不大于±5 cm^{-1}。在 2000～400 cm^{-1}，波数误差不大于±2 cm^{-1}。

(2) 解析无水乙醇、苯甲酸的红外吸收光谱。结合理论课所学知识，对各谱图主要吸收峰进行归属。

六、注意事项

(1) 氯化钠盐片易吸水，取盐片时需戴上指套。扫描完毕，应用四氯化碳清洗盐片，并立即将盐片放回保干器内保存。

(2) 盐片装入可拆式液池架后，螺丝不宜拧得过紧，否则会压碎盐片。

七、思考题

(1) 在含氧有机化合物中，如在 1900～1600 cm^{-1} 区域有强吸收谱带出现，能否判定分子中有羰基存在?

(2) 羟基和 C—O 的伸缩振动在乙醇及苯甲酸中有什么不同? 为什么?

实验 20　ATR-傅里叶变换红外光谱法测定甲基苯基硅油中苯基的含量

一、实验目的

学习利用 ATR-傅里叶变换红外光谱法对有机化合物体系进行定量分析。

二、实验原理

1. 有机硅油的结构及其红外光谱

有机硅油是具有硅氧烷结构、常温下呈液态的化合物的总称。化学通式如下:

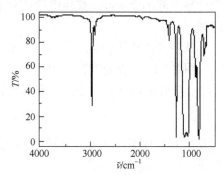

其中 n 可以从几十到几千。当 R 都代表甲基时，称为甲基硅油。当其中部分甲基被苯基置换时，就可以得到不同极性的甲基苯基硅油。甲基也可以被其他有机基团置换。各种不同类型的有机硅油用途广泛，可以用作高级润滑油、消泡剂、脱模剂、擦光剂、绝缘油、真空扩散泵油等。有机硅油也是气相色谱的一类重要的固定液。

有机硅油中苯基的含量(或苯基、甲基比值)可以用核磁共振法或红外光谱法测定。本实验就是用红外光谱法测定苯基和甲基的吸光度比值，建立苯基、甲基物质的量比值(Φ/M)与吸光度比值(A^{3071}/A^{2961})之间的线性关系，进而测定待测样品中苯基与甲基的比值。

下面的三张红外光谱图中，图 6-5 为甲基硅油的红外光谱，图 6-6 和图 6-7 为甲基苯基硅油的红外光谱。$1100\sim1020\ cm^{-1}$ 的强谱带为 $\nu(Si\text{—}O\text{—}Si)$，$2961\ cm^{-1}$ 谱带为 $\nu(CH_3)$，$1260\ cm^{-1}$ 为 $\nu(Si\text{—}CH_3)$，$3071\ cm^{-1}$ 为 $\nu(\Phi\text{—}H)$，$1429\ cm^{-1}$ 为 $\nu(\Phi\text{—}Si)$，$1260\ cm^{-1}$ 和 $1429\ cm^{-1}$ 两个谱带所受干扰较小，分别作为本实验中苯基和甲基的分析谱带比较合适。

图 6-5　甲基硅油的红外光谱

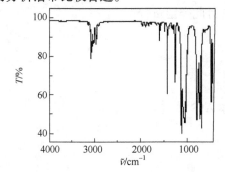

图 6-6　甲基苯基硅油(Ⅱ)的红外光谱

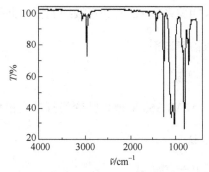

图 6-7　甲基苯基硅油(Ⅳ)的红外光谱

图 6-8 为 $1550\sim1150\ cm^{-1}$ 的吸光度光谱，选定分析谱带的吸光度值 A^ν 可利用基线法测量。

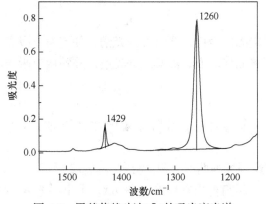

图 6-8　甲基苯基硅油(Ⅰ)的吸光度光谱

2. 红外光谱定量分析方法

根据朗伯-比尔定律，有

$$A^v = a^v bc \tag{6-16}$$

式中：A^v 为波数 v 处的吸光度；a^v 为波数 v 处的吸光系数；b 为吸收池厚度；c 为吸光物质的浓度。

双组分红外光谱定量分析有池内-池外法、标准曲线法、内标法和比例法等。

比例法是用薄膜法或石蜡糊法制样时采用的一种定量方法，它借助同一谱图中代表各组分的独立峰的吸光度，直接得到组分之间的相对含量，从而省去测定吸光系数和样品厚度的麻烦。

苯基$(\Phi)^{1429}$ 吸光度：$A^{1429}=a^{1429}bc_\Phi$

甲基$(M)^{1260}$ 吸光度：$A^{1260}=a^{1260}bc_M$

其中，吸收池厚度 b 不变，当令 $a^{1429}/a^{1260}=K$(其中 K 为吸光系数比)时，则有

$$A^{1429} / A^{1260} = (a^{1429} / a^{1260})(c_\Phi / c_M) = K(c_\Phi / c_M) \tag{6-17}$$

式(6-17)表明，苯基、甲基物质的量浓度比值 c_Φ/c_M 与其吸光度比值 A^{1429}/A^{1260} 之间呈线性关系。

因此，可以利用一组已知苯基、甲基物质的量浓度比值 c_Φ/c_M(用核磁共振法测定)的苯基甲基硅油样品，测量红外光谱的 A^{1429}/A^{1260} 值，采用最小二乘法计算回归直线方程，求出斜率、截距及相关系数 r，或是直接绘制标准曲线，便可进行此类定量分析。

三、仪器与试剂

1. 仪器

AVATAR 360 型傅里叶变换红外光谱仪；锗晶体 ATR 附件。

2. 试剂

甲基苯基硅油。

四、实验步骤

(1) 开机。
(2) 将标准样品涂于锗晶体表面，测其红外光谱，并转换成吸光度光谱。
(3) 将未知样品涂于锗晶体表面，测其红外光谱，并转换成吸光度光谱。

五、实验数据及结果

(1) 在吸光度光谱中，以基线法量取所有 A^{1429} 和 A^{1260} 值，并求得比值 A^{1429}/A^{1260}，填入表 6-2。
(2) 依表 6-2 中数据绘制标准曲线，A^{1429}/A^{1260}-c_Φ/c_M。
(3) 以最小二乘法计算回归直线方程 $Y = A + BX$，求出斜率 B、截距 A 及相关系数 r。
(4) 依待测样品的 A^{1429}/A^{1260} 值，求出相应的 c_Φ/c_M 值及 $c_\Phi(\%)$值。

表 6-2 数据记录表

		A^{1429}/A^{1260}	c_Φ/c_M	$c_\Phi/\%$
标准样品	I			
	II			
	III			
	IV			
	V			
待测样品	第一次			
	第二次			
	平均值			

六、注意事项

(1) 将硅油涂于锗晶体表面时要轻柔，以免划伤晶体。

(2) 每次测定后，用脱脂棉蘸 CCl₄ 清洗晶体表面，至测试无峰出现。

(3) 安放及拆卸 ATR 附件时，注意保护晶体板，防止剧烈震动及划伤晶体表面。

(4) 强酸、强碱对晶体有腐蚀作用，要避免接触。

七、思考题

(1) 在红外光谱定量分析中，如何选取分析谱带，以使测量误差最小?

(2) 试讨论其他双组分红外光谱定量分析方法适用的范围。

实验 21 红外光谱法区别顺、反丁烯二酸

一、实验目的

通过测定顺、反丁烯二酸的红外光谱区别顺、反烯烃的红外光谱特性。

二、实验原理

顺、反烯烃的 C—H 非平面摇摆振动频率差别很大，是区别烯烃顺反异构体的有力手段。

烷基型烯烃 $\overset{R_1}{\underset{H}{}}C{=}C\overset{H}{\underset{R_2}{}}$ 的反式 C—H 非平面摇摆振动为强的特征吸收，出现在约 970 cm⁻¹ 处。当取代基为—OH、—OR、—NHR 及—CN 时，它的位置基本不变。但当有长共轭链时，该峰稍向高波数移动；当取代基为卤素时，该峰移向约 920 cm⁻¹ 处，它在确定顺反异构体时是一个有决定意义的特征峰。另外，顺式异构体的 C—H 非平面摇摆振动引起的吸收峰宽而弱，位置变化较大。当取代基为烷基时位于 715~675 cm⁻¹，当取代基为卤素时位于 770 cm⁻¹，有长共轭链时稍向高波数移动。

本实验通过测定顺、反丁烯二酸的红外光谱来区分它们。

三、仪器与试剂

1. 仪器

AVATAR 360 型傅里叶变换红外光谱仪；压片机；玛瑙研钵；红外灯；万分之一电子天平。

2. 试剂

顺丁烯二酸(分析纯)；反丁烯二酸(分析纯)；溴化钾(分析纯)。

四、实验步骤

将 1~2 mg 试样放在玛瑙研钵中充分磨细，再加入 100~200 mg 干燥的溴化钾粉末，继续研磨 2~5 min。将研好的粉末填入磨具，在压片机上压成透明薄片。然后插入光路，从 4000~400 cm^{-1} 进行波数扫描，得到红外吸收光谱。

按上述制片方法分别测定顺、反丁烯二酸的红外光谱图。

五、实验数据及结果

根据实验所得的两张红外光谱图，判断哪一张谱图是顺丁烯二酸，哪一张谱图是反丁烯二酸。

六、注意事项

(1) 试样与溴化钾粉末要充分混匀研细，粒径在 2 μm 以下。

(2) 红外光谱仪内要保持干燥，开门取放样品的时间要尽量短并屏住呼吸，勿使水蒸气及二氧化碳气体进入样品仓。

七、思考题

(1) 找出能够区别顺反异构体的其他有代表性的峰。

(2) 检索谱库，找出顺、反丁烯二酸的标准谱图，并与实验所测的谱图相比较。

实验 22　醛和酮的红外光谱

一、实验目的

选择醛和酮的羰基吸收频率进行比较，以说明取代效应和共轭效应。指定各醛、酮的主要谱带。

二、实验原理

醛和酮在 1870~1540 cm^{-1} 内出现强的 C═O 伸缩谱带。影响 C═O 谱带实际位置的因素有物理状态、相邻取代基团、共轭效应、氢键和环的张力等。

脂肪醛在 1740~1720 cm^{-1} 有吸收。α-碳上的电负性取代基会增大 C═O 谱带吸收频率。例如，乙醛在 1730 cm^{-1} 处吸收，而三氯乙醛在 1768 cm^{-1} 处吸收。双键与羰基的共轭会降低羰基吸收频率。芳香醛在低频率处吸收，分子内氢键也会使吸收向低频方向移动。

酮羰基比相应的醛羰基在稍低些的频率处吸收。饱和脂肪酮在 1715 cm^{-1} 左右有羰基吸收。与双键共轭会使吸收频率向低频方向移动，酮与溶剂如甲醇之间的氢键也会降低羰基的吸收频率。

三、仪器与试剂

1. 仪器

AVATAR 360 型傅里叶变换红外光谱仪；液体池；压片机；玛瑙研钵；红外灯；万分之一电子天平。

2. 试剂

盐片；纯溴化钾片剂；苯甲醛；肉桂醛；正丁醛；二苯甲酮；环己酮；苯乙酮。

四、实验步骤

测定苯甲醛、肉桂醛、正丁醛、二苯(甲)酮、环己酮、苯乙酮的红外光谱。对于液体，可以使用 $0.015 \sim 0.025$ mm 厚的纯液体薄膜；对于固体，可制成溴化钾片剂。

五、实验数据及结果

(1) 确定各化合物的羰基吸收频率，根据各化合物的光谱写出它们的结构。

(2) 根据苯甲醛的光谱，指定在 3000 cm^{-1} 左右及 $675 \sim 750$ cm^{-1} 所得到的主要谱带。简述分子中的键或键基团构成这些谱带的原因。

(3) 根据环己酮光谱，指定在 2900 cm^{-1} 和 1460 cm^{-1} 处附近的主要谱带。

(4) 比较醛的羰基吸收频率。通过对肉桂醛、苯甲醛与正丁醛的比较，论述共轭效应和芳香性对羰基吸收频率的影响。

(5) 讨论共轭效应和芳香性对酮羰基吸收频率的影响，进行类似上述的比较。

六、注意事项

(1) 溴化钾和氯化钠液体池均不能与水接触，操作时，环境、接触物及手均要干燥，样品不能含有水分。

(2) 晶体不能与硬物直接接触，拆装液体池时避免磕碰及划伤。

七、思考题

(1) 解释用氯原子取代烷基，羰基吸收频率发生位移的原因。

(2) 试推测苯乙酮 C=O 伸缩振动的泛频在什么频率处。

实验 23　邻、间、对二甲苯混合物中各组分含量的测定

一、实验目的

学习多组分红外光谱定量分析的方法。

二、实验原理

邻、间、对二甲苯的苯环 C—H 弯曲振动的吸收峰分别在 739 cm^{-1}、766 cm^{-1}、793 cm^{-1}

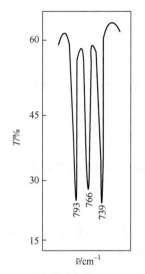

图 6-9　二甲苯混合物在 700～850 cm^{-1} 的红外光谱图

处，彼此基本不互相干扰。当以环己烷作溶剂时，在该波长范围内溶剂没有吸收，故可用于定量分析各组分的含量(图 6-9)。

定量分析时一般希望在分析波数处各组分的吸收峰不发生重叠，但由于吸光度具有加和性，即使吸收峰发生重叠，也可以进行分析。假设某一混合物由 n 个组分组成，各组分的浓度分别为 c_1, c_2, $\cdots$, c_n，它们在分析波数处的吸收系数各为 a_{v1}, a_{v2}, $\cdots$, a_{vn}，则样品在这个分析波数处的总吸光度为

$$A^v = A_1^v + A_2^v + \cdots + A_n^v$$
$$= a_1^v bc_1 + a_2^v bc_2 + \cdots + a_n^v bc_n$$

含有 n 个组分的样品，可以选 n 个分析波数得出 n 个方程，组成下列方程组：

$$
\begin{cases}
A^{v_1} = a_1^{v_1} bc_1 + a_2^{v_1} bc_2 + \cdots + a_n^{v_1} bc_n \\
A^{v_2} = a_1^{v_2} bc_1 + a_2^{v_2} bc_2 + \cdots + a_n^{v_2} bc_n \\
\qquad\qquad\vdots \\
A^{v_i} = a_1^{v_i} bc_1 + \cdots + a_j^{v_i} bc_j + \cdots + a_n^{v_i} bc_n \\
\qquad\qquad\vdots \\
A^{v_n} = a_1^{v_n} bc_1 + a_2^{v_n} bc_2 + \cdots + a_n^{v_n} bc_n
\end{cases}
\tag{6-18}
$$

式中：A^{v_i} 为试样在分析波数 v_i 处的总吸光度，由仪器测得的透过率换算而得；$a_j^{v_i}$ 为组分 j 在分析波数 v_i 处的吸光系数，其值可由纯物质配成标准溶液预先测得；b 为已知的吸收池厚度。此 n 个未知浓度 c 可由 n 个联立方程求得。

在选择分析波数时应尽量使某一组分的吸收最大，而其他组分的吸收均很小，这样可以减少因此处吸收峰的测量误差给测定准确度带来的影响。

三、仪器与试剂

1. 仪器

AVATAR 360 型傅里叶变换红外光谱仪；液体池；盐片；万分之一电子天平；2 mL 容量瓶。

2. 试剂

邻二甲苯(色谱纯)；间二甲苯(色谱纯)；对二甲苯(色谱纯)；环己烷(色谱纯)。

四、实验步骤

准确称取邻二甲苯 20.0000 mg、间二甲苯 30.0000 mg、对二甲苯 30.0000 mg，分别置于 2 mL 容量瓶中，用环己烷稀释至刻度。取此溶液分别测定其红外光谱图作为标准谱图。

再分别准确称取邻、间、对二甲苯各 30.0000 mg 左右于同一个容量瓶(2 mL)中，用环己

烷稀释至刻度，作为二甲苯异构体混合物未知样，测定其红外光谱图。每一样品测定 3 次，取其平均值。

五、实验数据及结果

(1) 用基线法求出纯试样的吸光度，即在 3 个分析波数(739 cm⁻¹、766 cm⁻¹、793 cm⁻¹)处每个纯试样的吸光度：

邻二甲苯 A_o^{739}、A_o^{766}、A_o^{793}

间二甲苯 A_m^{739}、A_m^{766}、A_m^{793}

对二甲苯 A_p^{739}、A_p^{766}、A_p^{793}

(2) 按照朗伯-比尔定律 $A = \varepsilon c L$，根据以上所得吸光度 A，求出相应的吸光系数[L/(g·cm)]：

邻二甲苯 a_o^{739}、a_o^{766}、a_o^{793}

间二甲苯 a_m^{739}、a_m^{766}、a_m^{793}

对二甲苯 a_p^{739}、a_p^{766}、a_p^{793}

(3) 从二甲苯异构体混合物的谱图中求出 739 cm⁻¹、766 cm⁻¹、793 cm⁻¹ 处的吸光度：

邻二甲苯 A_o^{739} (混)

间二甲苯 A_m^{766} (混)

对二甲苯 A_p^{793} (混)

(4) 二甲苯异构体混合物为 3 个组分，则可得到 3 个方程，列出方程组，式中 c_p、c_m、c_o 分别代表混合试样溶液中对、间、邻二甲苯的浓度。

$$\begin{cases} A^{793}(混) = a_o^{793}bc_o + a_m^{793}bc_m + a_p^{793}bc_p \\ A^{766}(混) = a_o^{766}bc_o + a_m^{766}bc_m + a_p^{766}bc_p \\ A^{739}(混) = a_o^{739}bc_o + a_m^{739}bc_m + a_p^{739}bc_p \end{cases}$$

解方程组即可求出 c_o、c_m 和 c_p(g/L)。

因为在每一异构体的特征吸收波数处，其余两种异构体的吸收都很弱，所以可求取近似值：

$A^{793}(混) \approx a_p^{793}bc_p$　　　可得 c_p

$A^{766}(混) \approx a_m^{766}bc_m$　　　可得 c_m

$A^{739}(混) \approx a_o^{739}bc_o$　　　可得 c_o

(5) 与混合试样溶液中邻、间、对二甲苯的真实浓度相比较，求出误差。

六、注意事项

(1) 本实验采用固定池测量，更换溶液及清洗液体池时，一个注射器推入液体，另一个注射器抽出空气及多余的液体，要同时进行。注好液体的池内不能混有气泡。

(2) 使用溴化钾和氯化钠液体池时，注意环境、接触物及手均要干燥。

(3) 拆装液体池时避免晶体磕碰及划伤。

七、思考题

估算下列化合物在红外光谱上可检测出的最低浓度是多少。设吸光度 $A = 0.005$，吸收池

厚度 $L = 0.05$ mm。

苯酚在 3600 cm^{-1} 处，$\varepsilon = 5000$；

苯胺在 3480 cm^{-1} 处，$\varepsilon = 2000$；

丙烯腈在 2250 cm^{-1} 处，$\varepsilon = 590$；

丙酮在 1720 cm^{-1} 处，$\varepsilon = 8100$。

实验 24　溶液法测定甲苯-环己烷溶液中的甲苯含量

一、实验目的

(1) 学习红外光谱定量分析的基本原理。

(2) 掌握溶液法定量测定方法。

二、实验原理

溶液法是将液体或固体试样溶解在适当的红外溶剂(如 CS$_2$、CCl$_4$、CHCl$_3$ 等)中，然后注入固定池中进行测定，该方法特别适用于定量分析。此外，溶液法还能用于红外吸收很强、用液膜法不能得到满意谱图的液体试样的定性分析。采用溶液法时，必须特别注意红外溶剂的选择。要求溶剂在较宽的范围内无吸收，试样的吸收峰尽量不被吸收峰所干扰。此外，还要考虑溶剂对试样吸收峰的影响(如形成氢键等溶剂效应)。

红外光谱定量分析与紫外-可见分光光度定量分析的原理和方法原则上是相同的。它仍然是以朗伯-比尔定律为定量分析基础。但是在测量时，吸收池窗片对辐射的发射和吸收、试样对光散射引起的辐射损失、仪器的杂散辐射和试样的不均匀性等都将引起测定误差，因而给红外光谱定量分析带来一些困难，需采取与紫外-可见分光光度法不同的实验技术。

红外吸收池的光程长度极短，很难做成两个厚度完全一样的吸收池，而且在实验过程中吸收池窗片受到大气和溶剂中夹杂的水分浸蚀，其透明性也不断下降。因此，在红外测定中，透过试样的光束强度通常只简单地同空气或只放一块盐片作为参比的参比光束进行比较，并采用基线法分别测量入射光和透射光的强度 I_0 和 I(图 6-1)，依照 $A = \lg(I_0/I)$，求得该波长处的吸光度。

三、仪器与试剂

1. 仪器

AVATAR 360 型傅里叶变换红外光谱仪；液体池；样品架；红外灯；盐片；100 mL 容量瓶；平板玻璃(25 cm×25 cm)。

2. 试剂

甲苯(分析纯)；环己烷(分析纯)；无水乙醇(分析纯)；盐片。

四、实验步骤

1. 开机

分别打开仪器电源和控制软件。

2. 配制标准溶液

分别移取甲苯 1.00 mL、2.00 mL、3.00 mL、4.00 mL、5.00 mL 至 100 mL 容量瓶中，分别用环己烷稀释至刻度，摇匀。编号依次为 1#、2#、3#、4#、5#。

3. 标准溶液的测定

取 2 片盐片，在其中一片上放置间隔片，于间隔片的方孔内滴加一滴 1#标准溶液，将另一盐片对齐压上，然后将它固定在支架上。以空气作参比物测定红外光谱图，随后以同样的方法测定 2#、3#、4#、5#标准溶液的红外光谱图。每次测定前需用无水乙醇清洗液体池，然后用标准溶液或试样润洗三四次。

4. 测定未知样品的红外光谱图

按照实验步骤 3. 的测定方法，在相同条件下测定未知样品的红外光谱图。

五、实验数据及结果

以 1#、2#、3#、4#、5#标准溶液的吸光度为纵坐标，以甲苯溶液浓度为横坐标绘制标准曲线，从标准曲线上查出未知样品中甲苯的浓度。

六、思考题

(1) 红外光谱定量分析为什么要采用基线法？
(2) 采用溶液法进行红外光谱定量分析应注意哪些问题？

实验 25　红外光谱法用于甲苯咪唑的晶形检查

一、实验目的

(1) 了解红外光谱用于晶形检查的基本原理和方法。
(2) 熟悉石蜡糊制备样品的方法。

二、实验原理

甲苯咪唑是世界卫生组织推荐的首选广谱驱虫药。该药存在 3 种结晶变体(A、B、C)，不同的晶形可以转化。C 晶形为有效晶形，A 晶形为无效晶形，B 晶形疗效有待证明，药物中存在的混晶主要是 A 晶形。《中国药典(2015 年版)》规定用红外光谱法检查 A 晶形杂质，含量不得超过 10%。A 晶形在 640 cm^{-1} 处有强吸收，C 晶形在此为弱吸收；A 晶形在 662 cm^{-1} 处有弱吸收，C 晶形有强吸收。当供试品中有 A 晶形时，在上述两波数处吸光度比值发生变化。测定供试品在约 640 cm^{-1} 与 662 cm^{-1} 处吸光度之比，再测定 A 晶形含量为 10%的甲苯咪唑对照品在该两波数处的吸光度之比，通过两者吸光度之比的大小判断该原料中 A 晶形杂质是否超标。

三、仪器与试剂

1. 仪器

AVATAR 360 型傅里叶变换红外光谱仪；玛瑙研钵；万分之一电子天平。

2. 试剂

甲苯咪唑原料；10% A 晶形甲苯咪唑对照品；液体石蜡。

四、实验步骤

1. 开机

打开外置电源按钮，待自检结束后打开 OMNIC 软件。

2. 制备待测样品

取甲苯咪唑原料和含 10% A 晶形的甲苯咪唑对照品各约 25 mg，分别加液体石蜡 0.3 mL，研磨均匀，制成厚度约 0.15 mm 的石蜡糊片，同时制作厚度相同的空白液体石蜡糊片作参比。按照红外光谱法测定，并调节供试品与对照品在 803 cm^{-1} 处的透光率为 90%～95%，分别记录 620～803 cm^{-1} 处的红外光谱图。在约 620 cm^{-1} 和 803 cm^{-1} 处的最小吸收峰间连接基线，然后在约 640 cm^{-1} 与 662 cm^{-1} 处的最大吸收峰之顶处作垂线与基线相交，用基线法求出相应吸收峰的吸光度值。供试品在约 640 cm^{-1} 与 662 cm^{-1} 处吸光度之比不得大于 10% A 晶形甲苯咪唑对照品在该波数处的吸光度之比。

五、思考题

(1) 石蜡糊法制备样品时应注意哪些问题？
(2) 红外光谱法检查药物晶形有什么优缺点？

第7章 拉曼光谱法

7.1 基 本 原 理

拉曼光谱是研究分子振动和转动的散射光谱。它在固体物理、有机化学、无机化学、生物化学、医学等许多领域都有广泛应用。拉曼散射现象最早是由印度物理学家拉曼(C. V. Raman)在 1928 年研究苯的光散射时发现,他也因此获得了 1930 年诺贝尔物理学奖。

拉曼散射光谱中谱带的数目、强度和形状,以及频移的大小等都直接与分子的振动和转动跃迁相关。因此,从拉曼光谱中能得到分子结构的信息,这在分子结构和分析化学研究中发挥了巨大的作用。

当频率为 ν_0、能量为 $h\nu_0$ 的入射光子与一个分子碰撞时,可能发生以下三种情况:

(1) 当碰撞后的光子能以相同的频率散射,称为瑞利(Rayleigh)散射。瑞利散射是光子和分子间的弹性散射,其机制涉及当分子处于辐射的电矢量场作用下时,在分子中诱导出一个偶极矩,分子中的电子被迫以辐射的相同频率进行振动。该振动着的偶极在各个方向上辐射出能量,这时就产生瑞利散射。该过程相当于分子从基态振动能级回到基态振动能级。如果分子吸收光子跃迁到激发态,然后又发射出光子,这时便产生荧光现象。是散射还是荧光,取决于光子与分子碰撞过程中形成的物种的寿命。散射寿命较短($10^{-15}\sim10^{-14}$ s),而荧光寿命一般更长些。

(2) 在某些情况下,光子与分子发生非弹性碰撞,受激发的分子能从被散射的光子处接受一定份额的能量,从而回到第一振动激发态,即 $v=1$ 振动能态(而不是回到 $v=0$ 的能态)。这时散射光子的能量变成了 $h(\nu_0-\nu_\nu)$。此时,被检测到的散射光的频率为 $\nu_0-\nu_\nu$,这种散射线称为斯托克斯(Stokes)线。在红外光谱中检测的是 ν_ν 值,称为红外振动频率。$h\nu_\nu$ 是 $v=0$ 跃迁到 $v=1$ 时的振动能级差。

(3) 当处于振动激发态 $v=1$ 的分子频率为 $h\nu_0$ 的入射光子碰撞时,分子激发到虚态能级后,回到的不是振动激发态 $v=1$,而是振动能态 $v=0$,这时分子放出能量 $h\nu_\nu$ 给光子。此时,散射出的光子能量为 $h(\nu_0+\nu_\nu)$,较原先更高,这种散射线称为反斯托克斯线。

拉曼和瑞利散射的能级图见图 7-1。

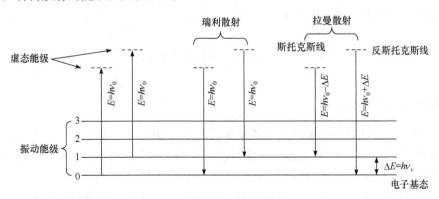

图 7-1 拉曼和瑞利散射的能级图

在拉曼散射光谱中，以激发光频率 ν_0 为横坐标的零点，瑞利散射正好居于 0 的位置，而频率为 $\nu_0-\nu_\nu$ 的斯托克斯线位于瑞利散射的左边，在坐标中实际表示的值是频移 ν_ν；频率为 $\nu_0+\nu_\nu$ 的反斯托克斯线位于瑞利散射的右边，实际表示的值是频移 $-\nu_\nu$，如图 7-2 所示。但由于玻尔兹曼分布定律，处于 $\nu=1$ 时的振动能级的分子比处于 $\nu=0$ 时的振动能级的分子少得多，因此反斯托克斯线的强度比斯托克斯线弱得多。一般在拉曼光谱图中表示斯托克斯线，频移的范围从几十到 4000 cm^{-1}。由于散射是低效率的过程，瑞利散射和拉曼散射的强度分别只有入射光强度的 10^{-3} 和 10^{-6}，激光光源强度能满足此要求，但高功率的激光对某些样品易造成光损伤，一般尽量选择低功率的激光。

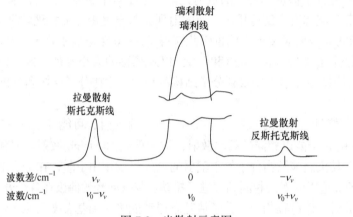

图 7-2　光散射示意图

红外光谱和拉曼光谱都是分子光谱，但产生拉曼光谱的选律不同于红外光谱。产生拉曼光谱的条件是，如果某一简正振动对应于分子的感生极化率变化不为 0，则是拉曼活性的；反之，是拉曼非活性的。而产生红外吸收光谱的条件是，如果某一简正振动对应于分子的偶极矩变化不为 0，则是红外活性的；反之，是红外非活性的。因此，在红外光谱中，容易观察到分子中极性基团的振动，但对一些极性弱的基团(如脂肪链、芳香环、杂环等)，它们在红外光谱中的谱峰就显得相对较弱。对于非极性的同核双原子分子(如 N_2、Cl_2、H_2 等)，无红外吸收，但能产生拉曼光谱。一般对于任何具有对称中心的分子，在红外光谱和拉曼光谱中不存在共同的基本振动谱线。如果在这两种光谱图中都观测到频率相同的谱线，则分子中肯定缺乏对称中心。但缺乏对称中心的分子也可能没有相同的吸收线。这可能是在其中一个谱图中的某一条相应的吸收线强度太弱不易观察到，这对分子结构的测定非常有用。因此，拉曼光谱和红外光谱都是重要的结构分析手段，并且能够相互补充。

7.2　仪器及使用方法

7.2.1　色散型激光拉曼光谱仪

传统的拉曼光谱仪指色散型激光拉曼光谱仪，其结构示意图见图 7-3。该仪器主要由激光光源、外光路系统(样品室)、单色器、放大系统及检测系统五部分组成。样品经来自激光光源的可见激光激发，其绝大部分为瑞利散射光，少量的各种波长的斯托克斯散射光，还有更少量的各种波长的反斯托克斯散射光，后两者即为拉曼散射。这些散射光由反射镜等光学元件收集，经狭缝照射到光栅上，被光栅色散。连续转动光栅使不同波长的散射光依次通过出口狭缝，进入光电倍增管检测器，经放大和记录系统获得拉曼光谱。

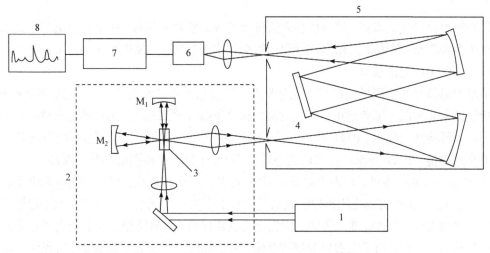

图 7-3　色散型激光拉曼光谱仪结构示意图

1. 激光光源；2. 外光路系统；3. 样品室；4. 光栅；5. 单色器；6. 光电倍增管；7. 放大器；8. 记录仪

1. 激光光源

作为激光拉曼光谱仪的光源需符合以下要求：

(1) 单线输出功率一般为 20～1000 mW。

(2) 功率的稳定性好，变动不大于 1%。

(3) 寿命长，应在 1000 h 以上。

通常使用的激光器有 Kr 离子激光器、Ar 离子激光器、Ar/Kr 离子激光器、He-Ne 激光器和红宝石脉冲激光器等。

2. 外光路系统

外光路系统即样品室，应具备两个基本功能：一是使激光聚焦在样品上，产生拉曼散射，因此样品室装有聚焦透镜；二是收集由样品产生的拉曼散射光，并使其聚焦在单色器的入射狭缝上，因此样品室又装有收集透镜。

为适应固体、液体、气体等各种形态的样品，样品室除装有三维可调的样品平台外，还备有各种样品池和样品架，如单晶平台、毛细管、液体池、气体池和 180°背散射架等。为适应动力学实验及恒温实验需要，样品室可以改装为大样品室，并可配置高温炉或液氮冷却装置，以满足实验中的控温需要。对于一些光敏、热敏物质，为避免激光照射而分解，可将样品装在旋转池中，保证拉曼测试正常进行。

3. 单色器

在色散型激光拉曼光谱仪中，要求单色器的杂散光最小并且色散性好。为降能瑞利散射及杂散光，通常使用双光栅或三光栅组合的单色器。使用多光栅必然会降低光通量，目前大多使用平面全息光栅。若使用凹面全息光栅，可减少反射镜，提高光的反射效率。

4. 检测器

拉曼散射信号极其微弱，要求拉曼光谱仪能高效地检测光信号。在拉曼光谱仪中光信号的检测分为两种类型：单道检测和多道检测，两者分别对应于每次收集光信号时采集窄波长范围和宽波长范围中的光谱信号。

最早光谱信号的检测是使用基于光化学效应的照相干板来实现的。尽管它是多道检测，但它的检测效率非常低。随着光电倍增管(PMT)和电荷耦合检测器(CCD)相继引入拉曼光谱仪，解决了弱信号检测的问题。PMT 和 CCD 都是基于光电效应的原理，但是检测方法不同，属于不同类型的设备。PMT 是单道检测的真空管，而 CCD 是多道检测的半导体器件。

PMT 是一种真空器件。它由光电发射阴极(光阴极)、聚焦电极、电子倍增极和电子收集极(阳极)等组成。当光照射到光阴极时，光阴极向真空中激发出光电子。这些光电子经聚焦电极电场进入倍增系统，并通过进一步的二次发射得到倍增放大，然后把放大后的电子用阳极收集作为信号输出。因为采用了二次发射倍增系统，所以光电倍增管在检测紫外、可见和近红外区的辐射能量的光电检测器中具有极高的灵敏度和极低的噪声。另外，光电倍增管还具有响应快速、成本低、阴极面积大等优点。

CCD 是一个用电荷量表示不同状态的半导体动态位移寄存器。它的每个小单元可以存储表示信号采样值的一定量的电荷。在时钟信号的指挥控制下，这些单元可以沿一个固定的方向逐个单元地传输电荷。直到所有的单元都填满时，高速时钟停止，然后一个较慢的时钟迅速读出 CCD 上所有电荷的信息，并将其发送到标准的 A/D 转换器。CCD 通常由一组常规金属-氧化物-半导体的电容阵列及输入和输出电路组成，可以同时对 1000 多个通道进行多道检测。因此，与 PMT 相比，CCD 不但大大节省了采样时间，而且可以在短时间内多次采样，大大提高了信噪比。现在 CCD 已经成为光谱检测的首选。

7.2.2　傅里叶变换拉曼光谱仪

传统的光栅分光的拉曼光谱仪使用逐点扫描方式、单道记录，为得到一张高质量的谱图必须经多次累加，十分费时间。另外，拉曼光谱仪所用的是可见光范围的激光，能量大大超过产生荧光的阈值，十分容易激发出荧光，将拉曼信号"淹没"，以致无法测定。傅里叶变换拉曼(FT-Raman)光谱仪的出现消除了荧光对拉曼测量的干扰，FT-Raman 光谱仪以其突出的优点如无荧光干扰、扫描速度快、分辨率高等，越来越受到人们的重视。

图 7-4 是 FT-Raman 光谱仪光路图。FT-Raman 光谱仪普遍采用 1064 nm 的近红外 Nd:YAG 激光器(掺钕的钇铝镓石榴石激光器)为激发光源，需液氮冷却的 Ge 二极管或 InGaAs 检测器。分光系统采用的是迈克尔孙干涉仪，和傅里叶变换红外光谱仪(FT-IR)是相同的，通常在仪器中使用截断滤光片以限制比光源波长大的辐射到达检测器。所得的干涉图经计算机进行快速傅里叶变换后，即可直接得到拉曼散射强度随拉曼位移变化的拉曼光谱图。一般的扫描速度每分钟可得到 20 张谱图，大大加快了分析速度，即使多次累加，以改善谱图的信噪比，也比传统的拉曼光谱仪快得多。

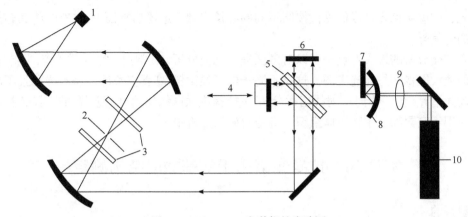

图 7-4 FT-Raman 光谱仪的光路图

1. 液氮冷却锗检测器；2. 空间性滤光片；3. 介电体滤光片；4. 移动镜；5. 分束器；6. 固定镜；7. 样品室；8. 抛物面聚光镜；
9. 200 mm 透镜；10. Nd:YAG 激光器

7.2.3 显微拉曼光谱仪

无论是液体还是薄膜、粉末，测定它们的拉曼光谱时，无须特殊的制样处理，均可直接测定。为了对一些不均匀的样品，如陶瓷的晶粒与晶界组成、断裂材料的缺口组成等，以及不便于直接取样的样品进行分析，人们发展了显微拉曼技术。利用光学显微镜，将激光会聚到样品的微小部位(直径小于几微米)，采用电视摄像器、监视器等装置，可直接观察到放大图像，以便把激光点对准待测定的微小部位，经光束转换装置，即可将微区的拉曼散射信号聚焦到单色器入射狭缝，得到指定微区部位的拉曼光谱图。显微拉曼光谱仪的光路图如图 7-5 所示。

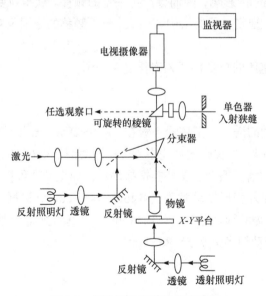

图 7-5 显微拉曼光谱仪的光路图

显微拉曼成像的原理为：激光器发出的光经光束扩展器变为较宽的光束，该光束经反射镜、二向色镜反射后通过物镜聚焦于样品表面，发出的散射光由原光路收集，经物镜和反射镜后穿过二向色镜然后反射进入光谱仪，光谱仪内部的聚焦透镜将散射光聚焦后穿过入射狭缝投射于光学准直镜，信号经准直后到达光栅，光栅把宽波长的单束复合光分散为不同频率的多束单色光，这些单色光经成像物镜按照不同的波长成像于透镜焦平面上，CCD 将其转换为易于测量的电信号。

显微拉曼分析的最大特点是可以对微区进行无损分析，在常温、常压下操作，同时直接测出样品的放大图像和拉曼光谱图。这是不同于电子显微镜(高真空条件，需制样，且不能得到分子振动光谱)，也不同于 X 射线衍射分析(不能提供微区结构信息的差异)的。显微拉曼技术已广泛应用于高聚物、生物活体组织、陶瓷及矿物分析中。

实验 26　拉曼光谱用于氨基酸的结构测定

一、实验目的

(1) 了解拉曼光谱的基本原理，以及显微拉曼光谱仪的特点。

(2) 掌握 Xplora Plus 型拉曼光谱仪的一般操作。

(3) 通过对氨基酸的拉曼光谱图的测定和分析，了解各氨基酸特征基团的归属。

二、实验原理

拉曼散射是由分子极化率的改变而产生的。拉曼位移取决于分子振动能级的变化，不同化学键或基团有特征的分子振动，能级差反映了指定能级的变化，因此与其对应的拉曼位移也是特征的。

不同的分子是由不同的官能团组成的，一定的官能团对应特定的振动频率，同时又受到该官能团周围环境(包括溶剂)的影响，因而会产生一定的频移。获得拉曼光谱图后，由特定的振动峰找出对应的官能团，推测分子的结构与组成。分析频移的原因及对分子性能的影响，考虑如何利用这一性能。

以下对有机物相关基团的拉曼特征频率作简单介绍。

1. C—H 振动

对于 C—H 伸缩振动的谱带，正烷烃一般在 2980～2850 cm^{-1}。烯烃中＝CH$_2$、＝CHR 基的谱带在 3100～3000 cm^{-1}。芳香族化合物中 C—H 振动谱带则在 3050 cm^{-1} 附近。C—H 变形振动包括剪式振动、面内摇摆振动、面外摇摆振动和扭曲振动 4 种模式，其频率范围分别为：正烷烃中甲基的 HCH 面外变形振动频率为 1466～1465 cm^{-1}，根据碳原子的不同稍有区别；甲基和亚甲基的面内变形振动频率为 1473～1446 cm^{-1}；甲基的剪式振动频率为 1385～1368 cm^{-1}；甲基的 HCH 面内变形振动频率为 975～835 cm^{-1}。

2. C—C 骨架振动

由于拉曼光谱对非极性基团的振动和分子的对称振动比较敏感，因此在研究有机化合物的骨架结构时，用拉曼光谱比用红外光谱有利。红外光谱因对极性基团和分子的非对称振动敏感，适合测定分子的端基。正烷烃中 C—C 伸缩振动频率为 1150～950 cm^{-1}。C—C—C 变形振动频率为 425～150 cm^{-1}。伸缩振动频率与碳链长短无关，而变形振动频率则是碳链长度的函数，因此变形振动频率是链长度的特征。

3. C=O 振动

酸类的 C=O 对称伸缩振动频率随物理状态不同而有差异。例如，甲酸单体为 1170 cm^{-1}，二聚体为 1754 cm^{-1}。酸酐中的 C=O 对称伸缩振动频率为 1820 cm^{-1}，反对称伸缩振动频率为 1765 cm^{-1}，而其他链状饱和酸酐则在 1805～1799 cm^{-1} 和 1745～1738 cm^{-1}。

三、仪器与试剂

1. 仪器

Xplora Plus 型拉曼光谱仪。

2. 试剂

氨基酸固体粉末。

四、实验步骤

1. 制样

利用双面胶将固体粉末样品固定于载玻片上，按压紧实，确保样品表面没有浮尘。

2. 开机

开启仪器总电源、自动平台控制器、激光器电源、计算机，打开 LabSpec6 软件，执行 CCD 制冷。

3. 峰位校准

将 Si 片标准品放置在测样平台上，在"Video"窗口下对样品进行聚焦，点击"AC"图标，执行仪器的峰位自动校准。

4. 样品聚焦

将制备好的样品放置在测样平台上，在"Video"窗口下对样品进行聚焦。

5. 参数设置

在"Acquisition"菜单下进行检测参数设置，见表 7-1。

表 7-1 检测参数的设置

参数	数值
单窗口光栅中心位置(Spectro)	2000 cm^{-1}
多窗口扫描范围(Range)	100～3500 cm^{-1}
单次采谱曝光时间(Acq. Time)	0.5 s
积分次数(Accumulation)	5 次
实时采集曝光时间(ETD time)	0.5 s
物镜(Objective)	50 倍

续表

参数	数值
光栅(Grating)	1800 gr/mm
激光功率衰减(Filter)	10%
激光光源(Laser)	532 nm
狭缝(Slit)	100 μm
孔径(Hole)	300 μm

6. 预采

点击"▶"图标进行谱图实时采集，观察谱图调整检测参数。

7. 采集

点击"●"图标进行拉曼光谱正式采集。

8. 谱线处理

在"Processing"菜单下对谱图基线进行扣背底，在"Analysis"菜单下对谱峰进行峰位标定。

9. 数据导出

执行谱图保存和打印。

10. 关机

执行 CCD 升温，关闭激光器电源，关闭 LabSpec6 软件，关闭计算机、自动平台控制器、仪器总电源。

五、注意事项

(1) 每日测样前需要执行仪器的峰位校准。
(2) 在"Video"窗口下完成样品聚焦后，及时关闭白光光源。
(3) 激光光源的使用安全，测样期间不要直视激光聚焦点，防止视网膜损伤。

六、数据处理

参考标准谱图和特征拉曼频率表，对谱图上的特征峰进行基团的归属，分析频移的原因。

七、思考题

(1) 拉曼光谱定性分析的依据是什么？
(2) 比较红外光谱与拉曼光谱的特点，说明拉曼光谱的使用范围。

实验 27　石墨烯的拉曼光谱测定

一、实验目的

(1) 了解石墨烯的基本结构，以及拉曼光谱检测石墨烯的基本原理。

(2) 测定石墨烯的拉曼光谱，并进行谱图分析。

二、实验原理

拉曼光谱是一种基于单色光的非弹性散射光谱，对与入射光频率不同的散射光进行分析可以得到分子振动、转动等方面的信息，可以用来分析分子或材料的结构。对于石墨烯来说，拉曼光谱是一种用于检测分析石墨烯层数、缺陷程度、掺杂情况等方面信息的十分方便快捷的检测方法。对于完美的石墨烯结构，其主要的拉曼特征峰为 $1580\ \mathrm{cm}^{-1}$ 左右的 G 峰和位于 $2700\ \mathrm{cm}^{-1}$ 左右的 2D 峰。其中，G 峰是碳 sp^2 结构的特征峰，来源于 sp^2 原子的伸缩振动，可以反映其对称性和结晶程度；2D 峰源于两个双声子的非弹性散射。而对于不完美的石墨烯，则还会在 $1350\ \mathrm{cm}^{-1}$ 附近出现一个 D 峰，它对应于环中 sp^2 原子的呼吸振动。D 峰对应的振动一般是禁阻的，但晶格中的无序性会破坏其对称性而使该振动被允许，因而 D 峰也称为石墨烯的缺陷峰。

随着石墨烯层数的变化，G 峰和 2D 峰的位置、宽度、峰强度等会相应发生变化，因而可以用来反映石墨烯的层数。一般对于单层的石墨烯，2D 峰为单峰，且峰形比较窄，强度约是 G 峰的 4 倍。层数的增多会导致 2D 峰的峰形变宽，强度变小。对于双层的石墨烯，2D 峰可以进一步分为 4 个峰。层数增加到一定程度，石墨烯演变为体相的石墨。其 2D 峰的位置较石墨烯存在很大的差别，相比于石墨烯向右偏移，同时存在峰的叠加现象。

三、仪器与试剂

1. 仪器

Xplora Plus 型拉曼光谱仪。

2. 试剂

石墨烯样品。

四、实验步骤

1. 制样

利用双面胶将石墨烯固体粉末固定于载玻片上，按压紧实，确保样品表面没有浮尘。

2. 开机

开启仪器总电源、自动平台控制器、激光器电源、计算机，打开 LabSpec6 软件，执行 CCD 制冷。

3. 峰位校准

将 Si 片标准品放置在测样平台上，在"Video"窗口下对样品进行聚焦，点击"AC"图标，执行仪器的峰位自动校准。

4. 样品聚焦

将制备好的样品放置在测样平台上，在"Video"窗口下对样品进行聚焦。

5. 参数设置

在"Acquisition"菜单下进行检测参数设置，见表 7-2。

表 7-2　检测参数的设置

参数	数值
单窗口光栅中心位置(Spectro)	2000 cm^{-1}
多窗口扫描范围(Range)	100～3500 cm^{-1}
单次采谱曝光时间(Acq. Time)	1 s
积分次数(Accumulation)	10 次
实时采集曝光时间(ETD time)	1 s
物镜(Objective)	50 倍
光栅(Grating)	1800 gr/mm
激光功率衰减(Filter)	10%
激光光源(Laser)	532 nm
狭缝(Slit)	100 μm
孔径(Hole)	300 μm

6. 预采

点击"▶"图标进行谱图实时采集，观察谱图调整检测参数。

7. 采集

点击"●"图标进行拉曼光谱正式采集。

8. 谱线处理

在"Processing"菜单下对谱图基线进行扣背底，在"Analysis"菜单下对谱峰进行峰位标定。

9. 数据导出

执行谱图保存和打印。

10. 关机

执行 CCD 升温，关闭激光器电源，关闭 LabSpec6 软件，关闭计算机、自动平台控制器、仪器总电源。

五、注意事项

同实验 26 "注意事项"。

六、数据处理

对所得谱图上的特征峰进行指认，根据 D 峰、G 峰和 2D 峰的峰形、峰强对石墨烯样品的形貌进行分析。

七、思考题

试述石墨烯的其他表征手段。

实验 28　拉曼光谱成像检测半导体材料的成分及分布

一、实验目的

(1) 了解拉曼光谱成像的工作原理。
(2) 掌握通过逐点扫描进行拉曼光谱成像检测的方法。

二、实验原理

拉曼成像技术是新一代快速、高精度、扫描激光拉曼技术，它将共聚焦显微镜技术与激光拉曼光谱技术完美结合。拉曼光谱成像兼具拉曼光谱无损、非接触、指纹性的优点和成像技术大信息量、形象直观的特点，在表征具有微纳米结构的样品(如细胞、微纳器件等)时具有突出优势。

单一谱图的拉曼光谱采集方式是对试样的单点检测，若样品成分存在一定的空间分布，仅对极小面积进行检测，覆盖的空间范围不能满足对整个样品的检测要求，在这种情况下对一定区域下的样品进行逐点扫描对分析样品成分尤为重要。由于不同成分的特征峰有所不同，利用某一特征峰代表某一物质的存在，即可绘制出可视化的表征样品成分分布的拉曼成像图。

目前，拉曼图像的获取主要有三种方式：逐点扫描、线扫描和面扫描。逐点扫描方式是每次采集一个像素点的光谱，通过载物平台在 X 和 Y 两个方向上分别移动完成整个图像的采集。其中，相机的分辨率和相机到样品的距离决定了一个像素点所代表区域的大小。线扫描方式是每次采集单条扫描线上所有像素点的光谱，载物平台只需在 X 或 Y 单个方向上移动即可实现整个图像的获取。面扫描方式在本质上不同于逐点扫描方式和线扫描方式，其对图像的获取方式不是从空间域进行而是在光谱域完成，即每次可获得一幅完成的图像，但该图像只对应光谱中某一特定波长，不同波长图像的获取可通过相机镜头前安装窄带通滤光片实现。三种拉曼图像的获取方法中，逐点扫描方式由于采集范围小、平台多方向移动而导致检测速度慢，不利于快速检测，但其可用于不规则样品表面的拉曼信号获取。线扫描方式与逐点扫描方式相比具有较快的检测速度，其只需在单个方向上移动即可实现整个图像的获取，在平整样品的动态检测中具有较好的应用。面扫描方式无须对样品进行扫描，单次采集即可获得样品的整幅图像，因此具有非常快的检测速度，适用于代表样品特征波长的多光谱快速检测。

三、仪器与试剂

1. 仪器

Xplora Plus 型拉曼光谱仪。

2. 试剂

半导体材料的微电路板。

四、实验步骤

1. 制样

利用双面胶将微电路板固定于载玻片上。

2. 开机

开启仪器总电源、自动平台控制器、激光器电源、计算机，打开 LabSpec6 软件，执行 CCD 制冷。

3. 峰位校准

将 Si 片标准品放置在测样平台上，在"Video"窗口下对样品进行聚焦，点击"AC"图标，执行仪器的峰位自动校准。

4. 定位成像区域

将制备好的样品放置在测样平台上，在"Video"窗口下对样品表面进行聚焦。在"Acquisition XYZ stage"菜单下对自动样品台的 X、Y 方向进行归零操作。

5. 检查激光光斑

在软件上打开激光，此时"Laser on"呈现绿色，在显微图像上有光斑出现。选择 1%的激光功率，聚焦使光斑最小并可见，将绿点拖至光斑中心。

6. 平台校准

选择"Point map"，在显微图像上选择 4 个样品参考点。在"Acquisition parameters"菜单下选择"Spectro"为 520 cm^{-1}，"Acq. time"为 1 s，"Accumulation"为 1，在"Acquisition map"菜单下激活 X 和 Y 行。点击"Start Map Acquisition"执行谱图采集。

7. 选择成像位置

在左侧菜单栏选择矩形框成像类型，在"Video"窗口下，拖动矩形框确定成像的位置。

8. 设置步长

在"Acquisition map"菜单下设置 X 和 Y 行的"Step"为 1 μm。

9. 设置采集参数

在"Acquisition"菜单下进行检测参数设置，见表 7-3。

表 7-3　检测参数的设置

参数	数值
扫描模式	单窗口
物镜(Objective)	50 倍
光栅(Grating)	1800 gr/mm
激光功率衰减(Filter)	10%
激光光源(Laser)	532 nm
狭缝(Slit)	100 μm
孔径(Hole)	300 μm

10. 成像采集

点击"●"图标，采集一条谱线，检查参数是否设置正确。点击"Start Map Acquisition"开始成像谱图采集。利用夹缝法对谱图特征峰进行选择，得到显微拉曼图像。

11. 数据保存

采集完成后，激活右下角窗口的显微图像，点击"save"保存为".l6v"格式。激活左上角窗口的拉曼谱图，点击"Save"保存为".l6m"格式。

12. 关机

执行 CCD 升温，关闭激光器电源，关闭 LabSpec6 软件，关闭计算机、自动平台控制器、仪器总电源。

五、注意事项

(1)～(3)同实验 26 "注意事项"。
(4) 注意当天第一次成像检测前需要对激光光斑位置进行校正。

六、数据处理

对所得的拉曼单谱上的特征峰进行指认，根据得到的拉曼成像图对微电路板的表面成分及分布进行分析。

七、思考题

从仪器构造的角度出发，试述为什么传统的色散型激光拉曼光谱仪和傅里叶变换拉曼光谱仪不能进行拉曼成像的检测。

第8章 电位分析法

8.1 基 本 原 理

将指示电极和参比电极放入试样溶液中，用高输入阻抗的电压计测量两电极之间的电位差，可得指示电极相对于参比电极的电位。通过测定指示电极和参比电极之间的电位差，获得发生化学变化时体系的物理、化学方面的各种数据的方法称为电位分析法(potentiometry)，其最基本测定体系如图 8-1 所示。

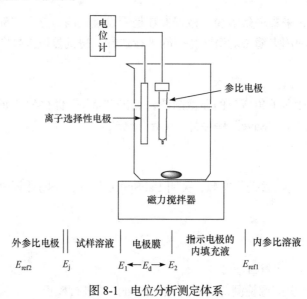

图 8-1　电位分析测定体系

用电压计测定指示电极和参比电极之间的电位差 E_{cell}，可表示为

$$E_{cell} = (E_m + E_{ref1}) - (E_{ref2} + E_j) \tag{8-1}$$

式中：E_{ref1} 为指示电极的内参比电位；E_{ref2} 为参比电极的电位，为固定值，不随实验过程而改变，尽管两电极之间的电位差 E_{cell} 与所用的参比电极有关；E_m 为膜电位。

液接电位 E_j 来自两液相界面不同离子的扩散，当两种组成各异的电解质溶液相接触时，离子的迁移速度不同，随着扩散的进行，接触界面的电荷分布也发生变化，导致了电位差的产生。这个电位差使迁移速度快的离子减速，迁移速度慢的离子加速，最终使得通过界面的正、负电荷相等，从而形成一个电位差相对稳定的状态，此时的电位差称为液接电位。电位分析中，液接电位的存在使实验时很难得出稳定的实验数值，是引起电位分析误差的主要原因之一，且液接电位相当大(>50 mV)，需要采取措施减小液接电位。为了使液接电位减至最小以致接近消除，通常在两种溶液之间插入盐桥以代替原来的两种溶液的直接接触，减免和稳定液接电位。常用的盐桥有单盐桥、双盐桥和固态 U 形盐桥，而盐桥溶液有饱和氯化钾溶液、4.2 mol/L KCl 溶液、0.1 mol/L LiAc 溶液和 0.1 mol/L KNO$_3$ 溶液。当盐桥溶液不影响测定时，应使用单盐桥参比电极，否则必须使用双盐桥参比电极。双盐桥中外盐桥溶液具有两个作用：①防止参比电极的内盐桥溶液从液接部位渗漏到试液中干扰测定；②防止试液中的有害离子扩散到参比电极的内盐桥溶液中影响其电极电位。

当上述的电位 E_{ref1}、E_{ref2}、E_j 为定值时，式(8-1)中的 E_{cell} 可改写为

$$E_{cell} = K + E_m \tag{8-2}$$

其中

$$E_m = E_1 + E_2 + E_d \tag{8-3}$$

式中：K 为常数；E_1 为膜的外界面的边界电位，由进出膜相的离子在两相中所带的电荷分配而产生，同样 E_2 由离子在指示电极的内参比溶液和电极膜的两相界面上的分配产生。E_d 来自于离子进出膜的扩散，引起电荷分离而产生的电位，通常 E_d 相对于电位分析而言非常小，可忽略不计。E_2 可通过固定内参比溶液的离子浓度来保持定值。因此，E_{cell} 只和电极膜与试样溶液的界面电位 E_1 有关，即与膜的渗透性有联系。膜对目标离子的选择性依赖于膜和分析物的特异性相互作用。

假设电极膜只容许一种离子通过，采用亨德森(Henderson)近似方法，即每一种通过膜的离子的浓度是线性分布，由热力学方法得到能斯特方程

$$E_{cell} = k + \frac{RT}{Z_i F} \ln a_i \tag{8-4}$$

式中：R 为摩尔气体常量；k 为测量体系中的常数；T 为热力学温度；Z_i 为 i 离子的电荷数；F 为法拉第常量；a_i 为被分析离子 i 的活度。

实际上，电极膜并不是只容许给定的离子通过，因此能斯特方程由更普遍地描述电位和离子活度关系的 Nicolsk-Eiseman 方程取代

$$E_{cell} = k + \frac{RT}{Z_i F} \ln \left(a_i + K_{ij} a_j^{\frac{Z_i}{Z_j}} \right) \tag{8-5}$$

式中：a_i 为测定离子的活度；a_j 为干扰离子 j 的活度；Z_i 和 Z_j 分别为测定离子和干扰离子的电荷数；K_{ij} 为选择性系数。若干扰离子不止一种，式(8-5)被式(8-6)取代

$$E_{cell} = k + \frac{RT}{Z_i F} \ln \left(a_i + \sum_j K_{ij} a_j^{\frac{Z_i}{Z_j}} \right) \tag{8-6}$$

K_{ij}=1 时，电极对 i 离子和 j 离子的响应相等；K_{ij} 越小，j 离子的干扰越小。K_{ij} 可由实验测得，方法主要有分别溶液法、固定离子浓度法、等电位法。

在测定阴离子浓度时，应用能斯特方程和其他方程应注意阴离子的电荷数为负，电位值随着阴离子浓度的增加而减少。

电极电位与溶液中化学物质的组成及其他物理、化学参数(如浓度、温度、时间等)有关，通过电位的测定可以知道某一特定化合物的浓度，所以电位分析法广泛应用于各种化学反应分析中。表 8-1 列出一些电位分析法的测定实例。

表 8-1　电位分析法的测定实例

研究体系	测定	附加物质	研究电极	电解液	应用实例
酸碱反应研究	中和滴定	H^+、OH^-	pH 电极、Pt	KCl、Na_2SO_4	无机和有机酸、碱
溶度积的测定	沉淀滴定	Ag^+、Hg^+、卤素离子、S^{2-}	Ag、Hg	KNO_3	卤素离子、有机卤化物、S^{2-}、SCN^-、CN^-
络合物的稳定性研究	络合滴定	EDTA	Hg	NH_3	Zn^{2+}、Pb^{2+}、Cu^{2+}、Mo^{2+}、Co^{2+}、Cd^{2+}、Ca^{2+}
研究无机离子的反应	氧化还原滴定	Fe^{2+}、Ce^{4+}、Mn^{5+}、卤素	Pt	H_2SO_4、卤素、碱	Ce^{4+}、Cr^{6+}、Mn^{4+}、Mo^{6+}、Fe^{2+}、Mo^{3+}、Nb^{3+}、Sb^{3+}、NH_3、S^{2-}、SCN^-、As^{3+}

8.2　仪器及使用方法

电位分析体系一般由指示电极、参比电极和高输入阻抗的电位计组成(图 8-1)。玻璃膜和液膜型离子电极的内部电阻为 $10^6 \sim 10^8$ Ω，难溶盐固体膜电极的内部电阻可在 10^6 Ω以下，输入电阻为 10^{12} Ω以上的电位计适合各种离子选择性电极。测定试样一般用磁力搅拌器进行搅拌，搅拌时要注意避免气泡的产生。磁力搅拌器和测定容器之间放上隔热塑料板，测定最好在恒温条件下进行。离子选择性电极的电极膜有多种方法进行保存和更新，可以参照产品说明书进行处理。

8.2.1　参比电极

常用的参比电极包括饱和甘汞电极和银/氯化银电极。饱和甘汞电极由金属汞、固体 Hg_2Cl_2 和饱和 KCl 组成。甘汞电极的电极反应为

$$Hg_2Cl_2 + 2e^- \longrightarrow 2Hg + 2Cl^-$$

其电位与氯离子的浓度有关，当 KCl 浓度达饱和时，称为饱和甘汞电极(saturated calomel electrode，SCE)。

银/氯化银电极中的银线及其一端覆盖有不溶 KCl 盐。其电极反应为

$$AgCl + e^- \longrightarrow Ag + Cl^-$$

电极电位因电解液 KCl 浓度的不同而变化。25℃时，在饱和 KCl 溶液中为 0.199 V(vs. NHE，相对于标准氢电极，normal hydrogen electrode)；在 3.5 mol/L KCl 溶液中为 0.205 V(vs. NHE)。

银/氯化银电极的制作是在银线表面镀上一层 AgCl，一般先把银线用 3 mol/L HNO_3 溶液浸洗，水清洗后在 0.1 mol/L HCl 溶液中进行进行阳极极化，如在 0.4 mA/cm^2 的电流密度下进行 30 min 电解。银/氯化银电极不适合测定能与银生成沉淀或与银能够络合的离子(卤离子、硫离子)。

8.2.2　指示电极

指示电极主要分为金属电极和膜电极，膜电极也称为离子选择性电极或离子传感器。金

属电极分为第一、第二、第三类和氧化还原电极(表 8-2)。

表 8-2 可逆金属电极体系

电极体系	实例
金属/金属 金属/金属离子，$(M^{n+} \mid M)$	$Zn^{2+} + 2e^- \longrightarrow Zn$ $(Zn^{2+} \mid Zn)$
金属/金属难溶盐(氯化物电极)	$Hg_2Cl_2 + 2e^- \longrightarrow 2Hg + 2Cl^-$ $(Cl^- \mid Hg_2Cl_2 \mid Hg$，甘汞电极， 饱和甘汞电极
金属/金属络合物	$Ca^{2+} + Y^{4-} \longrightarrow CaY^{2-}$ $Y^{4-} + Hg^{2+} \longrightarrow HgY^{2-}$ $Ca^{2+}, CaY^{2-}, HgY^{2-} \mid Hg$ H_4Y 为 EDTA
氧化还原电极(惰性电极)	$Fe^{3+} + e^- \longrightarrow Fe^{2+}$ $(Fe^{3+}, Fe^{2+} \mid Pt)$

膜电极主要有玻璃膜电极、固体膜电极和液膜电极，其构造的主要部分为离子选择性膜，响应于特定的离子。由于膜电位随着被测定离子的浓度而变化，因此通过离子选择性膜的膜电位可以测定出离子的浓度。离子选择性电极通常由参比电极、内标准溶液、离子选择性膜构成(图 8-2)。

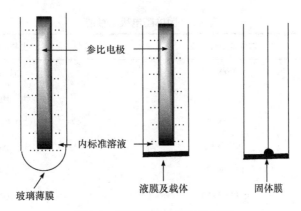

图 8-2 离子选择性电极的结构

1. 玻璃膜电极

玻璃膜电极与参比电极组成的测量体系可用于溶液中 pH 的测定(图 8-3)。

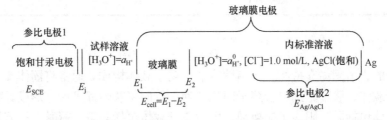

图 8-3 玻璃膜电极和饱和甘汞电极组成的 pH 测定体系

上述体系的膜电位为

$$E_{\text{cell}} = E_1 - E_2 = \frac{RT}{F}\ln\left(\frac{a_{\text{H}^+}}{a_{\text{H}^+}^0}\right) \tag{8-7}$$

式中：$a_{\text{H}^+}^0$ 为内标准溶液的氢离子活度，为已知值。因此有

$$E_{\text{cell}} = k + \left(\frac{RT}{F}\right)\ln a_{\text{H}^+} \tag{8-8}$$

被测定溶液的 pH 和测定电位差 E_{cell} 之间具有如下的关系(25℃)：

$$E_{\text{cell}} = k - 0.0592\text{pH} \tag{8-9}$$

在碱性溶液中，玻璃膜电极对氢离子和碱金属离子同时有响应，碱金属离子对 pH 测定有干扰，也称为"碱差"。例如，体系有较高浓度钠离子存在时，电位可通过 Nicolsk-Eiseman 方程表示：

$$E_{\text{cell}} = k + \frac{RT}{F}\ln(a_{\text{H}^+} + K_{\text{H,Na}}a_{\text{Na}^+}) \tag{8-10}$$

2. 固体膜电极

固体膜电极的敏感膜由含有待测离子的晶体或盐的压片构成，如氟离子选择性电极的敏感膜由 LaF$_3$ 单晶片制成。表 8-3 列出了一些商品化固体膜电极的性能。

表 8-3　固体膜电极的性能

分析物	浓度范围/(mol/L)	主要干扰离子
Br$^-$	10^0~5×10^{-6}	CN$^-$, I$^-$, S^{2-}
Cd^{2+}	10^{-1}~1×10^{-7}	Fe^{2+}, Pb^{2+}, Hg^{2+}, Ag$^+$, Cu^{2+}
Cl$^-$	10^0~5×10^{-5}	CN$^-$, I$^-$, Br$^-$, S^{2-}
Cu^{2+}	10^{-1}~1×10^{-8}	Hg^{2+}, Ag$^+$, Cd^{2+}
CN$^-$	10^{-2}~1×10^{-6}	S^{2-}
F$^-$	饱和~1×10^{-6}	OH$^-$
I$^-$	10^0~5×10^{-8}	
Pb^{2+}	10^{-1}~1×10^{-6}	Hg^{2+}, Ag$^+$, Cu^{2+}
Ag$^+$/S^{2-}	Ag$^+$ 10^0~1×10^{-7}, S^{2-} 10^0~5×10^{-6}	Hg^{2+}
SCN$^-$	10^0~5×10^{-6}	I$^-$, Br$^-$, CN$^-$, S^{2-}

3. 液膜电极

液膜电极的膜由固体支持物、亲脂性溶剂、离子载体构成。通常将固体支持物聚氯乙烯聚合物、离子载体、膜增塑剂混合溶于四氢呋喃，待四氢呋喃挥发后，形成具有弹性的聚合物膜。离子载体包括阴、阳离子交换剂，中性离子载体包括多胺、冠醚、杯芳烃等大环超分子化合物，合成新的高选择性离子载体是当前电位分析法的一个热门领域。

实验 29　氟离子选择性电极测定自来水中的氟离子

一、实验目的

(1) 了解电位分析法的基本原理。

(2) 掌握电位分析法的操作过程。

(3) 掌握电位分析中直接标准曲线法和标准加入法。

(4) 了解总离子强度缓冲液的意义和作用。

二、实验原理

氟离子选择性电极的敏感膜由 LaF_3 单晶片制成(图 8-4)，为改善导电性能，晶体中还掺杂了 $0.1\%\sim0.5\%$ EuF_2 和 $1\%\sim5\%$ CaF_2，膜导电由离子半径较小、带电荷较少的晶体离子氟离子完成。Eu^{2+}、Ca^{2+} 代替了晶格点阵中的 La^{3+}，形成了较多空的氟离子点阵，降低了晶体膜的电阻。

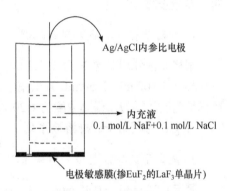

将氟离子选择性电极插入待测溶液中，待测离子可以吸附在膜表面，与膜上相同离子交换，并通过扩散进入膜相，膜相中晶体缺陷产生的离子扩散进入溶液相，在晶体膜与溶液界面上形成双电层结构，产生相界电位。氟离子活度的变化符合能斯特方程

$$\varphi = K - \frac{RT}{F}\ln a_{F^-} \qquad (8\text{-}11)$$

图 8-4　氟离子选择性电极结构

氟离子选择性电极对氟离子有良好的选择性，一般阴离子(除 OH^-)均不干扰电极对氟离子的响应，适宜 pH 范围为 $5\sim7$，一般测定范围为 $10^{-6}\sim10^{-1}$ mol/L，水中氟离子浓度一般为 10^{-5} mol/L。

在测定中为了将活度和浓度联系起来，必须控制离子强度，加入惰性电解质如 KNO_3。一般将含有惰性电解质的溶液称为总离子强度缓冲液(total ionic strength adjustment buffers，TISAB)。对氟离子选择性电极来说，TISAB 由 KNO_3、NaAc-HAc 缓冲液、柠檬酸钾组成，控制 pH 为 5.5。

离子选择性电极的测定体系由离子选择性电极和参比电极构成，测定离子浓度有两种基本方法：①标准曲线法，先测定已知离子浓度的标准溶液的电位 E，以电位 E 对 $\lg c$ 作标准曲线，由测得的未知样品的电位值，在 $E\text{-}\lg c$ 曲线上求出分析物的浓度；②标准加入法，首先测定待分析物的电位 E_1，然后加入已知浓度的分析物，记录电位 E_2，通过能斯特方程，由电位 E_1 和 E_2 可求出待分析物的浓度。本实验测定氟离子采用标准曲线法。

三、仪器与试剂

1. 仪器

PF-1 型氟离子选择性电极；232 型饱和甘汞电极；PXSJ-2 型离子分析仪；78-1 型磁力加

热搅拌器；移液管；容量瓶。

2. 试剂

NaF(基准试剂)；KNO₃(分析纯)；NaAc(分析纯)；HAc(分析纯)；柠檬酸(分析纯)；NaOH(分析纯)。

氟标准溶液的配制：称取 0.22g NaF(已在 120℃烘干 2 h 以上)溶于蒸馏水中，转移溶液至 1000 mL 容量瓶中，用蒸馏水稀释至刻度，摇匀，保存在聚乙烯塑料瓶中备用，此溶液含 F⁻为 100.0 mg/L。

TISAB 的配制：在 1000 mL 烧杯中加入 500 mL 去离子水，再加入 57 mL 冰醋酸、48 g NaCl、12 g 柠檬酸，搅拌使其溶解，然后缓慢加入 6 mol/L NaOH(约 125 mL)直到 pH 为 5.0～5.5，冷至室温，转移溶液至 1000 mL 容量瓶中，用去离子水稀释至刻度，摇匀，备用。

四、实验步骤

1. 氟离子标准溶液系列的配制

用移液管分别取含 F⁻为 100.0 mg/L 的标准溶液 0.10 mL、0.20 mL、0.50 mL、1.00 mL、5.00 mL、10.00 mL 于 50 mL 容量瓶中，再移取 10.00 mL TISAB 于上述容量瓶中，用去离子水稀释至刻度，摇匀，得到浓度为 0.20 mg/L、0.40 mg/L、1.00 mg/L、2.00 mg/L、10.00 mg/L、20.00 mg/L 的氟离子标准溶液系列。

2. 氟离子选择性电极分析体系测定

测定 0.20 mg/L、0.40 mg/L、1.00 mg/L、2.00 mg/L、10.00 mg/L、20.00 mg/L 的氟离子标准溶液的电位并记录电位值 E。测定时由低浓度到高浓度，待电极在溶液中浸 3～5 min 后读数。

3. 水样测定

准确量取 25.00 mL 自来水于 50 mL 容量瓶中，再移取 10.00 mL TISAB 于上述容量瓶中，用去离子水稀释至刻度，摇匀后用氟离子选择性电极测定电位响应值 E。

五、实验数据及结果

(1) 绘制氟离子标准溶液的电位 E-lgc_{F^-} 曲线。根据表 8-4 数据绘制标准曲线。

表 8-4　电位 E-lgc_{F^-} 曲线数据表

溶液编号	1	2	3	4	5	6	水样
浓度 c_{F^-}/(mg/L)	0.20	0.40	1.00	2.00	10.00	20.00	
电位 E/mV							

(2) 根据测得的自来水的电位值，由标准曲线求出氟离子浓度，再换算成自来水中的含氟量，要求自来水中的氟离子含量以 mg/mL 表示。

六、注意事项

(1) 氟离子选择性电极应从浓度低的溶液测起，避免氟离子选择性电极的滞后效应。

(2) 氟离子选择性电极每测试完一个溶液后，用去离子水清洗氟离子选择性电极。

(3) 氟离子选择性电极晶片膜勿与硬物碰擦，如有油污，先用酒精棉球轻擦，再用去离子水洗净。

(4) 氟离子选择性电极使用完毕后，应清洗到空白值后，浸泡在去离子水中，长久不用则干法保存。

七、思考题

(1) 试解释在酸性或碱性条件下，H^+ 或 OH^- 对氟离子选择性电极的响应的干扰。

(2) 某些阳离子如 Be^{2+}、Al^{3+}、Fe^{3+}、Th^{4+}、Zr^{4+} 能与溶液中的氟离子形成稳定的络合物，从而降低游离的氟离子浓度，使测得结果偏低，如何消除上述离子的干扰？

(3) 测定标准溶液系列时，为什么按浓度从低到高的顺序进行？

(4) 以本实验所用的 TISAB 各组分所起的作用为例，说明离子选择性电极法中用 TISAB 的意义。

实验 30　电位滴定法测定自来水中的氯化物

一、实验目的

(1) 了解电位分析法在电位滴定中的应用。

(2) 掌握电位滴定法测定氯化物的原理及操作步骤。

(3) 掌握用 $E\text{-}V$，$\mathrm{d}E/\mathrm{d}V\text{-}V$，$\mathrm{d}^2E/\mathrm{d}^2V\text{-}V$ 曲线确定滴定终点的方法。

二、实验原理

电位分析法广泛应用于各种化学反应(如酸碱反应、沉淀反应、络合反应、氧化还原反应)分析中。本实验以 Ag^+ 和 Cl^- 生成 $AgCl$ 沉淀的反应，用电位滴定法测定自来水中的氯化物。

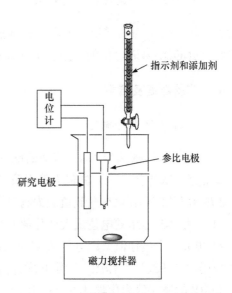

图 8-5　电位滴定法测定氯化物体系

$$Ag^+ + Cl^- = AgCl\downarrow$$

$AgCl$ 的溶度积为

$$K_{sp}=[Ag^+][Cl^-]$$

图 8-5 为电位滴定的典型装置。在含有 Cl^- 的水溶液中，以银离子为研究电极，双液接饱和甘汞电极为参比电极，一边滴加 $AgNO_3$ 溶液，一边测定银电极电位。当 Cl^- 过剩时，电位 E_1 为

$$E_1 = E_{Ag/AgCl} - \frac{RT}{F}\ln[Cl^-] = 0.222 - 0.0592\lg[Cl^-] \quad (8\text{-}12)$$

当 Ag^+ 过量时，电位 E_2 为

$$E_2 = E_{Ag^+/Ag} + \frac{RT}{F}\ln[Ag^+] = 0.799 - 0.0592\lg\frac{1}{[Ag^+]} \quad (8\text{-}13)$$

随着 AgNO₃ 滴加量的增加，电位从 E_1 向 E_2 移动，在计量点附近时，电位急剧变化，达到计量点时，有

$$[Ag^+] = [Cl^-] = \sqrt{K_{sp}} \tag{8-14}$$

滴定终点可由电位滴定曲线确定，或由一次导数和二次导数求得。

三、仪器与试剂

1. 仪器

PHS-3B 型 pH 酸度计；78-1 型磁力加热搅拌器；216 型银电极；217 型双盐桥饱和甘汞参比电极；2 mL、5 mL、10 mL、25 mL 移液管；酸式滴定管。

2. 试剂

0.02000 mol/L NaCl 标准溶液；0.01 mol/L AgNO₃ 溶液；体积比为 1∶1 氨水。

四、实验步骤

1. AgNO₃ 溶液的标定

用 5 mL 移液管吸取 5.00 mL 0.02000 mol/L NaCl 溶液于 100 mL 烧杯中，加入 35 mL 去离子水，按照图 8-5，用 0.01 mol/L AgNO₃ 溶液滴定，记录加入不同体积 AgNO₃ 溶液时的电位值，用二次导数确定终点，计算 AgNO₃ 溶液的准确浓度。

2. 自来水中氯化物含量的测定

用 25 mL 移液管吸取 50.0 mL 自来水，用 0.01 mol/L AgNO₃ 溶液滴定，记录加入不同体积 AgNO₃ 溶液时电位值，用二次导数确定终点，计算自来水中氯化物含量。

五、实验数据及结果

1. 滴定终点的确定

AgNO₃ 溶液滴定 NaCl 溶液的反应终点可以通过不断少量地滴加 AgNO₃ 溶液时的电位突变点或一次导数 dE/dV 的最大值以及二次导数 d^2E/dV^2 的变化拐点求出，即当 $d^2E/dV^2=0$ 时，d^2E/dV^2 的值由正值变化到负值为滴定终点。例如，用 0.100 mol/L AgNO₃ 溶液滴定 2.433 mmol Cl⁻。表 8-5 显示的电位最大变化值发生在 AgNO₃ 溶液体积为 24.20 mL 和 24.40 mL 之间，24.30 mL 为最佳值。以电位 E 对 AgNO₃ 溶液体积作滴定曲线，可以通过在 E-V 曲线突跃部分用"三切线法"作图，确定化学计量点；以 dE/dV 对 AgNO₃ 溶液体积作一次导数曲线，dE/dV 的最大值为化学计量点；以 d^2E/dV^2 对 AgNO₃ 溶液体积作二次导数曲线(图 8-6)的变化拐点求出化学计量点。同一种测定，用三种不同的方法确定化学计量点时，其相应滴定剂体积稍有差异，但用导数法处理准确度较高。

表 8-5 0.100 mol/L AgNO₃ 溶液滴定 2.433 mmol Cl⁻ 的数据

AgNO₃ 溶液体积/mL	E/V	dE/dV/(V/mL)	d^2E/dV^2/(V²/mL²)
5.00	0.062		
		0.0023	
15.00	0.085		0.00028
		0.0044	
20.00	0.107		0.0010
		0.0080	
22.00	0.123		0.0047
		0.015	
23.00	0.138		0.0013
		0.016	
23.50	0.146		0.0085
		0.050	
23.80	0.161		0.20
		0.065	
24.00	0.174		0.17
		0.090	
24.10	0.183		0.20
		0.11	
24.20	0.194		2.8
		0.39	
24.30	0.233		4.4
		0.83	
24.40	0.316		−5.9
		0.24	
24.50	0.340		−1.3
		0.11	
24.60	0.351		−0.40
		0.070	
24.70	0.358		−0.10
		0.050	
25.00	0.373		−0.065
		0.024	
25.50	0.385		−0.004
		0.022	
26.00	0.396		−0.0056
		0.015	
28.00	0.426		

导数法处理示例：

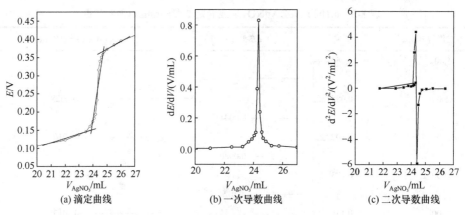

图 8-6　0.100 mol/L AgNO₃ 溶液滴定 2.433 mmol Cl⁻

1）一次导数法处理示例

当滴入 AgNO₃ 溶液体积由 24.20 mL 到 24.30 mL 时，一次导数为

$$\frac{dE}{dV} = \frac{E_{V_2} - E_{V_1}}{V_2 - V_1} = \frac{0.233 - 0.194}{24.30 - 24.20} = 0.39 \tag{8-15}$$

0.39 对应的体积 $\bar{V} = (V_2 + V_1)/2 = 24.25$ mL，由表 8-5 中的一次导数数据仿照示例得到，以 $\bar{V}$ 为横坐标、dE/dV 为纵坐标作图，如图 8-6(b)所示。dE/dV 最大值 0.83 对应的体积是 24.35 mL。

2）二次导数法处理示例

$$\frac{d^2E}{dV^2} = \frac{(dE/dV)_{\overline{V_2}} - (dE/dV)_{\overline{V_1}}}{\overline{V_2} - \overline{V_1}} = \frac{0.83 - 0.39}{0.10} = 4.4 \tag{8-16}$$

4.4 对应的体积 $\bar{V} = (\overline{V_2} + \overline{V_1})/2 = (24.25 + 24.35)/2 = 24.30$ (mL)，由表 8-5 中的二次导数数据仿照示例得到，以 $\bar{V}$ 为横坐标、d^2E/dV^2 为纵坐标作图，如图 8-6(c)所示。

2. 自来水中氯化物含量的测定

根据 Ag⁺和 Cl⁻生成 AgCl 的定量反应，可求出氯化物的含量。计算公式如下：

$$[Cl^-] = \frac{c_{AgNO_3} \times V_{AgNO_3} \times M_{Cl^-}}{V_{自来水}} \times 1000 (mg/mL) \tag{8-17}$$

六、注意事项

(1) 用 AgNO₃ 溶液滴定氯离子时，每一滴 AgNO₃ 溶液加入后，要充分搅拌使反应完全。

(2) 接近终点时，要注意控制 AgNO₃ 溶液的滴加量，仔细观察电位的变化。

(3) 每次滴定完毕后，都需要用擦镜纸擦拭银电极，再用氨水及去离子水多次冲洗，才能保证数据重复性。

七、思考题

(1) 如何计算 0.01 mol/L AgNO₃ 溶液标定 0.020 mol/L NaCl 溶液的终点误差？

(2) 如何减少 AgNO₃ 溶液滴定氯化物溶液所产生的误差？

(3) 试述双盐桥甘汞电极在本实验中的作用。

第9章 电解与库仑分析法

9.1 基 本 原 理

电解分析法是最早出现的电化学分析方法，主要包括以下三种：

(1) 电重量法：使用外加电源进行电解，使待测离子在电极上以金属或其他形式析出，电解完成后由电极在电解前后增加的质量进行定量分析。该法只适用于常量分析。

(2) 电解分离法：利用电解进行待测物质的分离。

(3) 库仑分析法：通过测量样品在 100%电流效率下电解所消耗的电量计算待测物质的含量。与电重量法不同的是，库仑分析法可用于微量甚至痕量分析，具有很高的准确度。

与其他仪器分析方法不同，电解分析法在进行定量分析时不需要基准物质或标准溶液。

9.1.1 电解分析的基本原理

1. 电解现象

在电化学池的两支电极上加上一直流电压，使两支电极上发生电极反应，溶液中将有电流通过，这个过程称为电解，相应的电化学池称为电解池。与电源正极相连的电极称为阳极，发生氧化反应；与电源负极相连的电极称为阴极，发生还原反应。例如，在硫酸铜溶液中插入两支铂电极，电极通过导线分别与外加电源的两极相连接。如果在两电极间加上足够大的电压，则在电极上发生如下反应：

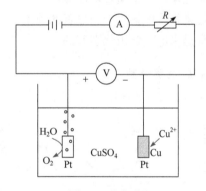

图 9-1 电解池

阳极反应：$2H_2O \longrightarrow 4H^+ + O_2\uparrow + 4e^-$

阴极反应：$Cu^{2+} + 2e^- \longrightarrow Cu$

在阳极上可以看到有气体产生，在阴极上有金属铜析出(图 9-1)。

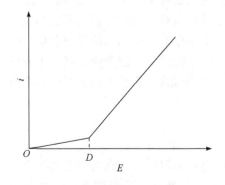

图 9-2 分解电压记录图

2. 分解电压与析出电位

如果逐步改变外加电压的大小，同时记录电流随电压变化的曲线，可得如图 9-2 所示记录图。图 9-2 中 D 点所对应的值就是分解电压(decomposition voltage)，即被电解物质在两电极上产生迅速的、连续不断的电极反应时所需的最小外加电压。对于可逆电极反应，一种物质的分解电压在数值上等于它本身所构成的原电池的电动势。

如果在改变外加电压的同时，测量通过电解池的电流与阴极电位的关系，可以得到类似于图 9-2 的响应图，其转折点的电位称为析出电位 (deposition potential)，即物质在电极上产生迅速的、连续不断的电极反应而被还原析出时所需最正的阴极电位，或在阳极被氧化析出时所需最负的阳极电位。对于可逆电极反应，一种物质的析出电位等于其平衡时的电极电位，理论上可由能斯特方程进行计算。

分解电压是相对整个电解池而言的，而析出电位则是针对一个电极来说的。通常在进行电解分析时，我们只关心其中某一个电极上所发生的电极反应，因此析出电位比分解电压具有更实用的意义。分解电压与析出电位的关系可用下式表示：

$$V_d = E_{da} - E_{dc} \tag{9-1}$$

式中：V_d 为分解电压；E_{da} 和 E_{dc} 分别为阳极析出电位和阴极析出电位。

使某物质在阴极上还原析出，产生迅速的、连续不断的电极反应，阴极电位必须比阴极析出电位更负；使某物质在阳极上氧化析出，则阳极电位必须比阳极析出电位更正。在阴极上，析出电位越正越容易还原；在阳极上，析出电位越负越容易氧化。

3. 过电位

理论上，分解电压可由相应两个电极的能斯特方程计算得到。但实际上，一种物质的分解电压通常比其由能斯特方程计算出来的理论值更大。例如，在 1 mol/L HNO_3 介质中电解 1 mol/L $CuSO_4$ 溶液时，其理论分解电压为 0.89 V，然而通过实验测得其实际分解电压为 1.36 V。造成这一现象的原因有两个：一是电解质溶液具有一定的电阻，由于分压作用(又称为 iR 降)导致作用在电极上的实际电压减小；二是在电解反应过程中存在过电位(over potential)的影响。过电位是指当电解以十分显著的速度进行时，外加电压超过可逆电池电动势的值。过电位的产生通常是由电化学极化引起的。

4. 电解分离

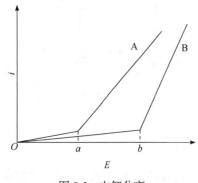

图 9-3　电解分离

在电极上定量地析出某种金属 A，而不析出另一种金属 B，称为电解分离。例如，两种金属 A 和 B 的 i-E 曲线如图 9-3 所示。

要使金属 A 还原，阴极电位必须比 A 的析出电位 a 更负。随着 A 的析出，阴极电位越来越负，若阴极电位到达电位 b 时，金属 B 开始在阴极上析出。为定量地分离 A 和 B，阴极电位需控制在电位 a 与 b 之间。显然，要使两种金属达到定量分离的目的，其析出电位的差值必须足够大。通常可采用在溶液中加入经仔细选择的络合剂的方法增大析出电位的差值。因为金属离子生成络合物以后，其析出电位会发生改变，而相同的络合剂对不同的金属离子析出电位的影响程度不同，由此可以增加析出电位的差值，改进分离效果。

5. 电流效率

电解过程中，通过电解池的电流(外电路中测得电流即信号)为所有电极上产生的电流总和，其中包括待测物质在电极上反应产生的电流、溶液中杂质在电极上反应(副反应)产生的电流及电极/溶液界面双电层充电电流等。为使分析结果准确，则必须提高被测物质产生的电流在总电流中所占的比值(信噪比)，即电解过程应具有高的电流效率。因此，需选择适宜的工作电极电位及其他溶液条件消除或抑制副反应的发生。电重量法不要求 100% 的电流效率，只要求副反应不生成不溶产物即可。库仑分析法则要求 100% 的电流效率，但实际上很难达到。

6. 法拉第定律

电解过程中，在电极上析出的物质的量与通过电解池的电量之间遵从法拉第(Faraday)定律：

$$N = \frac{Q}{nF} \tag{9-2}$$

式中：N 为析出物质的量(mol)；Q 为通过电解池的电量(C)；n 为电子转移数；F 为法拉第常量(96 487 C/mol)。法拉第定律是电解法进行定量分析的依据。

9.1.2　电重量法

电重量法是将待测金属离子在电极上电解析出，然后根据电极在电解前后增加的质量计算待测物质含量的方法。电重量法要求电解反应定量进行；沉积物要求纯净，避免其他杂质沾污；析出金属要致密、光滑，便于洗涤、烘干和称量。因此，在电解时需控制电极电位，消除或尽量抑制生成不溶物的干扰反应发生。另外，电流密度也需要仔细控制，电流密度太大，生成沉淀速度过快，会形成疏松海绵状沉淀；电流密度太小，则电解所需时间过长。一般在强力搅拌下可以适当采用较大的电流密度，使电解时间缩短。

9.1.3　库仑分析法

根据电解过程中所消耗的电量计算待测物质含量的方法称为库仑分析法。库仑分析法要求：①按化学计量进行；②无副反应，即电流效率为 100%。

库仑分析法分为控制电位库仑分析法与控制电流库仑分析法两类，后者又称为库仑滴定。

1. 控制电位库仑分析法

在电解过程中，控制工作电极的电位为一恒定值，使待测物质以 100% 的电流效率进行电解，当电解电流趋近于零时，指示该物质已被电解完全。如果用库仑计测出电解过程中通过的电量，即可由法拉第定律计算其含量。由于测量的是电解过程中通过的电量而不是沉积物的质量，因此电解反应不受产物状态的影响，既可用于物理性质很差的沉积体系，也可用于根本不形成固体产物的体系。另外，控制电位库仑分析法还可根据待测样品的性质，通过选择不同的电极电位以提高测定的选择性。

由于在电解过程中，电流随时间变化，并为时间的函数，因此电解过程中消耗的电量可用式(9-3)表示：

$$Q = \int_0^t i \mathrm{d}t \tag{9-3}$$

现代电化学仪器常利用此公式通过积分电路来测定电解过程中通过的电量。

2. 控制电流库仑分析法

以恒定电流通过电解池，使被测物质在电极上发生反应，同时用计时器记录电解时间。当被测物质反应完全后，由电解时间和电解电流即可求出被测物质的含量。

在电解过程中，由于被测物质的量逐渐减少，为维持所需的恒电流则电极电位将会变正(相对阳极极化反应)或变负(相对阴极极化反应)，从而可能引起副反应的发生，使得电流效率小于100%。因此，控制电流库仑分析法的选择性不如控制电位库仑分析法。为克服此缺点，一般采用库仑滴定法。以恒定的电流、100%的电流效率进行电解，在电解池中产生一种物质(滴定剂)，此种滴定剂能与被测物质进行快速、定量的化学反应，待被测物质消耗完毕，过量的滴定剂将产生新的电极反应并被电化学仪器监测到，由此可确定电解反应终点。通过电解过程中消耗的电量可求出产生的"滴定剂"的量，进而求出与之反应的被测物质的含量。因此，该方法被称为库仑滴定法，它与传统的滴定分析法有类似之处，只是滴定剂不是通过滴定管滴加的，而是通过电解在电解池中产生的。可以说，库仑滴定法是以电子作为滴定剂的滴定分析。另外，与传统的滴定分析不同之处在于库仑滴定法不需要基准物质或标准溶液。

例如，在酸性介质中测定Fe^{2+}，在溶液中加入过量Ce^{3+}，以恒电流进行电解。在电解开始时，阳极上的主要反应为

$$Fe^{2+} - e^- = Fe^{3+}$$

当Fe^{2+}逐渐减少时，电极电位向正向移动，当电极电位正移至某一电位时，Ce^{3+}开始发生氧化反应：

$$Ce^{3+} - e^- = Ce^{4+}$$

产生的Ce^{4+}与溶液中的Fe^{2+}发生反应：

$$Fe^{2+} + Ce^{4+} = Fe^{3+} + Ce^{3+}$$

当溶液中的Fe^{2+}反应完全后，过量的Ce^{4+}在指示电极上产生电流，指示电解终点。在这个例子中，电解过程中通过的电流一部分用于Fe^{2+}的电解，此部分的电流效率为100%，另一部分电流用于滴定剂Ce^{4+}的产生，此部分电流效率也为100%。由于滴定剂Ce^{4+}定量氧化被测物质Fe^{2+}，因此第二部分电流也可认为是用于Fe^{2+}的电解，所以可认为全部电流都100%用于Fe^{2+}的电解。根据电解过程中通过的电量(恒定电流值与电解时间的积)即可计算出Fe^{2+}的含量。

库仑滴定的关键在于终点的检测。可以用指示剂指示终点，但受人眼观测颜色变化灵敏度的限制，此法一般灵敏度不高。在实际工作中经常采用电子终点指示法，它分为电流法和电位法。用于终点检测的指示电极可用普通伏安法所用的滴汞电极、铂电极，也可采用离子选择性电极。除用于电解的工作电极之外，另设一对电极作为指示电极，根据指示电极上电位或电流发生的变化指示滴定终点。

库仑滴定的溶液条件类似普通滴定分析，化学反应速度快、单一并按化学计量式进行，终点指示敏锐。对于产生滴定剂的适宜电流密度，可通过分析支持电解质的 i-E 曲线和加入产生滴定剂的离子后所得到的 i-E 曲线来确定。

库仑滴定能够用于许多不同类型的测定，包括酸碱滴定、沉淀滴定、络合滴定和氧化还原滴定。

库仑滴定法与普通的滴定分析法相比具有如下优点：

(1) 可以测量浓度低至 10^{-8} mol/L 的物质。

(2) 不需制备和储存标准溶液。

(3) 不稳定或使用不方便的物质(如易挥发、发生化学变化等)也能用作滴定剂,如 Br_2、Cl_2、Ti^{3+}、Sn^{2+}、Cr^{2+}等。

(4) 容易实现自动化并可以遥控滴定(如放射性物质测定)。

(5) 滴定过程无溶液体积的变化,使确定终点更简单。

9.2　仪器及使用方法

电解分析法所用仪器较为简单,通常可用恒电位仪、恒电流仪或专用的库仑滴定仪加上电解池组成实验系统。

以国产 KLT-1 型通用库仑仪为例,它以电流/电压与上升/下降四种组合方式指示检测终点,根据不同的要求选用电极和电解液,可以完成不同的实验,适用于科研、教学及分析测定。

9.2.1　KLT-1 型通用库仑仪技术指标

(1) 电解电流:50 mA、10 mA、5 mA 三挡连续可调。

(2) 积分精度:0.5%±1 个字。

(3) 终点指示:有电流/电压、上升/下降四种组合方式。

(4) 显示:4 位 LED。

9.2.2　KLT-1 型通用库仑仪特点

KLT-1 型通用库仑仪的特点是电量显示简单直观,终点指示方法齐全,积分运算准确可靠,操作简单使用方便(图 9-4)。

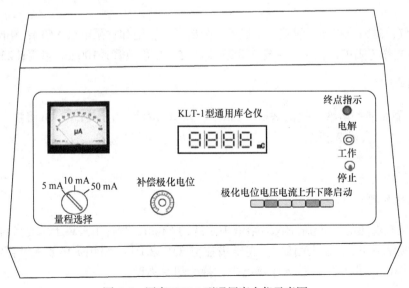

图 9-4　国产 KLT-1 型通用库仑仪示意图

实验 31　电重量法测定溶液中铜离子和铅离子的含量

一、实验目的

(1) 掌握恒电流电解法的基本原理。

(2) 掌握电重量法的基本操作技术。

(3) 掌握控制电位电解法进行分离和测定的原理。

二、实验原理

电重量法是将被测金属离子在电极上电解析出，然后根据电极在电解前后增加的质量计算被测物质含量的方法。

铜离子和铅离子都可以在电极上定量析出。溶液的酸度对电解有非常大的影响，酸度过高使得电解时间延长或电解不完全；酸度过低则析出的铜易被氧化。由于铜离子和铅离子的析出电位相差不大，因此需在溶液中加入酒石酸钠，使其与铜离子和铅离子均形成稳定的络合物。由于两种络合物的稳定性存在差异，它们的析出电位差距增大，有利于两种离子的电解分离。溶液的 pH 会影响络合物的稳定性，通过选择合适的 pH，可以使两种络合物的稳定性差异达到最大，从而获得最大的析出电位差。

使用盐酸联氨为阳极去极化剂，这样在阳极上的反应为

$$N_2H_5^+ \Longrightarrow N_2\uparrow + 5H^+ + 4e^-$$

使得阳极电位保持稳定，同时防止二氧化铅在阳极上析出。盐酸联氨还能使铜离子的酒石酸络合物还原成氯化亚铜。后者有大得多的迁移常数，有利于缩短电解时间。

三、仪器与试剂

1. 仪器

恒电位仪；磁力搅拌器；烘箱；干燥器；分析天平；饱和甘汞电极(SCE)；铂网圆筒电极 2 支(较大的一支作为阴极，较小的一支作为阳极)；25 mL 移液管；100 mL 量筒；250 mL 烧杯。

2. 试剂

1 mol/L 酒石酸钠溶液；盐酸联氨；2 mol/L NaOH 溶液；6 mol/L HNO₃ 溶液；丙酮；未知液(约含铜 5 g/L，含铅 2 g/L)。

四、实验步骤

1. 电极的处理

将铂电极在温热的 6 mol/L HNO₃ 溶液中浸洗约 5 min，然后用去离子水充分淋洗。再将电极在丙酮中浸洗一下，放在表面皿上。待电极在空气中晾干后，将铂阴极放入烘箱内，在 100℃ 左右烘干约 5 min，取出电极放入干燥器中，待冷却后称量。

2. 电解液的配制

取 25.00 mL 未知液加入 250 mL 烧杯中，加入 70～80 mL 水、40 mL 1 mol/L 酒石酸钠溶液、1.5 g 盐酸联氨。在缓慢搅拌下，逐滴加入 2 mol/L NaOH 溶液 16～17 mL，这时溶液应呈现深蓝色，pH 约为 4.5。

3. 电解池的准备

将铂阴极、铂阳极和饱和甘汞电极装入电解池(烧杯)中，连接好引线，注意阳极应在阴极中间位置。将电极在溶液中上下移动几次以排除附着在电极上的气泡，然后使电极稍露出液面，固定好。

4. 铜的析出

打开磁力搅拌器开关，将阴极电位控制在–0.2 V，注意电解电流的大小，最好不要超过 1 A。约 10 min 后电解电流逐渐降低。当电解电流小于 100 mA 时，调节阴极电位至–0.35 V，继续电解直至电解电流趋近于零。加入少量水，使液面升高，继续电解 10 min，观察新浸入的铂阴极部分是否有铜析出。若无铜析出说明已电解完全，否则应继续电解直至所有的铜都沉积在铂阴极上。电解完成后，关闭磁力搅拌器，取出电极，用去离子水冲洗电极表面，注意水流要缓，不要将沉积物冲掉。待电极完全离开液面后，立即切断电源。

将铂阴极从电解池中取出，浸入去离子水中充分浸洗后，再用丙酮浸洗一下，放在表面皿上，待自然晾干后放入烘箱内，在 100℃左右烘约 5 min。取出电极放入干燥器内，待冷却后称量。

5. 铅的析出

将镀有铜的阴极放回原电解池中，控制阴极电位在–0.70 V，按上述析出铜的步骤析出铅。

6. 电极的清洗

将铂电极置于温热的 6 mol/L HNO₃ 溶液中浸洗约 5 min，使附着在电极上的金属铜、铅及其他可能的沉积物全部溶解，用去离子水冲洗干净，以备下次实验使用。

五、实验数据及结果

记录阴极在沉积铜、铅前后的质量，并计算溶液中铜离子和铅离子的含量。

六、注意事项

(1) 铅属于三大重金属污染物之一，可以在人体内蓄积，达到一定程度时即可造成血红细胞和脑、肾、神经系统功能损伤，严重危害人体健康，特别是对婴幼儿的危害极大。2019 年被国家列入《有毒有害水污染物名录(第一批)》。因此，含铅废液严禁倒入水槽中，必须倒入指定的废液桶中。

(2) 避免用手指接触铂电极的网状部分，若有油脂沾在电极表面将会阻碍金属的沉积。

(3) 在电解过程中，电极上会产生气泡，这些气泡会阻碍金属在电极上沉积，因此应经常将电极上下移动以排除附着的气泡。

(4) 电解完成后,应将电极完全提离液面后才能切断电源,否则已沉积的金属会再度溶解。

(5) 电解完成后的电极在烘箱中加热时间不可过长,否则沉积的金属表面容易氧化。

七、思考题

(1) 为什么在实验过程中需用参比电极?用简单的外加电压的方法是否可行?

(2) 酒石酸钠的作用是什么?盐酸联氨的作用是什么?

(3) 为什么要将电极完全离开液面后才能切断电源?

实验 32　库仑滴定法测定痕量砷

一、实验目的

(1) 掌握库仑滴定法的基本原理。

(2) 掌握库仑滴定法测定痕量砷的实验技术。

二、实验原理

以恒定的电流、100%的电流效率进行电解,在电解池中产生一种物质(滴定剂),此种物质能与被测物质进行定量的化学反应,反应的终点可由电化学方法确定。通过电解过程中消耗的电量可求出产生的"滴定剂"的量,进而求出与之反应的被测物质的含量。这种方法称为库仑滴定法。

本实验通过电解 KI 溶液产生 I_2(滴定剂),在电解电极上的反应如下:

阳极:$3I^- - 2e^- == I_3^-$

阴极:$2H_2O + 2e^- == H_2\uparrow + 2OH^-$

电解产生的 I_2 与溶液中的 As(Ⅲ)(被测物质)发生定量反应,反应式为

$$AsO_3^{3-} + I_3^- + H_2O == AsO_4^{3-} + 3I^- + 2H^+$$

为使电解反应产生碘的电流效率达到 100%,要求电解液的 pH<9。但若使碘与亚砷酸的化学反应定量进行完全,则又必须使电解液的 pH>7。因此,必须严格控制电解在弱碱性条件下进行。

为判断滴定终点,采用一对铂电极作为指示电极。在两电极间加上一个较低的电压,约 200 mV。由于 As(Ⅲ)与 As(Ⅴ)电对的不可逆性,它们不会在指示电极上发生反应。在化学计量点以前,溶液中没有碘存在,所以指示电极上无电流通过;在化学计量点之后,溶液中存在过量碘,可在指示电极上发生如下反应:

阳极:$3I^- - 2e^- == I_3^-$

阴极:$I_3^- + 2e^- == 3I^-$

这时可观察到指示电极上的电流明显增大,指示滴定终点的到达。

为防止阴极电解产物对电极的影响,通常在工作阴极外面加一个带有多孔玻璃芯的玻璃套管,将阴极与电解液隔离开。

指示电极上的电流是判断是否达到滴定终点的依据,如果电解液中含有微量可氧化还原的杂质,会对滴定终点的判断产生极大的干扰,同时也会影响测定的准确性。因此,在正式电

解前需进行预电解(按测定步骤操作一次但不记录数据)，以除去溶液中的杂质。

三、仪器与试剂

1. 仪器

KLT-1 型通用库仑仪；磁力搅拌器；托盘天平；电解池；铂片电解阳极；铂丝电解阴极；铂片指示电极；1 mL 吸量管；100 mL 量筒；滴管。

2. 试剂

KI 固体；10% NaHCO$_3$ 溶液。

1 mmol/L As(Ⅲ)溶液：称取 0.1978 g As$_2$O$_3$ 置于 400 mL 烧杯中，加入 10 mL 10% NaOH 溶液，稍加热至 As$_2$O$_3$ 完全溶解，加入 300 mL 去离子水，加入 1~2 滴酚酞指示剂，用 1 mol/L 硫酸溶液滴至无色后，将溶液转移至 1 L 容量瓶中，用去离子水稀释至刻度，摇匀。

四、实验步骤

1. 电解液的配制

在电解池中加入约 5 g KI 固体、10 mL 10% NaHCO$_3$ 溶液，再加入 90 mL 去离子水。加入磁子，开动磁力搅拌器，待 KI 固体全部溶解后，用滴管取少许电解液加入阴极套管中，使阴极套管中液面略高于电解池中液面为宜。

2. 仪器的设定

安装好电极，将电极引线与电极及仪器连接好。注意：电解电极引线中，红色引线接一对铂片电极作为阳极，黑色引线接铂丝电极作为阴极，不可接错。

开启电源以前，所有按键应全部处于释放位置。工作/停止开关处于停止位置，电解电流量程置于 10 mA，电流微调调至最大位置。

开启电源开关，预热约 10 min。将电流/电压选择键置于电流位置，上升/下降选择键置于上升位置，仪器将以电流上升作为确定滴定终点的依据。按住极化电位键，调节极化电位器至所需极化电位值(约 250 mV)，松开极化电位键。

3. 预电解

在电解池中加入几滴 As(Ⅲ)溶液，按下启动键，按一下电解按钮，将工作/停止开关置于工作位置，电解开始，电流表指针缓慢向右偏转，同时电量显示值不断增大。当电解至终点时，指针突然加速向右偏转，红色指示灯亮，电解自动停止，电量显示值也不再变化。将工作/停止开关置于停止位置，释放启动键。预电解结束。

4. 电解

准确移取 1.00 mL 1 mmol/L As(Ⅲ)溶液于电解池中，按照上述预电解步骤进行正式电解，记录到达终点时的电量值。重复上述操作 3~5 次。电解液可反复使用，不用更换。若电解池中溶液过多，可倒出部分后继续使用。

5. 电解池清洗

实验完成后, 关闭电源, 拆除电极引线。将废液倒入指定的废液缸中, 清洗电解池和电极, 并在电解池中注入去离子水。

五、实验数据及结果

根据电解过程中消耗的电量计算样品溶液中 As(Ⅲ)的含量。

六、注意事项

(1) 砷化合物属剧毒类化合物, 对人体的胃肠道、肝、肾、心血管、皮肤、神经系统、呼吸系统和生殖系统等都有严重的危害, 致死量为 0.76～1.95 mg/kg。2017 年被世界卫生组织列入一类致癌物清单, 2019 年被国家列入《有毒有害水污染物名录(第一批)》。在实验中要特别注意不要直接用手接触药品或试液, 也不要沾在实验服上。实验完毕后立即洗手, 实验服也要及时清洗。实验完毕后, 所用废液绝不允许倒入水槽中, 必须倒入指定的废液缸中, 由专人进行处理。

(2) 仪器在使用过程中, 取出电极或断开电极引线时必须先释放启动键, 以使仪器的指示回路输入端起到保护作用, 防止损坏仪器。

(3) 电解电极的阴、阳极引线绝对不可接错。

七、思考题

(1) 碳酸氢钠在电解过程中起什么作用?
(2) 为什么工作电极要选用较大的铂片?
(3) 电解液为什么能重复使用?

实验 33   库仑滴定法标定硫代硫酸钠浓度

一、实验目的

(1) 掌握库仑滴定法的基本原理。
(2) 掌握库仑滴定法标定硫代硫酸钠浓度的实验技术。

二、实验原理

在滴定分析中经常使用的标准溶液可由基准物质经准确称量后用容量瓶稀释得到。有些标准溶液如 HCl 标准溶液、$Na_2S_2O_3$ 标准溶液等无法用准确称量的方法直接配制, 而是先经粗略配制后, 用另一种标准溶液进行标定。标定的结果取决于基准物质的纯度、使用前的预处理、称量的准确度、滴定时终点颜色的判断等诸多因素。标定过程既烦琐又可能产生误差。利用库仑滴定法不仅能非常方便地标定标准溶液的浓度, 而且由于采用现代电子技术, 实验所需测量的电流、时间等可精确测得, 因此最终测定结果的可靠性大大增加。$KMnO_4$、$Na_2S_2O_3$、KIO_3 和亚砷酸等标准溶液都可用库仑滴定法进行标定。

在 H_2SO_4 溶液中, 以电解 KI 产生的 I_2 作为滴定剂, 与溶液中的 $Na_2S_2O_3$ 反应。电解电极上发生如下反应:

阳极：$3I^- - 2e^- \Longrightarrow I_3^-$

阴极：$2H^+ + 2e^- \Longrightarrow H_2\uparrow$

阳极反应的产物 I_2 与 $Na_2S_2O_3$ 进行定量反应：

$$I_3^- + 2S_2O_3^{2-} \Longrightarrow S_4O_6^{2-} + 3I^-$$

为判断滴定终点，采用一对铂电极作为指示电极。在两电极间加上一个较低的电压(约 200 mV)。在化学计量点以前，溶液中没有可逆的氧化还原电对存在，所以指示电极上无电流通过；在化学计量点之后，溶液中存在过量碘，可在指示电极上发生如下反应：

阳极：$3I^- - 2e^- \Longrightarrow I_3^-$

阴极：$I_3^- + 2e^- \Longrightarrow 3I^-$

这时可观察到指示电极上的电流明显增大，指示滴定终点的到达。

为防止阴极电解产物对电极的影响，通常在工作阴极外面加一个带有多孔玻璃芯的玻璃套管，将阴极与电解液隔离开。

指示电极上的电流是判断是否达到滴定终点的依据，如果电解液中含有微量可氧化还原的杂质，会对滴定终点的判断产生极大的干扰，同时也会影响测定的准确性。因此，在正式电解前需进行预电解(按测定步骤操作一次但不记录数据)，以除去溶液中的杂质。

三、仪器与试剂

1. 仪器

KLT-1 型通用库仑仪；磁力搅拌器；托盘天平；电解池；铂片电解阳极；铂丝电解阴极；铂片指示电极；1 mL 吸量管；100 mL 量筒；滴管。

2. 试剂

KI 固体；1 mol/L H_2SO_4 溶液；约 0.01 mol/L $Na_2S_2O_3$ 溶液。

四、实验步骤

1. 电解液的配制

在电解池中加入约 5 g KI 固体、10 mL 1 mol/L H_2SO_4 溶液，再加入 90 mL 去离子水。加入磁子，开动磁力搅拌器，选择适当转速。待 KI 固体全部溶解后，用滴管取少许电解液加入阴极套管中，使阴极套管中液面略高于电解池中液面为宜。

2. 仪器的设定

安装好电极，将电极引线与电极及仪器连接好。注意：电解电极引线中，红色引线接一对铂片电极作为阳极，黑色引线接铂丝电极作为阴极，不可接错。

开启电源以前，所有按键应全部处于释放位置。工作/停止开关处于停止位置，电解电流量程置于 10 mA，电流微调调至最大位置。

开启电源开关，预热约 10 min。将电流/电压选择键置于电流位置，上升/下降选择键置于上升位置，仪器将以电流上升作为确定滴定终点的依据。按住极化电位键，调节极化电位器至所需极化电位值(约 250 mV)，松开极化电位键。

3. 预电解

在电解池中加入几滴待标定的 $Na_2S_2O_3$ 溶液，按下启动键，按一下电解按钮，将工作/停止开关置于工作位置，电解开始，电流表指针缓慢向右偏转，同时电量显示值不断增大。当电解至终点时，指针突然加速向右偏转，红色指示灯亮，电解自动停止，电量显示值也不再变化。将工作/停止开关置于停止位置，释放启动键，预电解结束。

4. 电解

准确移取 1.00 mL $Na_2S_2O_3$ 溶液于电解池中，按照上述预电解步骤进行正式电解，记录到达终点时的电量值。重复上述操作 3～5 次。电解液可反复使用，不用更换。若电解池中溶液过多，可倒出部分后继续使用。

5. 电解池清洗

实验完成后，关闭电源，拆除电极引线。清洗电解池和电极，并在电解池中注入去离子水。

五、实验数据及结果

根据电解过程中消耗的电量计算 $Na_2S_2O_3$ 溶液的浓度。

六、注意事项

同实验 32 "注意事项" (2)、(3)。

七、思考题

(1) 说明库仑滴定法标定 $Na_2S_2O_3$ 溶液浓度的基本原理。
(2) 用库仑滴定法标定 $Na_2S_2O_3$ 溶液浓度的优点有哪些?
(3) 库仑滴定法标定 $Na_2S_2O_3$ 溶液浓度的准确性由哪些因素控制?
(4) 为什么要进行预电解?

实验 34　库仑滴定法测定维生素 C 含量

一、实验目的

(1) 掌握库仑滴定法的基本原理。
(2) 掌握库仑滴定法测定维生素 C 含量的实验技术。

二、实验原理

维生素 C 又称抗坏血酸，是人体不可缺少的重要物质。维生素 C 具有还原性，可以用氧化剂进行定量滴定。本实验采用电解 KI 溶液生成的 I_2 作为滴定剂与维生素 C 定量反应，根据电解过程中消耗的电量计算维生素 C 的含量。在电解电极上的反应为

阳极：$3I^- - 2e^- \Longrightarrow I_3^-$
阴极：$2H^+ + 2e^- \Longrightarrow H_2\uparrow$

阳极反应的产物 I_2 与维生素 C 进行定量反应：

$$CH_2-CH-CH-C=O \atop OH \quad OH \quad C=C \atop HO \quad OH + I_3^- \Longrightarrow CH_2-CH-CH-C=O \atop OH \quad OH \quad C-C \atop O \quad O + 3I^- + 2H^+$$

为判断滴定终点，采用一对铂电极作为指示电极。在两电极间加上一个较低的电压(约 200 mV)。在化学计量点以前，溶液中没有可逆的氧化还原电对存在，所以指示电极上无电流通过；在化学计量点之后，溶液中存在过量碘，可在指示电极上发生如下反应：

阳极：$3I^- - 2e^- \Longrightarrow I_3^-$

阴极：$I_3^- + 2e^- \Longrightarrow 3I^-$

这时可观察到指示电极上的电流明显增大，指示滴定终点的到达。

三、仪器与试剂

1. 仪器

KLT-1 型通用库仑仪；磁力搅拌器；托盘天平；电解池；铂片电解阳极；铂丝电解阴极；铂片指示电极；1 mL 吸量管；100 mL 量筒；滴管。

2. 试剂

KI 固体；1 mol/L H_2SO_4 溶液；维生素 C 溶液(约 0.01 mol/L，需要当天配制)。

四、实验步骤

1. 电解液的配制

在电解池中加入约 5 g KI 固体、10 mL 1 mol/L H_2SO_4 溶液，再加入 90 mL 去离子水。加入磁子，开动磁力搅拌器，待 KI 固体全部溶解后，用滴管取少许电解液加入阴极套管中，使阴极套管中液面略高于电解池中液面为宜。

2. 仪器的设定

安装好电极，将电极引线与电极及仪器连接好。注意：电解电极引线中，红色引线接一对铂片电极作为阳极，黑色引线接铂丝电极作为阴极，不可接错。

开启电源以前，所有按键应全部处于释放位置。工作/停止开关处于停止位置，电解电流量程置于 10 mA，电流微调调至最大位置。

开启电源开关，预热约 10 min。将电流/电压选择键置于电流位置，上升/下降选择键置于上升位置，仪器将以电流上升作为确定滴定终点的依据。按住极化电位键，调节极化电位器至所需极化电位值(约 250 mV)，松开极化电位键。

3. 预电解

在电解池中加入几滴维生素 C 溶液，按下启动键，按一下电解按钮，将工作/停止开关置于工作位置，电解开始，电流表指针缓慢向右偏转，同时电量显示值不断增大。当电解至终点时，指针突然加速向右偏转，红色指示灯亮，电解自动停止，电量显示值也不再变化。将工作/停止开关置于停止位置，释放启动键，预电解结束。

4. 电解

准确移取 1.00 mL 维生素 C 溶液于电解池中，按照上述预电解步骤进行正式电解，记录到达终点时的电量值。重复上述操作 3～5 次。电解液可反复使用，不用更换。若电解池中溶液过多，可倒出部分后继续使用。

5. 电解池清洗

实验完成后，关闭电源，拆除电极引线。清洗电解池和电极，并在电解池中注入去离子水。

五、实验数据及结果

根据电解过程中消耗的电量计算样品溶液中维生素 C 的含量。

六、注意事项

(1) 维生素 C 溶液在空气中不稳定，需要在测定前配制使用。
(2) 同实验 32 "注意事项" (2)、(3)。

七、思考题

除维生素 C 外，还有哪些药物可用此方法测定？

第10章 伏安法和极谱法

10.1 基 本 原 理

利用电极电解被测物质，根据得到的电流-电位曲线进行分析的方法统称为伏安法(voltammetry)。这类方法根据所用工作电极的不同又可分为两种：一种是以滴汞电极作为工作电极，其表面可以作周期性更新，这类方法称为极谱法(polarography)；另一种是利用固态电极作为工作电极，其电极面积在电解过程中保持不变，这类方法称为伏安法。也可以说极谱法是采用滴汞电极作为工作电极的伏安法。

伏安法所用电解池通常由以下三部分构成：

(1) 工作电极(WE)：滴汞电极(DME)或固态电极。滴汞电极是用软管将储汞池与玻璃毛细管连接起来组成的，毛细管内径 0.05~0.1 mm。通过调节储汞池高度，可以使汞滴以 2~8 s/滴的速度连续滴下。固态电极是将直径为 2~5 mm 的玻碳棒或惰性金属棒封装在绝缘材料(通常是聚四氟乙烯)中制得。

(2) 参比电极(RE)：通常使用饱和甘汞电极(SCE)或银/氯化银(Ag/AgCl)电极。参比电极的电位比较稳定，在伏安法实验中用以确定工作电极的电位。

(3) 辅助电极(AE)：或称对电极，通常由铂片(丝)、其他惰性金属或碳棒制成，与工作电极一起构成电流回路。

10.1.1 极谱扩散电流理论

电极反应受外加于滴汞电极与参比电极间的电压控制。由于参比电极的电位保持不变，则外加电压的变化就可看成是滴汞电极电位的变化。随着电位的变化，滴汞电极上的电流也随之发生变化。

假设在滴汞电极上发生下述反应：

$$Cd^{2+} + 2e^- + Hg \Longrightarrow Cd(Hg)$$

此时通过滴汞电极的电流代表单位时间内 Cd^{2+} 与滴汞电极之间发生电子交换的电子数，或每秒通过的电量，即

$$i = \frac{dQ}{dt} \tag{10-1}$$

根据法拉第定律，发生电极反应的 Cd^{2+} 的量为

$$N = \frac{Q}{nF} \tag{10-2}$$

因此电极反应速率为

$$v = \frac{dN}{dt} = \frac{i}{nF} \tag{10-3}$$

由于电极反应为异相电子传递反应(电子交换发生在两相界面上)，因此电极反应速率还与反应物质向电极表面的传质速度和电极的面积 A 有关。因此，电极反应速率可写成

$$v = \frac{i}{nFA} \tag{10-4}$$

由此可见，电流的大小是电极反应速率的量度。影响电流大小的因素主要有：①反应物从溶液本体向电极表面的传质速度；②电极表面进行的电子交换反应的性质；③与电极反应有关的耦合均相化学反应；④其他表面反应如吸附、表面沉积等。

在静止溶液中，传质过程主要由扩散及迁移完成。在电极反应过程中，由于电极反应消耗了电极表面附近的反应物，电极表面反应物的浓度小于远离电极表面的溶液中反应物的本体浓度。在浓度梯度的作用下，反应物向电极表面进行扩散(diffusion)。另外，由于溶液中有电流通过，在电场梯度的作用下，带电粒子也将产生运动，阳离子向阴极运动，阴离子向阳极运动，这种带电粒子在电场作用下的运动称为迁移(migration)。流过外电路中的电解电流 i 应为由扩散引起的电流 i_d 与由迁移引起的电流 i_m 之和：

$$i = i_d + i_m \tag{10-5}$$

为简化电流与物质浓度间的关系，向溶液中加入高浓度的惰性电解质，可使低浓度的待测物质对迁移电流的相对贡献大为减小，从而可认为流过外电路中的电解电流 i 就是扩散电流 i_d。

滴汞电极上的传质过程主要是不断生长的球形电极上的扩散过程。捷克科学家伊尔科维奇(Ilkovic)首先推导出了电流的表达式，即伊尔科维奇方程：

$$i_d = 706nD^{1/2}m^{2/3}t^{1/6}c^* \tag{10-6}$$

式中：i_d 为电流(A)；D 为待测物质的扩散系数(cm^2/s)；m 为汞的流速(mg/s)；t 为时间(s)；c^* 为待测物质的本体浓度(mol/cm^3)。由式(10-6)可见，扩散电流与物质浓度成正比关系，这就是极谱定量分析的理论依据。

10.1.2 直流极谱法

普通直流极谱的装置简图如图 10-1 所示。滴汞电极为工作电极，饱和甘汞电极为参比电极，铂丝为辅助电极。外加电压连续变化，当滴汞电极电位足够负(或正)时，待测物质将在滴汞电极上发生还原(或氧化)反应，此时检流计上能观察到明显的电流信号，记录下来的 $i\text{-}E$ 信号呈阶梯形，称为极谱波，如图 10-2 所示。

波形升起前的电流称为残余电流，波形升起后达到最大值平台的电流称为极限电流 i_L，极限电流与残余电流的差值称为波高 i_d，其值与溶液中待测物质的浓度成正比，可用于物质的定量分析。电流为极谱波波高一半时所对应的电位称为半波电位 $E_{1/2}$，其值与待测物质的浓度无关，在一定实验条件下，只与待测物质的性质有关，这是极谱法定性分析的依据。

普通直流极谱法可以测定在滴汞电极上发生氧化还原反应的物质，也可借助间接方法测定不发生氧化还原反应的物质，应用范围十分广泛。但是，普通直流极谱法分析速度慢，灵敏度低(约 $10^{-5}mol/L$)，受残余电流和极谱极大电流干扰较大。

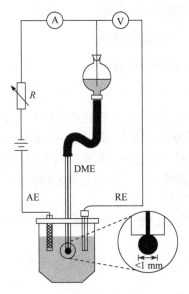

图 10-1　普通直流极谱的装置简图

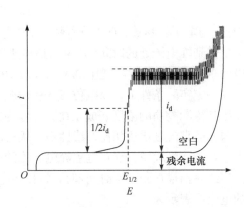

图 10-2　普通直流极谱图

10.1.3　线性扫描伏安法及循环伏安法

以一随时间线性变化的电压加于电解池，记录 i-E 曲线的方法称为线性扫描伏安法(linear sweep voltammetry，LSV)。实际上，在普通直流极谱法中，滴汞电极上的电位也是随时间线性变化的，只不过其扫描速度非常慢，在一滴汞寿命期内仅变化 2 mV 左右，在处理直流极谱时，可将一滴汞寿命期内的工作电极电位视为恒定。而线性扫描伏安法扫描速度一般为 20～500 mV/s，在任一时刻，工作电极电位可表示如下：

$$E(t) = E_i - vt \tag{10-7}$$

式中：E_i 为初始电位(V)；v 为扫描速度(V/s)。

工作电极上的 E-t 曲线和记录的 i-E 曲线分别如图 10-3 和图 10-4 所示。工作电极上电位变化很快，当达到待测物质的分解电位时，该物质在电极上发生氧化或还原反应，产生相应的电流。随着电位的不断变化，待测物质在电极上的电子交换速度不断加快，电流也随之急剧增加，导致待测物质在电极表面附近的浓度急剧下降，扩散层厚度增加，而溶液本体中的待测物质又来不及扩散到电极表面继续反应，从而导致电流下降而形成峰电流，这个现象又称为耗竭效应。当待测物质反应速度与扩散速度达到平衡时，电流则不再变化。

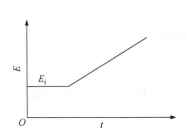

图 10-3　线性扫描电位信号

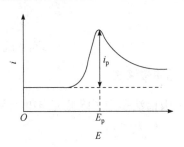

图 10-4　线性扫描响应曲线

对于可逆体系，其峰电流 i_p 与峰电位 E_p 的表达式分别为(25℃时)

$$i_p = 2.29 \times 10^5 n^{3/2} D^{1/2} m^{2/3} t_p^{2/3} v^{1/2} c^* \quad \text{(滴汞电极)} \tag{10-8}$$

$$i_p = 2.69 \times 10^5 n^{3/2} A D^{1/2} v^{1/2} c^* \quad \text{(固态电极)} \tag{10-9}$$

$$E_p = E_{1/2} \pm 28.5/n \tag{10-10}$$

式中：n 为电子转移数；D 为待测物质的扩散系数(cm^2/s)；m 为汞滴的流速(mg/s)；t_p 为从汞滴开始生长到峰电流处的时间(s)；v 为扫描速度(V/s)；c^* 为待测物质的浓度(mol/cm^3)；A 为固态电极面积(cm^2)；E_p 为峰电位(mV)。式(10-10)中运算符号对阴极反应取负，对阳极反应取正。

在一定实验条件下，峰电位 E_p 仅取决于待测物质的性质，可作为定性分析的依据；峰电流 i_p 则与待测物质的浓度 c^* 成正比，可作为定量分析的依据。

与普通直流极谱法相比，线性扫描伏安法具有分析速度快、灵敏度高、分辨率高等特点，但由于扫描速度较快，受双电层充电电流的影响较大。

当线性扫描达到一定时间λ时，将扫描电压反向，可以得到三角波扫描电压信号，工作电极的电位可表示为

$$E(t) = E_i - vt \ (0 < t \leqslant \lambda) \tag{10-11}$$

$$E(t) = E_i - 2v\lambda + vt \ (t > \lambda) \tag{10-12}$$

对于一个可逆体系，$E\text{-}t$ 曲线和同时记录的 $i\text{-}E$ 曲线分别如图 10-5 和图 10-6 所示，这种方法称为循环伏安法(cyclic voltammetry，CV)。从图中可以看到，在电极电位向负方向扫描过程中出现一个还原峰，有阴极峰电流 i_{pc} 和阴极峰电位 E_{pc}。电极电位反向扫描过程中则出现一个氧化峰，有阳极峰电流 i_{pa} 和阳极峰电位 E_{pa}。

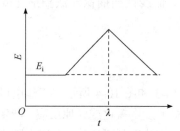
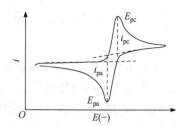

图 10-5　循环伏安扫描电位信号　　　　　　图 10-6　循环伏安扫描响应曲线

循环伏安法通常用于研究电极反应过程，不用于定量分析，因为单扫描技术即可达到分析的目的。对于可逆电极反应体系，通常存在下述关系，可以用作电极反应可逆性的判据。

$$i_{pa}/i_{pc} \approx 1 \tag{10-13}$$

$$\Delta E_p = E_{pa} - E_{pc} = 59/n \ \text{(mV)} \ (25℃) \tag{10-14}$$

10.1.4　脉冲极谱法

脉冲极谱法是为了降低充电电流和毛细管噪声电流等的影响而发展起来的新方法。主要包括以下几种方法。

1. 常规脉冲极谱法

常规脉冲极谱(normal pulse polarography，NPP)加于电解池上的 $E\text{-}t$ 曲线和 $i\text{-}E$ 记录图分别

如图 10-7 和图 10-8 所示。加于电解池上的信号可看成一直流电压与等幅增长的脉冲电压的叠加。

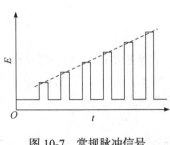

图 10-7 常规脉冲信号

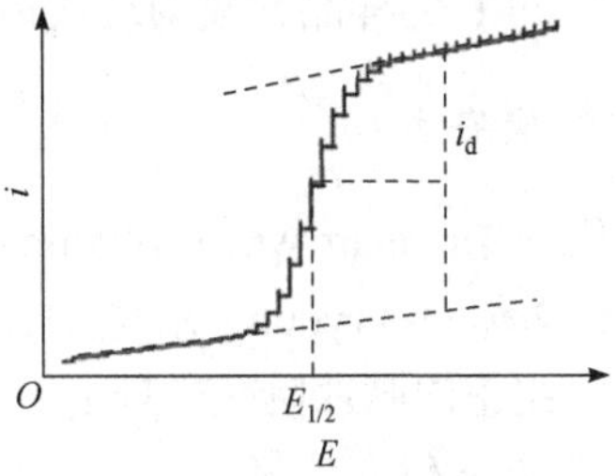

图 10-8 常规脉冲响应曲线

在常规脉冲极谱法中，总是在滴汞生长末期的预定时刻施加电位脉冲，而且脉冲持续时间仅有 5～100 ms，此时汞滴的面积可视为恒定。由于是在脉冲周期的末期某一预定时刻记录电流信号(每滴汞上记录一次)，此时充电电流已衰减至可忽略，而法拉第电流仍保持相对较大的值，因此提高了响应信号的信噪比。常规脉冲极谱法用于分析测定的灵敏度可低至 $10^{-7}\sim10^{-6}$ mol/L。

常规脉冲极谱波和普通直流极谱波具有同样的波形，但无锯齿状振荡，类似于采样普通直流极谱图，其波高 i_d 可作为定量分析的依据，其半波电位 $E_{1/2}$ 与直流极谱近似，可作为定性分析的依据。

2. 微分脉冲极谱法

微分脉冲极谱法(differential pulse polarography，DPP)的基本原理与常规脉冲极谱法相同，只不过加于电解池上的直流电位不是恒定的，而是线性变化或阶梯式增加的，其扫描速度类似于普通直流极谱，而脉冲幅度则是固定的。因此，微分脉冲极谱加于电解池上的电位信号可看成恒定振幅的脉冲叠加在线性扫描[图 10-9(a)]或阶梯式扫描电位[图 10-9(b)]上。微分脉冲极谱的记录信号也与常规脉冲极谱不同，在每个脉冲周期(一滴汞寿命)内采样电流值两次；一次是在加入脉冲前瞬间 τ_1，此时记录的主要是背景电流 i_1；另一次是在加入脉冲后末期 τ_2，此时记录的是总电流 i_2。而两次记录的电流值之差 $\Delta i = i_2 - i_1$ 则近似为纯法拉第电流。通过这种方式，微分脉冲极谱法有效地消除了背景电流的影响，极大地提高了测定灵敏度。微分脉冲极谱的 E-t 曲线和 Δi-E 记录图分别如图 10-9 和图 10-10 所示。

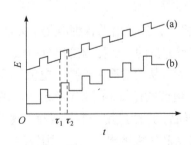

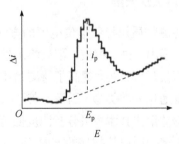

图 10-9 微分脉冲信号

图 10-10 微分脉冲响应曲线

由于微分脉冲极谱测量的是脉冲电位引起的法拉第电流的变化，因此其响应信号呈峰形。峰电位 E_p 与直流极谱的半波电位一致，可作为定性分析的依据；峰电流 i_p 在一定条件下与物质的浓度成正比，可作为定量分析的依据。理论上，微分脉冲极谱的电流信号比常规脉冲极谱的极限扩散电流低，但常规脉冲极谱的背景电流较大，信噪比不高，而微分脉冲极谱有效地消除了背景电流的影响，信噪比大为提高，其灵敏度比常规脉冲极谱高 10～100 倍，能直接测定 10^{-9}～10^{-8} mol/L 的样品，成为现代最灵敏的分析方法之一。

3. 方波伏安法

方波伏安法(square wave voltammetry, SWV)可以看成线性扫描(或阶梯扫描)与微分脉冲技术的结合，又称 Osteryoung 方波，其电位信号如图 10-11 所示。在一个方波周期内采样电流值两次，一次在正向脉冲阶跃末期 t_1，另一次在反向脉冲阶跃末期 t_2，两次采样电流的差值 $\Delta i = i_1 - i_2$ 输出为方波伏安信号。

由于方波伏安法脉冲幅度非常大，假如在正向脉冲阶跃期间待测物质在电极上发生氧化反应产生氧化电流，那么在反向脉冲阶跃期间将会发生逆向反应，即待测物质的氧化产物在电极上发生还原反应产生还原电流，而输出信号即为氧化电流与还原电流的差值。可以预见，方波伏安法的输出信号将大于正向电流或反向电流值(因正向电流与反向电流符号相反，其差值必然增大)。如图 10-12 所示，a 为正向脉冲采样电流值，b 为反向脉冲采样电流值，c 则为电流差值。因此，方波伏安法的灵敏度比微分脉冲极谱法更高。理论上已证明，对于可逆体系和不可逆体系，方波伏安法的输出信号比微分脉冲极谱法分别高 4.0 倍和 3.3 倍。

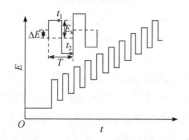 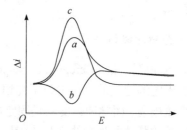

图 10-11　方波伏安法脉冲信号　　　　　　图 10-12　方波伏安图

ΔE 为电位增量；E_s 为脉冲幅度；T 为方波周期

另外，由于方波伏安法频率非常高(通常为 100 Hz)，脉冲间隔远小于微分脉冲极谱法(ms vs. s)，在一滴汞上即可记录完整的伏安图，因此分析速度也远远高于微分脉冲极谱法。

10.1.5　溶出伏安法

将待测物质用控制电位电解的方法富集于工作电极上，然后借助各种电化学方法使其从电极上"溶出"进入溶液，记录溶出过程的 i-E 曲线进行分析的方法称为溶出分析法。此方法通过预富集过程，大大提高了待测物质在电极表面的浓度，从而提高了法拉第电流，而充电电流则和普通伏安法类似，因而改善了法拉第电流与充电电流的比值，提高了测定的灵敏度。采用微分脉冲溶出技术，可分析浓度低至 10^{-11} mol/L 的样品，广泛应用于痕量或超痕量分析中。

根据溶出时电位扫描的方向，可分为阳极溶出伏安法和阴极溶出伏安法。阳极溶出伏安法可由下式简单说明(工作电极为悬汞电极)：

富集过程：$M^{n+} + ne^- + Hg \rightleftharpoons M(Hg)$

溶出过程：$M(Hg) - ne^- \rightleftharpoons M^{n+} + Hg$

金属汞齐氧化电位不同，因此溶出分析法特别适用于多种金属离子的同时测定。图 10-13 为溶出伏安法电位信号。图 10-14 为同时含有 Cu^{2+}、Pb^{2+} 和 Cd^{2+} 的样品溶液的线性扫描溶出响应曲线。从图 10-14 中可清晰看到三种离子的溶出峰，由对应的峰高(与浓度成正比)可分别求得三种离子的含量。

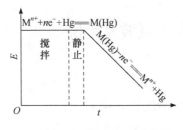

图 10-13　溶出伏安法电位信号

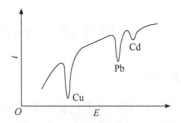

图 10-14　线性扫描溶出响应曲线

　　溶出伏安法所用电极可以用汞电极，也可以用固体电极。最常用的汞电极为悬汞电极和汞膜电极。悬汞电极重现性好，制备简单。汞膜电极具有大的 A/V (其中 A 为电极面积，V 为电解池体积)值，预电解的效率非常高。另外，由于金属富集时向汞膜内部扩散和溶出时向外扩散路径极短，因而溶出峰尖锐、灵敏度高、分辨率好。玻碳电极、铂电极等固体电极具有使用电位范围宽、可适用于高速流动体系等优势。图 10-15 为含有四种金属离子的样品溶液在汞膜电极和悬汞电极上的阳极溶出曲线。可以看出，相对于悬汞电极来说，汞膜电极具有更高的灵敏度和分辨率。由于汞的毒性，

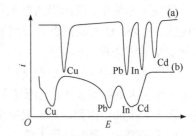

图 10-15　四种金属离子在汞膜电极(a)

和悬汞电极(b)上的阳极溶出曲线

近年来铋膜和其他金属膜电极逐渐取代了汞膜，在金属离子的溶出分析中发挥了重要作用。

10.2　仪器及使用方法

　　恒电位仪加上信号发生器及记录仪一起构成了伏安法实验所需的基本仪器单元。随着电子技术及计算机技术的发展，各种数字化的电化学仪器已经取代了传统的模拟电路电化学仪器。目前综合的电化学仪器或称为电化学工作站成为教学科研中主要使用的仪器，如美国 PARC 公司的电化学工作站、瑞士万通 Autolab 系列电化学工作站、美国 BAS 公司的电化学工作站等，以及国产的 CHI 系列、LK 系列电化学工作站。这些电化学工作站体积小、价格便宜(相对于其他大型仪器)、操作简便、功能强大，不仅可以进行各类电化学实验，还加入了很多智能化功能，如电极反应机理的判断、电极反应参数的拟合、伏安曲线的模拟等，在教学和科研中发挥了重要作用。

　　下面以国产的 LK98BⅡ型微机电化学分析系统为例，说明其使用方法。

　　LK98BⅡ型微机电化学分析系统提供多达 6 大类、30 多种电化学方法，使用灵活方便，实验曲线实时显示。整套系统包括主机、计算机、打印机及相应的电极附件。计算机与主机之间以串行口电缆相连接。另外，主机背后有 RE(参比电极，黄色)、CE(辅助电极，红色)、WE(工作电极，绿色)接口分别与对应的电极相连接。

　　打开计算机电源，运行 LK98BⅡ控制程序，进入主控菜单。打开主机电源，自动进入自

检过程。自检完成后，主控界面上显示"系统自检通过"，系统即进入正常工作状态。此时，可以通过菜单命令和快捷按钮执行各种电化学实验程序。

实验 35　极谱分析中的极大、氧波及消除

一、实验目的

(1) 了解极谱极大和氧波对极谱测定的干扰及其消除方法。
(2) 掌握极谱仪的基本操作技术。

二、实验原理

在极谱分析中，所测得的电流信号包含充电电流、杂质引起的法拉第电流、迁移电流等干扰电流。另外，还有极谱极大及氧波等干扰。这些电流与待测物质浓度间无任何定量关系，会给测定结果带来较大的误差。

在极谱分析中经常会出现这样一种现象：在电解开始后，电流随电极电位的增加而突然增加到一个很大的数值，然后电流才下降到扩散电流的正常值，这种现象称为极谱极大(图 10-16)。极谱极大产生的原因很多。一般来说，稀溶液中极大现象较明显。极大现象会影响扩散电流和半波电位的测量，因此必须去除。一般在溶液中加入少量表面活性剂即可抑制极谱极大现象的出现。常用的极大抑制剂有动物胶、聚乙烯醇、品红、甲基红等。极大抑制剂的用量一般为 0.005%～0.01%。用量过多会影响电极反应的可逆性，降低扩散电流。

溶液中溶解的氧为电活性物质，容易在滴汞电极表面发生还原反应。根据溶液性质不同会发生不同的还原反应。

在酸性溶液中

$$O_2 + 2H^+ + 2e^- \rightleftharpoons H_2O_2$$

$$H_2O_2 + 2H^+ + 2e^- \rightleftharpoons 2H_2O$$

在中性或碱性溶液中

$$O_2 + 2H_2O + 2e^- \rightleftharpoons H_2O_2 + 2OH^-$$

$$H_2O_2 + 2e^- \rightleftharpoons 2OH^-$$

无论在酸性或碱性溶液中，在极谱波上 –0.05～–1.3 V(vs. SCE)都将出现两个等高的氧波(图 10-17)。由于大多数待测物质的极谱波也出现在这个范围内，因此氧波会严重干扰测定，必须去除。

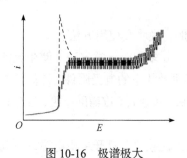

图 10-16　极谱极大　　　　　　图 10-17　氧波

除氧的方法有两种：第一，向溶液中通入纯氮气或氩气等惰性气体；第二，在溶液中加入某种化学试剂除氧。在中性或碱性溶液中，可加入少量无水亚硫酸钠除氧；在酸性溶液中，可加入少量抗坏血酸除氧。但要注意的是，无论用何种方式除氧都不可能在瞬间完成，需要一定反应时间。例如，通氮气必须 10 min 以上，加入除氧试剂也必须等溶液反应至少 10 min 后才可开始极谱测定。

三、仪器与试剂

1. 仪器

LK98BⅡ型电化学工作站；滴汞电极为工作电极；Ag/AgCl 电极为参比电极；铂丝电极为辅助电极；电解池；10 mL、100 mL 量筒；纯氮气。

2. 试剂

0.1 mol/L KCl 溶液；0.5%明胶溶液。

四、实验步骤

1. 电解液的配制

取 5 mL 0.1 mol/L KCl 溶液加入电解池中，加入 45 mL 去离子水。将滴汞电极、参比电极和辅助电极插入电解池中，接好电极引线。绿色引线接工作电极，黄色引线接参比电极，红色引线接辅助电极。调节储汞池高度，使汞滴以 3～5 s/滴的速率滴下。

2. 仪器的设定

打开计算机电源，运行 LK98BⅡ控制程序。打开工作站电源，待显示"系统自检通过"后，即进入正常工作状态。

在主控界面中选择普通直流极谱法。参数选择如下：初始电位：0 V；终止电位：-1.8 V；扫描速度：0.004 V/s；等待时间：2 s。

3. 极谱极大的消除

在主控界面中单击"运行"按钮，开始记录极谱波。注意观察极谱极大现象的产生和氧波的出现。向电解池中加入 1 mL 明胶溶液，以同样的方式记录极谱图，观察极谱极大现象的消除。

4. 氧波的消除

向电解池中通入纯氮气 10 min 后，重复上述极谱实验，观察氧波的消除。若氧波未能完全消除，可继续通入氮气数分钟。

5. 清理实验台

退出主控程序，关闭工作站和计算机电源，断开电极引线。用去离子水清洗电极，降下储汞池，将滴汞电极插入带有去离子水的电解池中。

五、实验数据及结果

绘制观察到的极谱图，讨论极谱极大出现的原因及消除原理。

六、注意事项

(1) 汞及汞化合物均有剧毒，可以在生物体内积累，容易被皮肤及呼吸道吸收，腐蚀消化道，破坏中枢神经系统，严重危害人体健康。2017 年被世界卫生组织列入三类致癌物清单。2019 年，汞及汞化合物被国家列入《有毒有害水污染物名录(第一批)》。在使用滴汞电极时必须小心，不要使汞滴洒落在实验台面上。若不慎有汞滴落在实验台面或地面上，应立即用含水的滴管尽量收集起来。使用过的废汞严禁直接倒入水槽中，必须倒入指定的废汞瓶中，并用10% NaCl 溶液覆盖。含有汞的废液也必须倒入指定的废液桶中。

(2) 玻璃毛细管口径极细，易被细小颗粒堵塞。因此，在降下储汞池之前必须先将电极提离电解池液面，用去离子水清洗电极，再降下储汞池，将电极浸入干净的去离子水中。

七、思考题

(1) 极谱极大对分析测定有什么影响？如何消除？
(2) 第一氧波和第二氧波为什么是等高的？写出氧在滴汞电极上的电极反应式。

实验 36　极谱法测定镉离子和镍离子的半波电位和电极反应电子数

一、实验目的

(1) 掌握极谱法测定半波电位和电极反应电子数的原理。
(2) 了解半波电位的意义。

二、实验原理

对于一个可逆电极反应

$$O + ne^- \rightleftharpoons R$$

其对应的极谱波方程为

$$E = E^{0\prime} + \frac{RT}{nF}\ln\frac{D_R^{1/2}}{D_O^{1/2}} + \frac{RT}{nF}\ln\frac{i_d - i}{i} \tag{10-15}$$

式中：D_R 和 D_O 分别为还原态和氧化态时待测物质的扩散系数。当 $i = i_d/2$ 时，半波电位为

$$E_{1/2} = E^{0\prime} + \frac{RT}{nF}\ln\frac{D_R^{1/2}}{D_O^{1/2}} \tag{10-16}$$

因此

$$E = E_{1/2} + \frac{RT}{nF}\ln\frac{i_d - i}{i} \tag{10-17}$$

从式(10-17)中可以看出，E-$\lg\frac{i_d - i}{i}$ 为一直线，直线的斜率为 $2.303RT/nF$，在 25℃时为 59.1/n mV。由此可计算出 n 值。而其截距即为半波电位值。

三、仪器与试剂

1. 仪器

LK98BⅡ型电化学工作站；托盘天平；滴汞电极为工作电极；Ag/AgCl 电极为参比电极；铂丝电极为辅助电极；电解池；50 mL 容量瓶；2 mL 吸量管；25 mL 量筒。

2. 试剂

0.5%明胶溶液；氨-氯化铵缓冲溶液(二者浓度均为 1 mol/L)；无水 Na_2SO_3；0.010 mol/L Cd^{2+}溶液；0.010 mol/L Ni^{2+}溶液。

四、实验步骤

1. 仪器设定

打开计算机电源，运行 LK98BⅡ控制程序。打开工作站电源，待显示"系统自检通过"后，即进入正常工作状态。

在主控界面中选择普通直流极谱法。参数选择如下：初始电位：0 V；终止电位：−1.4 V；扫描速度：0.004 V/s；等待时间：2 s。

2. 记录极谱波

分别取 2.0 mL 0.010 mol/L Cd^{2+}溶液和 Ni^{2+}溶液加入 50 mL 容量瓶中，加入 5 mL 氨-氯化铵缓冲溶液、约 1.0 g 无水亚硫酸钠、1 mL 明胶，用去离子水稀释至刻度，摇匀，反应 10 min 后将其倒入电解池中。将滴汞电极、参比电极和辅助电极插入电解池中，接好电极引线。绿色引线接工作电极，黄色引线接参比电极，红色引线接辅助电极。调节储汞池高度，使汞滴以 3～5 s/滴的速率滴下。

在主控界面中单击"运行"按钮，开始实验，记录 Cd^{2+} 和 Ni^{2+}极谱图。

3. 清理实验台

退出主控程序，关闭工作站和计算机电源，断开电极引线。用去离子水清洗电极，降下储汞池，将滴汞电极插入带有去离子水的电解池中。

五、实验数据及结果

根据记录的极谱图数据，作 E-$\lg\dfrac{i_d-i}{i}$ 图，求出电极反应电子数及半波电位。

六、注意事项

(1) 镉的毒性较大，且在人体内代谢缓慢，蓄积到一定程度即会对人体肾、肝造成严重损害。2019 年，镉及镉化合物被国家列入《有毒有害水污染物名录(第一批)》。世界卫生组织将镉列为重点研究的食品污染物；国际癌症研究机构(IARC)将镉归类为人类致癌物；美国毒物和疾病登记署(ATSDR)将镉列为第 7 位危害人体健康的物质。含有镉的废液禁止倒入水槽中，必须倒入指定的废液桶中。

(2) 同实验 35 "注意事项"(1)、(2)。

七、思考题

(1) 将实验所得数据与文献数据对比，讨论可能引起差别的原因。

(2) 对 Cd^{2+} 及 Ni^{2+} 电极反应的可逆性进行分析。

实验 37　线性扫描极谱法同时测定水样中镉和锌

一、实验目的

(1) 了解线性扫描极谱法的原理及特点。

(2) 掌握线性扫描极谱定量分析的方法。

二、实验原理

线性扫描极谱法的原理与经典极谱法类似。加到电解池两电极间的电压也是线性变化的，根据 $i\text{-}E$ 曲线进行分析。所不同的是，经典极谱法电压线性变化的速度非常缓慢，一般为 $0.2\,V/min$，记录的极谱波是许多汞滴上的平均结果。而线性扫描极谱法是在一滴汞生长后期，当汞滴的面积基本保持恒定时，施加一个快速线性扫描电压，记录电流随电极电位的变化，其扫描速度比经典极谱法快得多(一般为 $0.25\,V/s$)，极谱波是在一滴汞上得到的。

线性扫描极谱法的 $i\text{-}E$ 曲线如图 10-4 所示。由于耗竭效应，$i\text{-}E$ 曲线上出现电流峰，电流峰的最大值称为峰电流 i_p，所对应的电位称为峰电位 E_p。

对于可逆电极反应，峰电流可由 Randles-Sevcik 方程式表示：

$$i_p = 2.29 \times 10^5 n^{3/2} D^{1/2} m^{2/3} t_p^{2/3} v^{1/2} c^*$$

在一定实验条件下，峰电流与被测离子浓度成正比，这是定量分析的依据。而峰电位和半波电位间存在如下关系：

$$E_p = E_{1/2} - 28.5/n \tag{10-18}$$

因此，峰电位也是被测离子的特征值，可用于定性分析。

三、仪器与试剂

1. 仪器

LK98B Ⅱ 型电化学工作站；托盘天平；滴汞电极为工作电极；Ag/AgCl 电极为参比电极；铂丝电极为辅助电极；电解池；2 mL、10 mL 吸量管；25 mL 量筒；50 mL 容量瓶。

2. 试剂

$1.0\,mol/L\ NH_3 \cdot H_2O$；10% Na_2SO_3 溶液；0.5%明胶溶液；$0.1\,g/L\ Cd^{2+}$ 标准溶液；$0.1\,g/L\ Zn^{2+}$ 标准溶液；Cd^{2+} 和 Zn^{2+} 未知液。

四、实验步骤

1. 仪器设定及电解池安装

打开计算机电源，运行 LK98B Ⅱ 控制程序。打开工作站电源，待显示"系统自检通过"后，即进入正常工作状态。选择线性扫描伏安法，参数设置如下：初始电位：−0.5 V；终止电位：–1.0 V；扫描速度：0.25 V/s；等待时间：2 s。

调节储汞池高度，使汞滴以 8～9 s/滴速率滴下。将电极插入电解池中，接好电极引线。

2. 标准曲线法测定镉

在 5 个 50 mL 容量瓶中分别准确加入 1.0 mL、2.0 mL、4.0 mL、6.0 mL、10.0 mL 0.1 g/L Cd^{2+}标准溶液，再分别加入 5 mL 1.0 mol/L $NH_3 \cdot H_2O$、10 mL 10% Na_2SO_3 溶液(或 1.0 g 无水亚硫酸钠粉末)、1 mL 0.5%明胶溶液，然后分别用去离子水稀释至刻度，摇匀备用。注意反应时间应至少 10 min。依次将配制好的溶液倒入电解池中，观察极谱图，记录峰电流与峰电位值。

再取 2.0 mL 未知液加入 50 mL 容量瓶中，依次加入 5 mL 1.0 mol/L $NH_3 \cdot H_2O$、10 mL 10% Na_2SO_3 溶液(或 1.0 g 无水亚硫酸钠粉末)、1 mL 0.5%明胶溶液，然后用去离子水稀释至刻度，摇匀备用。注意反应时间应至少 10 min。将配制好的未知液倒入电解池中，观察极谱图，记录峰电流与峰电位值。

3. 直接比较法测定锌

用上述未知液继续测定锌。将初始电位设为–1.0 V，终止电位设为–1.5 V，其余参数不变。观察极谱图，记录峰电流及峰电位值。

再取 2.0 mL 0.1 g/L Zn^{2+}标准溶液加入 50 mL 容量瓶中，依次加入 5 mL 1.0 mol/L $NH_3 \cdot H_2O$、10 mL 10% Na_2SO_3 溶液(或 1.0 g 无水亚硫酸钠粉末)、1 mL 0.5%明胶溶液，然后用去离子水稀释至刻度，摇匀备用。注意反应时间应至少 10 min。将配制好的未知液倒入电解池中，观察极谱图，记录峰电流与峰电位值。

4. 清理实验台

实验完毕后，关闭工作站和计算机电源。提起电极，用去离子水冲洗干净，降下储汞瓶，将滴汞电极插入带有去离子水的电解池中。

五、实验数据及结果

根据实验结果绘制镉离子标准曲线，并计算未知液中镉离子含量；根据直接比较法结果计算锌离子含量。

六、注意事项

(1) 同实验 35 "注意事项"(1)。
(2) 同实验 36 "注意事项"(1)。
(3) 同实验 35 "注意事项"(2)。
(4) 每次更换电解液前，必须用去离子水将电极和电解池冲洗干净并用滤纸擦干。

七、思考题

(1) 与普通直流极谱法相比，线性扫描极谱法有什么特点？
(2) 线性扫描极谱波为什么呈峰形？

实验 38　循环伏安法研究电极反应过程

一、实验目的

掌握循环伏安法测定电极反应参数的基本原理。

二、实验原理

循环伏安法(CV)是应用最广泛的电化学方法之一，具有速度快、谱图直观等优点，多用于研究未知的氧化还原反应体系，探索电极反应机理。

以$[Fe(CN)_6]^{3-}$为例，在电位向负方向扫描时，$[Fe(CN)_6]^{3-}$在电极上发生还原反应，产生阴极电流峰，而在电位反向扫描时(阳极化)，电极表面产生的$[Fe(CN)_6]^{4-}$能够重新氧化产生阳极电流峰，所以$[Fe(CN)_6]^{3-}$在循环伏安图上呈现出一对氧化还原峰。因此，循环伏安法能直观地表征电极反应的可逆性、化学反应机理等重要信息。

对于可逆反应，有如下一些关系：

$$E^{0\prime} = \frac{E_{pa} - E_{pc}}{2} \tag{10-19}$$

$$\Delta E_p = E_{pa} - E_{pc} \approx \frac{0.059}{n} \tag{10-20}$$

$$i_p = 2.69 \times 10^5 n^{3/2} A D^{1/2} v^{1/2} c^* \tag{10-21}$$

$$\frac{i_{pa}}{i_{pc}} \approx 1 \tag{10-22}$$

这些关系式可用于判别一个简单的电极反应是否可逆。

三、仪器与试剂

1. 仪器

LK98BⅡ电化学工作站；玻碳圆盘电极为工作电极($d = 4$ mm)；Ag/AgCl电极为参比电极；铂丝电极为辅助电极；电解池；50 mL 容量瓶；10 mL 吸量管；25 mL 量筒。

2. 试剂

0.010 mol/L $K_3Fe(CN)_6$溶液；0.010 mol/L 抗坏血酸溶液；1.0 mol/L KCl 溶液；0.5 mol/L H_2SO_4溶液。

四、实验步骤

1. 仪器设定及电解池安装

打开计算机电源，运行 LK98BⅡ控制程序。打开工作站电源，待显示"系统自检通过"后，即进入正常工作状态。在主控界面中选择线性扫描技术—快速循环伏安法。

将电极插入电解池中，接好电极引线。

2. 玻碳电极的预处理

在抛光布上加少许抛光粉(Al_2O_3 粉末，颗粒直径约 $0.05~\mu m$)，加几滴去离子水调成糊状。将玻碳电极表面在抛光布上抛光成镜面，用去离子水冲洗干净，插入电解池中。然后在电解池中加入约 50 mL 0.5 mol/L H_2SO_4 溶液，以下述参数进行循环伏安扫描：初始电位：1.1 V；开关电位 1：–1.2 V；开关电位 2：1.1 V；扫描速度：0.2 V/s；循环次数：20；等待时间：2 s。

在扫描过程中注意观察循环伏安图的变化。当循环伏安图呈现稳定的背景电流曲线时即可停止扫描，取出玻碳电极，用去离子水冲洗干净。

3. 铁氰化钾的电化学行为

取 10.0 mL 0.010 mol/L $K_3Fe(CN)_6$ 溶液加入 50 mL 容量瓶中，再加入 20 mL 1.0 mol/L KCl 溶液，用去离子水稀释至刻度，摇匀。将配制好的铁氰化钾溶液加入电解池中，连接电极引线，以下述参数进行循环伏安扫描：初始电位：0.5 V；开关电位 1：–0.1 V；开关电位 2：0.5 V；扫描速度：0.05 V/s；扫描次数：1；等待时间：2 s。

启动实验，观察循环伏安图的形状，一般情况下峰电位差约为 70 mV，如果峰电位差较大(100 mV 或更大)，电极需要重新抛光处理。

将扫描速度分别设为：0.02 V/s、0.05 V/s、0.1 V/s、0.15 V/s、0.2 V/s，重复上述实验，记录循环伏安图，并记录相应的峰电流和峰电位值。

将扫描速度设定为 0.2 V/s，扫描次数设为 5 次，其余参数不变，启动实验，记录循环伏安图，观察重复扫描时铁氰化钾循环伏安图的变化情况。

4. 抗坏血酸的电化学行为

取 10.0 mL 0.010 mol/L 抗坏血酸溶液加入 50 mL 容量瓶中，再加入 20 mL 0.5 mol/L H_2SO_4 溶液，用去离子水稀释至刻度，摇匀。将配制好的抗坏血酸溶液加入电解池中，连接电极引线，以下述参数进行循环伏安扫描：初始电位：0 V；开关电位 1：0.8 V；开关电位 2：0 V；扫描速度：0.1 V/s；扫描次数：1；等待时间：2 s。

启动实验，记录抗坏血酸的循环伏安图，并注意观察其形状特点。

将扫描速度分别设为：0.02 V/s、0.05 V/s、0.1 V/s、0.15 V/s、0.2 V/s，重复上述实验，记录循环伏安图，并记录相应的峰电流和峰电位值。

将扫描速度设定为 0.2 V/s，扫描次数设为 5 次，其余参数不变。启动实验，记录循环伏安图，观察重复扫描时抗坏血酸循环伏安图的变化情况。

5. 清理实验台

退出主控程序，关闭工作站和计算机电源，断开电极引线，用去离子水清洗电极和电解池。

五、实验数据及结果

1. 铁氰化钾的电化学行为

绘制 i_{pa}-$v^{1/2}$ 及 i_{pc}-$v^{1/2}$ 曲线；计算 ΔE_p、n、$E^{0'}$ 值；比较 i_{pa} 与 i_{pc}。根据以上结果讨论铁氰化钾电极反应的可逆性。

2. 抗坏血酸的电化学行为

根据循环伏安图说明抗坏血酸电极反应的机理。绘制 i_{pa}-$v^{1/2}$ 曲线。

六、注意事项

(1) 为得到一个洁净的圆盘状玻碳电极表面，抛光时务必使电极垂直于抛光台，并以画"8"字方式进行抛光。

(2) 在玻碳电极的预处理中，若发现循环伏安图上有峰形电流出现，或者背景电流很大，则需要重新进行机械抛光处理和电化学预处理步骤。

(3) 抗坏血酸溶液在空气中易氧化变质，不易保存，需在使用前配制。

(4) 每次扫描开始前，务必将电解池中的抗坏血酸溶液摇匀。

七、思考题

(1) 铁氰化钾与抗坏血酸的循环伏安图有什么不同？为什么？

(2) 每次扫描前为什么电解池中的抗坏血酸溶液需要摇匀？铁氰化钾溶液需要摇匀吗？

(3) 重复扫描时，铁氰化钾与抗坏血酸的表现有什么不同？为什么？

(4) 假设在重复扫描时，电解池中溶液处于快速搅拌状态下(忽略溶液不规则运动给电流造成的波动)，试画出此时两种溶液的循环伏安图。

实验39　微分脉冲伏安法测定维生素C片中抗坏血酸含量

一、实验目的

(1) 掌握微分脉冲伏安法的基本原理和操作技术。

(2) 掌握抗坏血酸的测定方法。

二、实验原理

脉冲伏安法是为了降低充电电流的影响而发展起来的新方法，包括常规脉冲伏安法和微分脉冲伏安法。与经典直流极谱法相比，脉冲伏安法分析速度快、灵敏度和分辨率高，是目前广泛采用的电化学分析方法。

抗坏血酸是人体必需的维生素之一，又名维生素C。抗坏血酸在电极上可发生如下不可逆电化学反应：

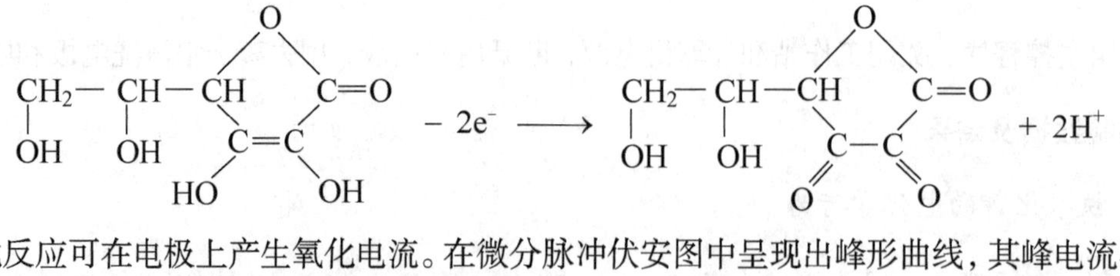

此反应可在电极上产生氧化电流。在微分脉冲伏安图中呈现出峰形曲线，其峰电流与抗坏血酸浓度成正比，可作为定量测定抗坏血酸的依据。

三、仪器与试剂

1. 仪器

LK98BⅡ型电化学工作站;分析天平;玻碳圆盘电极为工作电极($d = 4$ mm);Ag/AgCl 电极为参比电极;铂丝电极为辅助电极;电解池;研钵;50 mL 容量瓶;10 mL 吸量管;50 mL 烧杯;25 mL 量筒。

2. 试剂

2.0 g/L 抗坏血酸标准溶液;0.5 mol/L H_2SO_4 溶液;维生素 C 片(市售)。

四、实验步骤

1. 仪器设定及电解池安装

打开计算机电源,运行 LK98BⅡ控制程序。打开工作站电源,待显示"系统自检通过"后,即进入正常工作状态。在主控界面中选择线性扫描技术—快速循环伏安法。

将电极插入电解池中,连接电极引线。

2. 玻碳电极的预处理

在抛光布上加少许抛光粉(Al_2O_3 粉末,颗粒直径约 0.05 μm),加几滴去离子水调成糊状。将玻碳电极表面在抛光布上抛光成镜面,用去离子水冲洗干净,插入电解池中。然后在电解池中加入约 50 mL 0.5 mol/L H_2SO_4 溶液,以下述参数进行循环伏安扫描:初始电位:1.1 V;开关电位 1:−1.2 V;开关电位 2:1.1 V;扫描速度:0.2 V/s;循环次数:20;等待时间:2 s。

在扫描过程中注意观察循环伏安图的变化。当循环伏安图呈现稳定的背景电流曲线时即可停止扫描,取出玻碳电极,用去离子水冲洗干净。

3. 抗坏血酸标准曲线的绘制

分别取 2.0 mL、4.0 mL、6.0 mL、8.0 mL、10.0 mL 2.0 g/L 抗坏血酸标准溶液加入 50 mL 容量瓶中,再加入 20 mL 0.5 mol/L H_2SO_4 溶液,用去离子水稀释至刻度,摇匀。

将配制好的抗坏血酸标准溶液依次加入电解池中,连接电极引线。在主控界面中选择方法—脉冲技术—微分脉冲伏安法。选择下述参数进行测定:初始电位:0 V;终止电位:1.0 V;电位增量:20 mV;脉冲幅度:50 mV;脉冲宽度:0.05 s;脉冲间隔:2 s;等待时间:2 s。

记录每个标准溶液的峰电流值。

4. 维生素 C 片中抗坏血酸的测定

取一片维生素 C 片,在研钵中充分研磨成粉状,准确称取 0.4~0.6 g 维生素 C 粉末置于小烧杯中,加少量去离子水溶解,然后定量转移至 50 mL 容量瓶中,再加入 0.5 mol/L H_2SO_4 溶液 20 mL,用去离子水稀释至刻度,摇匀。

将样品溶液加入电解池中,同实验步骤 3. 进行测定,记录峰电流值。

5. 清理实验台

退出主控程序，关闭工作站和计算机电源，断开电极引线，用去离子水清洗电极和电解池。

五、实验数据及结果

根据所得数据绘制抗坏血酸标准曲线，从标准曲线上求得样品中抗坏血酸浓度，计算维生素 C 片中抗坏血酸含量并与标示值进行对比。

六、注意事项

同实验 38 "注意事项" (1)、(3)、(4)。

七、思考题

(1) 微分脉冲伏安法与普通直流极谱法相比有什么优点？
(2) 为什么微分脉冲伏安法的灵敏度比直流极谱法高很多？

实验 40　汞膜阳极溶出伏安法测定水样中铅和镉含量

一、实验目的

(1) 了解阳极溶出伏安法的基本原理。
(2) 掌握汞膜电极的制备方法。

二、实验原理

利用阳极溶出伏安法测定金属离子包括两个基本过程：第一步，将工作电极电位控制在某一固定值，使被测金属离子在电极表面通过还原生成金属单质而沉积在电极上；第二步，将工作电极电位正向扫描(可以是线性扫描，也可以是脉冲扫描)，使被富集的金属单质重新氧化为金属离子而溶出。记录溶出时的 $i\text{-}E$ 曲线，根据溶出峰电流的大小进行分析测定。电极上的反应式如下：

富集过程：$M^{n+} + ne^- + Hg \Longrightarrow M\,(Hg)$

溶出过程：$M\,(Hg) - ne^- \Longrightarrow M^{n+} + Hg$

汞膜电极在阳极溶出伏安法中得到了非常广泛的应用。由于汞膜电极具有大的 A/V(其中 A 为电极面积，V 为电解池体积)值，预电解的效率非常高。另外，由于金属富集时向汞膜内部扩散和溶出时向外扩散路径极短，因而溶出峰尖锐，分辨能力好。通常汞膜电极的制备用同位镀汞法，即在分析溶液中加入一定量的汞盐(一般为 $1\times10^{-6}\sim1\times10^{-5}$ mol/L Hg^{2+})，在预电解富集时，汞和被测金属一起沉积于电极表面形成金属汞齐膜，当反向扫描时，被测金属从汞齐膜中溶出，产生溶出电流。

定量测定可用标准曲线法或标准加入法。标准加入法的计算公式如下：

$$c_x = \frac{c_s V_s h_x}{H(V_x + V_s) - h_x V_x} \tag{10-23}$$

式中：c_x、V_x、h_x 分别为样品的浓度、体积、溶出峰的峰高；c_s、V_s 分别为加入的标准溶液的浓度、体积；H 为加入标准溶液后测得的溶出峰的峰高。

在酸性介质中，当电极电位控制在–1.0 V(vs. SCE)时，Pb^{2+}、Cd^{2+}和Hg^{2+}一起沉积在电极表面上形成金属汞齐膜。当电极电位正向扫描至–0.1 V时，可以得到清晰可分的两个溶出峰。镉的溶出峰电位约为–0.6 V，铅的溶出峰电位约为–0.4 V。峰电流与溶液中镉或铅离子浓度成正比，可分别用于镉和铅的定量分析。

三、仪器与试剂

1. 仪器

LK98BⅡ型电化学工作站；玻碳电极(d=4 mm)为工作电极；Ag/AgCl电极为参比电极；铂丝电极为辅助电极；电解池；磁力搅拌器；50 mL 容量瓶；25 mL 移液管；1 mL 吸量管；25 mL 量筒。

2. 试剂

0.01 g/L Pb^{2+}标准溶液；0.01 g/L Cd^{2+}标准溶液；5×10^{-3} mol/L $Hg(NO_3)_2$溶液；1.0 mol/L HCl 溶液；0.5 mol/L H_2SO_4溶液；未知水样。

四、实验步骤

1. 仪器设定及电解池安装

打开计算机电源，运行 LK98BⅡ控制程序。打开工作站电源，待显示"系统自检通过"后，即进入正常工作状态。在主控界面中选择线性扫描技术—循环伏安法。

将参比电极和辅助电极插入电解池中，连接电极引线。

2. 玻碳电极的预处理

在抛光布上加少许抛光粉(Al_2O_3粉末，颗粒直径约 0.05 μm)，加几滴去离子水调成糊状。将玻碳电极表面在抛光布上抛光成镜面，用去离子水冲洗干净，插入电解池中。然后在电解池中加入约 50 mL 0.5 mol/L H_2SO_4溶液，以下述参数进行循环伏安扫描：初始电位：1.1 V；开关电位 1：–1.2 V；开关电位 2：1.1 V；扫描速度：0.2 V/s；循环次数：20；等待时间：2 s。

在扫描过程中注意观察循环伏安图的变化。当循环伏安图呈现稳定的背景电流曲线时即可停止扫描，取出玻碳电极，用去离子水冲洗干净。

3. 铅和镉的测定

分别取 25.00 mL 水样加入 2 个 50 mL 容量瓶中，再分别加入 10 mL 1.0 mol/L HCl 溶液、2.0 mL 5×10^{-3} mol/L $Hg(NO_3)_2$溶液。在其中一个容量瓶中加入 0.40 mL 0.01 g/L Pb^{2+}标准溶液、0.20 mL 0.01 g/L Cd^{2+}标准溶液。用去离子水稀释至刻度，摇匀。

将样品溶液置于电解池中，连接电极引线，加入磁子，开动磁力搅拌器。

在工作站主控界面上选择脉冲技术—微分脉冲溶出伏安法。以下列参数进行测定：初始电位：–1.0 V；电沉积电位：–1.0 V；终止电位：–0.1 V；电位增量：20 mV；脉冲幅度：50 mV；脉冲宽度：0.05 s；脉冲间隔：2 s；电沉积时间：180 s；平衡时间：30 s。

注意：在富集过程完成后，应及时关闭磁力搅拌器，使溶出过程在静止溶液中进行。测定完成后断开电极引线，用去离子水清洗电极和电解池。然后用加入标准溶液后的样品溶液重复上述操作。

4. 电极的清洗

在电解池中加入约 50 mL 0.5 mol/L H_2SO_4 溶液，放入磁子。在主控界面上选择电位阶跃技术——单电位阶跃计时电流法，选择如下参数：初始电位：–0.1 V；阶跃电位：–0.1 V；等待时间：1 s；采样间隔：1 s；采样点数：200。

启动磁力搅拌器，运行实验。实验完成后，退出主控程序，关闭工作站和计算机电源，断开电极引线，用去离子水清洗电极和电解池。

五、实验数据及结果

根据所测得的数据计算水样中铅、镉的浓度。

六、注意事项

(1) 同实验 31 "注意事项"(1)。

(2) 同实验 35 "注意事项"(1)。

(3) 同实验 36 "注意事项"(1)。

(4) 同实验 38 "注意事项"(1)、(2)。

七、思考题

(1) 为什么在富集时必须搅拌溶液？

(2) 溶出峰为什么比较尖锐？

实验 41　　铋膜阳极溶出伏安法测定茶叶中铅和镉含量

一、实验目的

掌握铋膜电极阳极溶出伏安法测定茶叶中铅和镉含量的方法。

二、实验原理

茶叶源于中国，人工种植茶叶的历史可追溯到 6000 余年以前。茶叶由中国传遍世界各地，世界各国的制茶技术均直接或间接地来自中国。英国学者麦克法兰在他的《绿色黄金：茶叶帝国》一书中说道："只有茶叶成功地征服了全世界。"茶叶中含有多种有益成分，如儿茶素、茶多酚、氨基酸、矿物质和维生素等，可以增进人体健康，是中国人最为喜爱的一种饮料，被誉为"世界三大饮料之一"。

重金属在土壤中很难降解且可以转移到植株中，在酸性土壤中更为明显。而茶树生长要求酸性环境，使得重金属更容易在茶树中富集。茶叶是我国传统出口农产品，茶叶的质量是影响茶叶出口的重要因素，而其中重金属超标问题严重制约了中国茶叶出口。因此，茶叶中重金属的含量检测十分重要。

汞膜电极溶出伏安法由于灵敏度高、分辨率好，在重金属离子测定中得到了广泛应用。但由于汞的剧毒性质，无论是对实验操作人员的安全防护还是实验废液的处理都提出了很高的要求。因此，人们一直试图用其他金属代替汞进行金属离子的溶出伏安测定。到目前为止，铋膜、铜膜、锡膜、锑膜、铅膜等非汞膜电极已成功地应用于金属离子溶出伏安测定，极大地减少了汞的使用，保护了实验操作人员的健康，消除了潜在的环境污染风险。

铋膜电极溶出伏安法测定金属离子的原理与汞膜电极类似。第一步通过控制工作电极电位将铋离子还原成金属单质铋沉积在电极表面成膜，然后待测金属离子还原成金属单质沉积在铋膜表面形成合金；第二步将工作电极电位向正方向扫描(扫描信号一般为微分脉冲或方波脉冲)使被富集的金属单质氧化成金属离子而溶出。记录溶出时的 i-E 曲线，根据溶出峰电流大小即可对金属离子进行定量分析。

茶叶中除含有重金属离子外，还含有铁、铜、铝等无机物及各种酚、酸类有机物。其中，铜离子与铋膜发生相互作用而干扰测定结果，有机物可与重金属离子发生络合作用严重影响测定结果。为消除铜离子影响，可在测定时加入微量铁氰化钾。有机物的干扰可用湿法消解样品或在测定时加入微量次氯酸钠消除。

三、仪器与试剂

1. 仪器

LK98BⅡ型电化学工作站；分析天平；玻碳电极(d=4 mm)为工作电极；Ag/AgCl 电极为参比电极；铂丝电极为辅助电极；电解池；磁力搅拌器；研钵；100 mL 容量瓶；20～200 μL 移液枪；25 mL 移液管；10 mL 吸量管；10mL、100 mL 量筒；250 mL 烧杯。

2. 试剂

0.01 g/L Pb^{2+} 标准溶液；0.01 g/L Cd^{2+} 标准溶液；0.01 g/L Bi^{3+} 溶液；0.5 mol/L H_2SO_4 溶液；0.5 mol/L HAc-NaAc 缓冲溶液(pH 4.5)；30% H_2O_2 溶液；2% NaClO 溶液；1 mmol/L $K_3[Fe(CN)_6]$ 溶液；浓 HNO_3；茶叶样品。

四、实验步骤

1. 茶叶样品溶液准备

根据实际情况可采用下述方法之一进行茶叶样品的预处理。值得注意的是，由于样品中有机物的干扰，浸泡法重金属离子的检测结果仅为湿法消解的30%～60%。

(1) 浸泡。称取 5 g 茶叶，在研钵中碾碎后置于 250 mL 烧杯中，加入 90 mL 开水(>95℃)，浸泡 5 min。待冷却后过滤，将滤液转移至 100 mL 容量瓶中，加入 1 mL 2% NaClO 溶液，用纯水稀释至刻度，摇匀。

(2) 湿法消解。称取 5 g 茶叶，在研钵中碾碎后置于 250 mL 烧杯中，加入 150 mL 浓 HNO_3、30 mL 30% H_2O_2 溶液，加热至溶液无色透明或略带黄色(注意：一定要在通风良好的通风橱中进行！)，继续加热至溶液近干。用 10 mL 0.5 mol/L HAc-NaAc 缓冲溶液溶解，转移至 100 mL 容量瓶中，用纯水稀释至刻度，摇匀。

2. 支持电解液的配制

在 100 mL 容量瓶中加入 40 mL 0.5 mol/L HAc-NaAc 缓冲溶液(pH 4.5)、10 mL 10 mg/L Bi^{3+} 溶液、10 mL 1 mmol/L $K_3[Fe(CN)_6]$ 溶液，用纯水稀释至刻度，摇匀。

3. 仪器设定

打开计算机电源，运行 LK98B II 控制程序。打开工作站电源，待显示"系统自检通过"后，即进入正常工作状态。在主控界面中选择线性扫描技术——循环伏安法。

将参比电极和辅助电极插入电解池中，连接电极引线。

4. 玻碳电极的预处理

在抛光布上加少许抛光粉(Al_2O_3 粉末，颗粒直径约 0.05 μm)，加几滴去离子水调成糊状。将玻碳电极表面在抛光布上抛光成镜面，用去离子水冲洗干净，插入电解池中。然后在电解池中加入约 50mL 0.5mol/L H_2SO_4 溶液，以下述参数进行循环伏安扫描：初始电位：1.1 V；开关电位 1：−1.2 V；开关电位 2：1.1 V；扫描速度：0.2 V/s；循环次数：20；等待时间：2 s。

在扫描过程中注意观察循环伏安图的变化。当循环伏安图呈现稳定的背景电流曲线时即可停止扫描，取出玻碳电极，用去离子水冲洗干净。

5. 标准加入法测定茶叶样品中铅含量

将电解池洗净、擦干。移取 25.00 mL 样品溶液加入电解池中，再加入 25.00 mL 支持电解液。连接电极引线，加入磁子，开动磁力搅拌器。在工作站主控界面上选择脉冲技术——微分脉冲溶出伏安法，以下列参数进行测定：初始电位：−1.2 V；电沉积电位：−1.2 V；终止电位：0.3 V；电位增量：4 mV；脉冲幅度：40 mV；脉冲宽度：0.05 s；脉冲间隔：2 s；电沉积时间：900 s；平衡时间：30 s。

注意：在富集过程完成后，应及时关闭磁力搅拌器，使溶出过程在静止溶液中进行。

用移液枪向电解池中分别加入 20 μL、40 μL、80 μL、100 μL 0.01 g/L Pb^{2+} 标准溶液后再重复测定。

6. 标准加入法测定茶叶样品中镉含量

将电解池洗净、擦干。分别移取 25.00 mL 样品溶液和 25.00 mL 支持电解液加入电解池中，按实验步骤 5. 相同的方法进行测定。用移液枪向电解池中分别加入 20 μL、40 μL、80 μL、100 μL 0.01 g/L Cd^{2+} 标准溶液后再重复测定。

7. 电极的清洗

断开电极引线，用纯水清洗电极和电解池。在电解池中加入 50 mL 0.5 mol/L H_2SO_4 溶液，连接电极引线，加入磁子。在工作站主控界面上选择电位阶跃技术——单电位阶跃计时电流法，选择如下参数：初始电位：0.3 V；阶跃电位：0.3 V；等待时间：1 s；采样间隔：1 s；采样点数：60。

启动磁力搅拌器，运行实验。实验完成后，关闭工作站和计算机电源，用纯水清洗电解池和电极以备下次测定。

五、实验数据与结果

根据所测数据计算茶叶中铅和镉含量并讨论结果。

六、注意事项

(1) 同实验 31"注意事项"(1)。

(2) 同实验 36"注意事项"(1)。

(3) 本实验属于痕量分析范畴，必须消除一切可能的背景干扰。实验所用玻璃仪器须在 5% HNO_3 溶液中浸泡 24 h，纯水洗净后使用。标准溶液和支持电解液等试剂需用聚乙烯或聚丙烯瓶存放。实验用水为经超纯水处理系统处理过的纯水。实验所用试剂均为分析纯以上。

(4) 茶叶中镉含量极少，有可能低于本方法检出限而无法检出。

七、思考题

(1) 铁氰化钾为什么可以消除铜离子干扰？

(2) 标准加入法和标准曲线法相比有什么特点？

(3) 查阅资料，对茶叶中重金属测定方法进行讨论。

实验 42　氧化铋修饰碳糊电极测定水样中铅和镉含量

一、实验目的

掌握碳糊电极的制备及修饰方法。

二、实验原理

汞膜电极溶出伏安法因灵敏度高、分辨率好，在金属离子测定中得到了广泛应用。但由于汞的剧毒性质，无论是对实验操作人员的安全防护还是实验废液的处理都提出了很高的要求。因此，人们一直试图用其他金属代替汞进行金属离子的溶出伏安测定。到目前为止，铋膜、铜膜、锡膜、锑膜、铅膜等非汞膜电极已成功地应用于金属离子溶出伏安测定，极大地减少了汞的使用，保护了实验人员的健康，消除了潜在的环境污染风险。在这些金属膜电极中，铋膜因其优异的分析性能被广泛使用，特别是在铅离子的溶出分析中。

溶出分析所用的基底电极大部分为固态电极，如玻碳电极、铂电极、金电极和银电极等。这些固态电极机械性能优异，分析灵敏度高，适用于各种溶液环境(如强酸、碱、有机溶剂等)。但是，固态电极表面极易受到电极反应产物和溶液中杂质的污染，测定重现性不高。为了保证测定结果的重现性和准确性，固态电极每次使用前(或每次测定以后)都必须进行烦琐的预处理过程，包括机械抛光处理、电化学处理，极大降低了测定效率。汞电极虽然具有极高的重现性(表面可以自我更新)，但其毒性限制了其广泛应用。

碳糊电极的出现为金属离子的溶出分析提供了一个新的选择。将导电的石墨粉和黏结剂(如液体石蜡)按一定比例混合成糊状，然后填入一根绝缘管(塑料管、玻璃管或聚四氟乙烯管)中，将填有碳糊的一端在称量纸或其他光滑的纸上抹平，另一端插入一根铜棒，即制成一支碳糊电极，如图 10-18 所示。碳糊电极制备简单，成本低廉，表面更新容易，比固态电极重现性好。另外，由于其表面电阻大(非导电的黏结剂所致)，电极/溶液界面的双电层充电电流小，背景干扰小，非常适合分析测定。同时，石墨粉和黏结剂简单混合的制备方式也使得非常容易地在其中掺入某些特殊化学物质，从而使电极具有某些特定的功能，表现出预期的效果。例如，可在碳糊中掺入某种催化剂，催化待测物质在电极表面的电化学反应，提高测定的灵敏度。

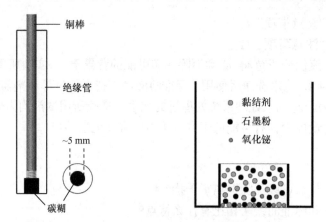

图 10-18　碳糊电极和氧化铋修饰碳糊电极示意图

在碳糊中掺入 Bi_2O_3 粉末可制得氧化铋修饰碳糊电极。当电位控制在 −1.0 V 或更负时，电极表面的 Bi_2O_3 还原生成铋金属单质沉积在电极表面上形成铋膜。此时，若溶液中含有铅离子和镉离子，铅离子和镉离子会同时还原沉积在铋膜上从而得到富集。当电位正向扫描时，富集的铅和镉将重新氧化成金属离子而溶出，由此产生的氧化电流与金属离子浓度有定量关系。

三、仪器与试剂

1. 仪器

LK98BⅡ型电化学工作站；分析天平；碳糊电极(d=5 mm)为工作电极；Ag/AgCl 电极为参比电极；铂丝电极为辅助电极；电解池；磁力搅拌器；研钵；100 mL 容量瓶；25 mL 移液管；25 mL 量筒；20～200 μL 移液枪。

2. 试剂

0.01 g/L Pb^{2+} 标准溶液；0.01 g/L Cd^{2+} 标准溶液；Bi_2O_3 粉末；石墨粉(光谱纯)；液体石蜡；0.5 mol/L HAc-NaAc 缓冲溶液(pH 4.5)；未知样。

四、实验步骤

1. 碳糊电极的制备

称取 400 mg 光谱纯石墨粉加入研钵中，加入 90 μL 液体石蜡，在研钵中充分研磨直至混合均匀。再称取 4.8 mg Bi_2O_3 粉末加入研钵中，继续研磨至混合均匀。如果 Bi_2O_3 粉末颗粒较大，可事先将其研磨成细粉备用。将混合均匀的碳糊填入碳糊电极空腔中，压实，将多余的碳糊在称量纸或其他表面光滑的纸上擦去，使其呈现光滑平整的电极表面。

2. 支持电解液的配制

在 100 mL 容量瓶中加入 40 mL 0.5 mol/L HAc-NaAc 缓冲溶液(pH 4.5)，用纯水稀释至刻度，摇匀。

3. 仪器设定

打开计算机电源，运行 LK98B Ⅱ 控制程序。打开工作站电源，待显示"系统自检通过"后，即进入正常工作状态。在工作站主控界面上选择方波技术—方波溶出伏安法，参数设置如下：初始电位：$-1.2\,V$；电沉积电位：$-1.2\,V$；终止电位：$-0.3\,V$；方波振幅：$50\,mV$；扫描增量：$4\,mV$；方波频率：$25\,Hz$；电沉积时间：$240\,s$；平衡时间：$15\,s$。

4. 标准加入法测定铅离子

将电解池洗净，擦干。分别移取 25.00 mL 样品溶液和 25.00 mL 支持电解液置于电解池中。插入电极，接好电极引线，加入磁子，开启磁力搅拌器，进行测定。注意：在富集过程完成后，应及时关闭磁力搅拌器，使溶出过程在静止溶液中进行。

每次测定完成后，取出碳糊电极，用去离子水冲洗，旋转铜棒或将铜棒往前推挤，挤出部分碳糊(约 0.1 mm)，在称量纸上擦去多余的碳糊，露出新的电极表面，完成电极表面的更新。

用移液枪在电解池中分别加入 20 μL、40 μL、80 μL、100 μL 0.01g/L Pb^{2+}标准溶液，用上述方法进行溶出测定。

5. 标准加入法测定镉离子

按实验步骤 4. 方法测定镉离子，用移液枪在电解池中分别加入 20 μL、40 μL、80 μL、100 μL 0.01 g/L Cd^{2+}标准溶液后进行溶出测定。

6. 清理电解池

实验完成后，关闭工作站和计算机电源。用纯水清洗电解池和电极。

五、实验数据与结果

根据所测数据计算未知样中铅和镉含量。

六、注意事项

(1) 同实验 31 "注意事项"(1)。

(2) 同实验 36 "注意事项"(1)。

(3) 若未知液中有铜离子或有机物干扰，可根据实验 41 采用的方法，在支持电解液中加入微量铁氰化钾或次氯酸钠。

七、思考题

(1) 与固态电极相比，碳糊电极有什么优点和缺点？

(2) 如何保证碳糊电极的重现性？

实验 43　氢氧化镍/铜修饰铅笔芯电极测定血糖含量

一、实验目的

掌握利用铅笔芯制备电极并进行功能化修饰的方法。

二、实验原理

糖尿病已经成为影响人类健康的主要疾病和人类死亡的主要原因之一，全世界有数亿人受到病痛的折磨。血液中葡萄糖含量是诊断和治疗糖尿病的重要指标，受到了人们的广泛重视，为此开发出了各种检测方法，如高效液相色谱法、荧光分析法等。在所有检测方法中，电化学方法具有操作简便、易于小型化、灵敏度高、选择性好、成本低、便于实时监测等特点，一直受到人们更多的关注，基于电化学方法的血糖仪已实现商品化，并且成功地应用于临床诊断和家庭检测。

早在 2010 年，我国卫生部新闻发言人邓海华就表示，中国已经成为全球糖尿病患病率增长最快的国家之一。2002 年中国成人糖尿病患病率为 2.69%，到 2010 年上升至 9.7%。尤其是近年来，中国糖尿病发病率呈爆炸式增长，患病总人数约 1.2 亿(全球约 2.9 亿)，已成为全球糖尿病第一大国。糖尿病及其造成的心、脑、眼、足等并发症，给患者本人的身心健康及家庭造成严重伤害。面对日益增长的测试需求，开发成本低廉、准确性好、使用方便的葡萄糖传感器不但对科研工作者是一项挑战，而且具有非常重大的社会意义和市场应用前景。

目前市场上有很多血糖仪采用葡萄糖氧化酶作为传感元件，试剂成本高、制备要求高、保存寿命短，因此成本居高不下，限制了其在家庭中的大范围应用。另外，电极的成本和烦琐的处理过程也是限制其大范围应用的因素之一。基于这样的市场需求，价格便宜、使用方便、保存寿命长的葡萄糖传感器就成为人们研发的主要目标。

铅笔芯是一种复合材料，由石墨、黏土及少量黏合剂(如石蜡、树脂或聚合物)组成。根据欧洲标准，H 代表铅笔芯硬度，B 代表黑度。B 型铅笔含有较多石墨，较软；H 型铅笔含有较多黏土，较硬；HB 型铅笔则含有等量的石墨和黏土成分。市场上的铅笔芯共有 9H(最硬)到 8B(最软)等不同的型号。因为石墨的导电性质，利用铅笔芯作为电极成为一种价格极其低廉的选择方案。铅笔芯电极是石墨电极的一个子类型，与石墨电极一样拥有较大的比表面积、良好的导电性，易于使用。与石墨相比，铅笔芯电极价格更便宜，处理过程更简单。此外，铅笔芯机械刚性好，易于修饰和微型化处理。与其他固态电极烦琐的表面抛光过程相比，铅笔芯电极表面更新过程更简单快速，甚至可不用更新，用完即扔(一次性电极)。

利用铅笔芯电极直接测定葡萄糖灵敏度低，不能满足血糖测定需要(人体血糖浓度为 2～30 mmol/L)，因此需要对铅笔芯进行进一步修饰。将价格同样十分便宜的 $Ni(OH)_2$ 和 $Cu(OH)_2$ 修饰在铅笔芯电极表面上，在碱性溶液中，$Ni(OH)_2$ 和 $Cu(OH)_2$ 在电极上发生如下氧化反应，生成 $Ni(III)$ 和 $Cu(III)$：

$$Ni(OH)_2 + OH^- \rightleftharpoons NiOOH + H_2O + e^-$$

$$Cu(OH)_2 + OH^- \rightleftharpoons CuOOH + H_2O + e^-$$

当在溶液中加入葡萄糖时，$Ni(III)$ 和 $Cu(III)$ 与葡萄糖发生下述反应，重新生成 $Ni(II)$ 和 $Cu(II)$：

$$NiOOH + 葡萄糖 \rightleftharpoons Ni(OH)_2 + 葡萄糖内酯$$

$$CuOOH + 葡萄糖 \rightleftharpoons Cu(OH)_2 + 葡萄糖内酯$$

因此，$Ni(OH)_2$ 和 $Cu(OH)_2$ 对葡萄糖有很好的电催化氧化作用，可以大大提高测定的灵敏度。

三、仪器与试剂

1. 仪器

LK98BⅡ型电化学工作站；分析天平；铅笔芯(Sakura HB 或 Rotring B，直径 0.5 mm，长约 60 mm)为工作电极；Ag/AgCl 电极为参比电极；铂丝电极为辅助电极；电解池；磁力搅拌器；25 mL 移液管；25 mL 量筒；20～200 μL 移液枪；环氧树脂胶或防水胶带。

2. 试剂

0.2 mol/L Na_2SO_4 溶液；0.2 mol/L $CuSO_4$ 溶液；0.2 mol/L $NiSO_4$ 溶液；0.1 mol/L NaOH 溶液；5% HNO_3 溶液；0.5 mol/L H_2SO_4 溶液；0.02 mol/L 葡萄糖溶液；丙酮。

四、实验步骤

1. 铅笔芯电极的制备

取一支铅笔芯，用 5% HNO_3 溶液浸泡清洗 5 min，然后用丙酮浸泡清洗 5 min。用纯水洗净，晾干。用环氧树脂胶涂抹铅笔芯中间部分绝缘，一端露出 10 mm 作为电极，另一端接电极引线。待胶固化后(约 24 h，可提前一天准备)，用纯水洗净备用。也可以用防水胶带(如聚酰亚胺胶带)将中间部分包覆起来绝缘。

2. 仪器设定

打开计算机电源，运行 LK98BⅡ控制程序。打开工作站电源，待显示"系统自检通过"后，即进入正常工作状态。在主控界面中选择线性扫描技术—快速循环伏安法。

3. 电极的修饰

1) 沉积 Cu

各取 25 mL 0.2 mol/L Na_2SO_4 溶液和 0.2 mol/L $CuSO_4$ 溶液置于电解池中，滴加 0.5 mol/L H_2SO_4 溶液至 pH 为 3.5。将电极插入电解池中，连接电极引线。以下列参数进行循环伏安扫描：初始电位：−0.3 V；开关电位 1：−0.8 V；开关电位 2：−0.3 V；扫描速度：0.05 V/s；循环次数：2；等待时间：2 s。

扫描完成后清洗电解池和电极。注意清洗时不要将铅笔芯上的沉积物冲掉。

2) 沉积 Ni

各取 25 mL 0.2 mol/L Na_2SO_4 溶液和 0.2 mol/L $NiSO_4$ 溶液置于电解池中，滴加 0.5 mol/L H_2SO_4 溶液至 pH 为 6.5。将电极插入电解池中，连接电极引线。以下列参数进行循环伏安扫描：初始电位：−0.3 V；开关电位 1：−1.3 V；开关电位 2：−0.3 V；扫描速度：0.05 V/s；循环次数：15；等待时间：2 s。

扫描完成后清洗电解池和电极。注意清洗时不要将电极上的沉积物冲掉。

3) 电极的活化

在电解池中加入约 50 mL 0.1 mol/L NaOH 溶液，插入电极，连接电极引线。以下列参数进行循环伏安扫描：初始电位：0 V；开关电位 1：0.8 V；开关电位 2：0 V；扫描速度：0.05 V/s；循环次数：50；等待时间：2 s。

扫描时注意观察循环伏安图，得到稳定重现的循环伏安图时即可停止扫描。如果扫描 50 圈后循环伏安图仍不能重现，可继续扫描直至得到稳定重现的循环伏安图。扫描完成后清洗电解池和电极，擦干。注意清洗和擦干时不要将电极上的沉积物擦掉。

4. 葡萄糖标准曲线的绘制

取 50.00 mL 0.1 mol/L NaOH 溶液置于电解池中，加入磁子，开启磁力搅拌器，以适当速度搅拌溶液。插入电极，连接电极引线。在主控界面中选择电位阶跃技术—电流-时间曲线，参数设置如下：初始电位：0.6 V；采样间隔时间：0.2 s；等待时间：2 s；运行时间：900 s。

运行实验，观察电流-时间曲线，待电流值稳定后，用移液枪加入 20 μL 0.02 mol/L 葡萄糖标准溶液，观察电流值变化。再连续加入 20 次 20 μL 0.02 mol/L 葡萄糖标准溶液，每次均待电流稳定后再加。

实验完成后清洗电解池和电极，擦干。注意清洗和擦干时不要将电极上的沉积物擦掉。

5. 血样中葡萄糖的测定

取 50.00 mL 0.1 mol/L NaOH 溶液置于电解池中，加入磁子，开启磁力搅拌器，以适当速度搅拌溶液。插入电极，连接电极引线。以相同的参数记录电流-时间曲线。

待电流值稳定后，在电解池中加入 200 μL 血样，记录稳定后的电流值。重复 3～5 次。

6. 清理电解池

实验完成后，断开电极引线，关闭工作站和计算机电源，清洗电解池和电极以备下次使用。

五、实验数据与结果

根据所测数据绘制葡萄糖标准曲线，并据此计算血清中葡萄糖含量。

六、注意事项

血液样品容易造成生物污染，采样及保存过程中需要特别小心，不要触碰、泄漏。实验中的废液要倒入指定废液桶中。

七、思考题

(1) 除铅笔芯外，还能想到哪些价廉易得的电极替代品？

(2) 电流式传感器与伏安式传感器相比有什么不同？各有什么优缺点？

实验 44　集成式电极芯片测定血铅含量

一、实验目的

掌握自制集成式传感器芯片的方法。

二、实验原理

铅是一种具有神经毒性的重金属元素，在人体内无任何生理功能。由于环境中铅的普遍存在，包括废气、土壤、食品、饮用水、日用器具、玩具、中药材等均含有铅成分，因此绝大多数人体中均存在一定量的铅，当体内的含铅量超过一定水平就会对神经系统、血液系统和消化系统造成损害。儿童由于代谢和发育方面的特点，对铅毒性特别敏感。研究证实，儿童血铅浓度达到 100 μg/L 时，对儿童的毒副作用就已经很明显。受此毒害的儿童严重时会出现智商低、动作笨拙等情况。我国进行的一项调查显示，大部分城市儿童血铅水平在 120～160 μg/L，有的城市工业区内儿童血铅平均值高于 450 μg/L。2000 年以来，国内也发生过多起儿童血铅超标事件，情况不容乐观。因此，快速、方便、低成本、高灵敏地检测血铅含量对及时诊断儿童血铅是否超标有十分重要的意义。

我国目前血铅检测的国家标准有石墨炉原子吸收光谱法(GFAAS)、电感耦合等离子体质谱法(ICP-MS)和原子荧光光谱法(AFS)。但这三种仪器价格昂贵、操作烦琐，受场地条件限制不能用于现场检测。而集成式的电化学传感器芯片价格低廉、使用方便，配合微型电化学工作站使用，全套仪器成本不超过万元，还可以直接在患者病床边采样、测定、报告结果，是理想的即时检验(point-of-care testing，POCT)解决方案，有着其他方法不可替代的优势。

集成式电化学传感器设计图如图 10-19 所示。按图示大小裁切 3 片 PVC 板。a 和 b 按图示打孔。在 c 指定位置粘贴 3 条铜箔导电胶带作为电极接线端。b 的三个孔中填入碳糊，即为三电极系统。将 a、b 和 c 依次粘在一起，即制成集成式电极芯片。填入孔中的碳糊可以用普通碳糊，也可根据需要掺入修饰剂制备功能化碳糊修饰电极。c 上的孔定义了电解池的大小，按图中所示仅为 78.5 μL，因此这种集成式电化学传感器所需样品量极少，非常适合血样等生物样品的测定。

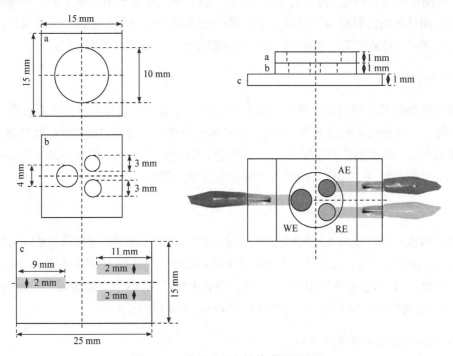

图 10-19　集成式电化学传感器设计图

三、仪器与试剂

1. 仪器

LK98BⅡ型电化学工作站；分析天平；导电墨水笔(银)；25 mL 量筒；20～200 μL、2～20 μL 移液枪；打孔器；研钵。

2. 试剂

浓盐酸；5% HNO_3 溶液；5 mol/L NaOH 溶液；0.01 g/L Bi^{3+} 溶液；0.01 g/L Pb^{2+} 标准溶液；石墨粉(光谱纯)；铜箔导电胶带；环氧树脂胶；PVC 粉；四氢呋喃；PVC 板(厚 1 mm)。

四、实验步骤

1. 碳糊的制备

将 340 mg 石墨粉和 40 mg PVC 粉置于研钵中，加入 10 mL 四氢呋喃，在研钵中充分研磨均匀。

2. 电极的制备

按图 10-19 所示制备 PVC 切片。用剪刀剪切 3 片 PVC 板，然后按图所示在 a 和 b 上打孔。将 b 用环氧树脂胶粘在 c 上，将准备好的碳糊填入 3 个电极孔中。因溶剂挥发后碳糊体积会减少，碳糊可稍填多一些。待溶剂完全挥发后，将碳糊表面在光滑的纸上抛光并除去多余的碳糊。最后用环氧树脂胶将 a 粘在最上面，即制成集成式电化学传感器。为使电位控制更准确，用导电墨水笔(银)在参比电极表面涂一层含银墨水，待溶剂干后即可使用。

3. 血样处理

血液等生物样品中含有蛋白质等大量有机成分，金属离子通常会与这些有机成分结合在一起，使得溶出分析结果明显偏低。因此，血样等生物样品在测定前必须进行预处理，以破坏其中的有机成分。本实验采用盐酸酸化的方法进行预处理。在 50 μL 血样中加入 10 μL 浓盐酸酸化 10 min，然后加入 22 μL 5 mol/L NaOH 中和过量的盐酸。

4. 仪器设定

打开计算机电源，运行 LK98BⅡ控制程序。打开工作站电源，待显示"系统自检通过"后，即进入正常工作状态。在工作站主控界面上选择方波技术—方波溶出伏安法，参数设置如下：初始电位：−1.2 V；电沉积电位：−1.2 V；终止电位：−0.3 V；方波振幅：50 mV；扫描增量：4 mV；方波频率：25 Hz；电沉积时间：240 s；平衡时间：5 s。

5. 标准加入法测定样品中的铅

用移液枪分别移取 60 μL 酸化处理过的样品加入电解池中，再加入 3 μL 0.01 g/L Bi^{3+} 溶液，为防止溶液挥发，可在电解池上盖上一片 PVC 膜。运行实验，记录溶出峰电流值。

在电解池中依次加入 2 μL 0.01 g/L Pb^{2+} 标准溶液,重复测定 4 次,记录每次溶出电流值。

6. 清理电解池

实验完成后,关闭工作站和计算机电源。用纯水清洗电解池和电极。

五、实验数据与结果

根据所测数据计算样品中铅的含量。

六、注意事项

(1) 同实验 31 "注意事项" (1)。

(2) 同实验 43 "注意事项"。

(3) 若样品中有铜离子或有机物干扰,可在电解液中加入 50 μmol/L 铁氰化钾或 0.1%次氯酸钠。

(4) 本实验属于痕量分析范畴,必须消除一切可能的背景干扰。实验所用玻璃仪器须在 5% HNO_3 溶液中浸泡 24 h,纯水洗净后使用。标准溶液和电解液等试剂需用聚乙烯或聚丙烯瓶存放。实验用水为经超纯水处理系统处理过的纯水。实验所用试剂均为分析纯以上。

七、思考题

(1) 与液体石蜡相比,PVC 用作碳糊电极的黏结剂有什么特点?

(2) 试用不同的材料和图案设计集成式电化学传感器芯片。

实验 45 集成式电化学传感器设计与应用(自主设计实验)

一、实验目的

学习利用价廉易得的材料设计制作集成式电化学传感器的方法。

二、实验原理

POCT 这个词最早出现在美国,近年来频繁出现在检验医学和临床领域中。它的含义是在发病或发生事件的地点进行诊断,能迅速获得检验结果的一类新方法。中国医学装备协会现场快速检测装备技术分会在多次专家论证基础上将 POCT 统一命名为现场快速检测,并将其定义为:在采样现场进行的、利用便携式分析仪器及配套试剂快速得到检测结果的一种检测方式。POCT 含义可从两方面理解:①空间上,在患者身边进行的检验,即"床旁检验";②时间上,可进行"即时检验"。

POCT 的关键是不依赖于专门的场地条件和专业检验人员的便携式仪器。使用这种仪器任何非专业人员都可以在病人床边完成样品采集、处理及测定的全部过程,可以快速提供有价值的检验结果,便于医生及时做出正确的治疗方案。目前 POCT 在医院临床诊断和家庭自我诊断方面的需求越来越大,也促使越来越多的研究人员投入新技术的研发。

电化学方法完全采用物理学中电的概念和化学信息进行分析。仪器设计简单,没有复杂的机械部分和光学器件(如不需要泵、棱镜等部件),仪器内部全由集成电路构成,从原理上就决定了电化学仪器非常适合微型化。目前已有了 U 盘大小的微型电化学工作站,将其插在笔记本计算机上即可工作,从硬件上已经具备了实施 POCT 的条件(图 10-20)。

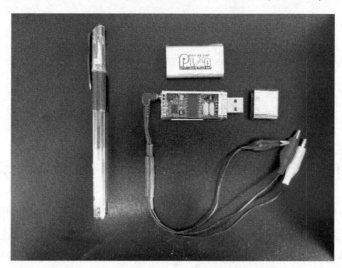

图 10-20　微型电化学工作站(签字笔对照大小)

除微型电化学工作站外,要完成 POCT,传感器芯片也是必不可少的。它负责将样品中的化学信息转变为电化学工作站可测的电信号输出到计算机中进行分析。因此,微型化传感器芯片的设计与制备也是实现 POCT 的关键环节。由于电化学方法本身固有的重现性较差这个缺点,一次性使用的传感器芯片成为最好的设计方案,即测完即弃,不用进行复杂和专业的再生处理。这就要求在设计传感器芯片时必须考虑生产成本(材料便宜,制备过程简单),而且大批量生产时能够保证芯片间的重现性。

实验 43 和实验 44 利用廉价的铅笔芯和集成式碳糊电极给出了传感器设计的一种思路,即利用价廉易得的材料制作集成式的三电极系统。除此之外,这里给出另外两种设计思路。

1) 利用铅笔画出电极系统

铅笔主要是由石墨和黏土构成,写字时笔芯在纸上摩擦,微小的石墨粉末就会从笔芯上渗入纸上的空隙,纸面的粗糙度合适时,就会在纸上留下清晰的印迹。如果这些石墨印迹可以导电,是否可以在纸上画出电极图案,并用其进行测定?

2) 利用导电铜箔构成传感器芯片

市场上有一种类似于透明胶带的导电铜箔胶带产品,由纯铜制造,其一面黏性另一面光滑,厚约 0.06 mm,可粘在绝大多数物品上。是否可以将其裁切成适当大小,粘贴于绝缘基底上作为电极?

三、实验步骤

根据设计目标,自行设计、制作微型化传感器芯片,并利用微型电化学工作站,参考实验 39~实验 44 中的任一实验方案进行芯片测试。

提示：电极设计参考(电极黑色部分可由铅笔涂黑，也可由铜箔胶带粘贴)(图 10-21)。

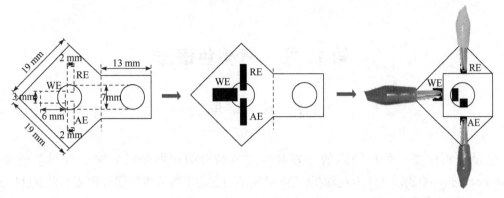

图 10-21　传感器设计参考

第 11 章　气相色谱法

11.1　基 本 原 理

色谱分析法是一种把物质的分离和测定相结合的仪器分析方法。气相色谱法(gas chromatography，GC)以气体为流动相(又称载气)，当它携带待分离的混合物流经色谱柱中的固定相时，由于混合物中各组分的性质不同，它们与固定相的作用力大小不同，因而组分在流动相与固定相之间的分配系数不同，经过多次反复分配之后，各组分在固定相中滞留时间长短不同，与固定相作用力小的组分先流出色谱柱，与固定相作用力大的组分后流出，从而实现了各组分的分离。色谱柱后接有检测器，将各化学组分转换成电信号，用记录装置记录下来，便得到色谱图。理想情况下，每一个组分对应一个色谱峰。根据组分出峰时间(保留时间)可以进行定性分析，若峰面积或峰高的大小与组分的含量成正比，可以根据峰面积或峰高大小进行定量分析。

气相色谱法是一种分离效果好、分析速度快、灵敏度高、操作简单、应用范围广的分析方法，常用于气体和低沸点有机化合物的分离分析。在色谱柱温度适用范围内，具有 20～1300 Pa 蒸气压，或沸点在 500℃以下、分子量在 400 以下且化学性质稳定的物质，原则上均可采用气相色谱法进行分析。

11.2　仪器及使用方法

11.2.1　气相色谱仪的组成

常用气相色谱仪由六大系统组成：载气系统、进样系统、分离系统、检测系统、记录和数据处理系统、温度控制系统(图 11-1)。

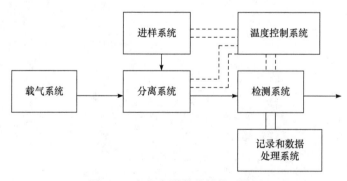

图 11-1　气相色谱仪的结构示意图

1. 载气系统

载气系统为气相色谱分析仪提供压力稳定、流量准确、纯度合乎要求的载气，包括载气气源、减压阀、净化管、稳压阀、稳流阀、压力表等。载气系统有单柱单气路和双柱双气路两种结构。单柱单气路只有一根色谱柱，载气从色谱柱流出后进入检测器的参比臂，然后进入测量臂(热导检测器)。双柱双气路是载气从稳压阀出来后分成两路，先进入稳流阀和色谱柱，再进入检测器的参比臂和测量臂(图 11-2)。单柱单气路的稳定性比双柱双气路差，对载气流量变化比较敏感。

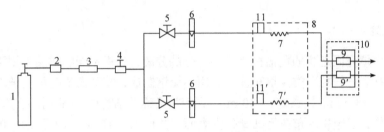

图 11-2　双柱双气路结构

1. 载气气源；2. 减压阀；3. 净化管；4. 稳压阀；5. 针形阀；6. 转子流量计；7. 测量柱；7′. 参比柱；8. 恒温箱；9. 测量臂；9′. 参比臂；10. 检测器；11、11′. 进样口

(1) 载气气源。不同检测器使用不同的载气。使用热导检测器时，常用氢气或氦气作载气，火焰离子化检测器常用氮气作载气。载气一般以高压钢瓶为气源。不同气体的钢瓶涂有不同颜色的油漆，如氢气钢瓶涂绿色、氮气钢瓶涂黑色，以防意外事故发生。氢气发生器也可以为气相色谱仪提供气源。氢气发生器是通过电解氢氧化钾溶液或水得到氢气。钢瓶中的高压气体需经过减压阀将压力降到色谱仪所需要的使用压力。减压阀有多种类型，不同气体配置不同减压阀。通过旋转减压阀手柄调节工作压力。

(2) 净化管。净化管的目的是除去载气中的杂质。净化管内通常填充硅胶、分子筛或活性炭。活性炭用于除去油气，硅胶和分子筛用于除去水分。使用一段时间后，硅胶和分子筛应取出并分别在 105℃和 400℃下烘干 2～3 h，在干燥器中冷却后再继续使用。

(3) 稳压阀。气相色谱分析要求载气流量稳定，压力变化小于 1%，为此使用稳压阀调节压力大小并确保流量稳定。气相色谱仪中常使用稳流阀或针形阀调节载气流量，以压力表或转子流量计指示流量大小。现在新生产的气相色谱仪自动化程度较高，能根据设定值自动调节压力并显示结果。一般在检测器出口处使用皂膜流量计对流量进行校正。

载气系统要求各接头处不漏气，气路密封性好，在 0.25 MPa 气压下，30 min 压降应小于 8 kPa。可用肥皂水检查各个接头的密闭性。

2. 进样系统

气相色谱分析要求液体试样进样后立即气化，随载气进入色谱柱。因此，气化室设置在色谱柱入口处。一般用电加热器加热金属块。金属块应有足够高的温度和热容量，一旦试样进入试样气化管便立即气化。为避免试样和金属接触产生催化分解效应，气化管的材质一般为石英，放在气化室中间，死体积小，以免产生扩张效应。石英气化管使用一段时间后，应取出洗净再用，以防止气化管被污染，影响分析结果的准确性和仪器的稳定性。气化室的堵头作为注射针的引导部件，将注射针头顺利导入气化管内部。进样垫由硅橡胶制成，它既保证系统的密封,又能在高温情况下保证注射针穿过,将样品送入系统。散热片保证气化室顶部温度在250℃以下,使进样垫在较低温度下工作。进样垫经几十次进样可能漏气,注意及时更换。更换进样垫时,将散热片旋松,将旧进样垫从散热片取出,换一个新的,再拧紧即可。

进样方式有分流和不分流两种,使用填充柱时常用不分流进样方式,使用毛细管柱时通常要求用分流进样方式。采用分流进样方式,进样量一般不超过2 μL,最好不超过0.5 μL,常用分流比为10∶1~200∶1。进样量大或样品组分浓度高时,应适当提高分流比。气体样品常用六通阀配合定量管进样。液体样品使用微量注射器进样。关于微量注射器的知识将在后面详细介绍。

3. 分离系统

混合样品由填充固定相的色谱柱完成各组分的分离,分析不同的样品需用不同的固定相。色谱柱分填充柱和开管柱两类。填充柱一般用不锈钢制成,特殊需要时可用玻璃或石英制作。柱内径一般为2~3 mm,柱长0.5~10 m。开管柱(又称毛细管柱)一般用外表涂覆聚酰亚胺的石英毛细管制作,固定相涂布在毛细管的内表面,柱长10~100 m,内径0.1~0.75 mm。通常开管柱有较高的柱效和分离度,但样品容易过载。色谱柱入口与气化室相连,出口与检测器相连,填充柱有个箭头,表示载气通过色谱柱的方向,不能接反。色谱柱使用温度低于200℃时,密封压环可以用硅橡胶皮圈,200℃以上时,一定要用金属密封压环。毛细管柱接口常用石墨垫进行密封。任何色谱柱填充固定相后,使用前要充分老化。老化时,柱出口不应连接检测器,以免污染检测器。先通载气,柱温加热到高于使用温度50℃但低于固定相最高使用温度,老化12~24 h。色谱柱安装好后,可使用肥皂水试漏,检查接头处是否漏气。

4. 检测系统

检测器紧接色谱柱后,将经色谱柱分离的各化学组分转换成电信号,以便于测量和记录。将化学组分转换成电信号方法不同,因此不同检测器工作原理也不相同。在将化学组分转换成电信号过程中,有的对化学组分有破坏,有的没有破坏。气相色谱仪常用检测器有四种:热导检测器、火焰离子化检测器、电子捕获检测器和火焰光度检测器。它们各有不同的特点和使用范围。这里着重介绍常见的两种检测器:热导检测器和火焰离子化检测器。

1) 热导检测器

热导检测器(thermal conductivity detector, TCD)是目前气相色谱仪上应用最广泛的检测器(图11-3)。它是一种通用型检测器,对所有被分析的组分均有信号,而且不破坏样品。它结构简单、稳定性好、灵敏度适宜、线性范围宽,多用于常规分析。它是浓度型检测器,即响应信号与被分析的物质在载气中的浓度成正比。

热导检测器多采用双气路结构,一路为载气通过参比臂,另一路为载气加样品通过测量臂(图11-4)。参比臂和测量臂均为热敏电阻,现多采用两支电阻各为50 Ω的铼钨丝,其电阻因温度不同而变化,电路形式采用惠斯通电桥,4根电阻丝作为惠斯通电桥的4个臂,其中相对的两根电阻丝作为参比臂,另两根作为工作臂。当载气中无样品时,即两路均为纯载气,热导系数是相同的,参比臂和测量臂温度相同,因而电阻阻值相同,电桥达到平衡,M、N两点电压相等,没有电信号产生。当载气加样品一路含有样品时(进样后),由于纯载气与载气加样品的热导系数不同,参比臂和测量臂温度不同,导致电阻阻值不同,电桥平衡被破坏,M、N两点电压不等,于是有电信号输出。样品从测量臂过完后,电桥又恢复到平衡状态,信号输出又为零。热导检测器使用时,首先通载气,然后打开色谱仪电源开关,待热导池壁温度升到预设值后再通桥电流给热丝加热,以保护热敏电阻不被烧坏。热导检测器的灵敏度与桥电流的三次方成正比,桥电流越大,灵敏度越高。但桥电流增大噪声也增大,导致基线不稳,所以使用时应参考厂家的推荐,采用合适的桥电流作为工作电流,不能太高。

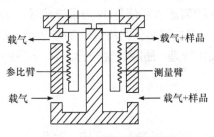

图 11-3 热导检测器示意图

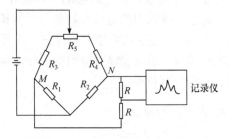

图 11-4 热导检测器电桥线路图

热导检测器常用氢气作载气,氢气的热导系数最大,所以用氢气作载气灵敏度最高。从检测器流出的氢气一定要用导气管排出室外,以免发生事故。用氦气作载气时,灵敏度仅次于用氢气作载气,并且很安全,但价格较高。

2) 火焰离子化检测器

火焰离子化检测器(flame ionization detector,FID)是对有机物敏感度很高的检测器(图11-5)。它结构简单、响应快、死体积小、线性范围宽、对温度变化不敏感,在对有机物进行微量分析时应用非常广泛,但工作时破坏样品。它属于质量型检测器,即响应信号与单位时间内通过检测器样品的量成正比。

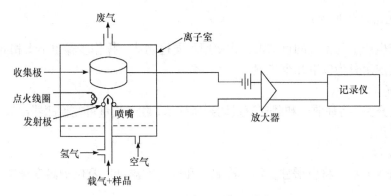

图 11-5 火焰离子化检测器示意图

火焰离子化检测器使用氮气或高纯氮作载气,工作时需要燃气氢气和助燃气空气,从色谱柱后流出的载气与氢气混合,在空气助燃下燃烧产生 2100℃高温。当使用毛细管柱时,因毛细管柱内的氮气流量太小不能满足火焰离子化检测器的工作要求,所以还要求添加一定流量的辅助气氮气。当载气中无样品时,氢气的火焰中主要是自由基,离子很少。当载气中含有有机物组分时,组分在氢火焰中燃烧,由于高温而部分电离产生离子,这些离子在电场作用下做定向运动而产生微弱电流,经过高电阻输出电压信号,由记录仪记录下来。电信号大小与单位时间内进入氢火焰中有机物的量成正比。一般无机物不能在氢火焰中燃烧,因此无信号。火焰离子化检测器要求载气、氢气和空气中有机物的含量尽可能低,这样噪声较小。一般要求氢气与氮气流量之比为 1∶1～1∶1.5,氢气与空气流量之比为 1∶10。

5. 记录和数据处理系统

早期的气相色谱仪使用记录仪和色谱数据处理机，现在通常采用色谱工作站记录和处理检测器产生的电信号。

色谱工作站包括信号采集单元和软件两部分。将信号采集单元与计算机相连并安装相应软件，将色谱仪输出的电信号转变为计算机能够接受的离散数字信号(称为采样信号)，不仅能够显示色谱图，还能用程序对采样信号进行定量计算。现在很多公司将色谱工作站与控制色谱仪的软件整合，不仅能够对得到的采样信号进行可视化处理，还能设置分析参数，控制仪器的运行，自动化程度高。

6. 温度控制系统

除以上五个组成部分外，气相色谱仪还有一套加热和温度控制系统。因为气化室只有加热到一定温度，才能保证液体样品迅速转变为气态，由载气携带进入色谱柱进行分离。色谱柱对样品分离的好坏、保留时间的大小和稳定性与温度关系非常密切，因此色谱柱必须严格控制温度。检测器也必须加热和严格控制温度：第一，防止由色谱柱流出的样品冷凝；第二，温度对检测器的灵敏度和稳定性有一定影响。因此，气化室、色谱柱和检测器都需要加热和温度控制系统。根据分离的需要，色谱仪的柱箱有恒定温度和程序升温两种工作模式。

控温电路多数采用可控硅连续式恒温控制电路。色谱柱柱箱用电炉丝加热，风扇强制通风，因此升温、恒温速度特别快。气化室金属块热容量大，升温较慢。

11.2.2　气相色谱仪的使用方法

1. 气相色谱仪使用步骤

不同厂家生产不同型号的色谱仪，或使用不同检测器，操作步骤也不太相同。总的来说，气相色谱仪的使用分为以下几个步骤。

1) 通载气

打开载气开关，将柱前压和载气流量调到所需值，载气流量可在检测器出口用皂膜流量计进行测量和校正。

2) 设定温度

打开色谱仪开关，将色谱柱柱箱、检测器和气化室温度以及保护温度设定好，然后开始升温。

3) 检测器和数据处理系统的调节

各室温度达到预设温度且恒温后，设置调节检测器各种参数，使检测器输出信号为零。

4) 进样

基线稳定后可以进样，气体样品可以用六通阀配合定量管或用医用注射器进样。液体样品用微量注射器进样。分析固体样品时，需用合适的溶剂将固体样品溶解，配成一定浓度的溶液，用微量注射器进样。几种进样方式均为定体积进样。气体样品为毫升级，液体样品为微升级。

5) 记录和数据处理

进样后，记录和数据处理系统开始记录和处理色谱信号。得到色谱图后，选择定量方法并设置参数进行计算，打印分析报告。

2. 微量注射器及进样操作

1) 微量注射器

进液体样品一般用微量注射器。微量注射器是很精密的进样工具，容量精度高，误差小于 5%，气密性达 $2\,kg/cm^2$。它由玻璃和不锈钢制成，有芯子、垫圈、针头、玻璃管、顶盖等；其规格有 0.1 μL、0.5 μL、1 μL、5 μL、10 μL、50 μL、100 μL 等。0.1 μL、0.5 μL、1 μL 的微量注射器为无存液注射器，10 μL、50 μL、100 μL 注射器为有存液注射器。有存液注射器的针头部分有寄存容量，吸取液体时，容量比标定值多 1.5 μL 左右。无存液注射器，芯子使用 0.1～0.15 mm 不锈钢丝直接通到针尖，没有寄存容量。有存液注射器，样品直接通进玻璃管，隔着玻璃可以看到吸取的液体，可以清楚看到液体中有无气泡。无存液注射器，芯子和玻璃管之间有一不锈钢套，不能从外面看到吸取的液体，看不到吸取的液体中有无气泡。微量注射器使用时应注意以下几点：

(1) 它是易碎器械，使用时应多加小心。不用时要放入盒内，不要来回空抽，特别是在将干未干情况下来回拉动，垫圈会严重磨损，破坏气密性。

(2) 当试样中高沸点样品沾污注射器时，一般可用下述溶液依次清洗：5%氢氧化钠水溶液、蒸馏水、丙酮、氯仿，最后抽干。不宜使用强碱溶液洗涤。

(3) 使用有存液注射器时如果发现针头堵塞，应该用直径为 0.5 mm 的细钢丝耐心穿通。不能用火烧，防止针尖退火而失去穿刺能力。

(4) 若不慎将微量注射器芯子全部拉出，应根据其结构小心装配，特别是无存液注射器，不可强行推回。

(5) 微量注射器刻度上方鸽子图案为安全提示标志，拉动微量注射器芯子时不要超过此标志，以免将芯子拉出。

2) 进样操作步骤

用微量注射器进液体样品分为以下三步：

(1) 洗针。用少量试样溶液将微量注射器润洗几次。之后将润洗液排入另一废液瓶中。

(2) 取样。将微量注射器针头插入试样液面以下，慢慢提升芯子并稍多于需要量。如微量注射器内有气泡，则将针头朝上，使气泡排出，再将过量试样排出。用吸水纸擦拭针头外所沾试液，注意勿擦针头的尖，以免将针头内试液吸出。

(3) 进样。取好样后立即进样。进样时微量注射器应与进样口垂直，一只手拿微量注射器，另一只手扶住针头，帮助进样，以防针头弯曲。针头穿刺过硅橡胶垫圈，将针头插到底，并迅速注入试样。注入试样的同时，按下起始键或手动图谱采集开关(使用时切忌针头插进后停留而不立即推入试样)。推针完成后立即将微量注射器拔出。整个进样动作要平稳、连贯、迅速。针头在进样器中的位置、插入速度、停留时间和拔出速度都会影响进样重现性，在操作中应予以注意。

实验 46　色谱柱有效理论塔板数的测定

一、实验目的

(1) 了解气相色谱仪的结构和使用方法。

(2) 掌握 SP-2100 型气相色谱仪及热导检测器的使用方法。

(3) 掌握色谱柱有效理论塔板数的测定方法。

二、实验原理

气相色谱法是把多组分样品中各组分的分离和测定相结合的分析技术。色谱柱是气相色谱仪的分离系统,不同的色谱柱具有不同的分离能力。衡量一根色谱柱分离能力的指标是有效理论塔板数。它的测定方法是:当色谱仪基线稳定后,用微量注射器注入一定体积的某种纯物质(本实验用分析纯的苯),测出它的保留时间 t_r 和死时间 t_r^0(热导检测器一般用空气的保留时间作为死时间),并测出该物质的半峰宽 $W_{1/2}$,用式(11-1)计算色谱柱的有效理论塔板数:

$$N_{有效}=5.54\left[(t_r-t_r^0)/W_{1/2}\right]^2 \tag{11-1}$$

式中: t_r 为苯的保留时间, t_r^0 为空气的保留时间(作为死时间), $W_{1/2}$ 为苯的半峰宽。

三、仪器与试剂

1. 仪器

SP-2100 型气相色谱仪;热导检测器;1 μL 微量注射器;色谱柱:不锈钢螺旋柱,柱长 2 m,内径 2 mm;固定相:GDX-102,40～60 目。

色谱条件:

(1) 载气:氢气,流量 30 mL/min。

(2) 各室温度:色谱柱恒温箱 155℃,检测器 180℃,进样口 160℃。

(3) 热导检测器条件:热丝温度 250℃;放大为 10;极性为正。

2. 试剂

苯(分析纯)。

四、实验步骤

1. 开载气

将氢气钢瓶上减压阀的手柄逆时针方向旋松,打开钢瓶阀门,将减压阀的手柄顺时针方向旋转,调节分压表为 0.4 MPa,这时 I 路载气压力表为 0.8 MPa,流量为 30 mL/min。不需再调。

2. 开机及温度设定

(1) 打开色谱仪开关(仪器背面)。

(2) 按"状态/设定"按钮,使仪器处于"设定"(方框下面开口)。

(3) 按←或→钮,将光标找到"柱温"一项,按↑或↓钮,调节柱温为 155℃,再用←或→钮选项,↑或↓钮调节,使"进样口"为 160℃,TCD 为 180℃,FID 关。

(4) 按"状态/设定"按钮,使仪器处于"状态"(方框下面开口)。仪器开始升温,未达到恒温前,仪器屏幕上显示"未就绪",达到恒温后,显示"就绪"。

3. 调整检测器

(1) 仪器达到恒温后,按 ←或→钮,将光标找到 TCD,按↑或↓钮,调节热丝温度为 250℃,

放大为 10，极性为正。

(2) 按"状态/设定"按钮，使仪器处于"状态"。

4. 进样

(1) 打开计算机，双击"BF2002 色谱工作站(中)"，弹出图谱参数表，检查下列参数：通道：A；采集时间：20 min；满屏时间：20 min；满标量程：100 mV；起始峰宽水平：3。

(2) 单击"图谱采集"命令(绿色)，出现坐标，开始走基线。

(3) 开始时，基线不稳定，漂移比较严重，过一段时间后，基线趋于稳定。用调零粗调旋钮和调零细调按钮，将输出信号调节到接近于零。

(4) 单击"手动停止"命令(红色)，基线停止走动。用微量注射器进 0.3 μL 苯于前边进样口，同时按下手动图谱采集开关。开始出峰，出峰顺序：第一个小峰是空气，后面有一较大的峰是苯，空气峰与苯峰之间有某些小的杂质峰如水峰等。等所有的峰都出完后(每个峰出完后，在该峰峰尖上会自动打上该峰的保留时间，等最后一个峰的保留时间打上后才算峰出完)，单击"手动停止"命令(红色)，基线停止走动。

五、实验数据及结果

(1) 单击"定量组分"，弹出表的内容，如果表中有数据，单击"清表"，使表中内容为空白。

(2) 用鼠标箭头从色谱峰内部指向空气峰峰尖处，按下鼠标右键，单击对话框中"自动填写定量组分表中套峰时间"命令，这时空气的套峰时间自动填写到定量组分表中(套峰时间接空气的保留时间，但并不相等)，然后将苯的套峰时间填写到定量组分表中。或者用键盘输入这两个峰的保留时间作为套峰时间。

(3) 填写组分名称，依次将这两个峰的名称填写到"组分名称"栏中。

(4) 单击"定量方法"，选择方法为"校正归一"，定量依据为"峰面积"。

(5) 单击"定量计算"命令。

(6) 单击"定量结果"，这时表中各项计算结果均已列出。

(7) 单击"当前表存档"，单击对话框中的"确定"。

(8) 单击"分析报告"，出现报告表。在"报告头"中输入"气相色谱实验　柱有效理论塔板数的测定"；在"报告尾"中输入实验者的中文姓名、学号、班级。

(9) 打开打印机，单击"打印报告"命令，显示出要打印的内容，包括色谱图和结果表，检查是否有错误，将结果表修饰后，单击"打印"命令，打印出实验结果。

六、注意事项

使用氢气作载气时，一定要将载气出口处的氢气用塑料管排到室外，以免放到室内发生危险。

七、思考题

(1) 气相色谱仪由哪几大部分组成？使用气相色谱仪分哪几个大的步骤？

(2) 计算有效理论塔板数时应注意什么问题？

(3) 使用微量注射器进样时应注意什么问题？

实验 47　丁醇异构体及杂质的分离和测定

一、实验目的

(1) 了解气相色谱仪的结构。

(2) 掌握 GC-2014 型气相色谱仪及热导检测器的使用方法。

(3) 掌握峰面积归一化定量法。

二、实验原理

丁醇是重要的工业原料,它含有杂质和沸点相近的异构体,用普通蒸馏法和一般的化学方法很难分离。选用适当的气相色谱柱和分离条件,不仅可以将它们分离,而且可以同时进行定量测定。

本实验采用峰面积归一化法进行定量分析。峰面积归一化法要求所有组分能够流出色谱柱并被检测器检测记录在色谱图上。样品色谱图中某个组分的峰面积与该组分的相对校正因子的积除以所有组分与相对应校正因子积的和,再乘以百分之百,可以得到该组分的百分含量。相对校正因子有三种表示方法,质量相对校正因子、摩尔相对校正因子和体积相对校正因子。用它们进行计算,分别可得质量百分含量、摩尔百分含量和体积百分含量。本实验采用质量相对校正因子,经计算得到各组分的质量百分含量。其计算公式如下:

$$i(\%) = \frac{A_i f_i}{\sum A_i f_i} \times 100\% \tag{11-2}$$

式中:A_i 为某组分峰面积;f_i 为该组分的质量相对校正因子。

三、仪器与试剂

1. 仪器

GC-2014 型气相色谱仪;热导检测器;1 μL 微量注射器;色谱柱:不锈钢螺旋柱,柱长 2 m,内径 2 mm;固定相:GDX-102,40~60 目。

色谱条件:

(1) 载气:氢气,流量 35 mL/min。

(2) 各室温度:色谱柱恒温箱 155℃,检测器 180℃,进样口 160℃。

(3) 热导检测器条件:桥电流 110mA,StopTime 为 8 min;极性为正。

2. 试剂

丁醇异构体样品。

四、实验步骤

1. 开载气

将氢气钢瓶上减压阀的手柄逆时针方向旋松,打开钢瓶阀门,将减压阀的手柄顺时针方向旋转,调节分压表为 0.4 MPa。

2. 开机，配置系统和设置分析方法参数

(1) 打开 GC-2014 型色谱仪侧面的电源。

(2) 打开计算机，找到"GC Solution"软件，双击"GCSolution"图标。

(3) 在"GCSolution"界面双击"1"，进入"Analysis"界面，单击"System On"。

(4) 若系统已配置完毕，可以跳过步骤(4)和步骤(5)，直接进行步骤(6)设置分析方法。配置系统：在"Analysis"中，单击助手栏中的"Configuration and Maintenance"，在"System Configuration"界面中，单击左侧"Available Modules"中"Injection Port"的"DINJ1"，"System Configuration"界面中间会出现蓝色的箭头，点击蓝色箭头将"DINJ1"拉到右侧"Configured Modules"，同样将"Detector"的 DTCD1 拉到右侧。

(5) 单击"Configured Modules"中"Column"，出现"Modules of Analytical Line#1"界面，在"Registered Columns"的表格中用鼠标选择"Column Name"为 GDX-102 一行，再点击"Select"；标签行单击"DINJ1"标签，"Carrier Gas"选择"H2"，"Heater"中"Maximum Temperature"填"220"℃；单击"DTCD1"标签，"Heater"中"Maximum Temperature"填"220"℃，单击"确定"。

(6) 设置分析方法：在助手栏中找到"Instrument Parameters"，若没找到，尝试点击助手栏中蓝色箭头"Top"，在"Instrument Parameters"中，单击"DINJ1"标签，在"Temperature"位置输入"160.0"℃，"L. Carrier Gas"和"R. Carrier Gas"的"Total Flow"均设为"35.0"mL/min；单击"Column"标签，"Temperature"位置输入"155"℃，"Equilibration"设为"3.0"min；单击"DTCD1"标签，"Temperature"设置为"180.0"℃，勾选"Signal Acquire"，"Sampling Rate"选"40"ms，"Stop Time"输入"8.00"min；"Current"设为"0"mA，注意桥电流不能设得太早，要等仪器各室温度都升到预设值后才能通桥电流；"Polarit"中选择"+(L-R)"。

(7) 单击菜单中的"File""Save As"，给方法起个适当的名称并保存所建立的分析方法。

(8) 在"Instrument Parameters"中单击"Download"。

(9) 这时仪器各室温度开始上升，待仪器温度升至预设值，界面显示"Ready"后，点击助手栏中的"Instrument Parameters"，再点击"DTCD1"标签，分三次将"DTCD1"中"Current"调到"110"mA，第一次可设为 30 mA，过几分钟再调高至 75 mA，再过几分钟升至 110 mA。

3. 进样

(1) 等基线稳定后，在助手栏"RealTime"中单击"Single Run"图标，在"Single Run"助手栏内点击"Sample Login"。

(2) 在"Sample Login"界面，勾选"Acquisition"，在"Sample Name"中输入"丁醇异构体样品"；在"Sample ID"中输入"姓名 学号 班级"，在"Data File"中以当天日期新建文件夹并输入"学号-1"作为文件名；单击"确定"，计算机视窗上会出现"Ready(StandBy)"，表示计算机进入准备采集数据的状态，若计算机上没有"Ready(StandBy)"字样，不要进样。

(3) 抽取 0.5 μL 丁醇异构体样品，从中间的进样口进样，进样前按控制面板上的"PF3"调零，进样后，按下控制面板上绿色按钮"START"，开始采集数据，计算机视窗上会出现"Acquiring"。

(4) 开始出峰，出峰顺序为水、乙醇、异丙醇、叔丁醇、仲丁醇、正丁醇(水峰之前有一很小的进样峰)。

(5) 等所有峰都出完，单击助手栏中的"Stop"停止采集数据。

4. 数据处理

(1) 在 Windows 界面双击"GCSolution"图标，在"GCSolution"界面双击"Postrun"图标；若在助手栏没有找到"Data Analysis"，单击蓝色箭头"Top"直到助手栏内出现"Data Analysis"，再单击"Data Analysis"，出现以黄色为底的 Data Analysis 窗口。

(2) 在"Data Analysis"窗口下，点击菜单中的"File"下的"Open Data File"，找到存储数据的文件夹，打开欲处理文件。

(3) 单击助手栏中的"Compound Table Wizard"，打开"Compound Table Wizard"后先设置积分参数，若无此页面点击"下一步"，在"Quantitative Method"中选择"Corrected Area Normalization"；"Calculated"的选项中选择"Area"；"Curve Fit"中点击小黑三角选择"Manual R(Linear)"；"Unit"中填"%"；"X Axis of Calib"选择"Area/Height"；右边的"Identification"部分选项不必选填；点击"下一步"；勾选欲处理的峰，再点击"下一步"；在"Name"一列依次填入水、乙醇、异丙醇、叔丁醇、仲丁醇、正丁醇；在"RF"一列依次填入六个组分的相对质量校正因子，分别为水 0.55、乙醇 0.64、异丙醇 0.71、叔丁醇 0.77、仲丁醇 0.76、正丁醇 0.78，再点击"完成"。

(4) 点击"View"；这时屏幕回到"Data Analysis"窗口，在窗口左下方底色为绿色的"Result"中选择"Peak Table"标签，就能看到计算结果。

(5) 单击"File"菜单中"Save"选项保存积分结果。

(6) 单击"Data Analysis"助手栏中的"Report in Data"，就能看到根据分析报告模板生成的分析报告；单击"Report"助手栏中的"Preview"检查分析报告是否有错误，若正确，单击"Print"打印结果。

5. 关机

(1) 点击助手栏中的"Instrument Parameters"，再点击"DTCD1"标签，将"DTCD1"中"Current"调到"0"mA。

(2) 单击菜单中的"File""Save"。

(3) 在"Instrument Parameters"中单击"Download"。

(4) 打开名为"关机方法"的文件，再单击"Instrument Parameters"中的"Download"，待各室温度下降后，单击"System Off"。

(5) 关闭气相色谱仪电源和计算机。

(6) 关闭钢瓶阀门，再旋松减压阀旋钮。

五、注意事项

(1) 使用热导检测器时要先预热，等各室温度都升至预设值后再设桥电流，桥电流要分 3 次升至预设值。

(2) 峰面积归一化定量法，进样量不太准确不影响结果准确性，但不能相差太多，以免影响色谱峰的分离度。

六、思考题

(1) 开启载气钢瓶的正确使用步骤是什么?

(2) 使用峰面积归一化定量法为什么要使用校正因子?

(3) 峰面积归一化定量法有什么优缺点?

实验 48　校正因子的测定

一、实验目的

(1) 了解气相色谱仪的结构。

(2) 掌握校正因子的测定方法。

(3) 掌握分流进样。

(4) 掌握 GC-2014 型气相色谱仪及火焰离子化检测器的使用方法。

二、实验原理

以异辛烷为溶剂,配制一定浓度的十四碳烷、十五碳烷和十六碳烷的标准溶液。进样后,用毛细管柱分离得到异辛烷、十四碳烷、十五碳烷和十六碳烷 4 个峰。以十四碳烷为内标,根据色谱图上十四碳烷、十五碳烷和十六碳烷的峰面积及其浓度计算各自相对校正因子。

三、仪器与试剂

1. 仪器

GC-2014 型气相色谱仪;火焰离子化检测器;1 μL 微量注射器;色谱柱:RTX-1 毛细管气相色谱柱,柱长 30 m,内径 0.25 mm,膜厚 0.25 μm。

色谱条件:

(1) 载气:氮气,线速度 10 cm/s。

(2) 燃气:氢气,流量 30 mL/min。

(3) 助燃气:空气,流量 300 mL/min。

(4) 辅助气(氮气):29.6 mL/min。

(5) 分流比:100。

(6) 各室温度:色谱柱恒温箱 200℃,检测器 300℃,进样口 300℃。

2. 试剂

以分析纯异辛烷为溶剂的十四碳烷、十五碳烷、十六碳烷标准溶液。

四、实验步骤

1. 打开氮气钢瓶、氢气发生器和空气压缩机

(1) 将氮气钢瓶上减压阀的手柄逆时针旋松,钢瓶阀门逆时针方向打开,将减压阀的手柄顺时针方向旋转,调节分压表为 0.4 MPa。

(2) 打开氢气发生器的电源,氢气发生器的输出压力预设为 0.4 MPa。

(3) 打开空气压缩机电源，将空气压缩机前的旋钮Ⅰ逆时针旋松，调节调压旋钮至输出压力为 0.4 MPa，再顺时针旋紧旋钮Ⅰ。

2. 开启气相色谱仪，配置系统和设置分析方法参数

(1) 打开 GC-2014 气相色谱仪侧面的电源。

(2) 打开计算机，双击"LabSolutions"图标。

(3) 在"LabSolutions"界面单击"确定"；出现"LabSolutions 主项目(System Administration)"后，单击助手栏的"仪器"，在"仪器类型"界面下双击预先设置好的图标；打开后看到"分析"界面。

(4) 若系统已配置完毕，可以跳过步骤(4)和步骤(5)，直接进行步骤(6)设置分析方法。配置系统：在"分析"中，单击"主项目"助手栏中的"系统配置"，在"系统配置"界面中，单击左侧"可用模块"中"进样口"的"SPL1"，"系统配置"界面中间会出现蓝色的箭头，点击蓝色箭头将"SPL1"拉到右侧"用于分析的单元"，同样将"检测器"的 DFID1 拉到右侧。

(5) 单击"用于分析的单元"中"色谱柱"，出现"分析流路1"界面，在"色谱柱"标签里的"名称"中输入"RTX-1"，"类型"选"毛细管柱"；"内径"填"0.25"mm，"膜厚"填"0.25"μm，"长度"填"30"m，"最高温度"填"330"℃；单击"SPL1"标签，"载气"选择"氮气"，"加热器""最高温度"填"335"℃，单击"DFID1"标签，"加热器""最高温度"填"335"℃，单击"确定"。

(6) 设置分析方法：在"仪器参数视图"中单击"色谱柱"标签，在"色谱柱温度"位置输入"200"℃；"平衡时间"填"3.0"min；单击"SPL1"标签，"气化室温度"位置输入"300"℃；"载气 N2 控制模式"选择"线速"，"线速度"位置输入"10"cm/s；"进样模式"选择"分流"，"分流比"位置输入"100"；"压力总流量"及"色谱柱流量"是根据毛细管柱的内径和设置的线速度计算机自动计算得出；单击"DFID1"标签，"检测器温度"设置为"300.0"℃，勾选"数据采集"，"采样率"选"40"ms，"结束时间"输入"10.00"min；单击"附加流量"标签，"AMC.L 流量"中输入"29.6"mL/min。

(7) 单击"文件"菜单的"保存为"，给方法起个适当的名称并保存所建立的分析方法。

(8) 在"仪器参数视图"中单击"下载"；仪器按所设置分析方法开始升温。

(9) 等检测器温度升到接近 300℃后，顺时针打开仪器上方的空气和氢气旋钮，分别调节压力至 40 kPa 和 55 kPa。

(10) 点火：等各室温度升到设定值后，仪器将自动点火，会听到"噗"的一声，表示氢气已经点燃。可以用一干净的小玻璃片置于火焰离子化检测器出口，若玻璃片上有水雾出现，说明氢气已经点燃。或者按控制面板上的"DET"，若"Flame"显示"On"，说明氢气已经点燃。

3. 进样

(1) 等基线稳定后，在"数据采集"助手栏上单击"单次分析开始"图标。

(2) 在"单次分析"界面的"样品名"中输入"校正因子样品"；在"样品 ID"中输入"姓名 学号 班级"，在"数据文件"中以当天日期新建文件夹并输入"学号-1"作为文件名；第二次进样以"学号-2"为文件名，单击"确定"，计算机视窗中会出现"就绪(StandBy)"，表示计算机进入准备采集数据的状态，若计算机上没有"就绪(StandBy)"，不要进样。

(3) 抽取 0.5 μL 十四碳烷、十五碳烷、十六碳烷的标准溶液，从左边带分流装置的进样口进样，进样前按控制面板上的"PF3"调零。进样后，按下控制面板上绿色按钮"START"，开始采集数据，计算机视窗上出现"开始运行"。

(4) 开始出峰，出峰顺序为异辛烷、十四碳烷、十五碳烷、十六碳烷。等所有峰都出完，单击助手栏中的"停止"停止采集数据；重复实验 2 次，结果取平均值。

4. 数据处理

(1) 在 Windows 界面双击"LabSolutions"图标，在"LabSolutions"界面单击"确定"；出现"LabSolutions 主项目(System Administration)"后，单击助手栏的"处理工具"，在"处理工具"界面双击"再解析"。

(2) 在"再解析(System Administration"窗口，在"主项目"助手栏里单击"数据处理"从"文件"菜单打开欲处理文件。

(3) 单击"方法视图"右上角的"编辑"；单击"积分"标签，根据峰尖锐程度和基线噪声大小调节积分参数，主要是"斜率"和"最小峰面积/高度"两项；积分参数调节完毕后单击"视图"，在左侧的"结果视图"的"峰表"标签下可以看到积分结果。

(4) 单击"方法视图"中"定量处理"标签，"定量方法"选择"内标法"，"计算依据"选择"面积"，"浓度单位"输入"%"。

(5) 单击"方法视图"中"化合物"标签，在第一行的"化合物名"中输入"十四碳烷"，用鼠标左键点击"类型"中的第一格，会出现小三角，单击小三角选择"内标"；用鼠标左键单击"保留时间"的第一格，再将鼠标移到色谱图中的第二个峰内，单击第二个峰，这时色谱图中会出现一根红线，程序会自动把该峰的保留时间记录在"保留时间"的第一格内；用鼠标左键单击表格中的第一行，点击鼠标右键，从出现的菜单中单击"添加行"，在第二行中的"化合物名"输入"十五碳烷"，"类型"保留"目标"不变，填写保留时间的方法与第一行相同；以同样的方法再添加一行，输入"十六碳烷"及其保留时间。

(6) 单击"方法视图"右上角的"视图"，在左侧的"结果视图"的"峰表"标签中可以看到积分结果。

(7) 单击"文件"菜单中保存选项保存积分结果。

(8) 单击"数据处理"助手栏中的"数据报告"，单击"数据报告"助手栏中的"预览"可以检查分析报告是否有错误，单击"打印"打印结果。

(9) 另一个积分方法是通过向导，单击"数据处理"助手栏中的"向导"，在"化合物表 向导 1/5"中输入积分参数后，单击"下一步"；在"化合物表 向导 2/5"中勾选欲处理的峰，本实验选择后三个峰；单击"下一步"；在"化合物表 向导 3/5"中"定量方法"选择"内标法"，"计算依据"选择"面积"，"浓度单位"输入"%"；单击"下一步"；"化合物表 向导 4/5"可以跳过，单击"下一步"；在"化合物表 向导 5/5"中的"化合物名"一列分别输入"十四碳烷""十五碳烷""十六碳烷"；用鼠标单击"十四碳烷"一行的"类型"格，会出现小三角，单击小三角选择"内标"；"十五碳烷"和"十六碳烷"的"类型"保留为"目标"不变；单击"完成"，单击"方法视图"中右上方的"视图"，在左边"结果视图"的"峰表"标签中可以看到积分结果。按步骤(7)和步骤(8)保存数据并打印分析报告。

(10) 根据标准溶液中十四碳烷、十五碳烷和十六碳烷的浓度和相对应的峰面积计算十四碳烷、十五碳烷和十六碳烷的相对校正因子。

(11) 关机：在"分析"界面中，单击"停止 GC"；逆时针旋松 GC-2014 气相色谱仪上方的空气和氢气旋钮，使空气和氢气的压力均降为零，逆时针旋松空气压缩机输出 I 旋钮；关闭空气压缩机和氢气发生器的电源；等气相色谱仪各室温度下降后，关闭气相色谱仪侧面的电源，关闭氮气钢瓶；关闭计算机。

五、注意事项

(1) 需先输入文件名，等计算机界面出现"就绪(StandBy)"，才能开始进样。

(2) 进样后，若发现有错误需重做，必须等所有色谱峰出完后才能进第二个样，否则两次进样的峰会重叠。

六、思考题

(1) 什么是绝对校正因子？什么是相对校正因子？

(2) 计算本实验中十四碳烷、十五碳烷和十六碳烷的相对校正因子。

(3) 使用火焰离子化检测器时，载气、氢气和空气的最佳比例是多少？

实验 49　十四碳烷中十五碳烷的内标法测定

一、实验目的

(1) 了解气相色谱仪的结构。

(2) 掌握内标定量法。

(3) 掌握 GC-2014 型气相色谱仪及火焰离子化检测器的使用方法。

二、实验原理

若十四碳烷样品中含有十五碳烷，可用内标法测定该样品中十五碳烷的含量。具体方法如下：称取一定量样品，加入一定量的十六碳烷为内标物并称量，计算出内标物的浓度。用异辛烷稀释样品后再进样。经气相色谱分离得到色谱图。根据内标物的浓度和峰面积，以及十五碳烷、十六碳烷的校正因子和峰面积，采用内标法计算出十五碳烷的含量。

三、仪器与试剂

1. 仪器

GC-2014 型气相色谱仪；火焰离子化检测器；1 μL 微量注射器；色谱柱：RTX-1 毛细管气相色谱柱，柱长 30 m，内径 0.25 mm，膜厚 0.25 μm。

色谱条件：

(1) 载气：氮气，线速度 10 cm/s。

(2) 燃气：氢气，流量 30 mL/min。

(3) 助燃气：空气，流量 300 mL/min。

(4) 辅助气(氮气)：29.6 mL/min。

(5) 分流比：100。

(6) 各室温度：色谱柱恒温箱 200℃，检测器 300℃，进样口 300℃。

2. 试剂

十六碳烷(内标物)；样品(含十五碳烷的十四碳烷)；异辛烷(稀释剂)。

四、实验步骤

1. 准备样品

取一干净小锥形瓶，称量。用滴管取样品 10 滴放到此锥形瓶中，称出样品质量。用另一滴管取内标物十六碳烷 1 滴加入样品中，再称出内标物质量，计算内标物在样品中的浓度。加异辛烷 20 滴稀释样品，摇匀。

2. 打开氮气钢瓶、氢气发生器和空气压缩机

(1) 将氮气钢瓶上减压阀的手柄逆时针旋松，钢瓶阀门逆时针方向打开，将减压阀的手柄顺时针方向旋转，调节分压表为 0.4 MPa。

(2) 打开氢气发生器的电源，氢气发生器的输出压力预设为 0.4 MPa。

(3) 打开空气压缩机电源，将空气压缩机前的旋钮Ⅰ逆时针旋松，调节调压旋钮至输出压力为 0.4 MPa，再顺时针旋紧旋钮Ⅰ。

3. 开启气相色谱仪，配置系统和设置分析方法参数

(1) 打开 GC-2014 气相色谱仪侧面的电源。

(2) 打开计算机，双击"LabSolutions"图标。

(3) 在"LabSolutions"界面单击"确定"；出现"LabSolutions 主项目(System Administration)"后，单击助手栏的"仪器"，在"仪器类型"界面下双击预先设置好的图标；打开后看到"分析"界面。

(4) 若系统已配置完毕，可以跳过步骤(4)和步骤(5)，直接进行步骤(6)设置分析方法。配置系统：在"分析"中，单击"主项目"助手栏中的"系统配置"，在"系统配置"界面中，单击左侧"可用模块"中"进样口"的"SPL1"，"系统配置"界面中间会出现蓝色的箭头，点击蓝色箭头将"SPL1"拉到右侧"用于分析的单元"，同样将"检测器"的 DFID1 拉到右侧。

(5) 单击"用于分析的单元"中"色谱柱"，出现"分析流路 1"界面，在"色谱柱"标签里的"名称"中输入"RTX-1"，"类型"选"毛细管柱"；"内径"填"0.25"mm，"膜厚"填"0.25"μm，"长度"填"30"m，"最高温度"填"330"℃；单击"SPL1"标签，"载气"选择"氮气"，"加热器""最高温度"填"335"℃，单击"DFID1"标签，"加热器""最高温度"填"335"℃，单击"确定"。

(6) 设置分析方法：在"仪器参数视图"中单击"色谱柱"标签，在"色谱柱温度"位置输入"200"℃；"平衡时间"填"3.0"min；单击"SPL1"标签，"气化室温度"位置输入"300"℃；"载气 N2 控制模式"选择"线速"，"线速度"位置输入"10"cm/s；"进样模式"选择"分流"，"分流比"位置输入"100"；"压力总流量"及"色谱柱流量"是根据毛细管柱的内径和设置的线速度计算机自动计算得出；单击"DFID1"标签，"检测器温度"设置为"300.0"℃，勾选"数据采集"，"采样率"选"40"ms，"结束时间"输入"10.00"min；单击"附加流量"标签，

"AMC.L 流量"中输入"29.6"mL/min。

(7) 单击"文件"菜单的"保存为",给方法起个适当的名称并保存所建立的分析方法。

(8) 在"仪器参数视图"中单击"下载";仪器按所设置分析方法开始升温。

(9) 等检测器温度升到接近 300℃后,顺时针打开仪器上方的空气和氢气旋钮,分别调节压力至 40 kPa 和 55 kPa。

(10) 点火:等各室温度升到设定值后,仪器将自动点火,会听到"噗"的一声,表示氢气已经点燃。可以用一干净的小玻璃片置于火焰离子化检测器出口,若玻璃片上有水雾出现,说明氢气已经点燃。或者按控制面板上的"DET",若"Flame"显示"On",说明氢气已经点燃。

4. 进样

(1) 等基线稳定后,在"数据采集"助手栏上单击"单次分析开始"图标。

(2) 在"单次分析"界面的"样品名"中输入"校正因子样品";在"样品 ID"中输入"姓名 学号 班级",在"数据文件"中以当天日期新建文件夹并输入"学号-1"作为文件名;第二次进样以"学号-2"为文件名,单击"确定",计算机视窗中会出现"就绪(StandBy)",表示计算机进入准备采集数据的状态,若计算机上没有"就绪(StandBy)",不要进样。

(3) 抽取 0.5 μL 样品,从左边带分流装置的进样口进样,进样前按控制面板上的"PF3"调零。进样后,按下控制面板上绿色按钮"START",开始采集数据,计算机视窗上出现"开始运行"。

(4) 开始出峰,出峰顺序为异辛烷、十四碳烷、十五碳烷、十六碳烷。等所有峰都出完,单击助手栏中的"停止"停止采集数据;重复实验 2 次,结果取平均值。

5. 数据处理

(1) 在 Windows 界面双击"LabSolutions"图标,在"LabSolutions"界面单击"确定";出现"LabSolutions 主项目(System Administration)"后,单击助手栏的"处理工具",在"处理工具"界面下双击"再解析"。

(2) 在"再解析(System Administration"窗口,在"主项目"助手栏里单击"数据处理"从"文件"菜单打开欲处理文件。

(3) 单击"方法视图"右上角的"编辑";单击"积分"标签,根据峰尖锐程度和基线噪声大小调节积分参数,主要是"斜率"和"最小峰面积/高度"两项;积分参数调节完毕后单击"视图",在左侧的"结果视图"的"峰表"标签下可以看到积分结果。

(4) 单击"方法视图"中"定量处理"标签,"定量方法"选择"内标法","计算依据"选择"面积","浓度单位"输入"%"。

(5) 单击"方法视图"中"化合物"标签,在第三行的"化合物名"中输入"十六碳烷",用鼠标左键点击"类型"中的第一格,会出现小三角,单击小三角选择"内标";用鼠标左键单击"保留时间"的第一格,再将鼠标移到色谱图中的第二个峰内,单击第二个峰,这时色谱图中会出现一根红线,程序会自动把该峰的保留时间记录在"保留时间"的第一格内;用鼠标左键单击表格中的第一行,点击鼠标右键,从出现的菜单中单击"添加行",在第二行中的"化合物名"输入"十五碳烷","类型"保留"目标"不变,填写保留时间的方法与第一行相同;分别输入十六碳烷的浓度和十五碳烷的校正因子(0.9765)、十六碳烷的校正因子(1.285)。

(6) 单击"方法视图"右上角的"视图"，在左侧的"结果视图"的"峰表"标签中可以看到积分结果。

(7) 单击"文件"菜单中保存选项保存积分结果。

(8) 单击"数据处理"助手栏中的"数据报告"，单击"数据报告"助手栏中的"预览"可以检查分析报告是否有错误，单击"打印"打印结果。

(9) 另一个积分方法是通过向导，单击"数据处理"助手栏中的"向导"，在"化合物表 向导 1/5"中输入积分参数后，单击"下一步"；在"化合物表 向导 2/5"中勾选欲处理的峰，本实验选择后两个峰；单击"下一步"；在"化合物表 向导 3/5"中"定量方法"选择"内标法"，"计算依据"选择"面积"，"浓度单位"输入"%"；单击"下一步"；"化合物表 向导 4/5"可以跳过，单击"下一步"；在"化合物表 向导 5/5"中的"化合物名"一列分别输入"十五碳烷"和"十六碳烷"；用鼠标单击"十六碳烷"一行的"类型"格，会出现小三角，单击小三角选择"内标"；"十五碳烷"的"类型"保留为"目标"不变；分别输入十六碳烷的浓度和十五碳烷的校正因子(0.9765)、十六碳烷的校正因子(1.285)，单击"完成"。

(10) 单击"方法视图"中右上方的"视图"，在左边"结果视图"的"峰表"标签中可以看到积分结果。按步骤(8)打印报告。

(11) 重复实验，计算平均浓度。

(12) 关机：在"分析"界面中，单击"停止 GC"；逆时针旋松 GC-2014 气相色谱仪上方的空气和氢气旋钮，使空气和氢气的压力均降为零，逆时针旋松空气压缩机输出 I 旋钮；关闭空气压缩机和氢气发生器的电源；等气相色谱仪各室温度下降后，关闭气相色谱仪侧面的电源，关闭氮气钢瓶；关闭计算机。

五、思考题

(1) 内标法有什么优缺点？

(2) 对内标物有什么要求？

第 12 章　高效液相色谱法

　　色谱分析是一种高效的分离分析方法。色谱分离需要固定相和流动相,混合物中各组分物理和化学性质不同,与固定相和流动相的相互作用就不同,因而在两相间多次吸附-脱附或溶解-挥发等重新分配的过程中得以分离。色谱法具有分析速度快,分离效率及自动化程度高的特点,已经成为化学、化工、生化、制药等与化学有关的科研、生产中应用非常广泛的分析手段。

　　高效液相色谱(high performance liquid chromatography,HPLC)以液体为流动相,样品在分析时不需被气化,因此特别适合分析高沸点及热不稳定的化合物,已广泛用于天然产物、生物大分子、高聚物及离子型化合物等多种物质的分离。在液相色谱分析中,不仅可以选择各种不同类型的固定相,也可以选用不同极性的液体作为流动相,因此可以更大范围地调整流动相与固定相竞争组分的选择性,从而可以更大限度地调控分离的选择性。

12.1　基　本　原　理

12.1.1　液相色谱法的主要类型

　　自从液相色谱法问世以来,为了适应不同化合物分析的要求,液相色谱已经发展成为具有多种分离模式的分离方法。根据分离机理的不同,液相色谱法可以分为吸附色谱法(adsorption chromatography)、分配色谱法(partition chromatography)、尺寸排阻色谱法(size exclusion chromatography)、离子交换色谱法(ion exchange chromatography),以及离子对色谱法(ion pair chromatography)、亲和色谱法(affinity chromatography)、手性色谱法(chiral chromatography)等主要类型。

　　1. 吸附色谱法

　　吸附色谱法是基于不同化合物在固定相上的吸附作用大小不同而进行分离的色谱方法。常用的固定相为硅胶、氧化铝,流动相为非水有机溶剂。

　　2. 分配色谱法

　　分配色谱法是利用不同化合物的分子结构不同,在固定相和流动相中的分配比不同而进行分离的色谱方法。化学键合硅胶微球是使用最多的固定相。水-有机溶剂的混合溶液为常用的流动相。

　　3. 尺寸排阻色谱法

　　尺寸排阻色谱法是利用分子大小的差异而进行分离的色谱方法。不同大小的分子扩散进入固定相孔中的程度不同,因而保留时间不同。尺寸排阻色谱法常用于大分子的分离、分子量及分子量分布的测定。

4. 离子交换色谱法

离子交换色谱法是基于固定相和溶质之间的静电作用力进行分离的色谱方法，用于分析离子型或能够形成离子的化合物。分析离子型化合物的色谱法称为离子色谱法，将在第 13 章介绍。

另外，利用待测化合物与对离子形成离子对而进行分离的离子对色谱法，利用具有特异亲和力的色谱固定相进行分离的亲和色谱法，利用手性固定相进行分离的手性色谱法也成为液相色谱法的重要分离模式。

12.1.2　反相色谱法和正相色谱法

在液相色谱法中，当流动相的极性大于固定相的极性时，常称为反相色谱法(reversed phase chromatography)；反之，称为正相色谱法(normal phase chromatography)。

12.1.3　液相色谱法的定性和定量分析方法

在色谱分析中，可以通过标准化合物保留时间对照法(在同一色谱条件下，标准物质与未知物质保留时间一致是这种定性分析方法的依据)或色谱-质谱联用对组分进行定性分析。利用色谱响应信号(峰高或峰面积)与样品浓度的线性关系进行定量分析。定量分析方法主要有峰面积归一化法、内标法和外标法。

12.2　仪器及使用方法

12.2.1　液相色谱仪的组成

液相色谱仪主要由流动相脱气装置、高压输液泵、进样阀、色谱柱、柱温箱、检测器、记录或数据处理软件系统 7 部分组成。液相色谱仪主要装置(不包括柱温箱)示意图如图 12-1 所示。

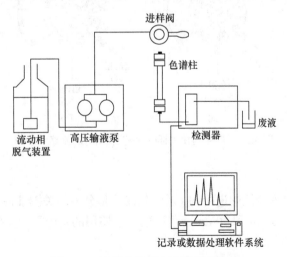

图 12-1　液相色谱仪主要装置示意图

1. 流动相脱气装置

流动相中的固体微粒会堵塞流路系统，气泡的存在会影响系统压力的稳定性，因此流动相要进行脱气和过滤处理后才能使用。脱气的方法有减压法、超声波法和惰性气体置换法。一些液相色谱仪带有在线脱气装置。在线脱气装置使流动相通过真空箱中的多孔塑料膜管路，管外的负压使溶剂中溶解的气体渗过塑料膜进入真空箱，达到脱气的目的。惰性气体置换法用在溶剂中溶解度小的惰性气体向流动相溶液中吹扫，置换溶解的气体。

2. 高压输液泵

液相色谱中使用能够耐高压的输液泵进行流动相的输送。往复柱塞泵是分析型液相色谱中常用的高压输液泵。流速的准确性和稳定性决定分析的重现性，因此要求高压输液泵能够实现准确、稳定、无脉动的液体输送。

流动相洗脱分为等强度洗脱和梯度洗脱。等强度洗脱在分析过程中使用组成不变的流动相。梯度洗脱在分析过程中改变流动相组成。高压梯度和低压梯度是实现梯度洗脱的两种方法。高压梯度使用两台以上的输液泵，不同的泵按比例输送不同的流动相，混合后进入分离系统。低压梯度使用一台输液泵，不同流动相通过混合比例阀按一定的体积比被吸入输液泵，混合后进入色谱柱。

3. 进样阀

进样阀(通常为六通阀)是液相色谱的进样装置(图 12-2)。取样用平头微量注射器，以防划伤阀体中的密封平面。手柄在采样(load)位置时，进样口和色谱压力系统隔开，为常压状态。此时，将样品从进样口注入进样阀，样品进入定量环中。进样后将手柄扳到进样(inject)位置，此时定量环和系统相连，样品被流动相带入柱中。

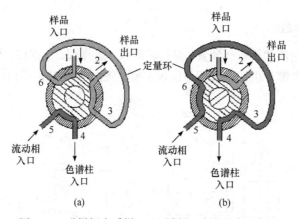

图 12-2　进样阀在采样(a)和进样(b)时的流路示意图

4. 色谱柱

混合物的分离是在色谱柱中进行的，因此色谱柱是分离的关键部件。分析型液相色谱常用的固定相粒径为 3 μm、5 μm 和 10 μm，色谱柱通常使用的是内径为 4.6 mm、长度为 150 mm 或 250 mm 的不锈钢管柱。

5. 检测器

检测器是用于检测色谱柱流出组分的装置。在液相色谱分析中，需要根据样品的特性选择检测器。液相色谱的检测器主要有紫外-可见光检测器(ultraviolet-visible light detector)、示差折光检测器(differential refractive index detector)、荧光检测器(fluorescence detector)、电化学检测器(electrochemical detector)、蒸发光散射检测器(evaporative light-scattering detector)等。

1) 紫外-可见光检测器

紫外-可见光检测器是利用样品吸收紫外或可见光后，透过光强发生变化而进行检测的仪器。朗伯-比尔定律是定量分析的依据。紫外-可见光检测器的主要组成部件包括光源、滤光片或分光器(棱镜或光栅)、流通池和光电转换器。紫外-可见光检测器有固定波长、可变波长、多波长和二极管阵列检测器四种形式。紫外-可见光检测器具有较高的选择性和灵敏度，检出限约为 10^{-10} g/mL。

固定波长检测器只能进行若干种固定波长的检测。例如，采用低压汞灯作光源的固定波长检测器，可以进行 254 nm 波长的检测。光源的光强度大，单色性好。

可变波长、多波长和二极管阵列检测器常采用氘灯作为紫外区的工作光源，钨灯作为可见区的工作光源。在可变波长检测器中，光源发出的光经光栅分光后实现波长的选择，分光后的光经过流通池中的样品吸收后，透过光由光电倍增管转换成电信号并被检测。

二极管阵列检测器是可以同时进行多种波长检测的一种检测器。在二极管阵列检测器中，光源发出的光经过吸收池中的样品吸收后，通过光栅分光，以阵列二极管对不同波长的光进行多通道并行检测。使用二极管阵列检测器可以得到三维色谱图，为组分的定性分析提供更多有用的信息。

2) 示差折光检测器

示差折光检测器又称为折光指数检测器，是利用检测池中溶液折射率的变化和样品浓度的关系进行检测的一种通用型检测器。示差折光检测器是一种整体性质检测器，适用于紫外吸收非常弱的物质的测定，灵敏度较低(检出限约为 10^{-7} g/mL)，不适用于梯度洗脱。

3) 荧光检测器

荧光检测器是检测待测物质吸收紫外光后发射的荧光的检测器。荧光检测器的选择性强，灵敏度高，一般比紫外检测器高 2 个数量级，检出限约为 10^{-12} g/mL。对于许多无荧光特性的化合物，可以通过化学衍生化法转变成有荧光的物质进行检测。

4) 电化学检测器

电化学检测器是利用待测组分的电化学活性进行检测的检测器，电化学检测器包括库仑检测器、电导检测器、安培检测器等，电化学检测器的检出限约为 10^{-10} g/mL。

5) 蒸发光散射检测器

蒸发光散射检测器是基于溶质细小颗粒引起的光散射强度正比于溶质浓度而进行检测的检测器。在蒸发光散射检测器中，色谱柱流出物经雾化并加热，流动相被蒸发，溶质形成极细的雾状颗粒，颗粒遇到光束后形成与质量成正比的光散射信号，经光电倍增管转换成电信号输出。蒸发光散射检测器为通用型检测器，原则上可以适用于任何化合物。其检测灵敏度高于示差折光检测器，适用于梯度洗脱。

6. 记录或数据处理软件系统

记录或数据处理软件系统是将检测器得到的色谱峰信号(电信号)进行记录和处理的装置。由计算机支持的数据处理系统可以将每一张色谱图存储为一个色谱数据文件，根据设定的条件进行数据处理(包括对峰面积进行积分)和定量计算，并根据要求选择打印报告的格式。很多色谱软件除了可以进行数据记录外，还可以进行色谱仪的操作控制。

12.2.2　注意事项

(1) 流动相溶液在按照所选的组分比例配制好之后，要进行脱气和过滤处理(用 0.45 μm 孔径滤膜过滤，注意不同的滤膜适用于不同性质的溶剂)。

(2) 用微量注射器取液时要尽量避免吸入气泡。使用定量环定量进样时，微量注射器取液体积要大于定量环体积。完成分析或吸取新样品溶液前要将微量注射器洗净。进样阀的手柄位置转换速度要快，但不要用力过猛。

(3) 色谱柱连接在进样阀和检测器之间，连接时要注意流动相的方向与柱子上标示的方向一致。

12.2.3　1260 高效液相色谱仪操作方法介绍

1. 仪器

1260 高效液相色谱仪主要由流动相溶剂存储瓶、高压输液泵(在线脱气机)、进样阀、色谱柱温箱、检测器、色谱软件系统等组成。色谱仪通过软件进行操作条件的控制、数据采集和处理。进行色谱仪操作控制需要使用"1260 联机"软件包，进行数据处理可使用"1260 脱机"软件包。流动相的低压梯度可以由混合比例阀和四元泵完成。紫外-可见光检测器可以进行从紫外到可见光范围内两种波长下的同时检测。检测器具有氘灯和钨灯两个光源。光源发出的光照射到样品流通池上，透过光经过光栅分光后，经阵列二极管转换成电信号后进行记录和检测。

2. 操作

1) 操作条件设定
(1) 开启计算机。
(2) 打开色谱仪四元泵、柱温箱、检测器的电源。
(3) 启动在线化学工作站(打开"1260 联机"软件)，在"方法和运行控制"界面下，设置操作条件，包括流动相组成、流量、分析时间、柱温及检测波长等。
2) 色谱测定
待色谱基线平直后，在"运行控制"菜单中设置数据文件名，用微量注射器吸取样品溶液，经进样阀进样，开始色谱分离过程。
3) 数据处理
在"视图"菜单中选择"数据分析"，进入数据分析界面。用"调用所有信号"指令打开数据文件，在"积分"菜单中选择"积分事件"设定色谱峰处理条件。用"积分"指令进行峰面积积分。外标法定量可通过"建立校正表"完成。

实验 50　高效液相色谱法分离和测定邻、间、对硝基苯酚

一、实验目的

(1) 了解高效液相色谱仪的基本结构，学习液相色谱仪的基本操作方法。
(2) 体验并运用液相色谱分析的定性及外标定量方法。
(3) 体验并运用反相液相色谱流动相极性调节对分离时间和分离度的影响。

(4) 学习建立液相色谱分析方法的要点和液相色谱分析方法的论证要点。

二、实验原理

邻、间、对硝基苯酚三种化合物互为官能团位置异构体。采用反相液相色谱法，以疏水性的烷基键合硅胶微球为固定相，甲醇-水-乙酸(体积比 40∶55∶5)混合溶液为流动相，可以对混合物中的 3 种化合物进行色谱分离和测定。邻、间、对硝基苯酚由于取代基位置不同，分子极性不同，在两相(固定相和流动相)中的分配比不同，从而得到分离。在反相色谱中，极性弱的化合物与固定相作用力强，保留时间长，极性较强的化合物保留时间短。实验使用紫外-可见光检测器进行检测，用标准化合物保留时间对照法对未知混合物溶液的各组分峰进行定性分析。在进行标准溶液和待测混合物溶液的色谱测定后，用外标法进行定量分析。

衡量液相色谱分析方法的常用指标：

(1) 线性范围：物质的响应信号与进样量呈线性关系时，最大和最小进样量。

(2) 检出限：产生的色谱峰信号大小等于噪声的 3 倍($3R_N$)时，对应的被测组分的浓度。

(3) 最小定量限：产生的色谱峰信号大小等于噪声的 10 倍时，对应的被测组分的浓度。

(4) 重复性：多次重复测定被测组分某个浓度测定结果的相对标准偏差。

(5) 准确性：测定结果与真值的差异程度，常用添加回收率来评价。

三、仪器与试剂

1. 仪器

1260 高效液相色谱仪(包括高压输液泵、柱温箱、进样阀及紫外检测器)；色谱数据处理软件；50 μL 液相色谱微量注射器。

2. 试剂

水(高纯水)；甲醇(色谱纯)；冰醋酸(分析纯)；邻硝基苯酚(试剂纯)；间硝基苯酚(试剂纯)；对硝基苯酚(试剂纯)。

3. 样品溶液配制

邻硝基苯酚溶液、间硝基苯酚溶液和对硝基苯酚高标溶液(浓度为 0.1～0.5 mg/mL)。邻、间、对硝基苯酚的标准混合溶液配制：配制一系列含有已知浓度的邻、间、对硝基苯酚的标准溶液。

邻、间、对硝基苯酚混合物待测溶液。

样品溶液以流动相为溶剂配制。

4. 实验条件及操作

(1) 基本操作条件：色谱固定相 C_8 键合多孔硅胶微球，5 μm。

(2) 色谱柱：150 mm×4.6 mm(i.d.)。

(3) 流动相：甲醇-水-乙酸(体积比 40∶55∶5)。

(4) 流动相流速：1 mL/min。

(5) 检测波长：254 nm。

(6) 进样量：20 μL。

改变甲醇的比例，观察某个邻、间、对硝基苯酚标准溶液的分离状况，查看流动相极性改变对分离情况的影响。

分别进样不同浓度的邻、间、对硝基苯酚标准溶液，查看每个浓度下邻、间、对硝基苯酚各自的峰面积，以峰面积对浓度作图，求出线性范围；并根据标准曲线的斜率和基线噪声求出邻、间、对硝基苯酚各自的检出限和最小定量限。

四、实验步骤

1. 色谱操作条件设定

按照操作要求，打开计算机及色谱仪各部分电源。

打开色谱在线操作软件"1260 联机"，在"方法和运行控制"界面下，设置操作条件，包括流动相组成、流量、分析时间、柱温及检测波长。

2. 色谱分析

待色谱基线平直后，在"运行控制"菜单中选择"样品信息"，设置数据文件名，用微量注射器吸取 30～40 μL 样品溶液，通过进样阀进样，每一次色谱测定完成后，数据被保存在设定的文件中。分别进行邻、间、对硝基苯酚样品溶液、混合物标准溶液及待测混合物样品溶液的色谱测定。

五、实验数据及结果

1. 标准品保留时间对照法定性分析

在"视图"菜单中选择"数据分析"，进入数据分析界面。用"调用所有信号"指令打开数据文件，将测定的各个纯化合物样品色谱图中的保留时间与混合物样品中的色谱峰保留时间对照，确定混合物色谱中不同时间的色谱峰属于何种组分。

2. 邻、间、对硝基苯酚混合物样品中各组分浓度的定量分析

1) 建立标准曲线

首先用几种不同浓度的混合物标准溶液的色谱结果建立标准曲线。

在"校正"菜单中选择"校正设置"，输入浓度单位，时间窗口和校正曲线类型(曲线类型选择"线性")。用"调用信号" 调出标准溶液 1 的色谱数据文件。在"校正"菜单中选择"新建校正表"，并在显示的窗口中输入"1"作为校正级别，在校正表中输入各组分名称及浓度值。用"调用信号"调出标准溶液 2 的色谱数据文件。点击"添加级别"，输入校正级别"2"，在校正表中输入标准溶液 2 中各组分的浓度值。依此类推，加入其他浓度的标样数据。得到的各组分的校正曲线(标准曲线)自动显示于右侧窗口。得到的校正因子也显示于校正表中。

2) 待测样品浓度计算及结果打印

建立标准曲线后，用外标法进行待测样品溶液中各组分浓度的计算。用峰面积进行定量分析。用"调用信号"打开待测样品色谱数据文件，在"报告"菜单中选择"特定报告"，在"定量分析姐结果计算"一栏中选择"ESTD"(外标法)作为定量分析方法。在"基于"一栏中选择"峰面积"。在"报告"菜单中选择"打印报告"，数据处理系统自动根据校正曲线计算出待测

样品各组分的含量并将报告显示在计算机屏幕上。在报告下方选择"打印",打印出数据报告。

　　3. 实验报告

　　以表格形式列出各组分的名称、保留时间、校正因子、待测样品测得浓度,计算相对误差(相对误差以配制浓度作为实际浓度计算)。附上色谱图。

六、注意事项

　　(1) 实验步骤按照 1260 高效液相色谱仪的具体操作方法写成,不同的色谱仪其操作指令会有所不同。

　　(2) 实验条件,主要是流动相配比可以根据具体情况进行调整。

　　(3) 实验结束后,以甲醇-水(体积比 40∶60)为流动相冲洗色谱柱约 30 min。

七、思考题

　　(1) 使用外标法定量时,哪些因素可能导致测定误差?

　　(2) 以标准品保留时间对照法对混合物各色谱峰进行定性分析是否在任何情况下都适用?

实验 51　阿司匹林原料药中水杨酸的液相色谱分析测定

一、实验目的

　　(1) 掌握高效液相色谱定性、定量分析的原理及方法。

　　(2) 了解高效液相色谱仪的结构和操作。

　　(3) 了解高效液相色谱一般实验条件。

　　(4) 掌握液相色谱分析方法评价指标。

二、实验原理

　　1. 高效液相色谱分离的基本原理

　　分析试样中各组分在流动相推动下,通过装有固定相的色谱柱到达检测器。由于不同化合物分子结构和物理化学性质不同,与固定相、流动相的作用力不同,因此在两相中具有不同的分配系数。各组分在两相中进行反复分配而被分离。在同一色谱条件下,标准物质与未知物质保留时间一致是色谱法定性分析的基本依据。

　　定量分析首先要选择合适的色谱柱和流动相及对被分析物反应较为灵敏的检测器。被测组分要与其他组分有足够的分离度。一般要求被定量物质与其他组分的分辨率 R 大于 1.5%,分辨率 R 用式(12-1)计算:

$$R = \frac{2(t_{R_2} - t_{R_1})}{w_1 + w_2} \tag{12-1}$$

式中：$(t_{R_2} - t_{R_1})$ 为两个组分的保留时间之差；w_1、w_2 为两个谱带基线宽度。当 $R \geqslant 1$ 时峰面积重叠小于 2%,定量分析结果比较准确。

2. 外标标准曲线法定量分析

标准曲线是通过测定一系列已知浓度的标准样品，经曲线拟合而得到的含量-响应值(峰面积或峰高)的曲线。测定待分析样品的响应值后，用标准曲线进行含量计算的方法称为外标标准曲线法。

3. 水杨酸含量分析

阿司匹林(乙酰水杨酸)为常用解热抗炎药，并用于防治心脑血管病。由于其很容易降解为水杨酸，药物中水杨酸含量测定被用于阿司匹林的质量监测。用液相色谱法可以很好地分离阿司匹林和水杨酸，水杨酸的含量可用外标法进行定量测定。

三、仪器与试剂

1. 仪器

1260 高效液相色谱仪(包括高压输液泵、柱温箱、进样阀及紫外检测器，固定相 C_{18} 键合多孔硅胶小球，5 μm，柱尺寸 150 mm×4.6 mm)；色谱数据处理软件；20 μL 进样器。

2. 试剂

水(高纯水)；甲醇(色谱纯)；冰醋酸(分析纯)；水杨酸(标准品)；乙酰水杨酸(阿司匹林)原料药品。

四、实验步骤

1. 标准溶液及样品溶液的配制

1) 水杨酸标准溶液的配制

称取水杨酸标准品 8.1 mg，溶解后，转移至 1000 mL 容量瓶中，用流动相稀释至刻度，摇匀，作为水杨酸储备液。分别吸取一系列不同体积的储备液于 10 mL 容量瓶中，用流动相稀释至刻度，摇匀。

2) 阿司匹林样品溶液的配制

称取阿司匹林原料药 10 mg，溶解后，转移至 100 mL 容量瓶中，用流动相稀释至刻度，摇匀，作为阿司匹林样品储备液。吸取此储备液 1.0 mL 于 10 mL 容量瓶中，用流动相稀释至刻度，摇匀。

2. 色谱分析

1) 色谱条件
(1) 波长：300 nm。
(2) 流动相：甲醇-水-冰醋酸(体积比 60：40：4)。
(3) 流速：1 mL/min。
(4) 温度：室温。
2) 操作程序

当基线稳定后，进行水杨酸标准溶液色谱分析，用数据处理系统绘制标准曲线。标准曲线的相关系数应为 0.998 以上。进行阿司匹林样品溶液色谱分析，用外标法计算样品中水杨酸含量。

3. 液相色谱方法评价

用线性范围、检出限、最小定量限、重现性和添加回收率评价实验。

五、实验数据及结果

利用色谱工作站软件,按外标标准曲线法计算阿司匹林中水杨酸的质量分数。

1. 用数据处理系统绘制标准曲线

在"方法"文件中选择外标法(ESTD)。在"视图"菜单中选择 "数据分析",用"调用信号"调出最低浓度的水杨酸标准样品数据文件。在"校正"中选择"新建校正表",并在显示的窗口中输入"1"作为校正级数(level)和样品浓度值。一个校正水平为一个浓度校正点。用"调用信号"依次调出其他浓度的水杨酸标准样品数据文件,同时用"添加级别"输入其他校正点的校正级数和样品浓度值数据。所得到的标准曲线及相关系数自动显示于右侧窗口。

2. 计算阿司匹林样品中水杨酸的含量

用"调用信号"打开阿司匹林数据文件,数据处理系统自动根据标准曲线计算出阿司匹林样品溶液中水杨酸的含量(注意:在建立标准曲线时若输入浓度单位为μg/mL,所得到的浓度单位仍为μg/mL,在下面的计算中要转换为 mg/mL)。根据式(12-2)计算阿司匹林原料药中水杨酸的含量:

$$水杨酸的含量(\%) = (c \times 10 \times 100 / m) \times 100\% \tag{12-2}$$

式中:c 为阿司匹林样品溶液中水杨酸的浓度(mg/mL);m 为阿司匹林原料药的称量质量(mg)。

六、注意事项

同实验 50"注意事项"。

七、思考题

在外标法定量分析中,哪些因素影响定量分析的准确性?

实验 52 高效液相色谱法分离食品添加剂苯甲酸和山梨酸

一、实验目的

(1) 加深对高效液相色谱分离理论的理解。
(2) 学习流动相 pH 对酸性化合物保留因子影响的有关知识。

二、实验原理

食品添加剂是在食品生产中加入的用于防腐或调节味道、颜色的化合物。为了保证食品的食用安全,必须对添加剂的种类和加入量进行控制。高效液相色谱法是分析和检测食品添加剂的有效手段。

本实验以 C_8(或 C_{18})键合多孔硅胶微球为固定相、甲醇-磷酸盐缓冲溶液(体积比 50:50)的混合溶液作流动相的反相液相色谱体系分离两种食品添加剂苯甲酸和山梨酸。两种化合物由于分子结构不同,在固定相、流动相中的分配比不同,在分析过程中经多次分配便逐渐分离,依次流出色谱柱。经紫外检测器(检测波长为 230 nm)进行色谱峰检测。

苯甲酸和山梨酸为含有羧基的有机酸,流动相的 pH 影响它们的解离程度,因此也影响其在两相(固定相和流动相)中的分配系数。本实验通过测定不同 pH 的流动相条件下苯甲酸和山梨酸保留时间的变化,了解液相色谱中流动相 pH 对有机酸分离的影响。

三、仪器与试剂

1. 仪器

1260 高效液相色谱仪(包括高压输液泵、柱温箱、进样阀及紫外检测器);色谱数据处理软件或色谱记录仪;50 μL 液相色谱微量注射器。

2. 试剂

水(高纯水);甲醇(色谱纯);磷酸(分析纯);磷酸二氢钠(分析纯);苯甲酸(分析纯);山梨酸(分析纯)。

3. 样品溶液

25 μg/mL 苯甲酸样品溶液;25 μg/mL 山梨酸样品溶液;样品溶剂为甲醇-水(体积比 50:50)。

4. 实验条件

(1) 色谱固定相:C_8 键合多孔硅胶微球,5 μm。
(2) 色谱柱:150 mm×4.6 mm(i.d.)。
(3) 柱温:40℃。
(4) 流速:1 mL/min。
(5) 检测波长:230 nm。
(6) 进样量:20 μL。
(7) 流动相:①甲醇-50 mmol/L 磷酸二氢钠水溶液(pH 4.0)(体积比 50:50);②甲醇-50 mmol/L 磷酸二氢钠水溶液(pH 5.0)(体积比 50:50)。

配制流动相:首先配制 50 mmol/L 磷酸二氢钠水溶液,用磷酸调 pH 至 4.0 或 5.0,然后与等体积甲醇混合,过滤后使用。

四、实验步骤

1. 色谱操作条件设定

按照操作要求,打开计算机及色谱仪各部分电源。

打开色谱在线操作软件"1260 联机",在"方法和运行控制"界面下,设置色谱条件,包括流动相组成、流量、分析时间、柱温及检测波长。选择流动相 1 为洗脱液。

2. 色谱分析

(1) 待色谱基线平直后，在"运行控制"菜单中选择"样品信息"，设置数据文件名，用微量注射器吸取 30～40 μL 样品溶液，通过进样阀进样，每一次色谱测定完成后，数据被保存在设定的文件中。分别进行苯甲酸样品溶液、山梨酸样品溶液及混合溶液的色谱测定。

(2) 改用流动相 2 作为洗脱液，平衡柱床约 20 min 后，进行混合溶液的色谱测定。

五、实验数据及结果

(1) 在"视图"菜单中选择"数据分析"，进入数据分析界面。用"调用信号"指令打开以流动相 1 为洗脱液的数据文件，记录保留时间，将测定的各纯化合物的保留时间与混合物样品中的色谱峰保留时间对照，确定混合物色谱中各色谱峰属于何种组分。

(2) 用"调用信号"指令打开以流动相 2 为洗脱液的数据文件，记录各化合物的保留时间。

(3) 计算不同色谱条件下对两组分的分离度。

分离度 R_s 用式(12-3)计算：

$$R_s = \frac{2(t_{R_2} - t_{R_1})}{w_1 + w_2} \tag{12-3}$$

式中：$(t_{R_2} - t_{R_1})$ 为两个组分的保留时间之差；w_1、w_2 为两个色谱峰基线宽度(基线峰宽)。

分别用两种方法进行分离度计算：

(i) 由色谱数据处理系统进行计算。在"报告"菜单中选择"设定报告"，在"使用经典报告"一栏中选择"性能报告"。在报告中的"分离度"一栏中给出用基线峰宽计算的分离度。

(ii) 在打印色谱图后，量出色谱峰的基线峰宽，将基线峰宽和保留时间之差(注意单位一致)代入式(12-3)进行分离度计算。

(4) 数据结果打印及报告。

(i) 分别打印出在不同流动相条件下的数据报告。

(ii) 在实验报告中以表格形式列出组分的名称、保留时间及分离度。附上色谱图。

六、注意事项

(1)～(3)同实验 50 "注意事项"。

(4) 有磷酸二氢钠的溶液容易有沉淀生成，需要注意流动相在放置过程中有无变化。

七、思考题

流动相的 pH 升高后，苯甲酸和山梨酸的保留时间及分离度如何变化？保留时间变化的原因是什么？

实验 53　反相离子对色谱法分离无机阴离子 NO_2^- 和 NO_3^-

一、实验目的

(1) 通过实验学习反相离子对色谱测定无机离子的方法。

(2) 了解离子对色谱中流动相条件对待测离子保留因子的影响。

二、实验原理

亚硝酸根 (NO_2^-) 能与许多脂肪族或芳香族有机物反应，生成 N-亚硝胺而致癌，硝酸根 (NO_3^-) 也具有毒性。因此，在生态环境分析和食品安全监测中需要对亚硝酸根与硝酸根的浓度进行测定和监控。

无机离子在烷基键合的反相色谱柱上不被保留，不能以一般的反相分配色谱模式进行分离。而使用离子对色谱法，在流动相中加入对离子与无机离子结合，增加离子的保留值，可以使无机离子得到分离和测定。因此，离子对色谱法是分离测定无机离子的一种方法。本实验以四丁基氢氧化铵为离子对试剂、C_{18} 键合硅胶微球为固定相，以反相离子对色谱法进行两种无机阴离子 NO_2^- 和 NO_3^- 的分析。四丁基氢氧化铵中的正离子与 NO_2^- 和 NO_3^- 结合后，能够在 C_{18} 键合固定相上保留，使 NO_2^- 和 NO_3^- 得到分离。

三、仪器与试剂

1. 仪器

1260 高效液相色谱仪(包括高压输液泵、柱温箱、进样阀及紫外检测器)；色谱数据处理软件或色谱记录仪；50 μL 液相色谱微量注射器。

2. 试剂

水(高纯水)；甲醇(色谱纯)；磷酸二氢钠(分析纯)；硝酸钠(分析纯)；亚硝酸钠(分析纯)；四丁基氢氧化铵(离子对试剂或分析纯)。

3. 样品溶液

0.2 mg/mL $NaNO_3$ 溶液；0.1 mg/mL $NaNO_2$ 溶液；$NaNO_3$ 和 $NaNO_2$ 混合溶液。

4. 实验条件

(1) 色谱固定相：C_{18} 键合多孔硅胶微球，5 μm。
(2) 色谱柱：250 mm×4.6 mm(i.d.)。
(3) 柱温：35℃。
(4) 流速：0.7 mL/min。
(5) 检测波长：230 nm。
(6) 进样量：20 μL。
(7) 流动相：①60 mmol/L NaH_2PO_4-2.0 mmol/L 四丁基氢氧化铵的 15%甲醇水溶液；②60 mmol/L NaH_2PO_4-5.0 mmol/L 四丁基氢氧化铵的 15%甲醇水溶液。

四、实验步骤

1. 色谱操作条件设定

按照操作要求，打开计算机及色谱仪各部分电源。

打开色谱在线操作软件"1260 联机"，在"方法和运行控制"界面下，设置操作条件，包括流动相组成、流量、分析时间、柱温及检测波长，选择流动相 1 为洗脱液。

2. 色谱分析

(1) 待色谱基线平直后，设置数据文件名，用微量注射器吸取 30~40 μL 样品溶液，通过进样阀进样，每一次色谱测定完成后，数据被保存在设定的文件中。分别进行硝酸钠、亚硝酸钠溶液及混合溶液的色谱测定。

(2) 改用流动相 2 作为洗脱液，平衡柱床约 20 min 后，进行混合溶液的色谱测定。

五、实验数据及结果

(1) 在"视图"菜单中选择"数据分析"，进入数据分析界面。用"调用信号"指令打开以流动相 1 为洗脱液的数据文件，记录保留时间，并用标准化合物保留时间对照法确定混合物色谱中各色谱峰属于何种组分。

(2) 用"调用信号"指令打开以流动相 2 为洗脱液的数据文件，记录各化合物的保留时间，与流动相 1 为洗脱液的数据结果进行对照。

(3) 计算分离度及打印报告。

(i) 在"报告"菜单中选择"设定报告"，在"使用经典报告"一栏中选择"性能报告"，分别打印出在不同流动相条件下的数据报告。在报告中的"分离度"一栏中给出用基线峰宽计算的分离度。

(ii) 在实验报告中以表格形式列出组分的名称、保留时间及分离度，附上色谱图。

六、注意事项

(1)、(2)同实验 50 "注意事项"。

(3) 实验结束后，以甲醇-水(体积比 15∶85)为流动相冲洗色谱柱约 30 min，除去色谱系统中的含盐缓冲溶液。

七、思考题

流动相中的离子对(四丁基氢氧化铵)浓度增加后，各组分的保留时间及分离度有什么变化? 从保留机理分析保留时间变化的原因。

第 13 章　离子色谱法

13.1　基本原理

离子色谱法(ion chromatography，IC)出现于 20 世纪 70 年代，它是以离子型物质为分析对象的一种液相色谱方法。离子色谱法与普通的液相色谱法相比主要有以下重要进展：①制备了高效离子色谱填料；②引入抑制系统，解决了背景信号的干扰；③制造了高灵敏度电导检测器；④实现了仪器化和数字化，极大地提高了工作效率。狭义的离子色谱法通常是指以离子交换柱分离与电导检测相结合的离子交换色谱法(IEC)和离子排阻色谱法(ICE)。用离子色谱分离方式分析的物质有无机阴离子、无机阳离子(包括稀土元素)、有机阴离子(有机酸、有机磺酸盐和有机磷酸盐)、有机阳离子(胺、吡啶等)，以及生物物质(糖、醇、酚、氨基酸和核酸等)。离子色谱法灵敏度高、分析速度快、样品需要量少、操作简单、多种离子可同时分离与测定，而且还能将一些非离子型物质转变成离子型物质后进行测定，因此在环境化学、食品化学、化工、电子、生物、医药、新材料研究等许多科学领域都得到了广泛应用。

13.1.1　离子交换色谱法

离子交换色谱法的分离机理主要是离子交换，通常是以低交换容量的离子交换剂为固定相，以一定 pH 的缓冲溶液作流动相。离子交换剂由固体基质和键合离子基团组成。基质与离子基团间有化学键连接，它们的位置是固定的，称为固定离子。物质保持电中性，因此离子交换剂必然同时携带与固定离子数量相等、电荷相反的对抗离子，这些对抗离子是活动的(称为可交换离子)，在溶液中可被相同电性的其他离子交换。可交换离子为阳离子，称为阳离子交换剂或酸性交换剂(以典型的磺酸型阳离子交换剂为例，用 R—SO_3H^+ 表示，基质是交联聚苯乙烯树脂，其中 SO_3^- 为固定离子，H^+ 为可交换离子)。可交换离子为阴离子，称为阴离子交换剂或碱性交换剂[如季铵基，用 R—$N^+(CH_3)_3 \cdot OH^-$ 表示，基质是交联聚苯乙烯树脂等，其中 $N^+(CH_3)_3$ 为固定离子，OH^- 为可交换离子]。由于不同种类的离子与固定离子间有不同的亲和力，当向离子色谱柱中注入不同亲和力的离子时，亲和力大的离子与交换基团的作用力大，向柱下移动的速度慢，因而在固定相中保留的时间长；亲和力小的离子与交换基团的作用力小，向柱下移动的速度快，因而在固定相中保留的时间短，于是不同的离子相互分离开，被分离的离子连同淋洗液一起进入抑制器，消除淋洗液背景信号的干扰，然后通过高灵敏度电导检测器进行检测。离子交换分离是离子色谱的主要分离方式，通常用于亲水性阴、阳离子的分离。

13.1.2　离子排阻色谱法

离子排阻色谱法的分离机理是以树脂的排阻为基础，采用不同的高交换容量的离子交换树脂分离阴离子和阳离子。用高交换容量的强酸性阳离子交换树脂可以分离弱酸，适合检测的化合物有羧酸、氨基酸、酚、无机弱酸，不解离的醛、醇；用高交换容量的强碱性阴离子交换树脂可以分离弱碱，如有机胺、碱土金属氢氧化物。离子排阻色谱法的一个特别的优点是可用于弱的无机酸和有机酸与在强酸性介质中完全解离的强酸的分离。

13.1.3　离子抑制色谱法和离子对色谱法

采用离子交换色谱或离子排阻色谱可以分离无机离子以及解离度很强的有机离子，然而有很多大分子或解离度较弱的有机离子的分离需要采用通常用于中性有机化合物分离的正相(或反相)色谱。正相色谱的流动相是极性较小的有机溶剂，支持体吸着的 H_2O(极性较大)或固体为固定相；而反相色谱是以吸着在支持体上的有机相作为固定相，而以有机相-水相混合溶液作为流动相。然而，直接采用正相或反相色谱存在许多困难，因为大多数可解离的有机化合物在正相色谱的固定相硅胶上吸附力太强，使被测物质保留值太大，出现拖尾峰，有时甚至不能被洗脱，在反相色谱的非极性(或弱极性)固定相中保留值太小。在这种情况下，可以采用离子抑制色谱或离子对色谱。离子抑制色谱的原理是以酸碱平衡理论为依据，即通过降低(或增加)流动相的 pH 抑制酸(或碱)的解离，使酸(或碱)性离子化合物尽量保持未解离状态。离子对色谱的主要分离机理是吸附，其固定相主要是弱极性和高表面积的中性多孔聚苯乙烯二乙烯基苯树脂和弱极性的辛烷或十八烷基键合的硅胶两类，分离的选择性主要由流动相决定。离子对色谱是在流动相中加入适当的具有与被测离子相反电荷的离子，即离子对试剂，使其与被测离子形成中性的离子对化合物，此离子对化合物在反相色谱柱上被保留。保留值的大小主要取决于离子对化合物的解离平衡常数和离子对试剂的浓度。

13.2　仪器及使用方法

13.2.1　实验技术

1. 选择合适的流动相

流动相也称淋洗液，是用高纯水溶解淋洗剂配制而成的。淋洗剂通常都是电解质，在溶液中解离成阴离子和阳离子。对分离起实际作用的离子称为淋洗离子。例如，用 $Na_2CO_3/NaHCO_3$ 水溶液作流动相分离无机阴离子时，$Na_2CO_3/NaHCO_3$ 是淋洗剂，CO_3^{2-} / HCO_3^- 是淋洗离子。选择流动相的基本原则是淋洗离子能从交换位置上置换出被测离子。从理论上说，淋洗离子与树脂的亲和力应该接近或稍高于被测离子，在实际应用中，合适的流动相根据样品的组成，通过实验进行选择。

2. 定性分析方法

通常采用保留时间法进行定性分析。当色谱柱、流动相及其他色谱条件确定后，便可以根据分离机理和实际经验知道哪些离子在这个条件下有可能保留，而且还能根据离子的性质大致判断其出峰顺序。在此基础上，就可以用标准物质进行对照。在确定的色谱条件下保留时间也是确定的，与标准物质保留时间一致就认为是与标准物质相同的离子。

3. 定量分析方法

在被测离子一定浓度范围内，色谱峰的高度和面积与被测离子的浓度呈线性关系，一般情况下面积标准曲线的线性范围要宽一些，所以通常以峰面积的大小进行定量分析。离子色谱定量分析方法与其他方法一样，用得最多的是标准曲线法(一点或多点)、标准加入法和内标法。

13.2.2 离子色谱仪及使用方法

离子色谱仪的基本构成及工作原理与液相色谱仪相同，只不过离子色谱仪通常配置的检测器不是紫外检测器，而是电导检测器。

1. ECO-IC 型离子色谱仪的组成

ECO-IC 型离子色谱仪是使用电导检测方式、非梯度的应用于离子分析的仪器。将泵、检测器和进样阀集成为一体，色谱部分包括分析柱、抑制装置和电导池，这些部件均安装在仪器内部。ECO-IC 通过 MagIC Net 色谱工作站进行控制，为单柱系统，可进行阴离子分析，也可通过手动更换离子交换柱及管路，进行阳离子分析。

1) 流动相输送部分

(1) 淋洗液。阴离子分析用 Na_2CO_3/$NaHCO_3$ 溶液，阳离子分析用硝酸溶液。

(2) 泵。高压泵在机箱内左下角，蠕动泵在机箱中部，测试阳离子时蠕动泵处于关闭状态，测试阴离子时需要开启蠕动泵。高压泵可设置的流量范围是 $0.001 \sim 20$ mL/min，测量阳离子时推荐使用流速为 0.9 mL/min。

2) 进样系统

(1) 进样口。用注射器将样品由此打入，进行测试。

(2) 进样阀(六通阀)。进样阀用于连接淋洗路线和样品流路，该阀有两个操作位置，装样(load)和进样(inject)。装样时，淋洗液由泵流经进样阀进入分离柱，不通过定量管，而样品被注入定量管并保留在里面直至进样，多余的样品从废液管排出。进样时，淋洗液通过定量管，将样品冲洗到分离柱中。

3) 分离部分

包括保护柱和分离柱。

测阴离子：保护柱(Metrosep A Supp 5 Guard/4.0)，分离柱(Metrosep A Supp 5-150/4.0)。

测阳离子：保护柱(Metrosep C6-Guard/4.0)，分离柱(Metrosep C6-150/4.0)。

4) 检测部分

(1) 抑制器。抑制器的作用是降低淋洗液的背景电导和增加被测离子的电导值，改善信噪比。由于离子色谱法主要用于无机离子的分析，而这些离子大部分在紫外区无吸收，要用电导检测器，但流动相中的离子同样导电，所以背景电导信号很强，严重干扰样品的检测。抑制器就是将流动相中的离子转化为不导电的物质，使其不干扰被测离子的测定。检测阳离子时不需要开启抑制器。

(2) 电导检测器(电导池)。电导检测器持续测量被传送液体的电导率，并将这些信号以数字形式发出(数字式信号处理，digital signal processing，DSP)。电导检测器具有极好的温度稳定性，保证测量结果的重现性。

2. 淋洗液的配制

测阴离子(分离柱 Metrosep A Supp 5-150/4.0)：淋洗液为 3.5 mmol/L Na_2CO_3/ 1.0 mmol/L $NaHCO_3$，再生液 5% H_2SO_4。

测阳离子(分离柱 Metrosep C6-150/4.0)：淋洗液为 6 mmol/L HNO_3，分离柱适用 pH 范围为 $2 \sim 7$。

用于配制淋洗液的化学品必须具有至少分析用(pro analysis，p.a.)纯度，只能使用超纯水

(25℃时电阻率大于 18.2 MΩ·cm)进行稀释。

3. 样品的制备

1) 样品的选择和储存

样品收集在用高纯水清洗的高密度聚乙烯瓶中。如果样品不能在采集当天分析,应立即用 0.45 μm 的滤膜过滤,否则其中的细菌可能使样品的浓度随时间而改变。应尽快分析 NO_2^- 和 SO_3^{2-},因为它们会被氧化。不含 NO_2^- 和 SO_3^{2-} 的样品可以储存在冰箱中,一周内阴离子的浓度不会有明显的变化。

2) 样品的预处理

(1) 样品的过滤。样品在分析前要进行预处理,对于酸雨、饮用水和大气飘尘的滤出液可以直接进行分析。而对于地表水和废水样品,进样前要用 0.45 μm 的滤膜过滤。

(2) 样品的稀释。对于高浓度的样品溶液需要进行稀释,由于不同样品中离子浓度的变化会很大,因此无法确定一个稀释系数,很多情况下,低浓度的样品不需要进行稀释。

$Na_2CO_3/NaHCO_3$ 作为淋洗液时,用其稀释样品,可以有效减小水负峰对 F^- 和 Cl^- 的影响(当 F^- 的浓度小于 $50×10^{-9}$ 时尤为有效),但同时要用淋洗液配制空白标准溶液。

(3) 基体的消除。去除样品中所包含的有可能损坏仪器或影响色谱柱/抑制器性能的成分(重金属离子、有机大分子),去除样品中所包含的有可能干扰目标离子测定的成分(高离子强度基体)。

4. ECO-IC 型离子色谱仪的操作

(1) 配制淋洗液和再生液(测量阳离子不需要配制再生液)。

(2) 打开仪器主机电源。

(3) 打开 MagIC Net 3.1 软件,等待 30 s 左右,主机和软件进行通信连接。

(4) 点击软件左侧的 "配置(configuration)",查看设备的连接状态,色谱柱的相关信息(包括色谱柱的类型、订货号、序列号、压力和流速最大值,推荐的流速、进样体积、淋洗液配比、温度、pH 使用范围等重要信息,同时也可以监测色谱柱和保护柱的进样次数和工作时长及运行的最大流速和最大压力),以及编辑淋洗液和溶液的相关信息。

(5) 如果更换新配制的流动相就必须排气。将设备的排气阀逆时针旋转 1/3 圈左右,点击软件左侧的 "手动",在弹出的手动操作界面中点击左侧的相应主机设备,在右侧点击 "pump",将流速设成 2 mL/min。点击 "开始",将注射器连接到排气泡的软管,向外抽气,直到有液体流出。待气泡排完后,点击 "停止",将排气阀顺时针拧紧。

(6) 平衡。点击软件左侧的 "工作平台(workplace)",点击 "运行(run)" 窗口下的 "平衡(equilibration)",调取已设置好的方法,点击 "启动硬件(start HW)",一般平衡 30 min 左右方可进样。

(7) 绘制标准曲线。点击软件左侧的 "工作平台",点击 "运行(run)" 窗口下的 "测量序列(single determination)",调取已设置好的方法并填写名称、样品位(自动进样时按顺序填写)、定量环体积、稀释倍数、样品量、样品类型(必须选择标准)等信息,点击 "开始(start)",弹出提示框,听到六通阀转动声音后进样,点击 "继续(continue)",仪器开始测试。

注意:标准曲线的绘制必须是浓度从低到高依次进样。

(8) 进待分析样品。点击软件左侧的"工作平台"，点击"运行(run)"窗口下的"测量序列(single determination)"，调取已设置好的方法并填写名称、样品位(自动进样时按顺序填写)、定量环体积、稀释倍数、样品量、样品类型(必须选择样品)等信息，点击"开始(start)"，弹出提示框，听到六通阀转动声音后进样，点击"继续(continue)"，仪器开始测试。

注意：点击软件左侧的"工作平台"，通过"实时显示"窗口可以实时查看色谱图出峰情况，通过"窗口"窗口可以实时查看泵压力、进样阀位置、柱温、电导率、流速、样品架等信息。

(9) 查看数据。

(i) 点击软件左侧的"数据库(database)"，可以看到已经测量完成的数据列表；点击"测量总览"窗口下的"测量开始(determination start)"，可以将数据按时间顺序排列(正序或倒序)。

(ii) 查看色谱图：选中"测量总览"窗口下所要查看的数据信息条，可在信息条下方的窗口看见相应的色谱图，测试数据显示在屏幕左下方"结果(results)"窗口中。如果想要看柱效等其他信息，可以在"结果"窗口下的空白处右击，点击"属性结果"，就可以添加想要看的结果。

查看数据所引用的曲线线性：选中"测量总览"窗口下所要查看的数据，选中"曲线"窗口下的"校正曲线(calibration curve)"，就可以查看每个组分所引用的曲线情况。

(iii) 比较多组数据情况。选中"测量总览"窗口下所要查看多组的数据，右击选择"详细概览(detail overview)"，选择"选定测量"，点击"OK"，即可比较。如果要打印或保存，可以点击下面的"打印(PDF)"。

(10) 打印数据。选中"测量总览"窗口下所要打印的数据，点击菜单栏中"文件"下的"打印"，点击"报告"，选择相应的"报告模板(report template)"，可选择在线打印或以 PDF 文件保存，选中"样品标示"，选择"目标目录"，点击"OK"。

(11) 关闭仪器。测试完毕后，用流动相冲洗 30 min，随后点击软件左侧的"工作平台"，点击"运行"窗口下的"平衡(equilibration)"，点击"停止硬件(stop HW)"，然后关闭软件和仪器的电源。

实验 54　离子色谱法测定水样中无机阴离子的含量

一、实验目的

(1) 了解并掌握快速定量测定无机阴离子的方法。

(2) 学习离子色谱仪的工作原理并学会使用 ECO-IC 型离子色谱仪。

二、实验原理

本实验使用阴离子交换柱测定水样中无机阴离子的含量，填料通常为季铵盐交换基团[称为固定相，以 $R-N^+(CH_3)_3 \cdot OH^-$ 表示]，分离机理主要是离子交换，用 $Na_2CO_3/NaHCO_3$ 为淋洗液。首先用淋洗液平衡阴离子交换柱，样品溶液自进样口注入六通阀，高压泵输送淋洗液，将样品溶液带入交换柱。由于静电场相互作用，样品溶液的阴离子与交换柱固定相中的可交换离子 OH^- 发生交换，并暂时选择性地保留在固定相上，同时保留的阴离子又被带负电荷的淋洗离子 (CO_3^{2-}/HCO_3^-) 交换下来进入流动相。由于不同的阴离子与交换基团的亲和力大小不同，因此在固定相中的保留时间也就不同。亲和力小的阴离子与交换基团的作用力小，在固定相中的保留时间短，先流出色谱柱；亲和力大的阴离子与交换基团的作用力大，在固定相中的保留时间长, 后流出色谱柱, 于是不同的阴离子彼此分离。被分离的阴离子经抑制器被转换为高电导的无机酸, 而淋洗液离子 (CO_3^{2-} / HCO_3^-) 则被转换为弱电导的碳酸(消除背景电导, 使其不干扰被测阴离子的测定), 然后电导检测器依次测定被转变为相应酸型的阴离子, 与标准进行比较, 根据保留时间进行定性分析, 根据峰高或峰面积进行定量分析。

三、仪器与试剂

1. 仪器

ECO-IC 型离子色谱仪; MagIC Net 3.2 数据处理软件; Metrosep A Supp 5 Guard/4.0 阴离子保护柱; Metrosep A Supp 5-150/4.0 阴离子分离柱。

2. 试剂

1) Na_2CO_3/$NaHCO_3$ 阴离子淋洗储备液

此淋洗储备液为 0.35 mol/L Na_2CO_3+0.10 mol/L $NaHCO_3$。称取 37.10 g Na_2CO_3(分析纯级以上)和 8.40 g $NaHCO_3$(分析纯级以上)溶于高纯水中, 转入 1000 mL 容量瓶中, 加水至刻度, 摇匀, 转移到聚乙烯瓶中并在冰箱中保存。

2) 阴离子标准储备液

用优级纯的钠盐分别配制成浓度均为 100 mg/L 的 F^-、NO_2^- 和浓度均为 1000 mg/L 的 Cl^-、Br^-、NO_3^-、PO_4^{3-} 和 SO_4^{2-} 共 7 种阴离子标准储备液。

四、实验步骤

1. Na_2CO_3/$NaHCO_3$ 阴离子淋洗液的制备

移取 0.35 mol/L Na_2CO_3+0.10 mol/L $NaHCO_3$ 阴离子淋洗储备液 10.00 mL, 用高纯水稀释至 1000 mL, 摇匀。

2. 单个阴离子标准溶液的制备

分别移取 100 mg/L F^-标准储备液 5.00 mL、1000 mg/L Cl^-标准储备液 2.00 mL、100 mg/L NO_2^- 标准储备液 15.00 mL、1000 mg/L Br^-标准储备液 3.00 mL、1000 mg/L NO_3^- 标准储备液 3.00 mL、1000 mg/L PO_4^{3-} 标准储备液 5.00 mL、1000 mg/L SO_4^{2-} 标准储备液 5.00 mL 于 7 个 100 mL 容量瓶中, 用高纯水稀释至刻度, 摇匀, 分别得到 F^-浓度为 5 mg/L、Cl^-浓度为 20 mg/L、NO_2^- 浓度为 15 mg/L、Br^-浓度为 30 mg/L、NO_3^- 浓度为 30 mg/L、PO_4^{3-} 浓度为 50 mg/L、SO_4^{2-} 浓度为 50 mg/L 的 7 种标准溶液。按同样方法依次移取不同量的标准储备液配制另几种不同浓度的单个阴离子标准溶液, 浓度范围为 5~100 mg/L。

3. 混合阴离子标准溶液的制备

分别移取 100 mg/L F^-标准储备液 5.00 mL、1000 mg/L Cl^-标准储备液 2.00 mL、100 mg/L NO_2^- 标准储备液 15.00 mL、1000 mg/L Br^-标准储备液 3.00 mL、1000 mg/L NO_3^- 标准储备液 3.00 mL、1000 mg/L PO_4^{3-} 标准储备液 5.00 mL、1000 mg/L SO_4^{2-} 标准储备液 5.00 mL 于一个 100 mL 容量瓶中, 用高纯水稀释至刻度, 摇匀, 得到含 F^-浓度为 5 mg/L、含 Cl^-浓度为 20 mg/L、

含 NO_2^- 浓度为 15 mg/L、含 Br^- 浓度为 30 mg/L、含 NO_3^- 浓度为 30 mg/L、含 PO_4^{3-} 浓度为 50 mg/L、含 SO_4^{2-} 浓度为 50 mg/L 的混合标准溶液。按同样方法依次移取不同量的标准储备液配制另几种不同浓度的混合阴离子标准溶液，浓度范围为 5～100 mg/L。

4. 操作步骤

具体操作参考 13.2.2 中"ECO-IC 型离子色谱仪的操作"部分。

五、实验数据及结果

(1) 将混合阴离子标准溶液的配制浓度列成表。

(2) 根据实验数据对测定结果进行评价，计算有关误差(列表表示)。

六、注意事项

(1) 离子交换柱的型号、规格不一样时，色谱条件会有很大的差异，一般商品化的离子色谱柱都附有常见离子的分析条件。

(2) 系统柱压应稳定在 7 MPa 为宜，柱压过高可能流路有堵塞或柱子污染，柱压过低可能泄漏或有气泡。

(3) 分离柱和抑制器应避免有机溶剂，当需要有机溶剂淋洗时，需用外加水或化学抑制模式。

(4) 抑制器使用时应注意如下几点：

(i) 尽量将电流设定为 50 mA，以延长抑制器的使用寿命。

(ii) 抑制器与泵同时开关。

(iii) 每周至少开机一次，保持抑制器活性。

(iv) 长期不用应封存抑制器。

七、思考题

(1) 离子的保留时间与哪些因素有关?

(2) 为什么在离子的色谱峰前会出现一个负峰(倒峰)? 应当怎样避免?

实验 55　离子色谱法测定粉尘中可溶性无机阴、阳离子的含量

一、实验目的

(1) 学习用离子色谱仪测定痕量样品中无机阴、阳离子的实验方法。

(2) 学习离子色谱仪的工作原理并学会使用 ECO-IC 型离子色谱仪。

二、实验原理

分析 K^+、NH_4^+、Na^+ 等无机阳离子时，用阳离子交换柱，其填料通常为磺酸基团(固定相，以 $R—SO_3^-H^+$ 表示)，所用的淋洗液通常是能够提供 H^+ 作淋洗离子的物质(如甲烷磺酸、硝酸等)。由于静电相互作用，样品阳离子被交换到填料交换基团上，又被带正电荷的淋洗离子交换下来进入流动相。该过程反复进行，与阳离子交换基团作用力小的阳离子在色谱柱中的保留时间短，先流出色谱柱；与阳离子交换基团作用力大的阳离子在色谱柱中的保留时间长，后流

出色谱柱，于是不同性质的阳离子得到分离。

三、仪器与试剂

1. 仪器

ECO-IC 型离子色谱仪；MagIC Net 3.2 数据处理软件；Metrosep A Supp 17 阴离子保护柱，Metrosep A Supp 17-250/4.0 阴离子分离柱；Metrosep C6-Guard 阳离子保护柱，Metrosep C6-150 阳离子分离柱。

自动再生抑制器：MSM 抑制器(测阴离子需要打开抑制器)。

2. 试剂

1) $Na_2CO_3/NaHCO_3$ 阴离子淋洗储备液

此淋洗储备液为 0.35 mol/L Na_2CO_3 + 0.10 mol/L $NaHCO_3$。称取 37.10 g Na_2CO_3(分析纯级以上)和 8.40 g $NaHCO_3$(分析纯级以上)溶于高纯水中，转入 1000 mL 容量瓶中，加水至刻度，摇匀，转移到聚乙烯瓶中并在冰箱中保存。

2) 硝酸阳离子淋洗储备液

取 0.4 mL 硝酸于 1000 mL 容量瓶中，用高纯水稀释至刻度，摇匀。此溶液硝酸的浓度为 6.0 mmol/L。

3) 阴离子标准储备液

用优级纯的钠盐分别配制成浓度均为 1000 mg/L 的 Cl^-、NO_3^- 和 SO_4^{2-} 的标准储备液，使用时用高纯水稀释成浓度为 5.00~50.00 mg/L 的标准溶液。

4) 阳离子标准储备液

用优级纯的钠盐和硝酸盐分别配制成浓度均为 1000 mg/L 的 Na^+、NH_4^+ 和 K^+的标准储备液，使用时用高纯水稀释成浓度为 5.00~50.00 mg/L 的标准溶液。

四、实验步骤

1. $Na_2CO_3/NaHCO_3$ 阴离子淋洗液的制备

移取 0.35 mol/L Na_2CO_3+0.10 mol/L $NaHCO_3$ 阴离子淋洗储备液 10.00 mL，用高纯水稀释至 1000 mL，摇匀。

2. 单个阴离子标准溶液的制备

分别移取 1000 mg/L Cl^-标准储备液 2.00 mL、1000 mg/L NO_3^- 标准储备液 3.00 mL、1000 mg/L SO_4^{2-} 标准储备液 5.00 mL 于 3 个 100 mL 容量瓶中，用高纯水稀释至刻度，摇匀，分别得到 Cl^- 浓度为 20 mg/L、NO_3^- 浓度为 30 mg/L、SO_4^{2-} 浓度为 50 mg/L 的 3 种标准溶液。按同样方法依次移取不同量的标准储备液配制另几种不同浓度的单个阴离子标准溶液，浓度范围为 5~100 mg/L。

3. 单个阳离子标准溶液的制备

分别移取 1000 mg/L Na^+标准储备液 2.00 mL、1000 mg/L NH_4^+标准储备液 1.00 mL、1000 mg/L K^+标准储备液 3.00 mL 于 3 个 100 mL 容量瓶中，用高纯水稀释至刻度，摇匀，分

别得到 Na$^+$浓度为 20 mg/L、NH$_4^+$浓度为 10 mg/L、K$^+$浓度为 30 mg/L 的 3 种标准溶液。按同样方法依次移取不同量的标准储备液配制另几种不同浓度的单个阳离子标准溶液,浓度范围为 5～50 mg/L。

4. 混合阴、阳离子标准溶液的制备

分别移取 1000 mg/L Cl$^-$标准储备液 2.00 mL、1000 mg/L NO$_3^-$ 标准储备液 3.00 mL、1000 mg/L SO$_4^{2-}$ 标准储备液 5.00 mL、1000 mg/L Na$^+$标准储备液 2.00 mL、1000 mg/L NH$_4^+$ 标准储备液 1.00 mL、1000 mg/L K$^+$标准储备液 3.00 mL 于一个 100 mL 容量瓶中,用高纯水稀释至刻度,摇匀,得到含 Cl$^-$浓度为 20 mg/L、含 NO$_3^-$ 浓度为 30 mg/L、含 SO$_4^{2-}$ 浓度为 50 mg/L、含 Na$^+$浓度为 20 mg/L、含 NH$_4^+$ 浓度为 10 mg/L、含 K$^+$浓度为 30 mg/L 的混合标准溶液。按同样方法依次移取不同量的标准储备液配制另几种不同浓度的混合阴、阳离子标准溶液,浓度范围为 5～50 mg/L。

5. 操作步骤

具体操作参考 13.2.2 中 "ECO-IC 型离子色谱仪的操作" 部分。

五、实验数据及结果

(1) 将混合阴、阳离子标准溶液的配制浓度列成表。
(2) 根据实验数据对测定结果进行评价,计算有关误差(列表表示)。

六、注意事项

同实验 54 "注意事项"。

七、思考题

(1) 柱温对离子的保留时间有什么影响?
(2) 离子色谱分析阳离子有什么优点?

实验 56　离子色谱法测定果汁饮料中有机酸的含量

一、实验目的

对果汁饮料中有机酸(柠檬酸、苹果酸、酒石酸和琥珀酸)含量进行离子色谱测定。

二、实验原理

果汁饮料中有机酸经过滤稀释后,用离子色谱柱进行分离,用离子色谱仪-电导检测器测定。测定采用阴离子交换柱,采用峰面积标准曲线法进行定量分析。

三、仪器与试剂

1. 仪器

ECO-IC 型离子色谱仪;MagIC Net 3.2 数据处理软件;Metrosep Organic acid-250 色谱柱,淋洗液 0.5 mmol/L H$_2$SO$_4$+15%丙酮水溶液,抑制液 100 mmol/L LiCl,流速 0.5 mL/min,进样

体积 20 μL。

自动再生抑制器：MSM 抑制器(测阴离子需要打开抑制器)。

再生液：5%硫酸。

2. 试剂

1) Na$_2$CO$_3$/NaHCO$_3$ 阴离子淋洗储备液

此淋洗储备液为 0.35 mol/L Na$_2$CO$_3$ + 0.10 mol/L NaHCO$_3$。称取 37.10 g Na$_2$CO$_3$(分析纯级以上)和 8.40 g NaHCO$_3$(分析纯级以上)溶于高纯水中，转入 1000 mL 容量瓶中，加水至刻度，摇匀，转移到聚乙烯瓶中并在冰箱中保存。

2) 标准品储备液

柠檬酸标准储备液(4.00 g/L)：准确称取 0.4000 g 柠檬酸(干燥器中干燥 24 h)于 100 mL 烧杯中，用水溶解，转移到 100 mL 容量瓶中，用水定容。

苹果酸标准储备液(2.00 g/L)：准确称取 0.2000 g 苹果酸(干燥器中干燥 24 h)于 100 mL 烧杯中，用水溶解，转移到 100 mL 容量瓶中，用水定容。

酒石酸标准储备液(2.00 g/L)：准确称取 0.2000 g 酒石酸(干燥器中干燥 24 h)于 100 mL 烧杯中，用水溶解，转移到 100 mL 容量瓶中，用水定容。

琥珀酸标准储备液(1.00 g/L)：准确称取琥珀酸 0.1000 g(干燥器中干燥 24 h)于 100 mL 烧杯中，用水溶解，转移到 100 mL 容量瓶中，用水定容。

标准储备液在 0～5℃下保存，有效期 3 个月。

不同浓度混合标准溶液配制：分别移取各标准储备液 0.00 mL、1.00 mL、2.00 mL、3.00 mL、4.00 mL、5.00 mL 于 50 mL 容量瓶中，用 10%乙醇水溶液定容，得到有机酸混合标准溶液系列。

柠檬酸浓度分别为 0.00 g/L、0.08 g/L、0.16 g/L、0.24 g/L、0.32 g/L、0.40 g/L。

苹果酸和酒石酸浓度分别为 0.00 g/L、0.04 g/L、0.08 g/L、0.12 g/L、0.16 g/L、0.20 g/L。

琥珀酸浓度分别为 0.00 g/L、0.02 g/L、0.04 g/L、0.06 g/L、0.08 g/L、0.10 g/L。

四、实验步骤

1. 样品准备

取食用果汁饮料，稀释一定倍数并用 0.45 μm 水性滤膜过滤，供离子色谱分析用。

2. 样品测定

从进样口注入标准溶液，得到柠檬酸、苹果酸、酒石酸、琥珀酸的出峰时间和峰面积，并绘制标准曲线。手动将溶液用 0.22 μm 滤膜过滤，进行样品测试，具体操作参考 13.2.2 中"ECO-IC 型离子色谱仪的操作"部分。

五、注意事项

同实验 54 "注意事项"。

六、思考题

简述用离子色谱法测定样品中痕量有机酸的原理。

第14章 气相色谱-质谱联用分析法

仪器联用技术是当代仪器分析发展的一个重要方向,其中以色谱的联用技术研究最为活跃。多种结构分析仪器能够提供被测物的定性检测信息,但大多只能用于纯化合物或简单混合物的直接鉴定。若将这些结构分析仪器作为色谱鉴定器而与色谱联用,则可将色谱的高分离能力与结构分析仪器的成分鉴定能力相结合,使各种色谱联用技术成为最有效的复杂混合物的分离、鉴定手段。在众多的仪器联用技术中,气相色谱-质谱联用仪(GC-MS)是开发最早、仪器最完善、应用最广泛,也是最成功的一种。

14.1 基 本 原 理

气相色谱是有力的分离手段,它以分离效率高、分析时间短、定量结果准、设备价格低、易自动化而著称,但在结构鉴定方面有很大的局限性;质谱是一种需样量少、信息量大的鉴定工具,具有灵敏度高、鉴别能力强、响应速度快等优点,但并不适合对混合物的测定。气相色谱-质谱联用技术结合了二者的优点,避免了各自的缺点。

气相色谱对混合物的分离是基于各种化合物对流动的气相和固定的液相的相对亲和性不同而进行的。样品的进样方式采用传统的分流/不分流注射。很少量的样品被注射进色谱仪中,在色谱柱前端的加热区被气化,样品的蒸气被载气运送通过色谱柱,即气相部分。色谱柱的内壁包着一层液体,称为固定相。不同的化合物在色谱柱中以不同的速率前进,于是流出色谱柱的时间不同,在流出色谱柱时被分离。

质谱分析法主要是利用电磁学原理,通过对带电样品离子的质荷比(m/z)的分析实现样品定性和定量分析的一种方法。待测样品在高真空中受热气化后,通过漏孔进入电离室。在电离室中,大多数样品分子被打掉一个电子成为分子离子,或进一步发生化学键的断裂而形成碎片离子。样品分子形成碎片依据一定的原则,也就是说,形成的碎片离子对样品分子是特征的。产生的离子经加速后进入磁场中,其动能与加速电压及电荷有关,即

$$zV = \frac{1}{2}mv^2 \tag{14-1}$$

式中:z 为离子所带电荷;V 为加速电压;m 为离子的质量;v 为离子被加速后的运动速度。

具有速度 v 的带电离子进入质量分析器中,根据所选择的分离方式,将各种离子按 m/z 进行分离,最终按 m/z 的大小顺序进行收集并记录下来,即得到质谱图。根据质谱图中峰的位置可以进行定性和结构分析,根据峰的强度可以进行定量分析。

14.2 仪器及使用方法

GC-MS 是由合适的接口把两个分开的分析技术结合起来,由一台计算机联结控制的系统(图 14-1),由气相色谱单元、质谱单元、接口单元和计算机系统四部分组成。这四大部件的

作用是：气相色谱单元是混合样品的组分分离器；接口单元是样品组分的传输线和 GC、MS 两机工作流量或气压的匹配器；质谱单元是样品组分的鉴定器；计算机系统是整机工作的指挥器、数据处理器和分析结果输出器。

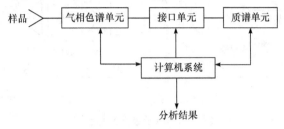

图 14-1　GC-MS 组成方框图

14.2.1　气相色谱单元

GC-MS 的气相色谱部分与一般的气相色谱仪基本相同，包括柱箱、气化室和载气系统，也带有分流/不分流进样系统、程序升温系统及压力、流量自动控制系统等。所不同的是，在 GC-MS 中，气相色谱仪自身不再配有检测器，而以质谱单元作为气相色谱的检测器。气相色谱仪的详细构造见第 11 章。

14.2.2　质谱单元

质谱单元主要由离子源、质量分析器和检测器三部分组成(图 14-2)。

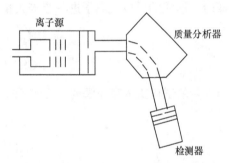

图 14-2　质谱单元组成示意图

1. 离子源

质谱仪常用离子化技术有电子轰击离子化 (EI) 及化学离子化 (CI)。EI 是常见的离子化方法。在 EI 源(图 14-3)中，将极细的钨丝或铼丝加热至 2000℃左右，灯丝发射出高能电子束，当气态试样由漏孔进入电离室时，高能电子束冲击试样的气体分子，导致试样分子电离而产生正离子：

$$M + e^- \longrightarrow M^+ + 2e^-$$

式中：M 为试样分子；M^+ 为分子离子或母体离子。若产生的分子离子带有较大的内能，有可能进一步发生化学键的断裂而形成大量的各种低质量的碎片正离子和中型自由基，如

$$M^+ \begin{array}{l} \nearrow M_1^+ \longrightarrow M_3^+ \\ \qquad\qquad \cdots \\ \searrow M_2^+ \longrightarrow M_4^+ \end{array}$$

大多数有机化合物电离能为 7～15 eV，但产生正离子效率最高的能量范围是 60～80 eV，所以大多数质谱仪电子轰击能量为 70 eV。在此能量下得到的粒子流比较稳定，质谱图的重现性较好，国际上采用 70 eV 的质谱为标准谱。

有些情况下，EI 将样品粉碎得过度，使得样品很难被定性检测出来，CI 源相对更温和、更适用，可以替代 EI 源使用。CI 主要将分子变成分子离子，而不是许多碎片。CI 源和 EI 源在结构上没有多大差别，或者说主体部件是共用的。所不同的是：在 CI 源中，需导入一种高

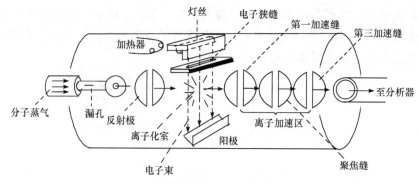

图 14-3　电子轰击源示意图

纯度的气体(通常用甲烷、异丁烷)，利用这种气体的离子与被测样品的分子之间的相互作用，形成被测样品分子的正离子或负离子。以甲烷作反应气体为例，首先，灯丝发出的电子束将反应气电离，即

$$CH_4 + e^- \longrightarrow CH_4^+ \cdot + 2e^-$$

$$CH_4^+ \cdot \longrightarrow CH_3^+ + H \cdot$$

随后，形成的反应气离子进一步与大量存在的反应气作用，即

$$CH_4^+ \cdot + CH_4 \longrightarrow CH_5^+ + CH_3 \cdot$$

$$CH_3^+ + CH_4 \longrightarrow C_2H_5^+ + H_2$$

当少量的试样进入离子源时，CH_5^+ 和 $C_2H_5^+$ 再与试样分子(SH)反应，发生质子转移

$$CH_5^+ + SH \longrightarrow SH_2^+ + CH_4$$

$$C_2H_5^+ + SH \longrightarrow SH_2^+ + C_2H_4$$

$$C_2H_5^+ + SH \longrightarrow S^+ + C_2H_6$$

然后 SH_2^+ 和 S^+ 可能碎裂，最终产生质谱图，由(M+H)或(M–H)离子测得试样分子的分子量。

CI 源又分为正 CI 源(CI+)和负 CI 源(CI–)。在化学电离时，形成正离子与形成负离子的反应是同时存在的，如果用 CI+ 则只检测到化合物的正离子，而 CI– 只检测到化合物的负离子。CI 常用于检测样品分子量的信息，作为 EI 的补充。

2. 质量分析器

当离子离开离子源后，进入质量分析器。在台式小型 GC-MS 中，质量分析器按原理主要分为磁式、四极杆式、离子阱式和飞行时间式。不同类型的质量分析器有不同的原理、功能、指标及应用范围，可能涉及不同的实验方法。

1) 磁式质量分析器

这类分析器利用磁场进行质量分析，可分为单聚焦和双聚焦两种类型。单聚焦质量分析器使用扇形磁场(图 14-4)，双聚焦质量分析器则使用扇形电场及扇形磁场(图 14-5)。

(1) 单聚焦质量分析器。重写式(14-1)，在离子源中形成的各种碎片离子被加速电压加速进入分析器时，其动能为

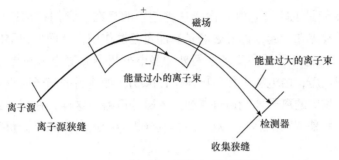

图 14-4　单聚焦质量分析器示意图

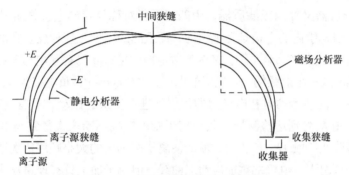

图 14-5　双聚焦质量分析器示意图

$$E = zV = \frac{1}{2}mv^2 \tag{14-2}$$

在质量分析器磁场力的作用下，离子的运动方向将发生偏转，改做圆周运动。此时，离子所受的磁场力作用提供了离子做圆周运动的向心力：

$$Bzv = \frac{mv^2}{R} \tag{14-3}$$

式中：B 为磁场强度；R 为离子在磁分析场中做圆周运动的曲率半径。

联立式(14-2)及式(14-3)，可得

$$R = \frac{1}{B}\sqrt{2V\frac{m}{z}} \tag{14-4}$$

或

$$\frac{m}{z} = \frac{R^2B^2}{2V} \tag{14-5}$$

从式(14-4)中可以看出，离子轨道的曲率半径 R 随离子质荷比 m/z 及加速电压 V 的增大而增大，随磁场强度 B 的增大而减小。通常，质谱仪离子接收器的位置是固定的，即 R 固定。为记录不同 m/z 的离子，可以固定 V，扫描 B；也可以固定 B，扫描 V。由于加速电压 V 高时，仪器的分辨率和灵敏度高，因而宜采用尽可能高的加速电压。因此，一般采取固定加速电压 V，连续改变磁场强度 B 的方法，使不同 m/z 的离子依次通过质量分析器而被逐一检出。

(2) 双聚焦质量分析器。单聚焦质量分析器分辨率不高，因为离子在进入加速电场之前，其初始能量并非绝对为零，而是在某一较小的能量范围之内有一个分布，即使是 m/z 相

同的离子，其初始能量也略有差别。由于这种差别的存在，它们在加速后的速度也略有不同，最终不能全部聚焦在一起，即静磁场具有能量色散作用，从而使仪器的分辨率不高。为了解决这一问题，可在离子源和磁场之间外加静电分析器。静电分析器由两个扇形圆筒组成，外电极上加正电压，内电极上加负电压(图 14-5)。加速后的离子束进入静电场后，只有动能与其曲率半径相应的离子才能通过狭缝进入磁分离器。这样，在方向聚焦之前，实现了能量上的聚焦，这就是"双聚焦"。双聚焦质量分析器的最大优点是分辨率高；其缺点是价格昂贵、维护困难。

2) 四极杆质量分析器

四极杆质量分析器又称四极滤质器，由四根平行对称放置的电极杆组成(图 14-6)。相对的一对电极看成一组，组内的电极是等电位的，而组间的电位正好相反。在两组电极上分别加上直流电压 U 和射频电压 $V\cos\omega t$(其中 V 为射频电压幅值；ω 为射频电压角频率；t 为时间)。在电极包围的空间形成一个射频场，正电极的电压为 $U+V\cos\omega t$，负电极为 $-(U+V\cos\omega t)$。当离子进入此射频场后，向前运动时在电场力的作用下进行复杂的振动，只有具有一定 m/z 的离子才能顺利通过，并最终到达检测器；其他离子则因振幅不断增大最终与电极碰撞而被"过滤"掉。有规律地改变参数 U、V 和 ω，就能使离子按 m/z 的大小顺序依次达到检测器而实现质量分离。在理想情况下，电极的截面应为双曲线，但由于加工具有理想双曲线截面的电极杆比较困难，在仪器中往往用圆柱形电极棒替代，实际电场与理想双曲线形场的偏差小于 1%。

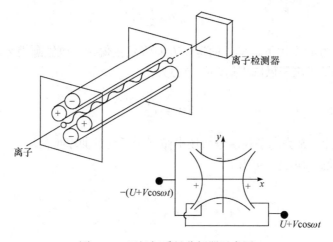

图 14-6　四极杆质量分析器示意图

四极杆质量分析器具有结构简单、体积小、成本低、扫描速度快、质量分辨率和检测灵敏度易于调节、对入射离子的初始能量及仪器的真空度要求不高等很多优点。其缺点是分辨率不够高，对较高质量的离子有质量歧视效应。在 GC-MS 中，四极杆是应用最为广泛的质量分析器，占总数的 80%~90%。

3) 离子阱质量分析器

离子阱与四极杆质量分析器类似，是四极杆质量分析器的三维形式，因此也称为四极离子阱(图 14-7)。离子阱本身实际上仅由三个电极(两个端罩电极和一个中央环电极)构成。端罩电极的内壁与环电极的两面均为双曲面。在通常工作状态下，端罩电极接地，在环电极上施加变化的射频电压。这样，离子阱内部的空腔形成射频电场，使某一 m/z 范围的离子在电场内以一定的频率稳定振荡。当从低到高扫描射频电压时，离子按 m/z 顺序逐渐变得不稳定，依次摆脱阱内电场的囚禁，逸出阱外到达电子倍增器。离子阱既是离子存储装置又是质量分析器，因此它具有相对较高的灵敏度，且具有结构简单、成本低、易于操作等优势。由于在离子阱中离子有较长的停留时间，从而增大了发生离子-分子反应的可能性，所得质谱与标准谱图有一定的差别。

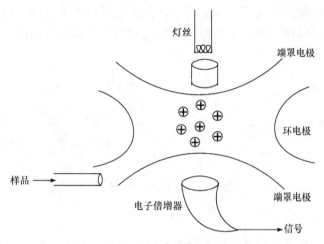

图 14-7　离子阱质量分析器示意图

4) 飞行时间质量分析器

飞行时间质量分析器的核心部分是离子漂移管，从离子源中出来的离子在加速电压的作用下加速，以相同的动能进入漂移管，通过漂移管的时间为

$$t = \sqrt{\frac{m}{z}} L \sqrt{\frac{1}{2V}} \tag{14-6}$$

式中：t 为离子在漂移区的飞行时间；L 为漂移区的长度；V 为加速电压。

由式(14-6)可以看出，离子到达检测器的时间与其质荷比的平方根成正比，也就是说，m/z 小的离子先到达检测器，而 m/z 大的离子后到达检测器(图 14-8)。

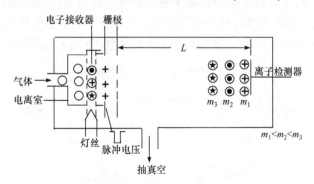

图 14-8　飞行时间质量分析器示意图

飞行时间质量分析器具有质量范围宽、扫描速度快等优势，但存在分辨率低的缺点。

3. 检测器

在质谱仪中，离子源所产生的离子经过质量分析器分离后，到达接收、检测器。质谱单元的离子检测器主要有下列几种：电子倍增器、闪烁检测器和微通道板，其中以电子倍增器最为常见。经质量分析器分离的离子轰击阴极导致电子发射，电子在电场的作用下，依次轰击下一级电极而被放大，电子倍增器的放大倍数一般为 $10^5 \sim 10^8$(图 14-9)。信号增益与电子倍增器电压有关，提高电子倍增器电压可提高仪器灵敏度，但会降低电子倍增器的寿命。因此，在保证仪器灵敏度的情况下，应采用尽量低的电子倍增器电压。由电子倍增器出来的电信号被送入计算机储存，这些信号经计算机处理后可以得到色谱图、质谱图和其他各种信息。

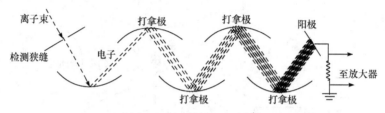

图 14-9　电子倍增器示意图

14.2.3　接口单元

GC-MS 联用的关键是气相色谱的大气出口和质谱的高真空入口相连的接口问题。质谱仪必须在高真空($10^{-6} \sim 10^{-5}$ Pa)条件下工作，否则电子能量将大部分消耗在大量的氮气和氧气分子的电离上。离子源的适宜真空度约为 10^{-3} Pa，而色谱柱出口压力约为 10^5 Pa。接口的作用有两个：第一，使气相色谱仪出口压力适应质谱仪真空条件的需要；第二，提高样品/载气比。目前常用的接口有分子分离器、开口分流接口和直接连接接口。接口类型不同，其工作原理也不同。

1. 分子分离器

分子分离器可用于填充柱及毛细管柱与质谱的连接，按其原理不同可分为喷射型、微孔扩散型及薄膜型。其中，最常用的是喷射型分子分离器(图 14-10)，基于在膨胀的超音速喷射气流中，不同分子量的气体有不同的扩散率原理设计。色谱流出物经第一级喷嘴喷出后，分子量小的载气扩散快，因而大部分被真空泵抽走，分子量大的样品气扩散慢，得以继续前进，此时的压力降至 10 Pa 左右，再经一次喷射压力可降至约 10^{-2} Pa，经两次浓缩进入离子源。

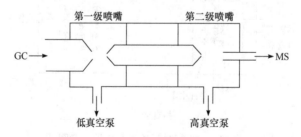

图 14-10　喷射型分子分离器示意图

微孔扩散型分子分离器的一个典型代表就是微孔玻璃分子分离器(图 14-11)，由一根烧结的微孔玻璃管构成，微孔管装在一个抽真空的外套内。进、出口各有一段玻璃毛细管限制气流。色谱流出物经过入口限制管，使烧结玻璃管内的气压降至约 133 Pa。流出物分为两股，一股渗透通过微孔被抽走，另一股则进入质谱仪。

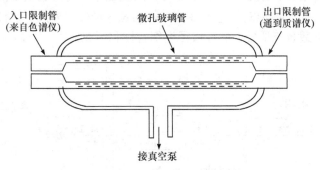

图 14-11　微孔玻璃分子分离器示意图

薄膜型分子分离器的设计是利用有机蒸气优先通过薄的聚合物阻挡层而达到对样品进行浓缩的目的。色谱流出物进入分离室时，由于有机分子溶于硅橡胶膜而扩散通过薄膜，流入质谱仪，而载气为无机气体，难溶于硅橡胶膜中，所以大部分被抽走(图 14-12)。

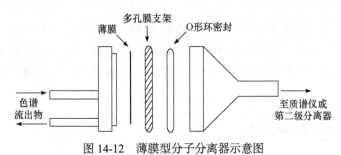

图 14-12　薄膜型分子分离器示意图

2. 开口分流接口

开口分流接口的中部为两段限流毛细管，毛细管 1 与色谱仪的出口连接，毛细管 2 与质谱仪的入口相连。同时，毛细管 1 的出口正对着毛细管 2 的入口，两者之间存在约 2 mm 的距离。将两段毛细管置于充有氦气的外套管中。当色谱流出物流量超出质谱仪要求流量时，过多的流出物将随气封氦气流出接口；当色谱流出物流量低于质谱仪要求流量时，气封氦气提供补充气(图 14-13)。开口分流接口多用于毛细管柱与质谱仪的连接，这种分流器由于有常压氦气的保护，可使色谱柱末端仍为常压，而且可在分析过程中随时更换毛细管柱。

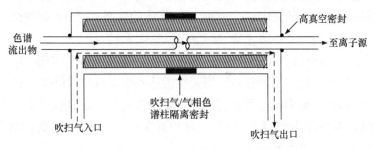

图 14-13　开口分流接口示意图

3. 直接连接接口

这是最简单的一种接口方式，即将毛细管直接插入质谱的离子化室(图 14-14)。在这种连接方式中，样品的降解损失最小，灵敏度最高，因此更适合对灵敏度较低的小峰进行定性分析。目前各公司推出的 GC-MS 仪绝大多数采用的是这种接口方式。这种接口方式只适用于小口径毛细管柱，不适合流量较大的大口径毛细管柱和填充柱。

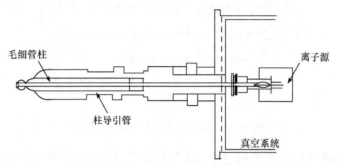

图 14-14　直接连接接口结构图

14.2.4　计算机系统

计算机软件包括必需的系统操作软件、谱库软件和其他功能软件。GC-MS 配置的微型计算机或小型计算机具有多种控制功能和数据处理功能，它除了完成峰位和峰强测量、校对零点、扣除本底、显示色谱图及质谱图、打印、作图和造表以外，在质谱检索和解析上也显示出很大的优越性。

14.2.5　Trace GC-MS 的基本操作

1. 开机

(1) 开启载气。

(2) 打开气相色谱仪，GC 将自动进行自检。自检结束后，GC 将把上一次关机时的所有参数作为初始化参数。

(3) 打开质谱仪，质谱仪上的"Vent"绿灯亮。

(4) 打开计算机主机。

启动 WINNT。点击 WINNT 桌面的"Tune"快捷键。仪器将进行通信联机。此时，桌面的右下角出现一个由三个虚框叠加在一起的图标。等待几秒后，此图标将变成较暗淡的彩色图标，表示仪器的通信联机已完成，同时在 MS 部分的后面，两个数码发光二极管的数字显示为"0 0"。

自检通过后，右键单击桌面右下角的彩色图标，在弹出菜单中选择"Vacuum"中的"Pump"命令(图 14-15)，让仪器抽真空，当真空度达到要求时，质谱仪上的"Vacuum"绿灯将不再跳跃，同时彩色图标的最上面的虚框也稳定为高亮绿色。在仪器抽真空过程中，可将"Tune"窗口中(图 14-16)的源温设为 200℃，接口温度设为 250℃。抽真空结束后，仪器会自动升温并稳定在所设的温度值附近。

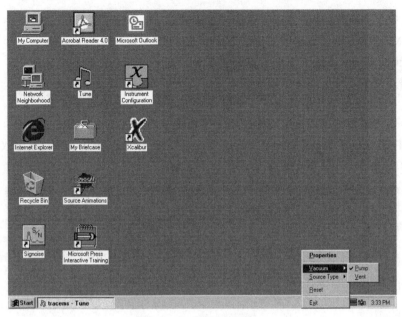

图 14-15　抽真空操作窗口

2. 检漏

(1) 到达设定温度后，在"Tune"窗口中打开文件：File/Open/Tune Peak Setting/Leak。

(2) 打开灯丝，进行检漏操作(图 14-16)。若水蒸气、氮气、氧气含量均小于 10%(小于 5%为最佳)，则检漏成功，可进行下面的操作。

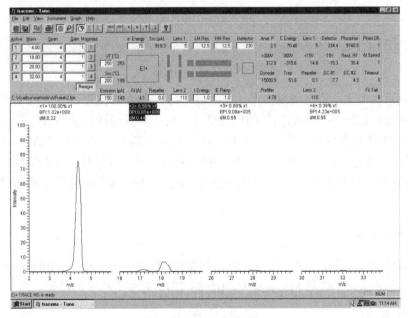

图 14-16　检漏操作窗口

若其含量较高(高于 10%)，须做如下检查：

(i) GC 与 MS 接口部分的螺母是否松动。

(ii) GC 与 MS 接口部分的密封垫是否已损坏。

(iii) 真空泵上的干燥剂是否需要更换或再生。

(iv) GC-MS 的载气是否已接近瓶底或载气纯度不够。

(v) 如长时间没开仪器，需多抽一些时间。

(vi) 检查 MS 部分的其他接口。

3．调谐

打开文件 File/Open/Tune Peak Setting/Heptacos，将要做调谐的四个峰的质量数设为 69.00；264.00；502.00；614.00(图 14-17)。

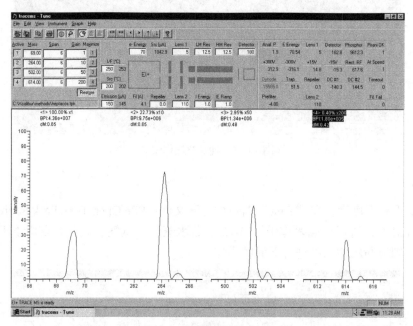

图 14-17　调谐操作窗口

打开灯丝及参考气，进行调谐操作。在调谐时可选自动调谐(Autotune)和手动调谐。如果离子源和预四极比较干净，水和氮气的峰均低于 5%，可以选择自动调谐。自动调谐后，如有些参数离标准值偏离较大，可手动调谐，最终的结果应是：四个特征碎片峰与其自身的 $(m/z)+1$ 离子峰完整分开；且要使每个峰在好的分辨情况下，峰形好，强度尽可能高。不必在每次实验过程中都进行调谐操作，只需定期进行检查，当仪器的峰位发生漂移时再进行调谐操作即可。

4．输入实验条件

点击桌面的"Xcalibur"快捷键。在弹出的窗口(图 14-18)中双击"Instrument Setup"图标，在其中输入相应的 GC 及 MS 实验条件(图 14-19)，并存入相应的路径。

5．设置样品序列

双击"Xcalibur"弹出窗口中的"Sequence Setup"图标，并在其中设置一个或一整批样品分析程序的序列，实验结果存入相应路径，实验条件可由将在"Instrument Setup"窗口中保存的方法调出获得(图 14-20)。

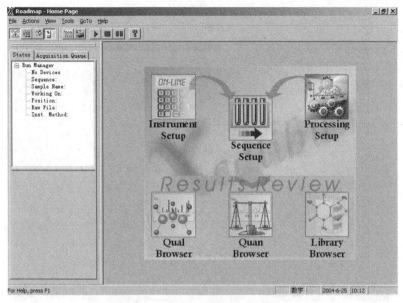

图 14-18　"Xcalibur" 图标窗口

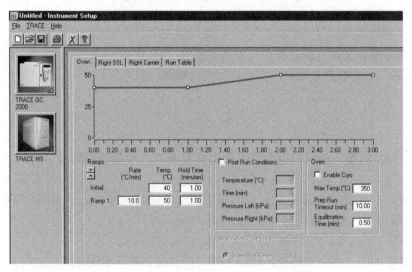

图 14-19　"Instrument Setup" 图标窗口

6. 进样

样品序列设置完成后，运行该序列，待 GC 上的 "Ready to inject" 绿灯亮后，用微量注射器进样，进样同时按下 "Start" 键。

7. 定性或定量条件的设置

双击 "Processing Setup" 图标，在弹出的窗口中设置定性或定量检测条件。对于一些简单的定性实验，这一步骤可以省略；对于定量实验，除要输入标准序列的信息外，还要指定采用的是 "内标" 法还是 "外标" 法。

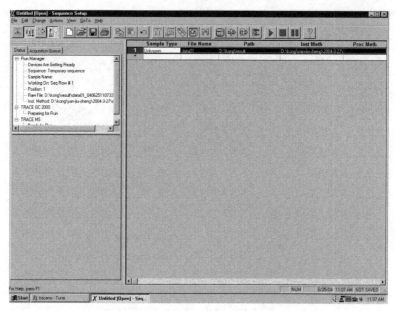

图 14-20　　"Sequence Setup" 图标窗口

8. 查看实验结果

应用上面设置的条件重新运行样品序列，并在 "Qual. Browser" 中查看定性结果，或在 "Quan. Browser" 中查看定量结果。同时打印实验结果。

9. 关机

1) 降温
将源温、接口温度、进样口温度和炉温均设为 50℃，仪器自动降温。
2) 排空
降温完成后，右键单击桌面右下角的彩色图标，选择 "Vacuum" 中的 "Vent" 命令(图 14-15)，让仪器排空，即解除仪器的真空状态。
3) 关机
仪器排空完毕后，先关质谱仪，然后关气相色谱仪，最后关闭计算机主机。

实验 57　利用 GC-MS 分离测定有机混合体系

一、实验目的

(1) 了解 GC-MS 的工作原理及分析条件的设置。
(2) 学习利用 GC-MS 分离测定有机混合体系。
(3) 掌握谱图检索的基本操作。

二、基本原理

混合物样品经气相色谱分离后，以单一组分的形式依次进入质谱的离子源，并在离子源的作用下被电离成各种离子。离子经质量分析器分离后到达检测器，并最终得到质谱图。计算机系统采集并存储质谱，适当处理后即可得到样品的色谱图、质谱图等。经计算机检索后可以得到化合物的定性结果，由色谱图可以进行各组分的定量分析。与单纯的气相色谱法相比，GC-MS 的定性分析能力更强，它利用化合物分子的指纹-质谱图鉴定组分，大大优于色谱保留时间。既摆脱了对组分纯样品的依赖性，也排除了操作过程中因进样与记录不同步而使组分保留时间变化所带来的影响。

对于四极杆质谱仪而言，它所存在的一个缺陷就是当进样量较大时存在较为严重的质量歧视效应，从而导致组分的特征谱图与标准谱图的匹配程度不好。为了克服质量歧视效应所带来的干扰，应在一定程度上减少进入质谱仪中的样品的量。这可以通过两种途径实现：一是采取分流注射的色谱进样方式；二是用适当的溶剂对样品进行适量的稀释。当试样中待测样品的浓度较大时，稀释方法显得更为直接、有效。

三、仪器与试剂

1. 仪器

Trace GC-MS；10 mL 容量瓶；1 mL 吸量管；1 μL 微量注射器。

2. 试剂

丙酮、二氯甲烷、正己烷、苯混合物；甲苯(分析纯)；正己烷(分析纯)。

四、实验步骤

1. 有机混合物的连续稀释

以甲苯为溶剂，在 4 个 10 mL 容量瓶中，对有机混合样品进行 10 倍连续稀释，最终稀释倍数分别为 10 倍、100 倍、1000 倍、10000 倍。

2. 实验条件设置

开启 GC-MS，抽真空、检漏、设置实验条件(色谱仪进样口温度：60℃；柱温：初始 40℃保持 1 min，梯度升温到 50℃，升温速度为 10℃/min，在 50℃保持 1 min；质谱扫描范围：15～250 amu)。

3. 样品分析

用正己烷清洗微量注射器 20 次后，依次分别吸取混合样品的原始液及稀释液 1μL 进样，记录色谱、质谱图。

注意：每次进样前都要用待进样液清洗微量注射器 9～10 次。

4. 谱图检索

在"Qual. Browser"窗口中查看定性结果，将每次进样得到的特征谱图与标准谱图进行对照检索，考察特征谱图与标准谱图的匹配程度，并在原始液与各稀释系列之间进行比较。由于有的样品受本底影响较大，在谱图检索过程中，可先扣除本底后再进行检索。

五、实验数据及结果

显示并打印总离子色谱图，显示并打印每个组分的质谱图。对每一组分峰的质谱图进行计算机检索。将检索结果列于表 14-1 中。

表 14-1　数据记录表

组分名称	稀释倍数 / 匹配程度	1		10		100		1000		10000	
		未扣本底	扣除本底	未扣本底	扣除本底	未扣本底	扣除本底	未扣本底	扣除本底	未扣本底	扣除本底
丙酮											
二氯甲烷											
正己烷											
苯											

六、注意事项

在样品稀释过程中，使用的溶剂为甲苯。但在本实验中，甲苯的峰并未在色谱图中出现，这主要是由色谱条件的设置决定的。在实验条件设置中，色谱的记录时间只设置了 3 min，而甲苯峰在 3 min 以后出现。为了看到甲苯峰，可适当延长色谱记录时间，如将柱温在 50℃ 的保持时间延长为 2 min。由于甲苯峰的强度较大，该峰的出现可能会使色谱图中 4 种样品峰的峰高相对变小。为了看到明显的样品色谱峰，可适当选取出现甲苯峰之前的色谱图，并局部放大。

七、思考题

(1) 进样量过大或过小将对质谱产生什么影响？

(2) 如果检索结果的匹配程度较差，还有办法进行辅助定性分析吗？

(3) 在谱图检索中，为什么有的化合物在扣除本底后匹配程度明显升高，而有的化合物几乎无变化？

(4) 如何克服四极杆质谱仪的质量歧视效应？

实验 58　空气中有机污染物的分离及测定

一、实验目的

(1) 学习并掌握配制标准气体的方法。

(2) 学习利用 GC-MS 分离及鉴别空气中的有机污染物。

(3) 了解采用外标法进行定量检测的基本原理及操作方法。

二、基本原理

苯及甲苯等都是化工生产、油漆车间、化学实验室中常用的有机溶剂。当这些物质在空气中的浓度较大时，会对工作人员的身体造成一定的伤害。因此，对于空气中苯及甲苯等的允许浓度都有严格规定，如苯在空气中的最高允许浓度为 5 mg/m^3、甲苯为 100 mg/m^3。

利用 GC-MS 不但可以得到定性的信息，也可以得到目标化合物的定量结果。质量碎片谱图法(质谱选择离子检测法)是一种高灵敏度检测法，比全谱扫描法的灵敏度高 3 个数量级。所以，GC-MS 是一种很实用的定量测定痕量组分的方法。

首先，选定欲测定目标化合物的质量范围，然后用单离子检测法或多离子检测法进行测定，不管采用哪种方式，都有外标法和内标法之分。

外标法定量：取一定浓度的外标物，在 GC-MS 合适的条件下，对其特征离子进行扫描，记下离子峰面积，以峰面积对样品浓度绘制标准曲线。在相同条件下，对未知样品进行 GC-MS 分析，然后根据标准曲线计算试样中待测组分的含量。由于样品在处理和转移过程中不可避免地存在损失，以及仪器条件变化会引起误差，因此外标法的误差较大，一般在 10%以内。

本实验以污染物苯的检测为例，介绍 GC-MS 在空气中有机污染物检测中的应用。

三、仪器与试剂

1. 仪器

Trace GC-MS；10 mL 容量瓶；1 mL 吸量管；注射器(50 μL、100 μL、1 mL、100 mL)；锡箔。

2. 试剂

苯(分析纯)；乙醚(分析纯)。

四、实验步骤

1. 苯标准溶液的配制

用微量注射器吸取苯 11.3 μL(合计 10 mg)，置于 10 mL 容量瓶中，用乙醚稀释至刻度，混匀。再吸取此溶液 100 μL 置于另一 10 mL 容量瓶中，用乙醚稀释至刻度，混匀，溶液中苯的含量为 0.01 mg/mL。

2. 实验条件的设置

开启 GC-MS，抽真空、检漏、设置实验条件(色谱仪进样口温度：60℃；柱温：初始40℃保持 1 min，然后梯度升温到 50℃，升温速度为 10℃/min，最后在 50℃保持 1 min；质谱扫描范围：15～250 amu)。

3. 空气样品中苯的测定

1) 标准曲线外标定量法

在 100 mL 注射器中先放置一块直径约 2 cm 的锡箔，吸取洁净空气约 10 mL，在注射器口套一个小胶帽。用一支 100 μL 微量注射器吸取上述苯标准溶液 10 μL，从胶帽处注入 100 mL 注射器中。抽动注射器活塞使管内形成负压，从而让注入的液体迅速气化。将针筒倒立，去掉胶帽，抽取洁净空气至 100 mL，再戴好胶帽，反复摇动针筒，使其混合均匀。此时，注射器内气体中苯的含量为 1 mg/m³。重复上述操作，配制一系列混合标准气体，其中苯的含量分别为 0 mg/m³、1 mg/m³、2 mg/m³、4 mg/m³、6 mg/m³、8 mg/m³、10 mg/m³。

直接用 100 mL 注射器在现场采样。采样前先用现场空气抽洗注射器 3～5 次，采样后迅速在注射器口套一个小胶帽。

依次分别吸取上述各标准气体及现场气体 1 mL 进样，记录色谱、质谱图。注意：每做完一种气体，需用后一种待进样气体抽洗注射器 9～10 次。

在程序设置(Processing Setup)窗口设置定量检测条件，将检测方式设定为外标法。应用设置的定量检测条件对上述标准样品及未知样品重新运行序列；并从定量浏览(Quan. Browser)窗口查看运行结果。

2) 定点计算外标定量法

其基本操作与标准曲线外标定量法基本相同，所不同的是只使用一种标准气体，但要保证标准气体与样品气体的峰高近似。

4. 打印报告并关机

点击"打印"按钮将报告打印出来。若所有实验均完成，则关闭软件，并关闭计算机和仪器。

五、实验数据及结果

实验结果可以由计算机给出，也可以由操作者自行求取。

1. 标准曲线外标定量法

将标准样品中苯的含量及相应峰面积列于表 14-2 中。

表 14-2　苯含量及峰面积记录表

样品编号	苯含量 c/(mg/m^3)	峰面积
空白	0	A_0
标样 1	1	A_1
标样 2	2	A_2
标样 3	4	A_3
标样 4	6	A_4
标样 5	8	A_5
标样 6	10	A_6
未知样品	c_s	A_s

根据表 14-2 中数据绘制苯浓度 c-峰面积 A 标准曲线；并根据未知样品中苯的峰面积 A_s，在标准曲线上查出相应的 c_s 值。

2. 定点计算外标定量法

计算标准气体中苯的浓度

$$c_{标}(\text{mg}/\text{m}^3) = \frac{V \times 0.01}{10} \times 10^3 = V \tag{14-7}$$

式中：V 为配制标准气体时加入的苯标准溶液的体积(μL)。

计算样品气体中苯的含量

$$c_{样}(\mathrm{mg}/\mathrm{m}^3) = \frac{A_{样}}{A_{标}} \times c_{标} \qquad (14\text{-}8)$$

式中，$A_{样}$ 为样品气体中苯的峰面积(mm^2)；$A_{标}$ 为标准气体中苯的峰面积(mm^2)。

比较上述两种方法的结果。

六、注意事项

(1) 在配制标准气体时应考虑样品气体中待测组分的含量。当采用标准曲线外标定量法时，应尽量使样品气体中待测组分的含量处于标准序列的内部；当采用定点计算外标定量法时，应尽量使标准气体与样品气体的峰高近似。

(2) 采样及配制标准样品时要注意容器器壁的吸附作用，为了减少吸附作用，可根据样品性质对器壁做适当处理。

七、思考题

(1) 用 GC-MS 定量分析与 GC 定量分析有什么相同及不同之处？

(2) 外标法定量分析中的误差主要来自哪里？

(3) 无论是在标准气体还是样品气体的色谱图中都存在氧气的峰，能否以氧气为内标物进行定量分析？

实验 59　内标法定量检测邻二甲苯中的杂质苯和乙苯

一、实验目的

(1) 了解采用内标法进行定量检测的基本原理及操作方法。

(2) 掌握内标物选取的方法及原则。

二、基本原理

在定量检测中，内标法的使用可以消除进样量差别等因素对检测准确度的影响，因此可以获得比外标法更为可靠的检测结果。内标法的原理如下：选取与被测物的化学结构相似的化合物 A 作内标物，并称取一定量加入已知量的待测组分 B 中，质谱仪聚焦在待测组分 B 的特征离子和内标物 A 的特征离子上。用待测组分 B 的峰面积与内标物 A 的峰面积的比值与它们进样量之比作图，绘制出标准曲线。在相同条件下测出试样中的这一比值，对照标准曲线即可求出试样中待测组分 B 的含量。内标法克服了外标法误差大的缺点。

用内标法测定时需在试样中加入内标物，内标物的选择应符合下列条件：

(1) 内标物应是试样中不存在的纯物质。

(2) 内标物的色谱峰位置应位于被测组分色谱峰的附近。

(3) 内标物的物理性质及物理化学性质应与被测组分接近。

(4) 加入的量应与被测组分含量接近。

在有些情况下，找到合适的内标物十分困难，此时采用稳定的同位素标记物作为内标物进行定量分析，结果良好。

本实验选用甲苯作内标物，用标准曲线法测定邻二甲苯中苯及乙苯的杂质含量。

三、仪器与试剂

1. 仪器

Trace GC-MS；10 mL 容量瓶；注射器(1 mL、10 mL，1 μL)。

2. 试剂

苯(分析纯)；甲苯(分析纯)；乙苯(分析纯)；邻二甲苯(分析纯)；乙醚(分析纯)。

四、实验步骤

1. 标准溶液系列的配制

按表 14-3 配制一系列标准溶液，分别置于 10 mL 容量瓶中，用乙醚稀释至刻度，混匀备用。苯、甲苯、乙苯及邻二甲苯分别根据其相应的密度计算体积。

表 14-3　标准溶液配制(单位：g)

编号	苯	甲苯	乙苯	邻二甲苯
1	0.05	0.15	0.05	6.00
2	0.10	0.15	0.10	6.00
3	0.15	0.15	0.15	6.00
4	0.20	0.15	0.20	6.00
5	0.30	0.15	0.30	6.00

2. 未知试样溶液的配制

称取未知样品 6.00 g 置于 10 mL 容量瓶中，加入 0.15 g 甲苯后用乙醚稀释至刻度，混匀备用。

3. 实验条件的设置

开启 GC-MS，抽真空、检漏、设置实验条件(色谱仪进样口温度：80℃；柱温：初始 50℃保持 2 min，然后梯度升温到 60℃，升温速度为 5℃/min，最后在 60℃保持 2 min；质谱扫描范围：20～250 amu)。

4. 样品检测

依次分别吸取上述各标准溶液及未知试样溶液 1 μL 进样，记录色谱图。注意：每做完一种溶液，需用后一种待进样溶液洗涤微量进样器 9～10 次。

在程序设置(Processing Setup)窗口设置定量检测方法，将检测方式设定为内标法；并将甲苯设置为内标物。应用设置的定量检测方法对上述标准样品及未知样品重新运行序列。从定量浏览窗口查看运行结果。

五、实验数据及结果

实验结果可以由计算机给出，也可以由操作者自行求取。

(1) 记录实验条件。

(2) 测量待测组分与内标物峰面积，并将其比值列于表 14-4 中。

表 14-4　峰面积比值记录表

样品编号	苯/甲苯		乙苯/甲苯	
	m_i/m_s	A_i/A_s	m_i/m_s	A_i/A_s
标样 1				
标样 2				
标样 3				
标样 4				
标样 5				
未知样品				

(3) 绘制各组分的 A_i/A_s-m_i/m_s 标准曲线。

(4) 根据未知样品的 A_i/A_s 值，于标准曲线上查出相应的 m_i/m_s 值。

(5) 按式(14-9)计算未知试样中苯及乙苯的百分含量。

$$c(\%) = \frac{m_s}{m_{试样}} \times \frac{m_i}{m_s} \times 100\% \tag{14-9}$$

六、注意事项

(1) 注意内标物的合理选择。

(2) 在对每一个样品溶液进行进样操作前，应注意用该样品溶液对微量注射器进行彻底清洗。

七、思考题

(1) 与外标法相比，内标法有什么优势？用内标法可以克服哪些因素造成的误差？

(2) 内标物的选取有什么具体要求？

实验 60　皮革及其制品中残留五氯苯酚检测

一、实验目的

(1) 掌握使用 GC-MS 进行皮革及其制品中残留五氯苯酚检测的基本操作。

(2) 学习并掌握同位素质谱峰的解析。

二、基本原理

随着生活水平的提高，人们越来越关注裘革制品中有害物对人体的影响。外商对中国出口的裘革制品是否符合生态标准，是否无害于环境和健康，质量是否与欧盟相关标准接轨也十分关注。

五氯苯酚是纺织品、皮革中常用的一种防腐剂。可用于棉纤维和羊毛的储运，纺织品加工中常用作浆料、印花增稠剂的防腐剂，某些整理剂中的分散剂。五氯苯酚是一种毒性化合物，且具有致畸、致癌性，自然降解过程十分缓慢，被列为对环境不利化学品。在纺织品中受到严格限制，德国法律规定禁止生产和使用五氯苯酚，服装和皮革制品中该物质的限量为 5 mg/L；有的国家则要求该物质的检出率为 0。

皮革及其制品中残留的五氯苯酚的检测可采用乙酰化-气相色谱法。首先，在硫酸溶液的作用下，样品中残留的五氯苯酚及其钠盐均以五氯苯酚的形式存在，可用正己烷对其进行提取。由于五氯苯酚具有较强的极性，直接进样分析对色谱柱及仪器系统要求很高，故通常在分析前将五氯苯酚转化为非极性的衍生物。常用的衍生化试剂有五氟苯甲酰氯和乙酸酐。五氟苯甲酰氯最灵敏，然而高浓度的衍生化试剂会引起高本底，需用碱溶液进行净化，同时酰化物也因水解而损失。用乙酸酐进行乙酰化，不影响五氯苯酚的电亲和力，从而有较高的选择性，且其本底低，一般不需要净化。此外，乙酸酐价廉易得。因此，用浓硫酸将五氯苯酚的正己烷提取液净化后，再以四硼酸钠水溶液反提取。向提取液中加入乙酸酐，使五氯苯酚与其反应生成五氯苯酚乙酯。最后以正己烷提取，用无水硫酸钠脱水后检测。以 GC-MS 代替单纯的气相色谱进行检测，不仅使检测更为直观，且在一定程度上提高了检测的灵敏度。

三、仪器与试剂

1. 仪器

Trace GC-MS；分析天平；混合器；离心机；50 mL 离心管；125 mL 分液漏斗；漏斗，下端颈部装有 5 cm 高的无水硫酸钠柱(柱的两端添加玻璃棉)；100 mL 容量瓶；10 mL 吸量管；1 mL 吸量管；10 mL 比色管；吸管；100 μL 微量注射器；10 μL 微量注射器；小烧杯；剪刀。

2. 试剂

浓硫酸；6 mol/L 硫酸溶液；0.1 mol/L 四硼酸钠(硼砂)溶液；正己烷(全玻璃仪器加碱重新蒸馏)；无水硫酸钠(经 650℃ 4 h 灼烧)；乙酸酐；五氯苯酚标准品(纯度＞99%，艾氏剂[①])。除特殊规定外试剂均为分析纯，水为蒸馏水或相应的去离子水。

四、实验步骤

1. 样品中五氯苯酚的提取及乙酰化

1) 提取

称取皮革样品约 1.0 g，用剪刀剪成碎片，置于 50 mL 离心管中，加入 20 mL 6 mol/L 硫

---

① 艾氏剂是一种很有效的杀虫剂，主要用于防治地下害虫和某些大田、饲料、蔬菜、果实作物害虫。中文名称：艾氏剂；化学命名：1,2,3,4,10,10-六氯-1,4,4a,5,8,8a-六氢-1,4,5,8-桥，挂-二甲撑萘；英文名称：aldrin；英文命名：1,2,3,4,10,10-hexachloro-1,4,4a,5,8,8a-hexahydro-exo-1,4-endo-5,8-dimethano-naphthalene。

酸后，在混合器上混匀 2 min。加入 20 mL 正己烷，振摇 3 min 后在混合器上混匀 2 min，并在 3000 r/min 下离心 2 min。用吸管小心吸出上层的正己烷并移入新的 50 mL 离心管中，残液再用 10 mL 正己烷重复提取一次，合并正己烷提取液于同一离心管中，弃去下层水相。

2) 净化

向正己烷提取液中徐徐加入 10 mL 浓硫酸，振摇 0.5 min，在 3000 r/min 下离心 2 min。用吸管吸出上层正己烷提取液并移入 125 mL 分液漏斗中，再用 2 mL 正己烷冲洗离心管管壁，静置分层后，用吸管吸出上层正己烷冲洗液，与提取液合并于同一分液漏斗中，弃去硫酸层。

在上述正己烷中加入 30 mL 0.1 mol/L 四硼酸钠溶液，振摇 1 min，静置分层。小心将下层水相放入另一 125 mL 分液漏斗中，并用 20 mL 0.1 mol/L 四硼酸钠溶液将分液漏斗中的正己烷再提取一次，合并下层水相于同一分液漏斗中，弃去正己烷层。

3) 乙酰化

向上述四硼酸钠提取液中加入 0.5 mL 乙酸酐，振摇 2 min，再加入 10 mL 正己烷，振摇 1 min，静置分层，弃去下层水相。再用 0.1 mol/L 四硼酸钠水溶液洗涤正己烷层共 2 次，每次 20 mL，振摇，静置分层，弃去水相。从分液漏斗的上口将正己烷层倒入装有无水硫酸钠柱的漏斗中，并用 10 mL 比色管收集经无水硫酸钠脱水的正己烷。

2. GC-MS 检测

1) 以仪器的灵敏度为标准判断样品中是否存在五氯苯酚

开启 GC-MS，设置实验条件(色谱仪进样口温度 250℃；柱温：210℃；质谱扫描范围：60～350 amu)。用微量注射器吸取上述正己烷提取液 5 μL 进样，记录色谱、质谱图。查看是否存在某一组分的色谱峰，要求该组分的质谱图中存在 $m/z = 266.0$(偏差在±0.2 之内)的离子峰。若无这样的组分，说明样品中不存在五氯苯酚；若有这样的组分，则进行谱图检索，看其是否为五氯苯酚乙酯。同时，观察其对应的质谱图中是否存在 m/z 为 264.0、266.0、268.0、270.0 及 272.0 的氯的同位素峰，并考察这些峰的丰度比，看其是否与氯同位素丰度比一致。

2) 内标法定量检测样品中五氯苯酚的浓度

内标液的配制(浓度为 0.5000 μg/mL)：准确称取 0.05 g 艾氏剂(精确至 0.0001 g)于小烧杯中，加 40～50 mL 正己烷溶解，定量转入 100 mL 容量瓶中，用正己烷冲洗小烧杯数次，一并转入容量瓶中，用正己烷稀释至刻度，摇匀。再取此溶液 100 μL 于 100 mL 容量瓶中，用正己烷稀释至刻度，摇匀备用。

五氯苯酚标准溶液的配制：准确称取 0.1 g 五氯苯酚标准品(精确至 0.0001 g)于小烧杯中，加 40～50 mL 正己烷溶解，定量转入 100 mL 容量瓶中，用正己烷冲洗小烧杯数次，一并转入容量瓶中，用正己烷稀释至刻度，摇匀作为储备液。使用前定量稀释，并移取一定量稀释液按上述乙酰化步骤将五氯苯酚乙酰化后配制成标准溶液(标准溶液中五氯苯酚浓度应与样品提取液中被测组分浓度接近，内标物艾氏剂浓度为 0.0500 μg/mL)。

移取 5 mL 样品正己烷提取液于 10 mL 比色管中，加入 1 mL 内标液，用正己烷稀释至刻度。

分别将标准溶液、样品提取液注入气相色谱仪，进样量各 5 μL。记录色谱、质谱图，并采用内标法进行定量分析。

五、实验数据及结果

内标法中，样品残存的五氯苯酚按式(14-10)计算：

$$X = 20 \times \frac{1}{m} \frac{A}{A_i} \frac{A_{si}}{A_s} c_s \tag{14-10}$$

式中：X 为试样中五氯苯酚含量(mg/kg)；A 为试样中五氯苯酚乙酯色谱峰面积(mm²)；A_s 为标准溶液中五氯苯酚乙酯色谱峰面积(mm²)；A_i 为试样中艾氏剂色谱峰面积(mm²)；A_{si} 为标准溶液中艾氏剂色谱峰面积(mm²)；c_s 为标准溶液中五氯苯酚乙酯(以五氯苯酚计)浓度(μg/mL)；m 为试样总量(g)。

六、注意事项

在样品提取过程中，必须防止样品受到污染或残留物的含量发生变化。

七、思考题

(1) 本实验中，五氯苯酚乙酯的质谱中 m/z=266.0 离子峰的丰度最高，若质谱扫描范围定义在 40 amu 以下，则丰度最高的离子峰应为什么？

(2) 在检测过程中，为什么要把五氯苯酚转化成酯的形式？

第 15 章 核磁共振波谱法

15.1 基 本 原 理

核磁共振(nuclear magnetic resonance，NMR)是利用原子核的物理性质，采用先进的电子学和计算机技术，研究各种分子物理和化学结构的分析方法。1946 年美国斯坦福大学的 Bloch 和哈佛大学的 Purcell 两个研究组首次独立观察到核磁共振信号并荣获 1952 年诺贝尔物理学奖，目前核磁共振波谱法已发展成为化学家、生物化学家、物理学家及医学工作者不可或缺的分析方法，是分子科学、材料科学和医学等领域中研究不同物质结构、动态和物性的最有效工具之一。

核磁共振最先应用于研究有机物质的分子结构和反应过程，随后广泛用于物理学和医学的研究，并应用于食品工业、化学工业和制药工业等生产部门，进行生产流程的控制和产品的检验。特别是用于药物的定性、定量分析和结构测定时，能在不改变药物分子化学性质的前提下，研究其活性部位与细胞受体发生反应时的分子机制。

20 世纪 60 年代末，超导核磁共振波谱仪和脉冲傅里叶变换核磁共振(pulsed Fourier-transform NMR，PFT-NMR)仪的迅速发展，以及电子计算机和波谱仪的有机结合，使核磁共振技术取得了重要突破，功能越来越完善。它可以在不破坏生物样品并保持在液体状态下研究生物大分子如酶、蛋白质及一些活体组织的动力学过程，分子结构与生物功能的关系，获得用其他分析方法无法得到的多种信息参数，极大地弥补了 X 射线技术、电子显微技术和一般光谱技术的不足。之后发展的二维谱方法在简化复杂谱线、发现隐蔽谱线、确定谱学参数及确定物质结构方面优势明显。

核磁共振的研究对象为具有磁矩的原子核，核内质子产生正磁矩，中子产生负磁矩，且同类粒子之间磁矩成对抵消，不成对的质子和中子数量决定了原子核磁矩的净值。中子数、质子数均为偶数的核 $I=0$，不会产生净磁矩。按 I 的数值可将原子核分为三类：

(1) 中子数、质子数均为偶数，则 $I=0$，如 ^{12}C、^{16}O 和 ^{32}S 等。

(2) 中子数与质子数其中之一为偶数，另一为奇数，则 I 为半整数，如

$I=1/2$，^{1}H、^{13}C、^{15}N、^{19}F、^{31}P、^{77}Se、^{113}Cd、^{119}Sn、^{195}Pt、^{199}Hg 等；

$I=3/2$，^{7}Li、^{9}Be、^{11}B、^{23}Na、^{33}S、^{35}Cl、^{39}K、^{63}Cu、^{65}Cu、^{79}Br、^{81}Br 等。

(3) 中子数、质子数均为奇数，则 I 为整数，如

$I=1$，^{2}H、^{6}Li、^{14}N 等；

$I=2$，^{58}Co 等；

$I=3$，^{10}B 等。

当原子核自旋量子数 $I\neq0$ 时，它具有自旋角动量 P，即

$$P = \sqrt{I(I+1)}h/2\pi \tag{15-1}$$

式中：h 为普朗克常量。

具有自旋角动量的原子核也具有磁矩 μ，μ 与 P 之间存在如下关系：

$$\mu = \gamma P \tag{15-2}$$

式中：γ 为磁旋比或旋磁比，是原子核的重要属性。表 15-1 列出了常见原子核的磁旋比和部分核磁共振相关参数。

表 15-1 常见原子核的磁旋比和部分核磁共振相关参数

原子核	自旋量子数	磁矩 μ /(J/T)	磁旋比 γ /[10^7rad/(T·S)]	天然丰度/%	9.39 T 时共振频率 /MHz	灵敏度(以 ^{13}C 为 1)
^{1}H	1/2	2.7926	26.752	99.985	399.952	5717.2
^{2}H	1	0.85739	4.1065	0.015	61.395	0.00310
^{3}He	1/2	−2.1274	−20.378	0.00013	304.679	0.00346
^{6}Li	1	0.82189	3.9366	7.42	58.857	1.3668
^{7}Li	3/2	3.2559	10.396	92.58	155.437	310.48
^{9}Be	3/2	−1.1774	−3.7595	100	56.201	15.865
^{13}C	1/2	0.70220	6.7283	1.108	100.568	1.0000
^{14}N	1	0.40365	1.9325	99.635	28.902	2.1499
^{15}N	1/2	−0.28299	−2.7120	0.365	40.542	0.02180
^{17}O	5/2	−1.8930	−3.6267	0.037	54.219	0.00541
^{19}F	1/2	2.6273	25.181	100	376.331	4763.6
^{23}Na	3/2	2.2171	7.0761	100	105.795	105.83
^{27}Al	5/2	3.6385	6.9706	100	104.215	101.16
^{29}Si	1/2	−0.55477	−5.3142	4.70	79.459	2.0940
^{31}P	1/2	1.1305	10.841	100	161.904	379.31
^{51}V	7/2	5.1390	7.0328	99.76	105.199	103.80

在静磁场中，具有磁矩的原子核存在不同的能级，此时用某一特定频率的电磁波来照射样品，原子核就可能产生能级之间的跃迁，产生核磁共振信号。由于原子核所处的环境不同，具有不同的屏蔽常数，如抗磁屏蔽、顺磁屏蔽、邻基团各向异性及溶剂、介质的影响各不相同，导致其核磁共振谱线的位置也各不相同。在核磁谱图中采用某一物质作为标准，以基准物质的谱线位置作为谱图的坐标原点，不同官能团中的原子核出峰位置相对于原点的距离可以反映它们所处的化学环境，称为化学位移(chemical shift)δ。δ 按下式计算：

$$\delta = 10^6 (\nu_{样品} - \nu_{标准}) / \nu_{仪器} \tag{15-3}$$

其中 δ 表示的是距原点的相对距离，是一个量纲一的量，百万分之一用英文缩写 ppm 代替。

四甲基硅烷(tetramethylsilane，TMS)在 ^{1}H、^{13}C、^{29}Si 谱中均作为测量化学位移的基准，因为 TMS 只有一个峰(结构对称性高)，分子中氢核和碳核的核外电子的屏蔽作用都很强，无论在氢谱或碳谱中，一般化合物的峰大多出现在 TMS 峰的左边(低场)，即 δ 为正值。另外，TMS 沸点仅 27℃，易从样品中除去，便于样品回收，且 TMS 与样品之间不会发生分子缔合，所以在这些谱中都规定 $\delta_{TMS}=0$。其他核也有约定的标准物，如 ^{31}P 谱使用 85%磷酸水溶液。当没有标准物作为化学位移参照时，可使用文献报道中具有确定化学位移的化合物定标。

当测量某个核的核磁共振谱图时，该核附近往往存在其他一些有磁矩的核，这些核会对测量核所处的化学环境产生影响。若与待测核耦合的核有 n 个(假设其耦合作用均相同)，这些核

的磁矩均有 $2I+1$（其中 I 为自旋量子数）个取向，则这 n 个核就有 $2nI+1$ 种分布情况，其谱线分裂成 $2nI+1$ 条。对于 $I=1/2$ 的核，如 ^{1}H、^{13}C、^{19}F、^{31}P 等，自旋-自旋耦合产生的谱线分裂数为 $n+1$，称为 $n+1$ 规则。耦合产生分裂的裂距反映了相互耦合作用的强弱，称为耦合常数(coupling constant)J，J 以 Hz(赫[兹])为单位。耦合常数的大小与两个核在分子中相隔远近密切相关，并随化学键数目的增加而迅速下降，两个氢核相距四个及四个以上化学键则耦合作用较小甚至无耦合作用。另外，J 是矢量，谱线的裂距仅反映耦合常数的大小。通常有耦合作用的两核通过偶数化学键的耦合时 $J<0$，通过奇数化学键耦合时 $J>0$，但在核磁共振谱图中一般只是通过化学位移差的计算得到其绝对值。

现代核磁共振使用脉冲激发核共振，该脉冲功率较大，可以激发附近一定频率范围，该频率范围内的核部分自旋取向发生改变而跃迁至高能级，随后有部分核通过弛豫过程回到初始能级并释放能量，感应线圈接收信号并转变成数字信号，得到以时间为自变量的函数，称为自由感应衰减(free induction decay, FID)。傅里叶变换将时间域的函数分解为一系列傅里叶级数，继而转变成频率域的函数(逆变换则是将一系列频率域的函数合成为一个函数，继而转换成时间域的函数)，因此 FID 经过傅里叶变换后就得到以频率为自变量的函数，将数据点连线即为核磁共振谱图。由时间域向频率域的傅里叶变换公式如下所示：

$$F(\omega) = \frac{1}{2\pi} \int_{-\infty}^{\infty} f(t) e^{-i\omega t} dt \tag{15-4}$$

式中：ω 为信号圆频率；t 为时间变量。

根据欧拉公式

$$e^{ix} = \cos(x) + i\sin(x) \tag{15-5}$$

所以有

$$F(\omega) = \int_{-\infty}^{\infty} f(t)\cos(\omega t) dt - i\int_{-\infty}^{\infty} f(t)\sin(\omega t) dt \tag{15-6}$$

三角函数中的频率、振幅和相位对应谱图中信号峰的频率、峰面积和相位(实部或虚部数据都可以采用，仅相差 90°相位，经过相位调整后谱图完全相同)。

20 世纪 80 年代以前，核磁共振谱主要采用一维谱图，即只有一个频率坐标，而第二个坐标为信号强度，之后二维核磁共振(two-dimensional NMR)波谱发展成熟并被常规使用，即两个坐标轴均为频率坐标，而信号强度出现在第三维空间，在二维谱的基础上又出现了三维或多维核磁共振。

在脉冲调制的一维傅里叶变换核磁共振中，记录的信号是一个时间变量的函数，然后经过傅里叶变换成为一个以频率为变量的函数的谱图。在二维谱中，记录的信号是两个时间变量 t_1 和 t_2 的函数，而且将得到的数据进行两次傅里叶变换得到两个频率变量的函数，一般二维谱的形式如图 15-1 所示。

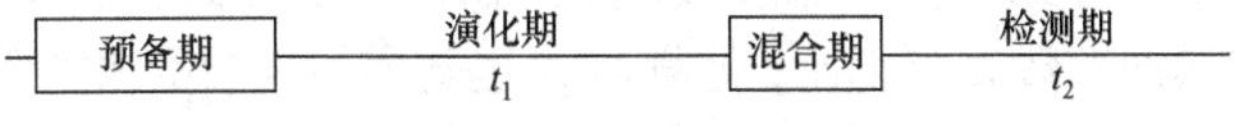

图 15-1 一般二维谱的形式

第一个时期称为预备期(preparation)，样品被一个或多个脉冲激发。得到的磁化矢量处于不平衡阶段，不断演化，即处于演化期(evolution)t_1 阶段。后面的称为混合期(mixing)，由另一些脉冲组成，混合期并不是必不可少的。混合期之后信号记录为第二个时间变量 t_2 的函数，称为检测期(detection)t_2。以上的组合称为一个脉冲序列，预备期和混合期的本质决定了二维谱能够给出的信息。比较重要的一点是信号并不是在 t_1 时间段内记录的，而仅仅是在 t_2 时间段内、脉冲序列的终点处记录。记录的数据在 t_1 和 t_2 方向均有规则的时间间隔。

演化期和混合期的不同决定了二维谱的种类不同。二维谱的分类也有不同的方式，一般二维谱可以分为 J 分辨谱、化学位移相关谱和多量子谱。J 分辨谱也称 J 谱或 γ-J 谱，它把化学位移和自旋耦合的作用分辨开来，根据研究对象的不同分为异核 J 谱和同核 J 谱。化学位移相关谱也称 γ-γ 谱，是二维核磁共振谱的核心。它表明共振信号的相关性，包括同核耦合、异核耦合及 NOE(nuclear Overhauser effect)和化学交换等。

较常用的二维谱包括 COSY(chemical shift correlation spectroscopy，化学位移相关谱)、TOCSY(total correlation spectroscopy，总相关谱)、HMQC(heteronuclear multiple quantum coherence spectroscopy，异核多量子相关谱)、HSQC(heteronuclear single quantum coherence spectroscopy，异核单量子相关谱)、HMBC(heteronuclear multiple bond coherence spectroscopy，异核多键相关谱)和 NOESY(nuclear Overhauser effect spectroscopy)等。H-H COSY 显示氢核之间的近程耦合关系，确定某自旋体系中氢的连接顺序，H-H TOCSY 则不仅给出近程耦合关系，还包括远程耦合关系，可以确定整个自旋体系；HMQC 和 HSQC 展示异核之间的直接键连关系，如 H-C HMQC 能够指出直接相连的碳氢信号，HSQC 是检测单量子跃迁的异核相关谱，与 HMQC 相似，但灵敏度更高、效果更好，HMBC 可提供异核之间的远程耦合作用；NOESY 测量分子中可能存在的 NOE，即空间距离小于 5 Å 的核之间产生的偶极-偶极作用，由此可推测核之间的空间距离，确定分子的空间结构。对于分子量处在一定范围内的分子来说，可能无法用 NOESY 检出其 NOE，此时可使用旋转坐标系下的 NOESY 实验——ROESY(rotating frame Overhauser effect spectroscopy)进行检测。当然也有检测异核之间 NOE 的 HOESY(heteronuclear NOE spectroscopy)。二维谱根据使用的具体情况可有不同的脉冲序列，以实现特殊的效果。

15.2 仪器及使用方法

根据化学位移和耦合常数的概念，某种同位素由于其所处基团不同及原子核之间相互耦合作用的存在，因此对应某一化合物有确定的核磁共振谱图。使用连续波(CW)仪器时，连续变化电磁波频率或磁感应强度使不同基团的核依次满足共振条件而得到整个谱图。在任一瞬间最多只有一种原子核处于共振状态，其他原子核都处于"等待"状态，因此扫描速度必须很慢防止谱图畸变(如记录一张氢谱通常需要 250 s)，且整个扫描过程只有一次，浓度较低的样品或者磁旋比较小、丰度较低的核往往无法检测。

我国在进入 21 世纪后大量应用了超导脉冲傅里叶变换核磁共振波谱仪，逐渐淘汰了连续波核磁共振波谱仪。该仪器使用一个脉冲将所有的原子核同时激发，可在很短的时间间隔内完成一张完整核磁共振谱图的记录并进行累加，累加的结果经过数学运算后显示出更好的灵敏度。

信号 S 的强度与累加次数 n 成正比；但噪声 N 也随累加次数的增加而累加，其强度与 $n^{1/2}$ 成正比，最终信噪比 S/N 与 $n^{1/2}$ 成正比，如需把 S/N 提高到 10 倍，就需要通过累加 100 次实现。超导核磁共振波谱仪的磁感应强度提高，单次扫描时间缩短且扫描结果可叠加，使得核磁共振对样品浓度的要求大大降低，也大大扩展了核磁共振的研究范围，很多低丰度核的研究得到了很大的发展。

超导脉冲傅里叶变换核磁共振波谱仪具有以下优点：

(1) 在脉冲(几微秒内激发一定频率范围的电磁波)作用下，该同位素所有的核(不论处于何官能团)同时共振。

(2) 脉冲作用时间短，一般 90°脉宽控制在 10 μs 左右，一维谱通常使用 30°或 45°脉宽激发。单次采样和累加时的时间间隔一般均为几秒(具体数值参考样品的弛豫时间)，相对连续波仪器大大节约时间。

(3) 脉冲傅里叶变换仪器采用分时装置，在脉冲发射之后立即接收信号，因此不致有连续波仪器中发射机能量直接泄漏到接收机的问题。

(4) 可以使用各种不同的脉冲序列(pulse sequence)，达到不同的实验目的。

以上特点使超导脉冲傅里叶变换核磁共振波谱仪的灵敏度远较连续波仪器为高。样品用量可大为减少，以氢谱而论，样品可从连续波仪器的几十毫克、上百毫克降到 1 mg 以下(配有低温探头的高场仪器甚至可以测量微克级样品)，测量时间也大为缩短；并且傅里叶变换仪器可以进行很多连续波仪器无法进行的工作。

超导核磁共振波谱仪的劣势在于仪器价格昂贵，磁体需要定期补充液氦及液氮以维持超导状态(液氦资源稀缺)，因此维护费用较高，制约其进一步普及。近年来，市场上出现了一些新型的小型核磁共振波谱仪，综合了连续波仪器和超导仪器的一些特点，虽使用磁感应强度较弱的永磁体，一般对 ^1H 核共振频率为 40～80 MHz，但用脉冲激发共振，通过傅里叶变换处理数据，可多次累加采样。其优点是整机价格便宜，无须消耗液氦及液氮，但由于其场强和成本所限，只能完成一些较为基础的核磁共振实验，多用于实验教学或简单有机物的核磁共振检测，分辨率、灵敏度和功能完备性不能与超导核磁共振波谱仪相提并论。

实验 61　核磁共振波谱法测定乙酰乙酸乙酯互变异构体的相对含量

一、实验目的

(1) 了解超导核磁共振波谱仪的基本结构。

(2) 初步了解调谐、匀场、锁场、90°脉宽等概念和操作，理解磁化矢量及其变化。

(3) 掌握核磁共振波谱实验的基本原理和操作步骤，了解核磁共振波谱半定量方法的应用，会解析核磁共振谱图。

二、实验原理

乙酰乙酸乙酯除具有酮的典型反应(如与 $NaHSO_3$、HCN 加成，与苯腙、羟胺作用，碘仿反应等)外，还能与三氯化铁水溶液发生颜色反应；使溴水褪色；与金属钠作用放出氢。这些实验事实是无法用单一结构式解释的。经过许多物理和化学方法的研究确定，乙酰乙酸乙酯实际上是由酮式和烯醇式两种异构体组成的互变平衡体系(图 15-2)。

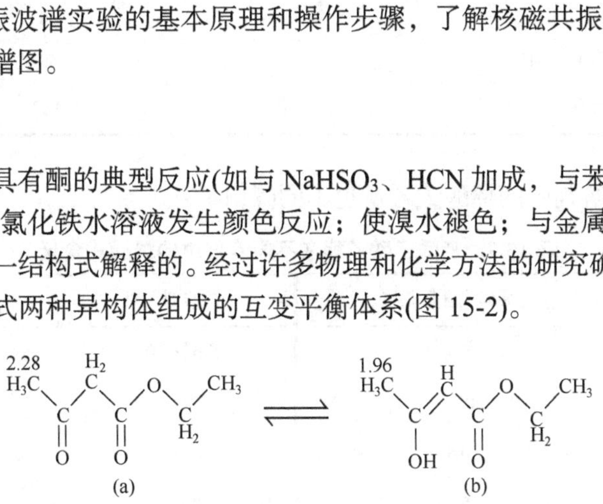

图 15-2　乙酰乙酸乙酯的酮式与烯醇式互变平衡示意图

酮式和烯醇式异构体之间以一定比例呈动态平衡存在。在室温下，彼此互变的速度很快，不能将二者分离。这种同分异构体之间以一定比例平衡存在，并能相互转化的现象称为互变异构现象。

互变异构现象是有机化学中常见现象。从理论上说，凡有 α-H 的羰基化合物都有互变异构现象，但不同结构的羰基化合物，其酮式和烯醇式的比例差别很大，如图 15-3 所示。

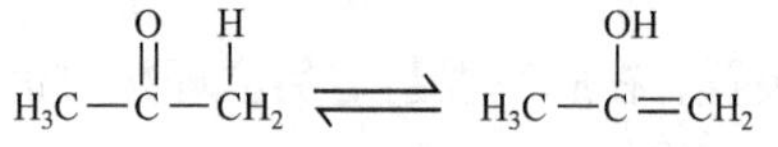

$$H_3C—\overset{\overset{\textstyle O}{\|}}{C}—\overset{\overset{\textstyle H}{|}}{C}H_2 \rightleftharpoons H_3C—\overset{\overset{\textstyle OH}{|}}{C}=CH_2 \quad (烯醇式含量为0.00025\%)$$

图 15-3 丙酮的酮式与烯醇式的动态平衡

丙酮的 α-H 只受到一个羰基的活化，所以烯醇式结构不稳定，所占比例太小，可以忽略不计。而在乙酰乙酸乙酯分子中，亚甲基由于受羰基和酯基的双重影响，其上的氢原子较活泼，所以能够形成一定数量的烯醇式异构体，而且形成的烯醇式异构体因羟基上的氢原子与酯基中羰基上的氧原子形成分子内氢键而稳定(图 15-4)。

乙酰乙酸乙酯的互变异构是由质子移位而产生的。除乙酰乙酸乙酯外，还有许多物质，如 β-二酮以及某些糖和含氮化合物等，也能产生这类互变异构现象(图 15-5)。

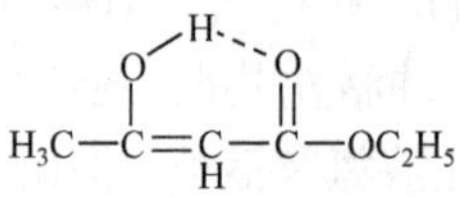

图 15-4 乙酰乙酸乙酯的分子内氢键 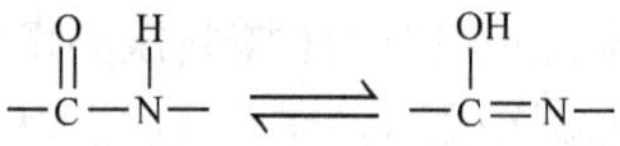　　　　图 15-5 含氮化合物的互变异构现象

酮式与烯醇式的相对含量与分子结构、浓度、温度等因素有关。不同物质的互变平衡体系中，异构体的比例不同(表 15-2)。

表 15-2 不同物质互变异构体中烯醇式的含量

结构式	烯醇式含量(液态)/%
CH_3COCH_3	0.00025
$CH_3COCH_2COOC_2H_5$	7.5
$CH_3COCH_2COCH_3$	80
$CH_3COCH(COOC_2H_5)_2$	69
环己酮	0.02

同一物质在不同溶剂中的烯醇式含量也不同(表 15-3)。

表 15-3 乙酰乙酸乙酯在不同溶剂中的烯醇式含量

溶剂	烯醇式含量/%	溶剂	烯醇式含量/%
水	0.4	乙酸乙酯	12.9
50%甲醇	0.25	苯	16.2
乙醇	10.52	乙醚	27.1
戊醇	15.33	二硫化碳	32.4
氯仿	8.2	己烷	46.4

用化学法测定乙酰乙酸乙酯两种互变异构体的相对含量，操作麻烦，条件与终点也不好控制。用核磁共振波谱法测定，具有简单、快速的优点，实验结果与化学法相近。

酮式的羰甲基[图 15-2(a)]和烯醇式的甲基[图 15-2(b)]在谱图中不互相重叠，均为单峰且质子数较多，测定的准确度较好，故选择它们做定量测定较为合适。

三、仪器与试剂

1. 仪器

WNMR I400 超导核磁共振波谱仪(软件 SpinStudioJ)；5 mm 核磁管；100 μL 和 0.5 mL 微量进样器。

2. 试剂

乙酰乙酸乙酯(分析纯)；氘代氯仿[氘代度 99.8%，0.03% (体积分数) TMS]。

四、实验步骤

1. 打开软件

点击计算机桌面上软件图标(图 15-6)。

图 15-6　核磁共振软件图标

软件各功能区如图 15-7 所示。

图 15-7　核磁共振波谱仪操作软件主要功能区

2. 制样和进样

将 10 μL 乙酰乙酸乙酯和 0.5 mL 氘代氯仿先后加入核磁管中，充分振荡均匀，擦净核磁管，盖好核磁管帽，在样品架侧面槽中放好转子，将核磁管插入转子并插到底。手拿转子，在指令输入栏中输入弹气命令"eject"，听到气流声音后将转子和核磁管放入进样口。样品放入后会被气流托住，悬浮在进样套管中，输入命令"inject"，气流减小，样品平稳落入磁体中。

弹出窗口中需填入样品名称并选择所用氘代试剂，如溶剂显示不同则选择实际所用溶剂(CDCl3)后点击"OK"按钮(图 15-8)。

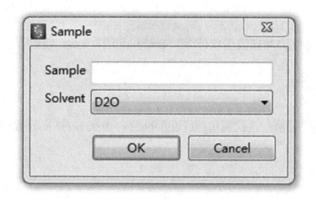

图 15-8　进样后提示界面

3. 新建实验

点击左侧"NMR data navigator"下的"admin"根目录，找到实验专用文件夹，点击右键后在弹出菜单中选择"New Folder"新建文件夹，文件夹名称用当天日期即可，如 191216，在新建文件夹上点击右键后选择"New Experiment"(图 15-9)。

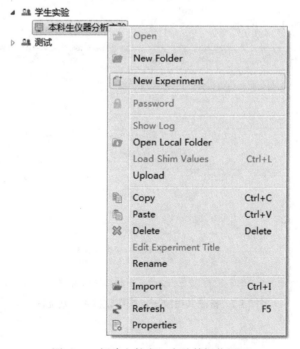

图 15-9　新建文件夹、实验等操作界面

Exp Name 输入实验序号(可根据实际操作顺序)。

Params Type　在下拉菜单中选择 template(实验模板)，使用默认的 PROTON16 序列(氢谱16 次累加序列)。

Solvent 根据实际所用氘代试剂在下拉菜单中选择。

Title 中输入 90(表明是 90°脉宽测量实验)。

4. 调谐及匀场、锁场

输入指令 "stm"，探头自动进行氢核发射频率调谐，结束后关闭窗口。

匀场锁场操作有两种方式：输入一个操作指令 "smartshim" 并回车，仪器将自动匀场锁场；也可在菜单栏 图标中点击下拉菜单，选择 "smart shimming"，在弹出对话框中点击 "start" 即可，注意勾选 "autolock" 选项。

系统显示 "Auto lock finished" 后表示自动匀场锁场结束。

5. 测 90°脉宽

点击谱图下方 "parameters" 选项，在 "experiment" 选项下的 "pulseseq" 右侧脉冲序列名称上点击，随之出现右侧的选项图标，点击图标更换脉冲序列为 "S1pul"(standard single pulse experiment)。

输入 "again"(自动调整增益)，完成后系统栏中显示 "Finish optimizing gain for…"。

输入 "ns=1"，将累加次数改为 1 次。

输入 "plvl1=53"(将脉冲功率设为 53 db，功率越大测得的 90°脉宽越短)。

输入 "d1=5"(将脉冲序列时间间隔定为 5 s，有条件可设为 10 s)。

输入 "parray"，出现对话框(图 15-10)。

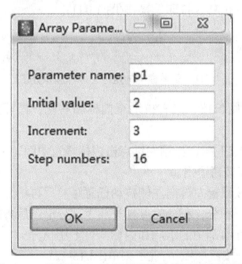

图 15-10　测氢核 90°脉宽时脉冲持续时间阵列设置

按图 15-10 中所示输入参数，从脉冲持续 2 μs 起、每次加长 3 μs 共采集 16 个脉宽不同的氢谱，使磁化矢量翻转不同角度，脉宽越长翻转角度越大，可以得到 16 个信号强度和相位各不相同的氢谱。

输入采样指令 "ga"。

采样结束后输入指令"aph"(自动调整相位)和"dc"(直流漂移校正)。

根据一系列谱图中先是正峰由小到大、由大到小再到负峰由小变大、由大变小变化情况，结合所设脉宽数值判断360°脉宽大致数值。

在大致的360°脉宽值附近再次进行脉宽阵列实验，起始值略小于预估值1~2 μs，数值间隔0.2 μs，最大值应超出预估值1~2 μs。

对所得阵列峰形进行观察，正负峰交界处应对应360°脉宽值，将此数值除以4就可以得到该样品的90°脉宽值(可选择其中某一个峰放大后观察)。同样可以选择180°脉宽附近的峰进行90°脉宽值的测量。

6. 氢谱采样

在同一文件路径下新建一个氢谱，使用Proton1模板(标准30°脉宽序列，采样1次)。

输入"p1=***"(***为刚刚测得的90°脉宽)。

输入指令"ga"开始采样。

等待采样结束后观察谱图信噪比和峰形，判断匀场效果，若峰形较差则需重新匀场，匀场效果良好时可根据信噪比表现决定累加次数(一般选择4的倍数)。本实验所用样品浓度较高，设置累加次数为8次即可。

在指令栏中输入指令"ns=8"。

在指令栏中输入指令"again"。

输入"ga"，开始采样。

7. 谱图处理

采样结束后输入指令"aph"和"dc"，之后开始谱图处理，包括标定内标(TMS)的化学位移、积分目标峰、标出化学位移、打印等操作(图15-11)。

图15-11　菜单栏中的定标、标峰和积分按钮

鼠标左键在内标峰左侧长按，向右拉动至内标峰右侧，松开鼠标左键即可将所选区域放大。

点击菜单栏中的定标按钮，再用左键点击内标峰正中间，在右侧出现的对话框中将化学位移值改为0，点击保存按钮退出。

在谱图上任意一处长按鼠标左键向左侧拉动任意距离后再松开就可回到全谱状态。

将谱图中所有的峰进行积分，积分时可预先放大部分谱图后再操作。其中7.27 ppm处氘代氯仿溶剂峰、1.67 ppm处溶剂中的水峰和内标峰可不用积分。

点击图15-12中的积分按钮∫，出现子菜单(图15-12)。

图15-12　积分子菜单

点击左侧第一个积分按钮后在某个峰的左侧长按鼠标左键，向右拉动到峰的右侧后松开，则所选范围内的峰就会被积分；需缩放谱图时可点击右键，在弹出菜单中选择"enter zoom"进入缩放模式，将某一部分谱图放大，右键选择"exit zoom"退出缩放模式，此时可继续对峰进行积分操作。

鼠标左键单击某个积分值，其颜色变为深绿色后点击鼠标右键，在弹出菜单中选择"calibrate current integral"，可以将该峰的峰面积比照氢核数目定为整数，如将 1.29 ppm 处甲基峰积分值定为 3，或 4.21 ppm 处亚甲基峰积分值定为 2。全部积分操作完成后点击保存按钮退出。

再次回到全谱状态，将谱图中 12～0 ppm 之间的范围放大，点击图 15-13 中的标峰按钮 ⼈，出现子菜单(图 15-13)。

图 15-13　标峰子菜单

选择"pick peaks by threshold"方式，利用鼠标滚轮向上滚动将峰高提高，鼠标左键在 12 ppm 处的峰尖下方点击即可将绿色水平线移动至此，所有比绿线高的峰都将标示出化学位移值，点击鼠标右键，选择"pick positive peaks"或"pick peaks"选项，点击保存退出。

点击菜单栏中的打印按钮 🖶，在弹出的"print plot"窗口中可预览和调整谱图范围、谱峰高度，点击菜单栏中的打印按钮即可进行打印。

五、实验数据及结果

(1) 两个异构体的质量分数等于其摩尔分数，也等于峰面积比。若以 I_a 和 I_b 分别表示 a 和 b 两组质子的积分值，w_a 和 w_b 表示两种异构体的含量，则有

$$w_a(\%) = w_a / (w_a + w_b) \times 100\% = I_a / (I_a + I_b) \times 100\% \tag{15-7}$$

$$w_b(\%) = w_b / (w_a + w_b) \times 100\% = I_b / (I_a + I_b) \times 100\% \tag{15-8}$$

将实验数据代入式(15-7)和式(15-8)，分别求出酮式和烯醇式的含量。

(2) 对照两种异构体的分子式和碳谱谱图将谱图中的峰进行归属，并比较碳谱和氢谱的特点。谱图归属时参考文献中核磁共振数据的表述格式，同时计算所有裂分峰的耦合常数。

六、注意事项

进样前一定注意要弹气，一方面弹出磁体中原有的样品，另一方面进样时有气流托住待测样品缓慢下落，防止核磁管跌破，样品污染探头等部件。

七、思考题

(1) 核磁共振氢谱中对峰面积进行积分，峰面积的比等于其代表的氢数之比，试简述其原理。

(2) 使用核磁共振进行定量测试时需要注意哪些参数的设置？

(3) 仪器使用一段时间后功放功率可能会下降，此时 90°脉宽会如何变化？应采取何种措施应对这种变化？

(4) 试描述匀场和锁场的大致过程，并简述其作用。

实验 62　碳谱及碳编辑谱

一、实验目的

(1) 了解超导核磁共振波谱仪的基本结构。

(2) 了解调谐、匀场、锁场、90°脉宽等概念和操作，理解磁化矢量及其变化。

(3) 掌握核磁共振波谱实验碳谱和碳编辑谱的基本原理和操作步骤，会对谱图进行解析。

二、实验原理

核磁共振碳谱($^{13}C\ NMR$)是分析有机化合物结构时一种重要的核磁共振技术，常用的实验包括全去耦、不去耦、偏共振质子去耦、选择性去耦、门控去耦和反门控去耦等，相关的应用方法包括 APT 谱、INEPT 谱和 DEPT 谱等。

自然界的碳元素存在 ^{12}C 和 ^{13}C 两种同位素，自然丰度分别为 98.9%和 1.1%，其中 ^{12}C 的自旋量子数为零，无法产生核磁共振信号。^{13}C 核的自旋量子数为 1/2，可以产生共振信号，但是自然丰度远低于 ^{1}H 核(99.985%)，磁旋比也只有 ^{1}H 核的大约 1/4(信噪比正比于磁旋比的三次方)，多种因素导致其信号强度只有 ^{1}H 核的 1/5700 左右。早期的核磁共振波谱仪由于磁场弱、连续波激发方式效率低下、无法进行数据累加等原因，只能局限于研究氢核等极少数信号强度高的核，极少研究 ^{13}C 核，以至于核磁共振波谱仪的规格都直接使用氢核的共振频率代替。

随着超导核磁共振的出现、脉冲傅里叶变换技术的应用以及电子和计算机技术的日趋成熟，信号强度较弱的核也可以通过累加和极化转移等方法得到足够强的信号。由于组成有机化合物的骨架主要是碳原子，研究 ^{13}C 核的核磁共振信号尤为重要，另一个重要的原因是 ^{1}H 谱的出峰范围主要集中在 0~10 ppm(极少数情况可到 20 ppm)，当氢核的数目较多，出峰位置接近或者裂分较复杂时，氢谱的解析难度大大上升。而 ^{13}C 谱的正常出峰范围就达 0~200 ppm，甚至可达到 400 ppm(因碳核的外层有 2p 电子，具有较大的各向异性，易受磁场和化学键影响，对化学环境的变化也比较敏感)，使得碳谱中峰重合的概率大大降低，氢谱中无法体现的频率差异往往在碳谱中可以体现出来(如实验 61 中乙酰乙酸乙酯分子中的乙基只出现一组峰，而在碳谱中该乙基是两组信号，分别对应酮式和烯醇式)。

在有机物分子中，碳核往往连有数量不等的氢核，这就不可避免地存在碳氢之间的耦合问题。要得到简化的碳谱谱图就需要对氢进行去耦，根据对氢核去耦方式的不同分为不去耦、全去耦、偏共振去耦、选择性去耦、门控去耦、反门控去耦等多种实验类型。

不去耦碳谱类似普通的氢谱，只有激发碳核共振的脉冲，没有去耦脉冲(图 15-14)。谱图中显示氢核对碳核的裂分情况，根据信号的裂分情况可以推测相应碳核的类型，帮助解析化合物结构。但不去耦碳谱信号强度很弱，需更多次累加，有时裂分情况很复杂，干扰谱图的分析，因此应用较少。

全去耦碳谱也称为质子宽带去耦，是指在脉冲序列全程使用去耦射频脉冲覆盖全部质子的共振频率(图 15-15)，使氢核对碳核的耦合影响全部消除。因此，每种磁等价的碳核在谱图上均表现为一个单峰，即一条谱线。全去耦碳谱的优点是一种碳只出一个峰，谱线之间分得较

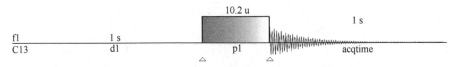

图 15-14　不去耦碳谱脉冲序列

开，易于识别，可以很容易得到化合物包含的碳数，而且由于去耦时氢核对碳核的 NOE，碳谱的信号得到增强，能够节约采样时间。缺点是碳信号的增强程度与连有氢核数目有关，不同碳核信号增强幅度不一致，峰面积无参考价值，也无法直接区分伯、仲、叔碳。

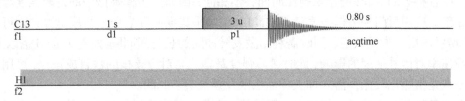

图 15-15　全去耦碳谱脉冲序列

　　若使去耦射频脉冲稍偏离质子的共振频率，就可以得到 ^{13}C-^1H 不完全去耦。这时 ^{13}C-^1H 远程耦合完全消失，多重峰裂距将大大缩小，即偏共振去耦。设置合适的实验参数可以做到既保留部分耦合信息，又不致多重峰重叠严重。质子偏共振去耦碳谱可以得到 ^{13}C-^1H 关联的结构信息。^{13}C 残留多重峰与直接相连的质子数有关，符合$(n+1)$规则，可用来鉴别 $CH_3(q)$、$CH_2(t)$、$CH(d)$ 和 $C(s)$。但需注意的是，当与碳相连的质子在氢谱中为一级耦合时，质子偏共振去耦碳谱峰均为清晰的残留多重峰；若碳上的质子为高级耦合，则偏共振去耦碳谱峰常出现加宽、增多或虚假耦合等复杂的情形。

　　化合物氢谱为一级耦合时，若用单一频率准确地照射所选定的某质子的共振频率，则在 ^{13}C 谱中可观察到与它耦合的碳信号的变化，这就是选择性去耦。在质子归属已确定的情况下，由此可以得到碳信号的归属。在选择性去耦实验中，去耦功率过大，会使多个质子共振受到干扰，相应地在碳谱中可能有多个碳信号发生改变。

　　质子去耦随着去耦射频场的打开而即开始、关闭而即刻停止，而由去耦所引起的 ^{13}C 共振信号的 NOE 增益却是与偶极-偶极弛豫相关的过程，在去耦照射开始或关闭后，随时间的增加分别呈指数增长或衰减。因此，利用脉冲去耦技术，既可测得具有 NOE 增益的质子耦合碳谱 (NOE enhanced proton coupled ^{13}C NMR spectrum)，即门控去耦(gated decoupling)谱(图 15-16)；又可测得没有 NOE 增益的质子去耦 ^{13}C NMR 谱(NOE suppressed proton decoupled ^{13}C NMR spectrum)，即反门控去耦(inverse gated decoupling)谱(图 15-17)。

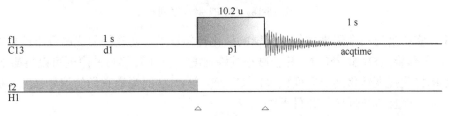

图 15-16　门控去耦碳谱脉冲序列

　　不去耦碳谱由于耦合裂分以及缺乏 NOE 增益，信号强度很弱。应用门控去耦技术，即在 ^{13}C 激发射频脉冲作用间隔期间开启质子去耦脉冲，而在 ^{13}C 激发射频脉冲作用及 ^{13}C 的 FID 信号采集期间关闭质子去耦脉冲，就可测得具有 NOE 增益的耦合 ^{13}C NMR 谱，提高信噪比。

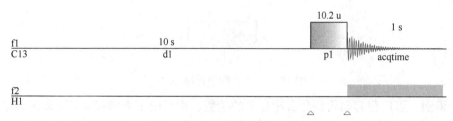

图 15-17　反门控去耦碳谱脉冲序列

　　分子中各种碳的 NOE 增益及弛豫时间各不相同,因而全去耦碳谱中的谱峰强度与碳核数目不成比例。应用反门控去耦技术,只在 FID 信号采集期间开启质子去耦脉冲,则可获得没有 NOE 增益的质子去耦碳谱,同时需利用激发脉冲间的长时间间隔(大于 T_1 的 5 倍以上)抑制碳核弛豫速率对信号强度的影响,此时谱峰强度基本上与对应碳核的数目成正比,可用于定量分析。缺点是信噪比较低,需要加大样品浓度及延长实验时间。

　　以上的各种碳谱实验各有优缺点,但是基本上都不能直观区分出伯、仲、叔、季碳,对谱图信号强度的提高主要利用对氢去耦时的 NOE。NOE 有正有负(由核的磁旋比决定),正 NOE 可以提高信号强度,负 NOE 会减小信号强度,且 NOE 与去耦核的数目有关,一般邻近去耦核数目越多 NOE 越大,其大小用式(15-9)计算。

$$I_{NOE}^{A} / I_0^{A} = 1 + (\gamma_X / 2\gamma_A) \times 弛豫参数 \tag{15-9}$$

式中:I 为信号强度;A 代表观测核;X 代表去耦核;γ 为磁旋比。由式(15-9)可知,同核去耦时信号强度最多可提高 1.5 倍,对氢去耦时碳的信号最大可增强 2 倍。

　　除了 NOE,还可以利用极化转移脉冲序列提高碳谱信号的灵敏度,比较常用的技术是 INEPT(insensitive nuclei enhanced by polarization transfer,低敏核极化转移增强)实验和 DEPT(distortionless enhancement by polarization transfer,无畸变极化转移增强)实验,常用于“谱编辑”(图 15-18)。

INEPT

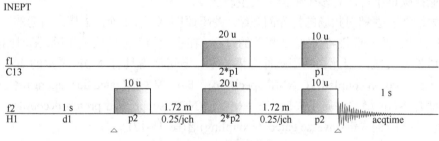

图 15-18　INEPT 脉冲序列

　　INEPT 实验是第一个用来进行谱编辑的极化转移技术,初衷是要提高低丰度核的信号强度,尤其是负磁旋比核(如 ^{15}N,NOE 会减小其峰强度)。极化转移脉冲序列可以将高丰度核(主要是氢核)的极化强度转移到低丰度核(如 ^{13}C、^{15}N 等),从而提高它们的信号强度,提高的幅度大于 NOE,而且与邻近核的数目无关。

　　碳核的第一个 180° 脉冲将所有的碳核磁化矢量翻转 180°,同时配合氢的脉冲及合适的时间间隔以产生最高效率的极化转移,典型的 INEPT 脉冲序列中脉冲间隔设定为 $1/4J_{CH}$(其中 J_{CH} 为碳氢耦合常数,一般取 135 Hz 左右)。而采样前的时间间隔是变化的,因为不同的碳氢耦合在不同的时间间隔时表现是不同的:当这个时间间隔等于 $1/4J_{CH}$ 时,甲基、亚甲基、次甲基中碳的信号是正的，季碳不会出峰；当时间间隔等于 $1/2J_{CH}$ 时，只有次甲基的信号出现；当时间间隔等于 $3/4J_{CH}$ 时，次甲基和甲基的信号是正的，而亚甲基的信号是负的，季碳仍然不会出峰。之后对谱图进行加减处理就可以得到单独显示的各种碳信号谱图。

INEPT 实验相对各种碳谱而言信号强度更高、实验时间更短，可直接区分各种碳核。但是也存在一些不足，如采样前时间间隔对异核耦合常数过于依赖，只能取均值，导致不同耦合常数的碳核出峰强度有所差异，相位产生畸变。而 DEPT 实验可以较好地避免该问题，脉冲间的时间间隔不变，氢核的最后一个脉冲分别采用 45°、90° 和 135° 脉冲。这样 DEPT 实验得到的信号强度和相位就与不同的异核耦合常数无关，只是磁化矢量翻转角度的函数。只要射频场足够均匀，信号就不会产生畸变(图 15-19)。

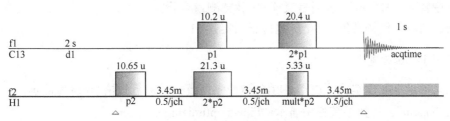

图 15-19　DEPT 脉冲序列

INEPT 和 DEPT 实验都包含了氢核向碳核的极化转移，所以不连氢的季碳就不会出峰，可以利用全去耦碳谱与这些碳编辑谱里的总谱进行对比，确定分子中的季碳信号。同样的原因，氘代试剂中的碳核在碳编辑谱里也不会出峰，这样碳谱中通常较大的溶剂峰消失了。如果原来掩盖了一些碳的信号，则在碳编辑谱里就不再是问题，会清晰地显示出来。

三、仪器与试剂

1. 仪器

WNMR I400 超导核磁共振波谱仪(软件 SpinStudioJ)；5 mm 核磁管；100 μL 和 0.5 mL 微量进样器。

2. 试剂

异戊酸叶醇酯(分析纯)；氘代氯仿[氘代度 99.8%，0.03% (体积分数) TMS]。

四、实验步骤

1. 打开软件

同实验 61。

2. 制样和进样

将 30 μL 异戊醇叶醇酯和 0.5 mL 氘代氯仿先后加入核磁管中，充分振荡均匀，擦净核磁管，盖好核磁管帽，在样品架侧面槽中放好转子，将核磁管插入转子并插到底。手拿转子，在指令输入栏中输入弹气命令"eject"，听到气流声音后将转子和核磁管放入进样口。样品放入后会被气流托住，悬浮在进样套管中，输入命令"inject"，气流减小，样品平稳落入磁体中。

在弹出窗口中填写样品名称，选择实际所用溶剂(CDCl3)后点击"OK"按钮。

3. 新建实验

点击左侧"NMR data navigator"下的"admin"根目录，找到实验专用文件夹，点击右键后在弹出菜单中选择"New Folder"，在新建文件夹名称处输入实验日期，该文件夹下再新建目录，名称为学号。在学号文件夹上点击右键，弹出菜单中选择"New Experiment"。

Exp Name　输入实验序号(可根据实际操作顺序填入 1、2 等数字)。

Params Type　在下拉菜单中选择 template(实验模板)，使用默认的 PROTON16 序列(氢谱 16 次累加序列)。

Solvent　根据实际所用氘代试剂在下拉菜单中选择。

Title 中输入"H1-90"(表明是氢核 90°脉宽测量实验)。

调谐、匀场、锁场及氢核 90°脉宽检测同实验 61。

4. 测碳核 90°脉宽

在相同目录下新建实验，选择 C13IG 脉冲序列模板，进行碳核 90°脉宽测定。

输入"again"，等待系统栏中显示"Finish optimizing gain for⋯"。

输入"plvl1=57"(将碳核脉冲功率设为 57 db)。

输入"ns=4"，将累加次数改为 4 次。

输入"d1=10"(碳核弛豫相对较慢，条件允许可设为 40 s 以上)。

输入"parray"，参数设置与氢核的 90°脉宽阵列类似。

输入采样指令"ga"。

采样结束后输入指令"aph"和"dc"。

具体 90°脉宽数值的测定可参照实验 61 中氢核 90°脉宽的操作步骤。

5. 碳谱采样

在相同实验目录下新建实验，选择 C13IG 脉冲序列模板，进行全去耦碳谱实验。

输入"again"，等待系统栏中显示"Finish optimizing gain for⋯"。

输入"p1=***"(***为测得碳核 90°脉宽值)。

输入"decon1=yyy"，将氢核去耦模式设为全去耦。

输入"ns=64"，累加次数为 64 次(累加次数由样品浓度决定)。

输入"ga"，开始采样。

6. 碳谱谱图处理

采样结束后输入指令"aph"和"dc"。

鼠标左键点住 200 ppm 处向右拉动至 0 ppm 处，将谱图放大。

点击菜单栏 人 ，出现水平绿线，鼠标左键在谱图中最低的信号峰尖下侧点击，绿线会移至此处，表示比绿线高的峰都会标示化学位移值。

点击鼠标右键在弹出菜单中选择"Pick Positive Peaks"或"Pick Peaks"，出现各峰化学位移值，保存退出。

点击菜单栏中 🖶 打印按钮，打印碳谱谱图。

7. 碳编辑谱的采集和处理

在相同目录内新建实验,选择 DEPTALL 脉冲序列模板(碳编辑谱 DEPT 全角度脉冲序列)。

输入"again"，等待系统栏中显示"Finish optimizing gain for…"。

输入"p1=***"(***为测得碳核 90°脉宽值)。

输入"p2=***"(***为测得氢核 90°脉宽值)。

输入"ns=32"，累加次数为 32 次。

输入"ga"，开始采样。

采样结束后输入指令"aph"和"dc"，再输入指令"deptproc"进行碳编辑谱自动处理。

点击菜单栏中 🖶 打印按钮，打印谱图。

五、实验数据及结果

分析所得碳谱和 DEPT 谱，对照分子式对谱图进行归属。

六、注意事项

同实验 61"注意事项"。

七、思考题

(1) 若只依靠样品的碳谱确定某个碳核连有氢的数目，可选择哪种脉冲序列?

(2) 所用仪器和浓度都相同的情况下，氢核信号的灵敏度大约是碳核的多少倍?

(3) 本实验所得 DEPT 谱中 14 ppm 处的甲基峰可能不止出现在 CH_3 一行，也在 CH_2 一行中出现很小的峰，试解释原因。

实验 63 水峰压制及二维核磁 COSY 实验的应用

一、实验目的

(1) 了解超导核磁共振波谱仪的基本结构。

(2) 了解调谐、匀场、锁场、90°脉宽等概念和操作，理解磁化矢量及其变化。

(3) 了解活泼氢和氘核的交换，会使用水峰压制脉冲序列。

(4) 掌握 COSY 实验原理、操作方法及谱图分析。

二、实验原理

二维谱有很多种类，其中 COSY 是最早出现的二维谱，所需实验时间较短，信号较强，能够清晰地反映核之间的近程耦合关系(部分耦合常数较大的长程耦合也可能出现相关)，得到自旋体系信息。对于出峰密集、峰重合比较严重难以解析的氢谱，非常适合利用 COSY 帮助解析化合物的结构。

COSY 实验有很多变形，因为传统的 COSY 实验也有不尽如人意的地方，如信号相位的扭曲(twist)，即偏离顶点作截面会发现除吸收分量外还含有色散分量，且通常偏离顶点越远色散分量的比例越大，导致相邻的相关信号易于重叠，看不清楚精细结构。

在通常的一维氢谱中谱峰也含有吸收和色散分量，通过相位的调节可以将色散信号调节为纯吸收信号。但是在二维谱中情况更加复杂，谱图多了一个 F_1 维，如果不事先按照一定规则进行采样并相应进行傅里叶变换(虚部和实部分别做傅里叶变换运算)，则二维谱相位要调至十分完美是做不到的。

普通的 COSY 脉冲序列含有两个 90° 脉冲，加上接收器就有三个相位(如第一个脉冲沿 x' 轴，第二个就沿 y' 轴，接收器沿 x' 轴)，每一个相位都有四个可能(正负吸收和正负色散)。在做二维实验时 t_1 是逐渐增加的，在每个 t_1 时三个相位都按一定规则变化，即进行一定的相循环(相循环完成后 t_1 增加到下一个数值，重新开始相循环)。可以使接收器相位与第一个脉冲相位相同，按第二个脉冲与第一个脉冲沿同一轴及不沿同一轴得到两组数据，它们分别对 t_1 进行复数傅里叶变换，最后加和得到实数信号，即吸收信号。通过这种方法可以得到纯吸收线型的 COSY 谱，即相敏(phase sensitive)COSY 谱。

一般二维实验中都会用到相循环，用来除去脉冲序列中因脉宽不准而产生的假峰。选择所需的核磁共振信号，同时增加信噪比，其缺点是会占用较长的实验时间。引入磁强度梯度场后，可利用梯度场的信号选择作用避免相循环，缩短实验时间，即在梯度场的作用下不同级数相干性的去相速度是不同的，因此可以利用其后的梯度场将选定的磁化矢量重聚焦，从而得到所需的信号。当信噪比允许的情况下对于某个 t_1 可以只采一次样，避免了由于相循环至少要采四次样。

COSY 中对角峰和交叉峰都显示多重峰相关的矩形点阵，在质子密集区这种矩形点阵往往重叠，十分拥挤，尤其是对角峰附近密集的交叉峰被掩盖而分辨不清。因此，经常使用的一种 COSY 脉冲序列是第二个脉冲不使用 90° 脉冲，而使用 30°～60° 的脉冲角度，这样对角峰、交叉峰的矩形点阵减少而被简化，对角峰沿对角线方向会变窄，交叉峰变窄呈现一定的倾斜度，有利于简化谱图进行分析。

核磁共振测试的样品种类繁多，经常会遇到样品中存在活泼氢的情况，如羟基氢、羧基氢、氨基氢等(一般峰形会略宽、不够尖锐)。这些氢化学性质比较活泼，会与部分氘代试剂(如重水、氘代氯仿)中的氘核进行交换，交换后氢谱中就不会出现活泼氢的峰。有些氘代溶剂中的氘相对稳定(如氘代二甲亚砜、氘代二甲基甲酰胺等)，活泼氢交换较少，因此能够出峰。此类溶剂溶解样品做氢谱后向样品中加入 1～2 滴重水、振荡均匀再做一次氢谱，活泼氢的出峰就会变小或消失，对比两次获得的氢谱可区分活泼氢信号，这就是重水交换实验。若测试对象仅在重水中溶解度较好，可使用少量重水、大量非氘代水作为混合溶剂，增加氢核数量，恢复部分活泼氢的出峰，保留少量的氘代水是为了提供匀场锁场的信号。

氨基酸中通常含有氨基、羧基，一般在重水中的溶解度较好，使用混合溶剂可观察到活泼氢的信号。大量非氘代水中的氢反映在氢谱中是非常大的溶剂峰，信号强度大易溢出，会掩盖邻近信号和降低样品峰的高度，此时可采用水峰压制的方法减小溶剂峰信号。

水峰信号的压制有多种方法，比较常用的是预饱和水峰压制，在激发氢核共振的脉冲之前先发射一个饱和脉冲(图 15-20 中标示为 satdelay)，该脉冲的激发频率范围较窄，仅限于水峰附近，激发水中的氢核使其处于饱和状态。其他氢核激发共振时，处于饱和状态的绝大部分水峰质子由于弛豫较慢不会产生共振吸收信号，其出峰明显变小，实现压制水峰的效果，有利于其他信号的观察。

presat

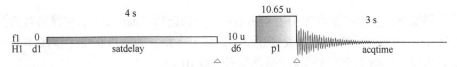

图 15-20　包含预饱和和水峰压制脉冲的氢谱脉冲序列

长时间重复发射脉冲激发易产生样品发热的情况，温度升高会影响样品内部的均匀度，使周围磁场发生变化，导致谱图产生畸变。因此，进行水峰压制及二维实验时要进行温度控制，保证谱图效果。

三、仪器与试剂

1. 仪器

WNMR I400 超导核磁共振波谱仪(软件 SpinStudioJ)；5 mm 核磁管；100 μL 和 0.5 mL 微量进样器。

2. 试剂

L-(+)-赖氨酸(分析纯)；氘代水(重水，氘代度 99.9%)；蒸馏水。

四、实验步骤

1. 打开软件

同实验 61。

2. 制样和进样

在核磁管中加入 10 mg 左右色氨酸，用微量进样器加入 100 μL 氘代水和 400 μL 蒸馏水，振荡均匀，擦净核磁管，盖好核磁管帽，在样品架侧面槽中放好转子，将核磁管插入转子并插到底。手拿转子，在指令输入栏中输入弹气命令"eject"，听到气流声音后将转子和核磁管放入进样口。样品放入后会被气流托住，悬浮在进样套管中，输入命令"inject"，气流减小，样品平稳落入磁体中。

在弹出窗口中填写样品名称，选择实际所用溶剂(D_2O)后点击"OK"按钮。

3. 新建实验

点击左侧"NMR data navigator"下的"admin"根目录，找到实验专用文件夹，点击右键后在弹出菜单中选择"New Folder"，文件夹名称输入姓名、学号，在新建的文件夹上点击右键，弹出菜单中选择"New Experiment"。

Exp Name 输入实验序号(可根据实际操作顺序)。

Params Type 在下拉菜单中选择 template(实验模板)，使用默认的 PROTON16 序列(氢谱16 次累加序列)。

Solvent 根据实际所用氘代试剂在下拉菜单中选择。

Title 中输入 "90"(表示该实验是 90°脉宽检测实验)。

4. 控温

在软件界面下方显示的温度数值上点击右键，随后选择 "start edit"，在弹出对话框中设定温度为 25℃，2~3 min 后样品内部温度逐渐达到均匀一致，即可进行下一步操作。

调谐、匀场、锁场及 90°脉宽检测操作参考实验 61。

5. 采集氢谱

新建实验，脉冲序列选择 PROTON1(标准氢谱 30°脉宽序列)。

输入指令 "p1=***"(***为刚测得的 90°脉宽)。

输入 "again"。

输入 "ga"，开始采样。

采样结束后输入指令 "aph" 和 "dc"。

将水峰放大，点击菜单栏中 ⅄ 按钮，然后鼠标左键点击水峰正中，读出其频率值，作为频率激发中心。

6. 采集水峰压制氢谱

右键点击氢谱文件名，在弹出菜单中选择新建实验(New Experiment)，脉冲序列选择 "PRESAT"，"Advanced" 菜单中勾选 "Copy Parameters" 表示套用氢谱参数。

输入指令 "p1=***"(***为测得的 90°脉宽)。

输入 "again"。

输入 "ns=32"(累加次数为 32 次)。

将参数 frqo 的值设为步骤 7 中读取的频率值。

输入 "ga"，开始采样。

采样结束后输入指令 "aph" 和 "dc"。

7. 采集 COSY 谱

以水峰压制实验数据为基础新建 COSY 实验，脉冲序列选择 COSYGPPRQF，该脉冲序列包含水峰预饱和脉冲和梯度脉冲。

输入指令 "p1=***"(***为测得的 90°脉宽)。

输入 "again"。

将参数 frqo 的值设为步骤 7 中读取的频率值。

输入 "np1=128"。

输入指令 "ns=1"(累加次数为 1 次)。

输入 "ga"，开始采样。

8. 处理谱图

得到 COSY 谱后可用鼠标左键拉取调整显示范围，不显示空白谱图部分。在二维谱两侧的一维谱处分别点击鼠标右键，出现菜单后选择 "External Projection"，选择压水峰实验中的氢谱，列于二维谱的两侧。

点击菜单栏中的打印按钮 🖨，打印谱图。

五、实验数据及结果

得到的 COSY 谱图分为 F_1 和 F_2 两维，都对应氢谱(因为是 H-H 同核相关谱)，对角峰即某个氢核和它自身的相关，对角峰两侧的相关峰都是对称的，对于某个特定的相关只看其中一侧即可。相关峰表示该处对应的两种氢核在分子中是 ^2J 或 ^3J 耦合关系(化学位移不同的同碳氢或者相邻碳上的氢)，极少数情况也会出现反映长程耦合的相关峰。另外，当 ^3J 很小时(如二面角接近 90°的情况，^3J 很小)，谱图中也可能不出现相应的相关峰。

二维谱图打印到纸面上有很多种方法，常用等高线显示(类似地图中的表示方法)，以一定间距的等高线表示峰的强度，二维谱中每个峰的位置用分别对应于 F_1 和 F_2 维的相关来标明。二维谱的相关是对应于普通一维谱在 F_2 维方向的一系列相关，由于二维谱采集过程中得到的一维谱各不相同且分辨率较差，两个维度都会附上相应的一维谱，方便对谱图进行归属和解析。

根据耦合关系可以推断分子中各种氢核的连接顺序，从而解析化合物结构。试根据样品分子式计算不饱和度，结合所得谱图进行解析，并归属所有相关。

六、注意事项

同实验 61"注意事项"。

七、思考题

(1) 同碳上的两个氢在 COSY 谱中可能会出现相关吗？

(2) 使用重水和普通水的混合溶剂后重新出现了哪个活泼氢？为什么有的活泼氢仍然没有出峰？重新出现的活泼氢峰面积明显偏小，为什么？

(3) 为什么在做 COSY 谱前最好测试样品的 90°脉宽？

第 16 章　热 分 析 法

16.1　基 本 原 理

物质在温度变化(加热或冷却)过程中,往往会发生脱水、挥发、相变(熔化、升华、沸腾等)及分解、氧化、还原等物理或化学变化,同时伴随着质量、温度、热量、尺寸等的变化。

热分析(thermal analysis)是在程序控制温度下,测量物质的物理、化学性质与温度关系的一类仪器分析技术。热分析方法的分类多种多样,国际热分析联合会(International Confederation for Thermal Analysis, ICTA)按照测定的物理量,如质量、温度、热量、尺寸、力学量、声学量、光学量、电学量和磁学量等对热分析方法加以归纳分类,共有 9 类 17 种,常见的热分析技术有五种(表 16-1)。在这些热分析技术中,热重法(thermalgravimetry, TG)和差热分析法(differential thermal analysis, DTA)或差示扫描量热法(differential scanning calorimetry, DSC)应用最为广泛。热分析的主要应用类型总结为:①成分分析:无机物、有机物、药物和高聚物的鉴别和分析,以及它们的相图研究;②稳定性测定:物质的热稳定性、抗氧化性能的测定等;③化学反应的研究:如固-气反应研究、催化性能测定、反应动力学研究、反应热测定、相变和结晶过程研究。

表 16-1　几种主要热分析技术应用比较

热分析法种类	测量物理参数	温度范围/℃	应用范围
差热分析法(DTA)	温度	20~1600	熔化及结晶转变、氧化还原反应、裂解反应等的分析研究,主要用于定性分析
差示扫描量热法(DSC)	热量	−170~1500	研究范围与 DTA 大致相同,但能定量测定多种热力学和动力学参数,如比热容、反应热、转变热、反应速度和高聚物结晶度等
热重法(TG)	质量	20~1500	沸点、热分解反应过程分析与脱水量测定等,生成挥发性物质的固相反应分析、固体与气体反应分析等
热机械分析法(TMA)	尺寸、体积	−150~1300	膨胀系数、体积变化、相转变温度、应力-应变关系测定,重结晶效应分析等
动态热机械法(DMA)	力学性质	−170~600	阻尼特性、固化、胶化、玻璃化等转变分析,模量、黏度测定等

热分析技术有以下基本特征:

(1) 采用热分析技术,如 TG、DTA、DSC、DMA、TMA 等,仅用单一样品就可以在很宽的温度范围内进行检测,依此种方式求解非等温动力学参数十分方便。

(2) 采用各类样品容器或附件,可适用几乎任何物理形状的样品,如固体、液体或凝胶,样品用量少(0.1 μg~10 mg)。

(3) 可在静态或动态气氛进行测量，可采用氧化性气氛、还原性气氛、惰性气体、腐蚀性气体、含水样的气体、减压(或真空)等各种气氛。

(4) 完成一次实验所需的时间从几分钟到几小时。

(5) 实验条件对热分析结果有一定的影响，如样品尺寸和用量，升温、降温速率，样品周围气氛的性质和组成，以及样品的受热时长和在加工过程形成的内应力等。

16.1.1　热重法

热重法是在程序控制温度和一定气氛条件下，测量物质的质量与温度或时间关系的一种热分析方法，使用的仪器为热重分析仪，又称热天平。它是测定在温度变化时物质发生化合、分解、失水、氧化还原等反应而引起质量的增加或减少，进而研究物质的物理化学过程。测定时，将样品置于天平臂上的坩埚内，升温过程中发生质量变化，天平失去平衡，由光电位移传感器及时检测出失去平衡的信号，测重系统将自动改变平衡线圈中的平衡电流，使天平恢复平衡。平衡线圈中的电流改变量正比于样品质量变化量，记录器将记录不同温度的电流变化量，即得到热重曲线(TG 曲线，图 16-1)。TG 曲线以质量(或百分数%)为纵坐标，以温度(或加热时间)为横坐标。图 16-1 中 HA 为平台或基线，表示 TG 曲线中质量不变的温度区间，即热稳定区；A 点为起始分解温度(initial temperature，T_i)，指积累质量变化达到天平能检测程度时的温度，代表样品的热稳定性特征；D 点为终止温度(final temperature，T_f)，指积累质量变化达到最大时的温度；A、D 点间的温度差为失重温度区，也就是反应区间。通过测定曲线上平台之间的质量差值，可计算出样品在相应温度范围内所减少质量的百分数。B 点和 C 点分别为 TG 曲线的基线延长线与最大斜率点处的切线的交点，对应的温度分别为外延起始温度和外延终止温度，是常用的热稳定性评价指标。E 点、F 点和 G 点分别为材料失重分解 5%、10%和 50%(半寿温度)的温度。需要注意的是，热重法通常也称为热重分析(TGA)，记录的曲线称为热重曲线或 TG 曲线，不能称为热谱图。热重法也不能称为热失重，TG 曲线一般也不能称为 TGA 曲线。

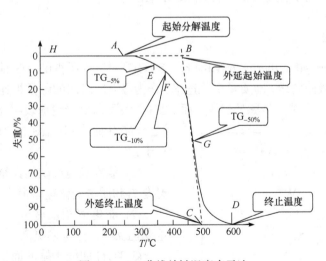

图 16-1　TG 曲线关键温度表示法

热重法的特点是能够准确地测量物质的质量变化及变化速度，样品用量少(1～20 mg)，比常用干燥失重法测定速度快。利用热重法，可测定材料在不同气氛下的稳定性与氧化稳定性，对分解、吸附、解吸附、氧化、还原等物理化学过程进行分析(包括利用 TG 测试结果进一步做表观反应动力学研究)，也可对物质进行成分的定量计算，如测定水分、挥发成分及各种添加剂与填充剂的含量。常见的物质转变在 TG 曲线上的表现不同(表 16-2)，因此根据 TG 曲线的形状，可以初步判断材料属于哪一类转变过程。对于熔融、结晶和玻璃化转变之类的热行为，样品没有质量变化，热重法只能作为辅助判断。

表 16-2　常见的物质转变在 TG 曲线上的反映

样品品质	变化	TG
固体	熔融	——
结晶	再结晶	
半结晶	升华	⌐
	固固转变	
无定形	玻璃化转变	
半结晶	不发生 T_g 的软化	
	交联	——
常规	分解	⌐
	键合脱除	⌐
液态	蒸发	⌐
反应性样品	化学反应	⌐
	反应度(%)	⌐

注：TG 曲线中呈现缓平的对应变化，TG 曲线只能作为辅助手段证明。

16.1.2　微商热重法

微商热重法(derivative thermogravimetry，DTG)是对实验所得的 TG 曲线中温度或时间进行微分，得到一阶微商曲线，即质量变化速率，作为温度或时间的函数被连续地记录下来。TG 曲线有时表现得像一个单一步骤的过程，而 DTG 曲线可以更清楚地表明存在两个相邻失重阶段。与 TG 曲线相比(图 16-2)，DTG 曲线的优点在于：

(1) 能准确地反映出失重起始温度 T_i、终止温度 T_f 和质量变化速率最大的温度点(峰温 T_p)。

(2) 能更清楚地区分一系列相继发生的热重变化反应，分辨率更高。

(3) DTG 曲线中峰的面积精确对应样品质量变化，比 TG 能更精确地进行定量分析。

(4) 能方便地为反应动力学计算提供反应速率(dm/dt)数据。

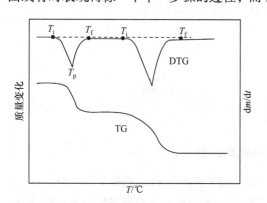

图 16-2　DTG 曲线与 TG 曲线的比较

16.1.3 差热分析法

差热分析(DTA)是在程序控制温度下，测量物质(样品)与参比物之间的温差(ΔT)与温度(T)关系的一种技术。物质在受热或冷却过程中发生物理变化和化学变化，如晶形转变、沸腾、升华、蒸发、熔融等物理变化及氧化还原、分解、脱水和解离等物理、化学变化，这些变化在微观上必将伴随体系焓的改变，即热效应；在宏观上则表现为该物质与外界环境或参比物之间有温度差。

差热分析的基本工作原理见图 16-3。将样品和一种中性物(参比物)放置在同样的热条件下，进行加热。在这个过程中，样品在某一特定温度下发生物理或化学反应而引起热效应变化，此时样品一侧的温度在某一温度区间并不随程序温度升高而升高，而是有时高于或低于程序温度；参比物在整个加热过程中始终不发生热效应，因而参比物一侧的温度一直随程序温度的升高而升高。样品端与参比物端之间就会出现一个温度差，利用某种方法把这个温差记录下来，就得到差热曲线，再针对这个曲线进行分析研究。当样品无热效应时，热量和温度的变化状态对应在 DTA 曲线上为水平线；当样品有吸热效应时，对应在 DTA 曲线上为吸热峰；当样品有放热效应时，则对应在 DTA 曲线上为放热峰。

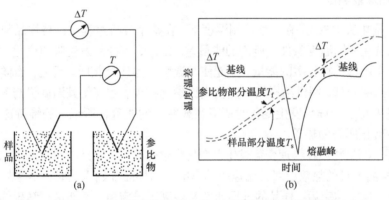

图 16-3 DTA 的工作原理(a)和 DTA 曲线记录示意图(b)

DTA 曲线是以温度(或加热时间)为横坐标，以测量样品与参比样品之间的温差(ΔT)为纵坐标作图而得到的(图 16-4)。图中 oa、de 与 gh 为基线，是 DTA 曲线中 ΔT 近似不变的部分(表示样品未发生吸热或放热反应)；abd 为吸热峰曲线，是指样品产生吸热反应，出现吸热峰，即样品端的温度低于参比物端的温度，ΔT 为负值(峰形下凹于基线，显示为向下)；dfg 为放热峰曲线，是指样品产生放热反应，样品端的温度高于参比物端的温度，ΔT 为正值(峰形上凸于基线，显示为向上)；ad 为峰宽，为 DTA 曲线偏离基线又返回基线两点间的温度(或时间)距离；bk 为峰高，是自峰顶 b 至内插基线 ad 间的距离，表示吸热引起的样品端的温度偏离程度，即表示样品和参比物之间的最大温度差。到底吸热峰或放热峰是向上还是向下，具体依据所使用的 DTA 仪的测量与分析软件的规定为准。在 DTA 曲线中，物质发生物理变化常得到尖峰，而化学变化则峰形较宽。国际热分析联合会常采用外延(或外推)起始温度表示反应的起始温度，即 i 和 J 点所对应的温度。DTA 可用来测定物质的熔点，根据吸热峰或放热峰的数目、形状和位置还可以对样品进行定性分析，并估测物质的纯度。DTA 吸热峰和放热峰面积的准确积分也可以用于定量分析，解析反应级数及活化能。

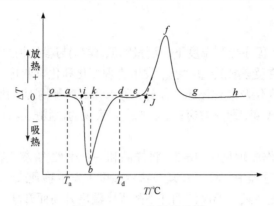

图 16-4　DTA 曲线示意图

　　DTA 所需样品质量一般为 $0.1 \sim 10$ mg，加热速率一般为 $10 \sim 20℃/\text{min}$。有许多物质在加热过程中，往往同时产生挥发失重或由于化学反应产生挥发性物质，故常将 DTA 与 TG 结合使用，即同时获得 TG 和 DTA 曲线。

16.1.4　差示扫描量热法

　　差示扫描量热法(DSC)是在程序控制温度下，在整个分析过程中维持样品与参比物的温度相同，测定维持在相同温度条件下所需的能量差。因此，当样品发生吸热变化时，样品端温度下降，必须补充比参比物更多的能量，才能使其温度与参比物相同。反之，当样品发生放热反应时，样品端温度升高，则供给样品的能量应比参比物少，才能使其温度仍与参比物相同。由于供给的能量差相当于样品发生变化时所吸收或释放的能量，所记录的维持这种平衡的能量即是样品发生转化所需的热量。

　　DSC 常用于测量物质在物理变化或化学变化中焓的改变，与 DTA 相比具有如下优点：①克服了 DTA 中样品本身的热效应对升温速率的影响：当样品开始吸热时，本身的升温速率大幅落后于设定值，反应结束后，样品的升温速率又会高于设定值；②能进行精确的定量分析，而 DTA 只能进行半定量分析；③DSC 技术通过对样品因发生热效应而产生的能量变化进行及时的补偿，始终保持样品与参比物之间的温度相同，无温差、无热传递，热量损失小，检测信号大，在灵敏度和精度方面都有大幅提高。目前，DSC 的温度最高可达 1650℃，极大地拓宽了它的应用范围，广泛应用于塑料、橡胶、纤维、涂料、黏合剂、医药、食品、生物有机体、无机材料、金属材料与复合材料等各领域，用来研究材料的熔融与结晶过程、玻璃化转变、相转变、液晶转变、固化、氧化稳定性、反应温度与反应热焓，测定物质的比热容、纯度，研究混合物各组分的相容性，计算结晶度、反应动力学参数等。

16.2　仪器及使用方法

16.2.1　热分析仪器的基本结构

　　热分析仪器通常由测量装置、气氛控制器、温度程序器和微机(工作站)等部分组成(图 16-5)。现代热分析仪器通常是连接到一台用于监控仪器操作的计算机(工作站)上，控制温度范围、升(降)温度速率、气体流量及数据的累积和存储，并进行各类数据分析。

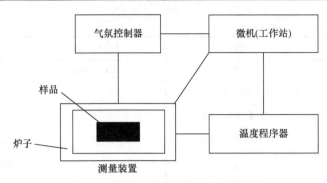

图 16-5 热分析仪器的基本构造平面图

16.2.2 商品热分析仪器

表 16-3 列出各类常用的商品热分析仪器,如热天平(TG)、差热分析仪(DTA)、差示扫描量热计(DSC),以及热机械测量中的热机械分析仪(TMA)、动态热机械分析仪(DMA)、黏弹测量仪,并列出了它们通常使用的温度范围。

表 16-3 常用的商品热分析仪器

热分析仪器	使用的温度范围/℃	热分析仪器	使用的温度范围/℃
TG(高温型)	室温至约 1500	功率补偿式 DSC	−150～750
TG-DTA(标准型)	室温～1000	TMA	−150～700
DTA(高温型)	室温～1600	DMA	−150～500
热流式 DSC(标准型)	−150～750	黏弹测量仪	−150～500
热流式 DSC(高温型)	−120～1500		

目前,热分析技术的发展更趋向于小型化、高性能化,具体表现为仪器体积缩小,检测精度提高,测定温度范围加大。热分析联用技术的应用,如 DTA-TG、DSC-TG、DSC-TG-DTG、DTA-TMA、DTA-TG-TMA,或者与 X 射线粉末衍射、气相色谱、质谱、红外光谱等联用,以获取更多的热分析信息,已经成为趋势。此外,新型热分析技术,如高压 DTA、高灵敏 DSC、微分 DTA 技术等也被开发,并投入使用。在特殊条件下使用的热分析仪器,如高压(10 MPa 以上)、高温(1700℃以上)和大样品量(几克以上),尚需使用者自行组装。

16.2.3 计算机软件

热分析仪器配置的商品软件的若干功能见表 16-4。实现更为特殊目的的软件一般由使用者自行编制。利用计算机软件进行数据分析比手工分析更方便,不过在使用软件之前需要了解所分析数据的特征。

表 16-4 商品热分析仪器软件功能

热分析仪器	软件功能	热分析仪器	软件功能
通用(DTA,DSC,	信号幅度的改变	DSC	转变熔的显示与计算热容测定
TG,TMA,DMA)	信号和温度校正		纯度计算
	数据的积累、存储		反应速率计算

热分析仪器	软件功能	热分析仪器	软件功能
通用(DTA，DSC，TG，TMA，DMA)	基线平滑	TMA，DMA	热膨胀系数计算
	转变温度的显示与计算		应力-应变曲线的显示
	多条曲线的显示		蠕变曲线的显示
	曲线的背景扣除		应力松弛曲线的显示
	TA 曲线的微商		阿伦尼乌斯图和相关参数组合曲线的计算和显示
	基线校正		
TG	从质量变化转换为质量分数		
	反应速率计算		

16.2.4　常用热分析仪器

1. 热重分析仪

热重法是测量样品的质量变化与温度(扫描型)或时间(恒温型)关系的一种技术。熔融、结晶和玻璃化转变之类的热行为，样品无质量变化。而分解、升华、还原、解吸附、吸附、蒸发等热行为，常伴有样品质量变化，可用热重分析仪测量，这类仪器通称热天平。

1) 热天平基本结构

热重曲线是用热天平记录的。热重分析仪(热天平)的基本结构主要包括微量天平、炉子(样品和坩埚)、温度程序控制器、气氛控制器以及同时记录这些输出的仪器(计算机或绘图仪)。通常先由计算机存储一系列质量和温度与时间关系的数据，完成测量后，再由时间转换成温度。微量天平包括天平梁、弹簧、悬臂梁和扭力天平等部分。炉子的加热线圈(炉丝)采取非感应的方式绕制，以克服线圈和样品间的磁性相互作用。也有热天平不采用通常的炉丝加热，而用红外线加热，只需几分钟就可加热到 1800 K，使用椭圆形反射镜或抛物柱面反射镜使红外线聚焦到样品支持器上，很适合恒温测量。

2) 热天平的结构形式

热天平有多种结构形式及运行状态。按天平与炉子的配置、样品支持器，热天平分为如下三种类型：下皿式天平、上皿式天平和水平式天平。图 16-6(a)是样品支持器在天平之下的一种商品 TG 仪的典型实例。对于 TG 与 DTA 的同时测量，通常采用上皿式和水平式天平。这两种类型的商品 TG-DTA 仪的代表性配置如图 16-6(b)和(c)所示。

3) 热天平的工作方式

按测定质量方式，热天平可分为偏移式(或称开环式)和回零式(或称闭环式)。对于偏移式天平，样品质量的大小直接与天平的偏移量成正比。偏移量的大小通常由位移传感器转变成电压信号，经放大后通过计算机采集、显示和打印。早期的热天平大多采用偏移式天平结构，而近代电子微量天平大多采用回零式，精度更高。当样品质量变化而发生偏移时，用自动方式加一个与样品质量变化大小相等方向相反的回复力(或力矩)到天平上，使天平回到原始的平衡位置，即回零式。

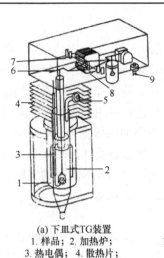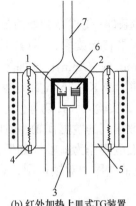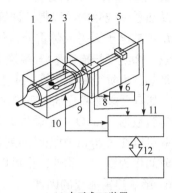

(a) 下皿式TG装置
1. 样品；2. 加热炉；
3. 热电偶；4. 散热片；
5、9.气体入口；6.天平架；
7. 吊带；8. 磁铁

(b) 红外加热上皿式TG装置
1. 参比物；2. 样品；3. 样品支持器；
4. 红外灯；5. 椭圆聚光镜；
6. 均热炉套；7. 玻璃保护管

(c) 水平式TG装置
1. 炉子；2. 样品支持器；3. 天平梁；4. 支点；
5. 检测器；6. 天平电路；7.TG信号；8. DTA信
号；9. 温度信号；10. 加热功率；11. TG-DTA
型主机；12. 计算机

图 16-6 三种类型热天平基本结构形式

4) 热重实验的类型

热重实验主要分为三类：第一类，等温(或静态)热重法，是指在恒温下测定物质的质量变化与时间的关系。一般认为等温法比较准确，但比较费时，目前采用得较少。第二类，非等温(或动态)热重法，实行程序(线性)升降温，横坐标一般为温度，时间-温度线不需要显示在图中，且一般用 10℃/min 加热速率，正确作图为图 16-7(b)。第三类，线性升降温加等温，横坐标一般为时间，时间-温度线需要显示在图中，其中图 16-7(c)为广泛认可的作图，而图 16-9(d)则是不恰当的作图。

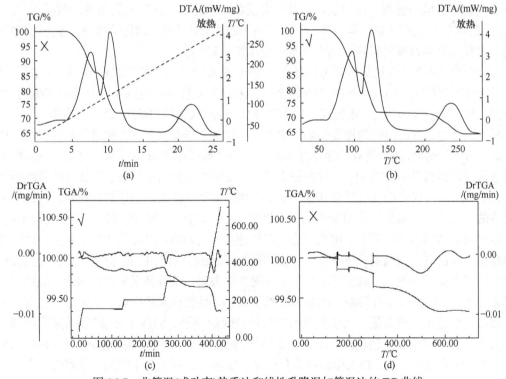

图 16-7 非等温(或动态)热重法和线性升降温加等温法的 TG 曲线

5) 热重曲线数据的分析

从热重曲线数据可以得到详细的实验条件：①样品初始质量(mg)。样品初始质量由额外的高灵敏度的电子天平或热重分析仪的微天平直接读取，不得用灵敏度低的天平称取后作为初始质量；②温度扫描速率(升温速率，℃/min 或 K/min)；③加热方式，线性加热、等温、温度调制加热、步阶等温加热等；④温度范围(℃或 K)；⑤气氛类型及流速；⑥坩埚类型；⑦其他条件，如有无添加稀释剂、实验仪器型号、实验人、日期等信息。热重曲线数据导出为 ASCII 类型实验数据，由 Origin 软件处理，一般得到的数据横轴为时间，如果是线性加热无等温段的实验可以在 Origin 中把时间列删除，温度列作为横轴；如果是线性加热含等温段的实验一般以时间作为横轴。此外，也可以在热重曲线图中双轴作图，叠加 DTG 曲线。

6) 影响热重曲线的因素

影响热重曲线的因素比较多，基本上可以分为三类：仪器因素、实验条件因素和样品因素。仪器因素包括气体浮力和对流、坩埚、挥发物冷凝、天平灵敏度、样品支架和热电偶等。对于给定的热重仪器，天平灵敏度、样品支架和热电偶的影响是固定不变的，可通过质量校正和温度校正减少或消除这些系统误差。

实验条件因素的影响包括升温速率和气氛的影响。升温速率是对 TG 曲线影响最大的因素。由于 TG 实验中样品和炉壁不接触，样品的升温在炉子和样品之间形成温差，受到样品性质、尺寸、样品本身物理(或化学)变化引起的热焓变化等因素的影响，在样品内部形成温度梯度。这个非平衡过程随升温速率提高而加剧，升温速率越大，温度滞后越严重，开始分解温度 T_i 及终止分解温度 T_f 都会越高，温度区间也越宽。进行热重法测定，对传热差的高分子样品一般用 $5\sim10\,\mathrm{K/min}$，对传热好的无机物、金属样品可用 $10\sim20\,\mathrm{K/min}$。气氛对热重实验结果也有影响。它可以影响反应性质、方向、速率和反应温度，也能影响热重称量的结果。惰性气氛下的热裂解为单一过程，而热氧化裂解较为复杂，因此必须注明气氛条件，包括：

(1) 静态还是动态气氛。若为静态气氛，则产物的分压有更加明显的影响，使反应向高温移动，并且受升温速率的影响；动态气氛则分压影响较小。

(2) 气氛的种类。气氛的种类可概括为：空气(最普通的氧化性气氛)、惰性气氛(N_2、Ar、He)、还原性气氛(H_2、CO、CH_4)、强氧化性气氛(O_2)，从样品生成或与样品反应产生的 CO_2、腐蚀性气体(Cl_2、F_2、NH_3)、水蒸气，以上气体的混合气氛以及减压、真空、高压。

样品因素也是 TG 曲线的重要影响因素之一。首先，样品量对 TG 曲线的影响很大。样品量大时，由于热传导(特别是对于导热性差的高分子材料等)，在样品内形成温度梯度。加大样品量通常使曲线的分辨率变差，并移向较高温度，反应所需的时间加长，样品内部温度梯度也加大，反应产生的气体产物的扩散速率降低，因而影响了 TG 曲线的位置和形状。在仪器灵敏度允许的范围内，一般采用尽可能少的样品进行实验。其次，样品的形状和颗粒度大小不同，对气体产物扩散的影响也不同，由此改变了反应速度，进而影响 TG 曲线的形状。大片状样品比颗粒状样品的分解温度高，粗颗粒样品比细颗粒样品的分解温度高。此外，某些大晶粒样品在加热过程产生暴溅现象，致使 TG 曲线上出现突然失重，这种情况应加以避免。最后，样品的填装方式对 TG 曲线也有影响。样品填装越紧密，样品颗粒间接触好，热传导性越好，因而温度滞后现象越小。缺点是不利于气氛与样品颗粒间的接触，阻碍了分解气体的扩散和逸出。通常把样品放入坩埚后，轻轻敲一敲，铺成均匀的薄层，这样可以获得重现性较好的 TG 曲线。另外，样品填装过紧、较大颗粒或晶状样品，加热后有可能产生迸溅，导致突然失重，因此填装不宜过紧，坩埚应加带孔盖。

2. 差热分析仪

差热分析(DTA)仪一般由程序控制单元(加热炉、温度控制器)、差热放大器、热电偶冷端补偿系统及显示记录系统(双笔记录仪)等部分组成(图 16-8)。对于加热炉，炉内有均匀温度区，使样品均匀受热。借助温度控制单元进行程序控温，以一定速率均匀升(降)温，控制精度高；电炉热容量小，便于调节升、降温速度；炉子的线圈无感应现象，避免了对热电偶电流干扰。通常使用温度上限1100℃以上，最高可达 1800℃。为提高仪器抗腐能力或样品需要在一定气氛下反应等，可在炉内抽真空或通入氮气保护气。对于 DTA 仪来说，热电偶是差热系统中的关键元件，它可以产生较高温差电势，且随温度呈线性关系的变化。在 DTA 仪器中，样品 S 坩埚与参比物 R 坩埚下面各有一个被陶瓷臂

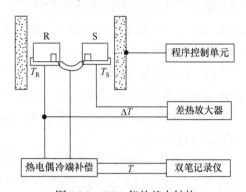

图 16-8 DTA 仪的基本结构

R 表示参比物；S 表示样品；
T_R 为参比物端温度；T_S 为样品端温度

包着的热电偶，且分别被焊接在样品和参比物支架底部的传感器上，二者相互反接，形成回路。将 S 和 R 同时程序升温到某一温度样品发生放热或吸热时，样品温度 T_S 高于或低于参比物温度 T_R 而产生温度差 ΔT。该温度差就由上述两个反接的热电偶以微弱的差热电势形式输送给信号放大器，经放大后输送给记录系统。此外，与样品支架相连接的热电偶也用于检测样品温度 T_S 对应的温度信号，经热电偶冷端补偿后传递到记录仪，即差热分析曲线中的 X 轴温度。最后，显示记录系统把这些放大的物理信号对温度作图，并以数字、曲线形式显示，就是 DTA 差热曲线。

DTA 曲线的影响因素，仪器方面包括：

(1) 加热炉的结构和尺寸。炉子的炉膛直径越小，长度越长，均温区就越大，在均温区内的温度梯度就越小。

(2) 坩埚材料和形状。坩埚的直径大，高度小，样品容易反应，灵敏度高，峰形也尖锐。目前多用陶瓷坩埚。

(3) 热电偶的性能及放置位置。热电偶热端应置于样品中心。

(4) 显示记录系统的精度等。

样品方面包括：

(1) 热容量和热导率的变化。具体表现为 DTA 曲线加热前后的基线不在同一水平上。

(2) 样品的颗粒度。颗粒越小，其表面积越大，反应速度加快，热效应温度偏低，即峰温向低温方向移动，峰形变小。反之，颗粒越大，峰形趋于扁而宽。

(3) 样品的用量和装填密度。样品用量越多，内部传热时间越长，形成的温度梯度越大，导致 DTA 峰形扩张，分辨率下降，峰顶温度移向高温。用量以少为原则，5～15 mg 较为适宜，样品装填要求薄而均匀。

(4) 样品的结晶度和纯度。结晶度好，峰形尖锐；结晶度不好，则峰面积小。

(5) 参比物的选择，一般选择 $\alpha\text{-Al}_2\text{O}_3$。

实验条件方面包括：

(1) 升温速率。在 DTA 实验中，升温速率是对 DTA 曲线产生最明显影响的实验条件之一。当升温速率增大时，dH/dt 越大，即单位时间产生的热效应增大，峰顶温度通常向高温方

向移动，峰的面积也会增加。

(2) 炉内气氛。不同性质的气氛，如氧化性气氛、还原性气氛或惰性气氛对 DTA 测定有较大影响。气氛对 DTA 测定的影响主要由气氛对样品的影响决定，若样品在受热反应过程中放出气体能与气氛组分发生作用，则气氛对 DTA 测定的影响就显著，对不可逆的固体热分解反应则影响不大。

(3) 炉内的压力。对于不涉及气相的物理变化，如晶形转变、熔融、结晶等变化，转变前后体积基本不变或变化不大，则压力对转变温度的影响很小，DTA 峰温基本不变；但对于有些化学反应或物理变化要放出或消耗气体，则压力对平衡温度有明显的影响，从而对 DTA 的峰温也有较大的影响。

DTA 曲线分析中，主要关注峰的位置、峰的面积、峰的形状和个数。通过它们不仅可以对物质进行定性和定量分析，而且还可以研究变化过程的动力学。峰的位置是由导致热效应变化的温度和热效应种类(吸热或放热)决定的。前者体现在峰的起始温度上，后者体现在峰的方向上。不同物质的热性质不同，相应的差热曲线上峰的位置、峰的个数和形状就不一样。这是用差热分析对物质进行定性分析的依据。峰的面积与反应过程的热效应有关，在热量测量中，应用最为广泛的计算式是 Speil 公式：

$$A = \int_{t_1}^{t_2} \Delta T \mathrm{d}t = \frac{m_a \Delta H}{g\lambda s} = K(m_a \Delta H) = KQ_p \tag{16-1}$$

可见，DTA 曲线上的峰面积 A 与反应的热效应成正比；系数为 K，故通过 DTA 分析确定峰面积后，即可求得待测物质反应的热效应 Q_p 和焓变 ΔH。一些反应的吸(放)热峰之间并不单独存在，而是互相重叠，此时不能直接得到较为准确的单个峰的峰面积，需要对重叠的峰进行分峰拟合处理再计算热效应。

3. 差示扫描量热仪

差示扫描量热法是在程序控制温度下，测量输入样品和参比物的能量差随温度或时间变化的一种技术。根据测量方法不同，DSC 仪分为热流型和功率补偿型。

1) 热流型 DSC(定量 DTA)

热流型 DSC(图 16-9)主要通过测量加热过程中样品吸收或放出的热流量达到 DSC 分析的目的。利用康铜盘电热片把热量传输到样品和参比物，并且作为测量温度的热电偶结点的一部分。传输到样品和参比物的热流差通过样品和参比物平台下的镍铬板与康铜盘的结点所构成

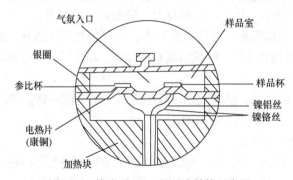

图 16-9　热流型 DSC 的基本结构示意图

的热电偶进行监控,样品温度由镍铬板下方的热电偶进行直接监控。其特点是采用差热分析的原理进行量热分析(因此也称为定量 DTA),样品与参比物之间仍存在温差,但要求样品和参比物之间的温差 ΔT 与样品和参比物间热流量差成正比例关系。这样,在给予样品和参比物相同功率的情况下,测定样品和参比物两端的温差 ΔT,然后根据热流方程,将 ΔT 换算成 ΔQ(热量差)作为信号的输出。

2) 功率补偿型 DSC

对于功率补偿型 DSC,样品与参比物分别具有独立的加热器和传感器(图 16-10)。主要特点是样品和参比物仍放在外加热炉内加热的同时,都附加有独立的小加热器和传感器。整个仪器由两个控制系统进行监控:其中一个控制温度,使样品与参比物在预定的速率下升温或降温;另一个用于补偿样品和参比物之间所产生的温差(ΔT)。ΔT 是由样品的放热或吸热效应产生的,通过功率补偿使样品和参比物的温度保持相同,这样就可从补偿的功率直接求算热流率。对于功率补偿型 DSC 技术,无论样品是吸热或放热,都要求样品和参比物的 ΔT 处于动态零位平衡状态,使 $\Delta T=0$,这是 DSC 和 DTA 技术最本质的区别。要实现 $\Delta T=0$,其办法就是通过功率补偿系统来控制。当样品吸热时,补偿系统流入样品一侧的加热丝电流增大;当样品放热时,补偿系统流入参比物一侧的电流增大,从而使两者的热量平衡,温差消失,即零点平衡原理。与热流型 DSC 相比,功率补偿 DSC 可在更高的扫描速率下使用,最快的可靠扫描速率是 60 K/min。

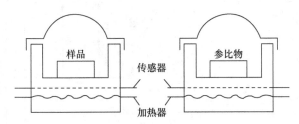

图 16-10　功率补偿型 DSC 的基本结构

总体来说,DSC 和 DTA 曲线的影响因素、测量的转变温度和热效应、曲线形状和分析方式等都类似。DSC 适用于定量工作,因为峰面积直接对应热效应的大小。DSC 的分辨率、重复性、准确性和极限稳定性都比 DTA 好,更适合有机和高分子材料的测定,而 DTA 更多用于矿物、金属等无机材料的分析。DSC 的影响因素与 DTA 的相似,如扫描速度、样品的影响等。

16.2.5　同步热分析仪

同步热分析(simultaneous thermal analysis, STA)仪在原理上就是将 TG 与 DTA 或 DSC 结合为一体,在同一次测量中利用同一样品可同步得到该样品不同分解过程中的质量变化与吸放热相关信息。在实际应用中,STA>>DTA+TG 或 DSC+TG,这是因为 DTA 或 DSC 和 TG 的完全对应有利于综合分析,在同一次测量中利用同一样品可同步得到质量变化与其质量变化速率相关信息,具有优异的拓展能力及更广泛的应用领域。例如,水合草酸钙分解的同步热分析 TG-DTG 曲线如图 16-11 所示。其中,TG 起始点代表热稳定性的特征,而 DTG 峰温显示质量变化速率最大的温度点。DTG 曲线所记录的三个峰与 $CaC_2O_4 \cdot H_2O$ 的三步失重过程相对应,根据这三个 DTG 的峰面积,同样可以算出各个热分解过程的失重量或失重百分数。

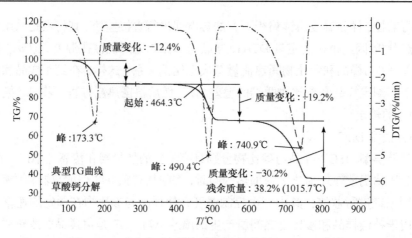

图 16-11　水合草酸钙分解的同步热分析 TG-DTG 曲线

对于样品典型的 TG-DSC 同步热分析图谱，一般由三条曲线——DSC 曲线、TG 曲线和 DTG 曲线构成(图 16-12)。图中在 DSC 曲线上共有三个吸热峰。其中，温度较低的两个相邻的大吸热峰与 DTG 曲线上的两个峰(或 TG 曲线上的两个失重台阶)有很好的对应关系，是由样品的两步分解引起的。DSC 曲线上温度较高的小吸热峰则在 TG 与 DTG 曲线上找不到任何对应关系，应由样品的相变引起。

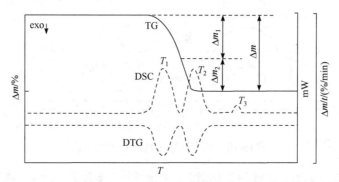

图 16-12　典型的 TG-DTG/DSC 曲线

1. STA 的主要特点

与单独的 TG、DTA 或 DSC 测试相比，STA 具有如下显著优点：①通过一次测量即可获取质量变化与热效应两种信息，方便且节省时间，样品用量少；②消除了称量、样品均匀性、升温速率一致性、气氛压力与流量差异等因素影响，TG 曲线与 DTA 曲线或 DSC 曲线对应性更佳；③根据某一热效应是否对应质量变化，有助于判别该热效应所对应的物化过程(如区分熔融峰、结晶峰、相变峰与分解峰、氧化峰等)；④实时跟踪样品质量随温度/时间的变化，在计算热焓时可以样品的当前实际质量(而非测量前原始质量)为依据，有利于相变热、反应热等的准确计算。

2. STA 仪的基本结构

现代的 STA 仪结构较为复杂，除了基本的传感器、加热炉体、样品支架、坩埚、高精度天平外，还有电子控制部分、软件，以及一系列辅助设备。图 16-13(a)为本实验所用 STA 仪的整机透视图，其基本组成包括：①立式、上皿式的自补偿式差动微天平[图 16-13(b)]；②温控系统，炉子、炉温检测温度程序控制系统和天平室的恒温系统；③信号放大：将温差热电偶产生的微弱温差电势放大、输送到记录系统；④显示记录系统：把放大的物理信号对温度作图；⑤气流系统：涉及天平室和样品环境；⑥软件系统，包括计算机及测试分析软件。

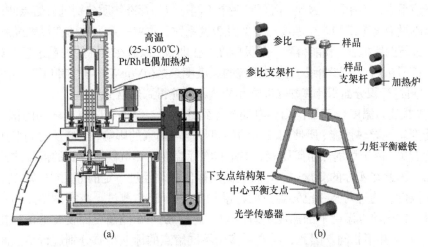

图 16-13　STA 仪的整机透视图(a)和自补偿式差动微天平的结构示意图(b)

测试时，样品坩埚与参比坩埚(一般为空坩埚)置于同一导热良好的传感器盘上，两者之间的热交换满足傅里叶热传导方程。使用控温炉按照一定的温度程序进行加热，通过定量标定，可将升温过程中两侧热电偶实时量到的温度信号差转换为热流信号差，对时间/温度连续作图后即得到 DTA 曲线。同时整个传感器(样品支架)插在高精度的天平上。参比端无质量变化，样品本身在升温过程中的质量变化由热天平进行实时测量，对时间/温度连续作图后即得到 TG 曲线。

3. STA2500 仪器特色

STA2500 仪器的主要特色包括：①温度范围宽广；②顶部装样，独特的自补偿式差动微天平设计，消除了浮力效应与对流因素的影响，操作更加简单；③气氛类型多样，测量可在惰性气氛、氧化性气氛和真空情况下进行，气氛可为动态或静态；④适合进行逸出气体分析：STA 的顶部装样设计便于连接气体分析系统，如傅里叶变换红外光谱仪(FTIR)、质谱仪(MS)或气相色谱-质谱联用(GC-MS)，在进行热分析的同时，可以对逸出气体成分进行同步分析。

4. STA 仪器校正

STA 仪是 TGA 与 DTA 或 DSC 功能的结合，因此其校正项目较多，既包括 TGA 质量校正和 DSC 的热流校正，还包括为 TG 与 DTA/DSC 功能所共享的温度校正和基线校正。

(1)TGA 质量校正，也就是 TG 质量信号的校正，主要指天平校正，是为了保证天平显示称量与样品实际质量之间的一致性。校正使用已知质量的标准砝码。STA 系列天平校正使用仪器内置的标准砝码，无须另行加载外部砝码。只需打开仪器自带测试软件，点击"诊断"菜单下的"天平校正"，点击"校正"即可。

(2)DSC 的热流校正，即热流信号的校正，通常也指灵敏度校正。在 DSC 测量过程中，当样品发生热效应时，仪器直接测量得到的是参比热电偶与样品热电偶之间的信号差，单位为 μV，其对时间的积分再除以样品质量，单位为 μV·s/mg；而实际物理意义上的热效应(热熔)单位为

J/g，相当于热流功率对时间的积分再除以样品质量(mW·s/mg)。灵敏度校正的意义就是找到热电偶信号与热流功率之间的换算关系，即灵敏度系数(μV/mW)。通过对某一已知熔点与熔融热焓的标准物质进行 DSC 测试，将熔融段的实测信号积分面积(μV·s/mg)除以熔融热焓(mW·s/mg)，就能够得到在该熔点温度下的灵敏度系数(μV/mW)。灵敏度系数是一个随温度而变化的值，在不同的温度下该系数并不相同。因此，需要对多个不同熔点的标准物质分别进行熔点测试，得到大致涵盖仪器测量温度范围的多个温度点下的灵敏度系数，再将一系列数值在灵敏度系数-温度曲线上绘点并进行曲线拟合，就能得到一条灵敏度校正曲线。以后在实际的测量过程中对于任意温度下的原始信号(μV)，在该曲线上找到相应的灵敏度系数(μV/mW)，就能将其换算为热流功率(mW)，如果再进行积分面积计算并除以样品质量，就能得到热焓值(J/g)。

(3) 温度校正。温度校正是检测热电偶测量到的温度与样品实际温度之间的偏离。该偏离程度不仅受到坩埚导热性能、所使用气氛的导热性能等因素的影响，也与长时间使用后热电偶的老化程度有关。由于坩埚热阻等因素，在样品实际温度与热电偶检测到的温度之间存在一定的温度差ΔT，因此在实际的测量中，对热电偶测量值必须经过一定的修正(扣除ΔT)，才能得到样品的真实温度。通过对某一已知熔点的标准物质进行 DSC 测试，将实测熔点与理论熔点比较，能够得到在该熔点温度下的温度偏差值ΔT。而ΔT是一个随温度而变化的值，在不同的温度下该偏差值ΔT并不相同。因此，需要对多个不同熔点的标准物质分别进行熔点测试，得到大致涵盖仪器测量温度范围的多个温度点下的ΔT，再将一系列ΔT值在$\Delta T/T$曲线上绘点并进行曲线拟合，就能得到一条温度校正曲线。以后在实际的测量过程中对于任意的实测温度，在该校正曲线上找到相应的偏差值ΔT并作扣除，就能将其转换为样品的真实温度。

(4) 基线校正。热重分析测试过程中，通常使用一定流量的吹扫气氛。样品处于气氛包围中，在升温过程中气氛对样品坩埚的作用力(主要为浮力因素，也包括由下往上的吹扫力、炉体出口处一定的回压力等几方面因素的综合作用)发生实时变化，会导致一定程度的“基线漂移”，即样品本身无质量变化的情况下随着温度上升 TG 信号的自然变化。为了得到更准确的热失重测试结果，必须对作为系统误差的基线漂移因素进行修正。同样，DSC/DTA 在测试过程中，由于炉体加热均匀性、传感器的参比端与样品端之间热对称性、热辐射效应等因素，也会存在一定的基线漂移。尤其是对于温度范围宽广的 STA，为了得到更可靠的吸放热峰判断与热焓计算结果，很多时候也需要对基线进行扣除。STA 的基线修正是使用空白基线扣除的方式，即使用空白坩埚进行测试，获取仪器在一定实验条件(起始温度、升温速率、气氛种类与流量)下的空白基线。对于后续的样品测试，将该基线作为背景加以扣除。

5. STA 的使用注意事项

STA 的使用注意事项包括：①气体压力：0.05 MPa；②保护气：10～20 mL/min，吹扫气：20～50 mL/min，保护气为惰性气体；③样品质量：5～15 mg 最佳；④1200℃以上时，升温速率应控制在 5～20 K/min；⑤为保证 DTA 曲线质量，基线一般 2～3 个月做一次，TG 则不需做基线；⑥避免无意义的升至很高温度和在高温下长时间停留；⑦200℃以下才可以打开炉体；⑧污染清理：先检查 DTA 和 TG 信号是否正常，空烧，使用标准样品检验和校正；⑨仪器指标：室温至 1650℃，分辨率<0.1 μg。

6. STA 的应用

STA 综合集成了 TGA 和 DSC/DTA 的功能，可以实时综合研究热重、热焓变化、时间、温度之间的关系，得到比 TGA 和 DTA 或 DSC 更丰富的信息。STA 的应用领域涉及各个方面，包括高分子工程、化学、陶瓷材料、矿物、金属、食品、黏合剂、涂料等领域的分析，也可以用于研究一些物质在受热时状态发生的变化、伴随的能量变化等相关实验。

实验 64　五水硫酸铜失水过程的热重分析

一、实验目的

(1) 了解和掌握 STA2500 型同步热分析仪的基本结构与测试操作。
(2) 学习绘制 TG、DTG、DTA 曲线及解析。
(3) 理解和分析 $CuSO_4 \cdot 5H_2O$ 失水过程。

二、实验原理

$CuSO_4 \cdot 5H_2O$ 俗称胆矾，是蓝色斜方晶体，在不同温度下可以逐步失水：

$$CuSO_4 \cdot 5H_2O \xrightarrow{375\,K} CuSO_4 \cdot 3H_2O \xrightarrow{423\,K} CuSO_4 \cdot H_2O \xrightarrow{523\,K} CuSO_4$$

可见，各个水分子的结合力并不完相同。实验证明，四个水分子与 Cu^{2+} 以配位键结合，第五个水分子与 SO_4^{2-} 以氢键方式结合。因此，$CuSO_4 \cdot 5H_2O$ 可以写成 $[Cu(H_2O)_4]SO_4 \cdot H_2O$，简单的平面结构式如下：

加热时，先失去 Cu^{2+} 左边的两个水分子，再失去右边的两个水分子，最后失去以氢键与 SO_4^{2-} 结合的水分子。

利用同步热分析仪得到的 TG/DTG 曲线，可以分辨样品在升温失水过程中距离较近的多阶质量变化。而用普通的热天平以 20℃/min 升温测定的 TG 曲线，仅表现为两个失重阶段，第一阶段失去四个结晶水的过程无法区分，第二阶段为最后一个结晶水的失去。同时，结合同步热分析仪得到的 DTA 曲线，可以准确判断不同失水阶段的热效应。

三、仪器与试剂

1. 仪器

STA2500 Regulus 同步热分析仪。

2. 试剂与容器

五水硫酸铜(分析纯)；三氧化二铝坩埚(2 个)。

四、实验步骤

1. 开机

打开计算机与 STA2500 Regulus 主机电源；打开 Netzsch-proteus 软件，设置和开启主机预热时的吹扫气和保护气流量，整机提前 1 h 预热。

2. 确认测量所使用的吹扫气情况

氮气瓶减压阀的出口压力(显示的是高出常压的部分)通常调到 0.05 MPa 左右,最高不能超过 0.1 Mbar,否则易损坏质量流量计(MFC)。

3. 样品制备与装样

准备两个干净的空坩埚。STA 最常使用氧化铝坩埚,对于大部分的 TG-DTA 联用测试,一般坩埚无须加盖。使用电子天平称量样品并记录原始质量 m 值(尽量不使用 STA 本身作为称量天平)。同时按住 "Up" 键和侧面的安全钮,打开炉体,将装有样品的坩埚放到 STA 传感器的右边样品位上,并在左边参比位放上一个空坩埚(坩埚材质、加盖情况与样品坩埚同)作为参比。随后同时按住 "Down" 键和安全钮,关闭炉体。

4. 新建测量

点击测量软件菜单项 "文件" — "打开"。在弹出的 "测量设定" 界面上,"测量类型" 中选择 "样品" 模式;在 "快速设定—基本信息—设置" 中的各个界面,输入样品名称、编号、样品原始质量、文件名等信息。输完后点击 "继续";选择测量所使用的温度校正文件和灵敏度校正文件(事先已采集准备好的相应基线文件),点击 "打开",进入下一步。

5. 编辑设定温度程序

在此处编辑设定温度程序。使用右侧的 "步骤分类" 列表与相关编辑按钮逐个添加各温度段,并使用左侧的 "段条件" 列表(如温度段中所使用的气体与流量,是否使用 STC 模式进行温度控制等)为各温度段设定相应的实验条件,点击 "下一步"。

6. 设定测量文件名

在 "最后的条目" 界面,选择存盘路径,设定文件名,点击 "确定",最后点击下方 "测量" 按钮,软件自动退出上述实验设定对话框,并弹出 "STA2500 在…调整" 对话框。

7. 初始化工作条件与开始测量

(1) 点击 "初始化工作条件",内置的质量流量计将根据实验设置自动打开各路气体并将其流量调整到 "初始" 段的设定值。

(2) 随后点击 "查看信号",调出相应的显示框。观察仪器状态满足如下条件:①炉体温度与样品温度相近;②样品温度[使用 STC(sample temperature control,样品温度控制)情况下]与设定起始温度相吻合;③TG 信号稳定,1 min 内基本无漂移;④DTA 信号稳定。

(3) 点击 "开始",开始测量。

8. 测量运行

如果需要在测试过程中将当前曲线(已完成的部分)调入分析软件中进行分析,可点击 "工具" 菜单下的 "运行实时分析"。如果需要提前终止测试,可点击 "测量" 菜单下的 "终止测量"。

9. 测量完成

当有 "测试结束" 提示后,表示测量完成。点击 "工具" 菜单下的 "运行分析程序",将测量曲线调入分析软件中进行分析。

10. 关机

待炉体温度降至室温后，首先打开炉体，取出样品坩埚和参比坩埚，然后关闭炉体；关闭仪器和计算机电源；关氮气瓶。

五、实验数据及结果

(1) 打开数据文件，显示 TG/DTA 与温度界面。

(2) 切换时间/温度坐标，将横坐标切换为温度坐标。

(3) 对每一温度段进行分别处理与标注。

(4) 点击选择"TG"曲线，隐藏其他曲线，对 TG 曲线进行平滑。

(5) TG 曲线标注，包括失重台阶标注、残余质量标注、失重台阶的外推起始点(起始失重温度)标注。

(6) 调出 TG 信号对应的 DTG 曲线。对 DTG 曲线标注，即峰值温度标注。

(7) 点击选择并调出 DTA 曲线，设置 DTA 曲线的纵坐标为μV/mg，并进行标注。

(8) 在谱图上插入样品名称、测试条件等说明性文字。

(9) 各谱图分析完毕后，存盘分析文件后缀名为".ngb-taa"。

(10) 打印与导出。①打印谱图；②导出为图元文件(emf 文件)，图片格式可以为 PNG、TIF、JPG 等；③导出文本数据，数据以 ASCII 格式存为.CSV 或 txt 文件。

综合同步热分析仪得到的 TG/DTG/DTA 曲线，分析五水硫酸铜失水阶数，计算在每个失水台阶下所失结晶水数，找出最终的脱水温度，判断各个失水过程的吸放热效应，并与理论数值进行对比。

六、思考题

(1) TG 和 DTA 分析技术的基本原理是什么？

(2) 五水硫酸铜样品如不够纯或不够干燥，对实验结果会有什么影响？

实验 65　TG/DTA 研究水合草酸钙的失水与分解过程

一、实验目的

(1) 掌握 TG 和 DTA 分析方法的工作原理，并能够熟练操作仪器。

(2) 结合 TG、DTA 和 DTG 曲线分析，推断和理解水合草酸钙的失水与分解过程。

二、实验原理

水合草酸钙($CaC_2O_4 \cdot H_2O$)在常温条件下具有很高的稳定性，基本不吸潮，这使它成为验证 TG 信号的理想材料。不过，$CaC_2O_4 \cdot H_2O$ 含有结晶水和草酸根，并且为碱土金属盐，加热容易分解。$CaC_2O_4 \cdot H_2O$ 在室温到 850℃存在 3 个失重过程。在 220～400℃时的第一阶段失重台阶为脱水过程，样品脱水之后转变为无水草酸钙。在 520～780℃时的第二阶段失重台阶是由 CO 的释放所致，代表从草酸钙向碳酸钙的转变。第三阶段失重台阶在 700℃以上，碳酸钙分解，释放 CO_2；残余质量为氧化钙。

本实验利用 TG/DTG 方法研究 $CaC_2O_4 \cdot H_2O$ 随温度变化引起的失水、分解过程中的质量变化情况，推断其分解过程，并利用 STA 同步热分析仪得到的 DTA 曲线，分析每个过程的热效应，尝试计算反应级数和活化能。

三、仪器与试剂

1. 仪器

STA 2500 Regulus 同步热分析仪；电子天平。

2. 试剂与容器

$CaC_2O_4 \cdot H_2O$(分析纯)；三氧化二铝坩埚。

四、实验步骤

准确称取 5～15 mg 样品，置于样品坩埚中。以同样材质和大小的空坩埚为参比端。在室温至 850℃以 10℃/min 升温进行测量。详细步骤参考实验 64。

五、实验数据及结果

(1) 打开数据文件，显示 TG、DTA 曲线与温度界面。

(2) 切换时间/温度坐标，将横坐标切换为温度坐标。

(3) 对每一温度段进行分别处理与标注。

(4) 调出 TG 信号对应的 DTG 曲线。

(5) 对 TG 曲线进行平滑。

(6) 调出 DTA 曲线，设置 DTA 曲线纵坐标为μV/mg。

(7) DTA 曲线标注，包括峰温标注和外推起始反应温度标注。

(8) TG 曲线标注，包括失重台阶标注、残余质量标注、失重台阶的外推起始点(起始分解温度)标注。

(9) DTG 曲线标注，即峰值温度标注。

(10) 将曲线的纵坐标范围进行适当调整，使相互重叠的曲线、标注等分开，使谱图更加美观。

(11) 在谱图上插入样品名称、测试条件等说明性文字。

(12) 谱图分析完毕后，存盘分析文件后缀名为“.ngb-taa”。

(13) 打印与导出。①打印谱图；②导出为图元文件(emf 文件)，图片格式可以为 PNG、TIF、JPG 等；③导出 ASCII 码文本数据为.CSV 或 txt 文本格式。

依据所测 TG 和 DTG 曲线，由实测失重百分比推断水合草酸钙的反应方程式。根据 $CaC_2O_4 \cdot H_2O$ 的化学式计算理论失重率，与实测值比较。如有差异，试讨论原因。用测试软件标注 DTA 曲线上的吸热峰面积，尝试计算反应级数和活化能。

六、思考题

(1) 本实验中三氧化二铝坩埚既作容器又作参比，那么本实验对参比物的要求是什么？

(2) 如何利用 DTA 数据分析计算反应级数和活化能?

实验 66　探索金属氧化物-碳复合物材料的热学性质

一、实验目的

(1) 了解和熟悉 STA 同步热分析仪的构造及工作原理。
(2) 综合利用 TG、DTG 和 DTA 曲线,探究材料的热解动力学变化。

二、实验原理

金属氧化物-碳复合材料已被广泛应用于电催化等领域,如电催化析氧反应、氧还原反应、氮还原反应及金属空气电池等。一般来说,金属氧化物-碳复合材料具有较大的比表面积、易调节的活性组分及良好的电导性和稳定性等,在电催化领域展现出很大的应用潜力。其中,所引入的碳组分对金属氧化物的导电性和分散性等方面的增强作用已经得到广泛证实。然而,关于碳组分对材料整体的热学性能及反应过程的焓变等方面的影响作用的探究相对较少,这些热学性能的改变同样影响材料的对应性质。因此,探索金属氧化物-碳复合材料在碳化过程中的热解变化和动力学活化能变化是一个十分重要的课题。此外,热重/差热分析也常被用来选择该类材料的热处理温度。

三、仪器与试剂

1. 仪器

STA2500 Regulus 同步热分析仪。

2. 试剂与容器

Fe_3O_4-碳复合材料;压缩空气;三氧化二铝坩埚。

四、实验步骤

准确称取 5~20 mg 样品,置于样品坩埚中,加盖压封。以同样材质和大小的坩埚为参比端。在室温至 600℃以 10℃/min 升温进行测量。详细步骤参考实验 64。

五、实验数据及结果

具体实验数据处理参考实验 64。

根据 TG/DTA/DTG 曲线的各项分析数据,解析 Fe_3O_4-碳复合材料的热分解过程,推断各反应阶段的产物组成或变化,判断该物质热稳定性及最佳煅烧温度。

六、思考题

(1) 影响 TG/DTA 曲线准确度的因素有哪些?
(2) 如何判断材料分解反应的起始温度、煅烧完全温度及各个失重变化的热效应?

第 17 章　毛细管电泳法

17.1　基本原理

17.1.1　背景知识

毛细管电泳(capillary electrophoresis)是一种新型液相分离分析技术，它以毛细管为分离通道，以高压直流电场为驱动力，利用分析物质间电泳淌度和分配系数的差别而实现分离。该技术可用于小至无机离子、大至生物大分子(如蛋白质和核酸等)的分离检测，已有多种液体样本如血清或血浆、尿液及环境水样等分析的报道。

1967 年，Hjerten 实现了窄孔毛细管在高电场下进行的自由溶液电泳；1981 年，Jorgenson 和 Lukacs 利用 75 μm 内径毛细管柱进行高电压分离；1984 年，Terabe 等通过在缓冲溶液中引入表面活性剂，建立了胶束电动色谱；1987 年，Hjerten 发展了毛细管等电聚焦，Cohen 和 Karger 提出了毛细管凝胶电泳的概念；1988～1989 年出现了第一批商品化的毛细管电泳仪。由于毛细管电泳符合以生物工程为代表的生命科学对多肽、蛋白质(包括酶、抗体)、核苷酸乃至脱氧核糖核酸(DNA)的分离分析要求，得到了迅速的发展。其中，毛细管阵列电泳对于基因组学的完成起到了至关重要的作用。

作为经典电泳技术和现代微柱分离相结合的产物，毛细管电泳与高效液相色谱同样都是高效分离技术，且操作简便，易于自动化，均有多种分离模式。二者的差异在于毛细管电泳用迁移时间取代液相色谱中的保留时间，毛细管电泳的分析时间通常不超过 30 min，比液相色谱速度快。色谱分离的理论塔板高度与溶质的扩散系数成正比，对扩散系数小的生物大分子而言，毛细管电泳的柱效比液相色谱高得多。与液相色谱所需的微升级样品、几百毫升流动相消耗相比，毛细管电泳的试剂、样品消耗量更低；但与液相色谱相比，毛细管电泳的制备能力不足。与普通电泳相比，毛细管电泳具有分离速度快，定量精度高的特点。同时，毛细管电泳的操作自动化程度比普通电泳高得多。毛细管电泳一般使用内径小于 100 μm 的毛细管，由于毛细管具有良好的散热效能，因此允许在毛细管两端施加上万伏的高电压，电场强度可达 300 V/cm，所以毛细管电泳具有更高的分离效率。

综上所述，毛细管电泳的优点可概括为三高二少：①高灵敏度，常用紫外检测器的检出限可达 10^{-15}～10^{-13} mol，激光诱导荧光检测器则达 10^{-21}～10^{-19} mol；②高分离效率，其每米理论塔板数为几万，而液相色谱一般低于 10000；③高速度，可在 250 s 内分离 10 种蛋白质，1.7 min 分离 19 种阳离子，3 min 内分离 30 种阴离子，且多数分离用时少于 30 min；④样品少，仅需纳升(10^{-9} L)级的进样量；⑤成本少，只需少量(几毫升)分离缓冲溶液和价格低廉的毛细管。由于以上优点以及分离生物大分子的能力，毛细管电泳已成为重要的分离分析方法。

1. 电泳淌度

带电粒子在电场作用下的定向移动称为电泳。不同溶质分子因所带电荷性质、多少不同，形状、大小各异，在一定 pH 的缓冲溶液或其他溶液内，受电场作用，各溶质分子的迁移速度

不同。对于特定的溶质，单位电场强度下的电泳速度称为该溶质的电泳淌度，即

$$u = v / E \tag{17-1}$$

其中

$$E = V/L$$

式中：v 为该溶质的迁移速度；E 为电场强度；V 为电压；L 为毛细管总长度；u 为电泳淌度。不同分析物电泳淌度的差别是实现电泳分离的基础。

2. 电渗淌度

毛细管电泳中一般采用细内径的熔融石英毛细管作为分离通道，其内表面在不同 pH 条件下的示意图如图 17-1 所示。在高 pH 缓冲溶液条件下，部分硅羟基发生电离，使毛细管内表面带负电荷。这种电荷为定域电荷，根据电中性要求，这些定域电荷吸引溶液中的反号离子，使其聚集在自己的周围，形成双电层。毛细管内固-液界面形成双电层的结果是，在靠近管壁的溶液层中形成高于溶液本体的电荷。在电场作用下，这些表面电荷给毛细管内溶液施加单向推动力，使其同向运动，形成电渗流。对于未修饰的熔融石英毛细管，在电压作用下电渗流方向指向负极。在电场作用下，单位电场强度下的电渗流速度称为电渗淌度。电渗速度 v_{eo} 和电场强度 E 成正比，定义电渗淌度 u_{eo} 为电渗速度 v_{eo} 和场强 E 的比值，即

$$u_{eo} = v_{eo}/E \tag{17-2}$$

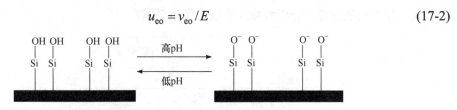

图 17-1 不同条件下毛细管内表面示意图

电渗流为毛细管电泳提供了诸多优点：

(1) 电渗流是毛细管电泳中推动流体前进的驱动力，它使整个液流像塞子一样均匀向前运动，并呈现出扁平形的"塞式流"。因此，溶质在区带中的扩张较低。相反，在高效液相色谱中，采用的压力驱动方式使柱中流体呈抛物线形，其中心处速度约为平均速度的 2 倍，导致溶质区带扩张而降低柱效，因此其分离效率不如毛细管电泳。

(2) 电渗淌度为普通溶质电泳淌度的 5～7 倍，若同时含阳离子、阴离子和中性分子组分的样品从正极端进入毛细管，在外加直流电场作用下，阳离子组分的电泳方向与电渗一致，因此迁移速度最快，最先到达检测窗口。中性组分的电泳速度为零，随电渗而行。阴离子组分的电泳方向与电渗方向相反，它在中性组分之后到达检测窗口。即仅有电渗和电泳作用条件下，毛细管电泳出峰顺序为：阳离子→中性分子→阴离子，所以毛细管电泳可同时实现带正电荷、负电荷和中性分析物的分析。带电粒子在毛细管内实际移动的速度为电泳流和电渗流的矢量和，分析物的表观电泳速度(v_{app})可用式(17-3)表示：

$$v_{app} = v_{ep} + v_{eo} \tag{17-3}$$

式中：v_{ep} 和 v_{eo} 分别为分析物的电泳速度和电渗速度。

3. 理论塔板数和分离度

毛细管电泳图与色谱图类似，因此毛细管电泳的基本理论主要沿用传统气相、液相色谱理论，其中理论塔板数和分离度是最常用于表征毛细管电泳效率的参数。理论塔板数 N 用于表征毛细管电泳的分离效率。对于高斯型电泳峰，理论塔板数 N 的计算与液相色谱相似，可按式(17-4)计算：

$$N = 5.545 \left(\frac{t_{\mathrm{m}}}{W_{\mathrm{h}}} \right)^2 \tag{17-4}$$

式中：t_{m} 为电泳图的起点至峰最大值间的距离，即该峰的迁移时间；W_{h} 为半高峰宽。分离度 R_{s} 也称分辨率，是指湍度相近组分分开的程度。作为分离技术中的一个重要指标，需要在电泳图中读出两相邻峰的迁移时间和它们的峰宽，按式(17-5)计算分离度 R_{s}：

$$R_{\mathrm{s}} = 2(t_{\mathrm{m}_2} - t_{\mathrm{m}_1}) / (W_1 + W_2) \tag{17-5}$$

式中：t_{m_1} 和 t_{m_2} 为两相邻峰的迁移时间；$(W_1 + W_2)/2$ 为峰底的平均峰宽(以时间计)。

17.1.2　毛细管电泳类型

图 17-2 为典型的毛细管电泳紫外检测示意图。可以看出，不考虑检测，毛细管电泳的基本组成部分包括毛细管、分离缓冲溶液以及两边储池。

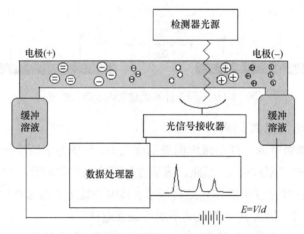

图 17-2　典型的毛细管电泳紫外检测示意图

根据上述几部分的不同，可以将毛细管电泳分为以下几种类型：毛细管区带电泳(capillary zone electrophoresis，CZE)、毛细管等速电泳(capillary isotachophoresis，CITP)、胶束电动色谱 (micellar electrokinetic chromatography，MEKC)、毛细管凝胶电泳(capillary gel electrophoresis，CGE)、毛细管等电聚焦(capillary isoelectric focusing，CIEF)、毛细管电色谱法(capillary electrochromatography，CEC)等。不同类型有不同的组成形式和分离原理。

1. 毛细管区带电泳

如果采用普通的分离缓冲溶液，如磷酸盐或硼酸盐缓冲液，使用无涂层的石英毛细管作分离通道，这类毛细管电泳称为毛细管区带电泳。它是毛细管电泳中最基本的操作模式，影响因素包括缓冲溶液浓度、pH、电压、温度、改性剂(乙腈、甲醇等)。因为中性物质在电场作用下随电渗流同时流出，所以中性物质之间无法实现分离。毛细管区带电泳具有分离方便、快速、样品用量小的特点，在无机离子、有机物、氨基酸、蛋白质及各种生物样品的测试中有广泛应用。毛细管区带电泳要求缓冲溶液均一，毛细管内各处电场强度恒定。

2. 毛细管等速电泳

如果在样品区带的前后分别加入电泳淌度快的先导电解质和电泳淌度较慢的后继电解质，这类分离模式则称为毛细管等速电泳。它采用不连续缓冲体系，基于溶质的电泳淌度差异进行分离，常用于离子型物质(如有机酸)的分离，并因适用于较大内径的毛细管而可用于微制备，但毛细管等速电泳的空间分辨率较差。

3. 胶束电动色谱

如果在分离缓冲溶液中添加超过临界胶束浓度的表面活性剂，使用无涂层的石英毛细管作分离通道，这类毛细管电泳称为胶束电动色谱。它在缓冲溶液中加入离子型表面活性剂作为胶束相，是一种基于胶束增溶和电动迁移的新型液相色谱。在电场作用下，胶束相也会沿着毛细管做定向移动，这个移动的胶束相称为"准固定相"。胶束电动色谱利用溶质分子在水相和胶束相分配的差异实现分离。对于中性粒子，由于它们本身的疏水性不同，与胶束的相互作用不同，疏水性强的作用力大，保留时间长；反之，保留时间短。常用的表面活性剂是十二烷基硫酸钠(SDS)，其他阴阳离子表面活性剂和环糊精等添加剂也可广泛用于胶束电动色谱。已有胶束电动色谱用于手性化合物、氨基酸、肽类、小分子物质、药物样品及体液样品分析的报道。

4. 毛细管凝胶电泳

如果毛细管内填充线状缠结聚合物结构的物理凝胶，使样品中各组分通过净电荷差异和分子大小差异双重机制得以分离，这类分离模式称为毛细管凝胶电泳。被分离物通过装入毛细管的凝胶时，按照各自分子的体积大小逐一分离，它主要用于蛋白质、核苷酸片段的分离，已成为生命科学基础和应用研究中有力的分析工具。

5. 毛细管等电聚焦

如果毛细管两端的储池使用不同 pH 的缓冲溶液，在电场作用下，会产生沿毛细管分布的pH 梯度，蛋白质、肽等两性分析物会集中在自己等电点(pI)的 pH 区域而实现分离，这种分离模式称为毛细管等电聚焦。毛细管等电聚焦广泛用于蛋白质、肽等两性物质的分离，已成功用于等电点仅差 0.001 的物质的分离。

6. 毛细管电色谱

如果将细粒径固定相填充在毛细管柱中制成填充毛细管柱或把固定相的官能团键合在毛细管内壁表面形成开管柱，使用这样的毛细管柱作分离通道称为毛细管电色谱。它同时利用分析物在固定相和流动相分配比的不同以及分析物电泳淌度的不同而实现分离，是很有前途的分析方法。

除了上述几种类型，还有非水毛细管电泳(nonaqueous capillary electrophoresis，NACE)，即分离缓冲溶液无水或含水很少，可用于水溶性差的物质和易与水反应物质的分析。但从某种意义上说，非水毛细管电泳也可归为毛细管区带电泳的一种。

17.1.3　毛细管电泳的基本原理

毛细管区带电泳和胶束电动色谱是两种最常用的毛细管电泳类型。下面以这两种方法为例说明毛细管电泳的原理。

1. 毛细管区带电泳

毛细管区带电泳一般选用内径为 50 μm(经典的毛细管电泳一般选用内径为 20～100 μm 的毛细管)、外径为 375 μm、有效长度为 50 cm(一般长度为 7～100 cm 不等)的石英毛细管。毛细管两端分别浸入两缓冲溶液中，同时两缓冲溶液中分别插入高压电源的电极。施加电压使分析样品沿毛细管迁移，当分离样品通过检测器时，可对样品进行分析处理。毛细管区带电泳一般采用电动力学进样或流体力学进样(压力或抽吸)。在毛细管区带电泳系统中，分析物在电渗流和电泳双重作用下，以不同的速度向阴极方向迁移。溶质的迁移速度受其所带电荷数和分子量大小的影响，同时还受缓冲溶液的组成、性质、pH 等多种因素影响。在电场作用下，最终带正电荷组分、中性组分、带负电荷组分依次通过检测器。

2. 胶束电动色谱

胶束电动色谱是在毛细管区带电泳的基础上使用表面活性剂充当胶束相，在电场作用下，毛细管中存在溶液的电渗流和胶束相的电泳，使胶束相和水相有不同的迁移速度。同时由于溶质在水相、胶束相中的分配系数不同，利用胶束增溶分配原理，使待分离物质在水相和胶束相中被多次分配，在电渗流和这种分配过程的双重作用下实现分析物的分离。胶束电动色谱是电泳技术与色谱法的结合，适合同时分离分析中性和带电的样品分子。

17.1.4　毛细管电泳检测技术

1. 紫外检测

传统的液相色谱紫外检测器经适当改造可用作毛细管电泳检测器，大多数毛细管电泳检测器也是由液相色谱检测器发展而来。紫外检测是非常成熟的毛细管电泳检测技术，也是多数商品化毛细管电泳仪的主要检测手段。常用的紫外检测可分为柱上检测和柱后检测。柱上检测简单，仅需在毛细管出口端适当位置上除去不透明的保护层，让透明部位对准光路即可。柱后检测适用于毛细管电色谱或毛细管凝胶电泳等采用填充管的分离模式或需要柱后衍生才能检测的情况。比较方便的方法是采用鞘流(sheath-flow)检测池，鞘流溶液将毛细管流出物有效带出。紫外检测结构简单，通用性好，但存在灵敏度相对较低、共存物种干扰等缺点。

2. 激光诱导荧光检测

毛细管电泳的荧光检测，特别是激光诱导荧光(laser induced fluorescence，LIF)检测是比较灵敏的一种检测方法。激光诱导荧光检测器由激光器、光路、检测池或在柱检测窗口、光电转换器组成。按入射光、毛细管和荧光采集方向的相对位置，毛细管电泳的激光诱导荧光检测系统可分为正交型和共线型。荧光检测的缺点是大多数化合物本身不发荧光，需要衍生后再进行测定。但这同时是它的优点，因为只有标记过的分析物才能被检测到，所以无须实现标记分析物与其他未标记干扰物的分离,从而简化了分离过程。毛细管电泳激光诱导荧光检测在人类基因组计划中发挥了巨大作用。

3. 质谱检测

质谱本身就是一种重要的分析手段,与其他检测技术相比,它可以提供分析物的结构信息和分子量,具有专属性强的优点,可以弥补毛细管电泳定性不足的缺点。毛细管电泳高效分离与质谱的高鉴定能力结合,可为纳升级样品提供结构和分子量信息,已成为微量生物样品分析的强有力工具。毛细管电泳在线质谱检测的关键问题是联用接口,电喷雾(ESI)、离子喷雾(ISP)、基质辅助激光解吸电离(MALDI)和飞行时间质谱(TOFMS)接口都有用作毛细管电泳检测器的报道。

4. 电化学、电化学发光检测

电化学、电化学发光检测可用于紫外吸收差但有电化学或电化学发光活性的无机离子、有机小分子的检测,因其样品消耗量低、易于微型化,特别适合用于毛细管电泳检测。毛细管电泳-电化学/电化学发光技术已用于单细胞、活体分析。毛细管电泳-电化学/电化学发光检测的实现需要考虑以下因素:改善电化学、电化学发光效率,降低基线噪声,这方面一般采用微电极;降低毛细管电泳分离高压对电化学、电化学发光的影响,一般采用细内径毛细管、低电导分离缓冲溶液或设计合适的场分离器。

5. 原子光(质)谱检测

毛细管电泳的高分辨率、快速、样品消耗低的特点使其十分适合形态分析,与元素选择性检测器——原子光(质)谱联用不仅可以消除不同元素共迁移物质间的干扰,检测器的高灵敏度还可以进一步降低毛细管电泳的检出限。自从 1995 年关于毛细管电泳与电感耦合等离子体质谱(ICP-MS)联用报道以来,毛细管电泳的元素性检测器已扩展到电感耦合等离子体原子发射光谱(ICP-AES)、氢化物发生原子荧光光谱(HG-AFS)、火焰原子吸收光谱(FAAS)和电热原子吸收光谱(ETAAS)。

17.2　仪器及使用方法

17.2.1　7100 毛细管电泳系统的组成

7100 毛细管电泳系统的主要组成部分有放置样品瓶、缓冲溶液和其他溶液的托盘、毛细管柱卡盒、出入口升降机、检测器、补充液系统等。其各个部件的详细配置情况见图 17-3。

17.2.2　7100 毛细管电泳仪的操作

1. 开机前的准备

安装好毛细管柱的卡盒(内径 75 μm,总长 60 cm,有效长度 50 cm 的石英毛细管)。其卡盒结构如图 17-4 所示。准备好甲醇(色谱纯)、0.1 mol/L 氢氧化钠溶液、运行缓冲溶液及小样品瓶、去离子水等。

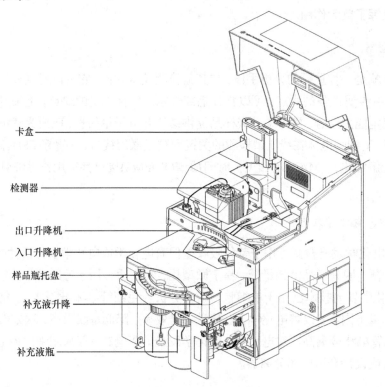

卡盒 ————

检测器 ————

出口升降机 ————
入口升降机 ————

样品瓶托盘 ————

补充液升降 ————

补充液瓶 ————

图 17-3　7100 毛细管电泳仪的主要部件图解

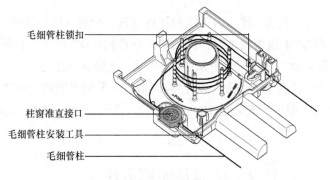

毛细管柱锁扣 ————

柱窗准直接口 ————
毛细管柱安装工具 ————

毛细管柱 ————

图 17-4　毛细管柱卡盒内部结构

2. 开机

1) 启动工作站软件

从 Control Panel 软件中选择"启动",即可打开 7100 毛细管电泳仪的在线控制工作站软件。在"视图"菜单下选择"方法和运行控制"窗口,如图 17-5 所示,在左侧"方法和运行控制"框中选择合适的方法,点击"开启",使仪器各模块就绪。

2) 安装毛细管柱卡盒,放置样品瓶

将安装好的毛细管柱卡盒装入仪器,安装示意图如图 17-6 所示。

将甲醇、氢氧化钠溶液、缓冲溶液、去离子水和样品分别注入小样品瓶,另准备一空样品瓶作为废液瓶,将这些小样品瓶放到样品瓶托盘的适当位置,并记录对应的序号。

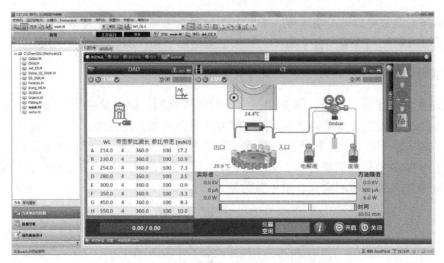

图 17-5　7100 毛细管电泳仪工作站窗口

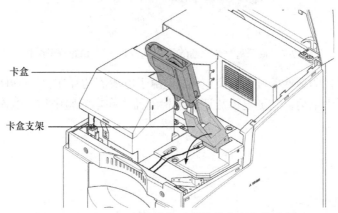

图 17-6　7100 毛细管电泳仪毛细管柱卡盒安装示意图

3) 设置方法

在"仪器"菜单下的"设置仪器方法"中对"DAD"和"CE"进行设置,包括"DAD"中检测波长的选择、光谱测试的相关参数等,"CE"中进出口样品瓶、支架盒温度、分离电压、停止时间、预调节程序设置、进样设置等。

4) 运行测试

在"运行控制"菜单下的"样品信息"中完成对测试样品的相关设置,包括数据文件的存储路径、样品瓶位置、样品名等。全部信息输入完成后,点击"运行方法"开始测试。

5) 数据处理

在"视图"菜单下选择"数据分析"窗口,在该窗口中完成对已存储色谱图的查看、积分,应用外标法、内标法等方法进行计算,并打印报告。

实验 67　毛细管电泳在抗氧化剂测定中的应用

一、实验目的

(1) 掌握 7100 毛细管电泳仪的使用。

(2) 掌握毛细管电泳的基本原理，了解电渗淌度、电泳淌度等基本概念。

(3) 了解抗氧化剂丙基没食子酸(PG)和叔丁基对苯二酚(TBHQ)的分离测定。

二、实验原理

为保证食品、化妆品质量，常添加一定量的抗氧化剂，但过量的抗氧化剂会损害人体健康，因此检测抗氧化剂含量尤为重要。传统的方法有薄层法、比色法、气相色谱法、液相色谱法等，但这些方法存在样品、试剂消耗量大，分析时间长的缺点。毛细管电泳简单、快速，而且丙基没食子酸(PG)和叔丁基对苯二酚(TBHQ)分子中含有苯环(图 17-7)，有较强的紫外吸收，利用毛细管电泳紫外检测测定其含量十分方便。

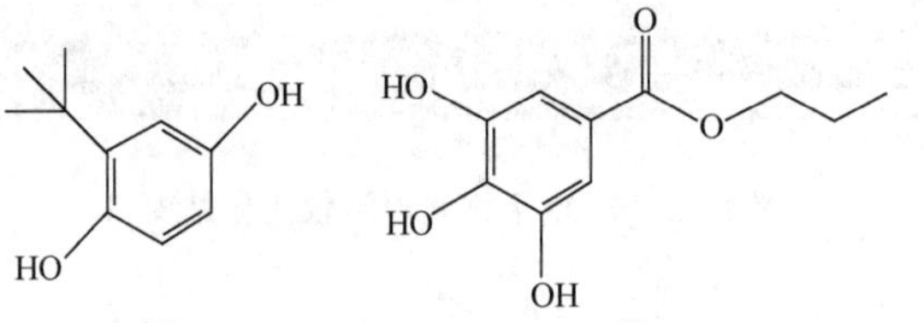

图 17-7 叔丁基对苯二酚(a)和丙基没食子酸(b)的分子结构

虽然两种物质在弱碱性条件下带负电荷，但由于电渗流的存在，它们可以很容易地到达检测器。硫脲本身不带电荷，它随电渗流迁移至检测器，在本实验中作为电渗流标志物。

三、仪器与试剂

1. 仪器

7100 毛细管电泳仪。

2. 试剂

5×10^{-3} mol/L，pH 8.0 的磷酸盐缓冲溶液作为分离缓冲溶液；0.1 mol/L PG 和 TBHQ 乙醇溶液作储备液；1×10^{-5} mol/L 硫脲作为电渗流标志物。

四、实验步骤

1. 开机

打开仪器、计算机，打开工作站软件。

2. 装样

分别将甲醇、氢氧化钠溶液、缓冲溶液、去离子水和样品注入各自的样品瓶，将这些样品瓶放到样品瓶托盘的适当位置。

3. 冲洗毛细管

手动设置分别用甲醇、0.1 mol/L 氢氧化钠溶液、蒸馏水、分离缓冲溶液各冲洗毛细管 2 min。

4. 根据样品瓶在托盘的位置设定分析方法

方法包括用甲醇、0.1 mol/L 氢氧化钠溶液、蒸馏水、分离缓冲溶液各冲洗毛细管 2 min，压力(100 mbar)进样 5 s，20 kV 电压分离，214 nm 检测。

5. 开始检测

分别以 $5×10^{-5}$ mol/L PG、TBHQ 和硫脲作样品运行上述方法，得到 3 种物质的电泳图。计算电渗淌度、PG 和 TBHQ 的表观淌度和电泳淌度，并通过迁移时间定性分析 PG 和 TBHQ。

以 $5×10^{-4}$ mol/L、$1×10^{-4}$ mol/L、$5×10^{-5}$ mol/L、$1×10^{-5}$ mol/L 和 $0.5×10^{-5}$ mol/L PG、TBHQ 的混合溶液作样品运行上述方法，得到电泳图。

6. 再次冲洗毛细管

实验结束再手动设置分别用甲醇、0.1 mol/L 氢氧化钠溶液、蒸馏水各冲洗毛细管 5 min。

7. 关闭仪器

取出所有样品瓶，关闭仪器和计算机。

五、实验数据及结果

(1) 计算在给定实验条件下的电渗淌度，以及 PG 和 TBHQ 的表观淌度和电泳淌度。
(2) 利用峰面积作 PG 和 TBHQ 的标准曲线，计算相关系数。

六、注意事项

(1) 毛细管电泳使用的高压经常超过 10000 V，注意避免高压触电。
(2) 注意各种样品瓶的放置位置，根据样品瓶的放置位置编制或使用特定的运行程序。

七、思考题

为什么硫脲的迁移时间小于 PG 和 TBHQ 的迁移时间？

实验 68　毛细管区带电泳分离硝基苯酚异构体

一、实验目的

(1) 运用毛细管区带电泳分离硝基苯酚异构体。
(2) 以硝基苯酚异构体分离为例，掌握毛细管电泳的理论塔板数、分离度等基本参数的计算。

二、实验原理

硝基苯酚是弱酸性物质，其邻、间、对位异构体由于 pK_a 值不同，在一定 pH 的缓冲溶液中电离程度不同，因此在毛细管电泳过程中表现出不同的迁移行为，从而实现分离。

虽然硝基苯酚在弱碱性条件下带负电荷，但由于存在电渗流它们可以很容易地到达检测器。硫脲本身不带电荷，它随电渗流迁移至检测器，可以作为电渗流标志物。

三、仪器与试剂

1. 仪器

7100 毛细管电泳仪。

2. 试剂

0.02 mol/L pH=5.0、7.0、9.0 的磷酸盐+5%甲醇溶液作为分离缓冲溶液；0.2 mg/mL 邻硝基苯酚、间硝基苯酚、对硝基苯酚甲醇溶液及其混合溶液；甲醇、0.1 mol/L 氢氧化钠溶液、蒸馏水。

四、实验步骤

1. 打开仪器

打开仪器、计算机，打开工作站软件。

2. 装样

分别将甲醇、氢氧化钠溶液、缓冲溶液、去离子水和样品注入各自的样品瓶，将这些样品瓶放到样品瓶托盘的适当位置。

3. 冲洗毛细管

手动设置分别用甲醇、0.1 mol/L 氢氧化钠溶液、蒸馏水、分离缓冲溶液各冲洗毛细管 2 min。

4. 根据样品瓶在托盘的位置设定分析方法

方法包括用甲醇、0.1 mol/L 氢氧化钠溶液、蒸馏水、分离缓冲溶液各冲洗毛细管 2 min，压力(100 mbar)进样 5 s，20 kV 电压分离，254 nm 检测。

5. 开始检测

以 0.02 mol/L pH 7.0 的磷酸盐+5%甲醇溶液作为分离缓冲溶液，分别以 0.2 mg/mL 邻硝基苯酚、间硝基苯酚、对硝基苯酚甲醇溶液作样品运行上述方法，通过迁移时间定性分析各组分，计算各组分的理论塔板数。

以 0.02 mol/L pH 7.0 的磷酸盐+5%甲醇溶液作为分离缓冲溶液，以 0.2 mg/mL 邻硝基苯酚、间硝基苯酚、对硝基苯酚甲醇混合溶液作样品运行上述方法，得到电泳图，计算相邻电泳峰的分离度。

分别以 0.02 mol/L pH=5.0、9.0 的磷酸盐+5%甲醇溶液作为分离缓冲溶液，重复以上步骤，计算不同条件下的分离度。

6. 再次冲洗毛细管

实验结束再手动设置分别用甲醇、0.1 mol/L 氢氧化钠溶液、蒸馏水各冲洗毛细管 5 min。

7. 关闭仪器

取出所有样品瓶，关闭仪器和计算机。

五、实验数据及结果

计算三种条件下三种分析物的理论塔板数和相邻电泳峰的分离度。

六、注意事项

同实验 67 "注意事项"。

七、思考题

为什么不同 pH 条件下，相邻电泳峰的分离度会不同？如果采用 pH=2 或 pH=11 的缓冲溶液，是否还能分开三种物质？

实验 69　聚多巴胺涂层毛细管电色谱

一、实验目的

(1) 了解毛细管内壁涂层对电渗流的影响。
(2) 了解聚多巴胺涂层毛细管开管柱的制备方法。
(3) 探索聚多巴胺涂层毛细管电色谱的分离机理及其在四种生长素分析中的应用。

二、实验原理

研究蚌类黏性蛋白成分结果表明，多巴胺(3,4-二羟基苯乙胺)在其中发挥着重要作用，并且多巴胺在弱碱性条件下可以自聚形成聚多巴胺，可紧密地黏附于多种材料的表面。如果将弱碱性多巴胺注入毛细管内，可以方便地在毛细管内壁形成聚多巴胺，从而改变毛细管内壁结构，调节电渗流。同时，分析物在毛细管内移动时与聚多巴胺相互作用，实现再分配，改变分析物的迁移速度，调节分析物间的分离度。

硫脲不带电荷，它随电渗流迁移至检测器，可以作为电渗流标志物，用于分析有无聚多巴胺涂层时电渗流的变化。

三、仪器与试剂

1. 仪器

7100 毛细管电泳仪；内径 100 μm 无涂层的石英毛细管柱。

2. 试剂

多巴胺；四种生长素(苯氧乙酸、2,4-二氯苯氧乙酸、吲哚乙酸和吲哚丁酸)。配制四种生长素的甲醇储备液，并保存在 4℃冰箱中。

5×10^{-3} mol/L pH=7.0、8.0、9.0 的磷酸盐溶液作为分离缓冲溶液；甲醇、0.1 mol/L 氢氧化钠溶液、0.1 mol/L 盐酸、蒸馏水用于毛细管的预处理。

四、实验步骤

1. 涂层毛细管柱的制备

新毛细管分别用甲醇、0.1 mol/L 盐酸、0.1 mol/L 氢氧化钠溶液和蒸馏水冲洗，去除毛细管内壁的杂质。在毛细管内充入 5 mg/mL 多巴胺磷酸盐溶液(pH 8.5)，密封毛细管两端，以避免溶液挥发，20 h 后用蒸馏水冲洗毛细管并用氮气吹干。通过上述过程，在毛细管内壁形成聚多巴胺涂层。重复充入多巴胺磷酸盐溶液，蒸馏水冲洗毛细管，氮气流吹干，可以制备不同厚度的聚多巴胺涂层。

2. 聚多巴胺涂层对电渗流的影响

以硫脲为标记物，对比有无聚多巴胺涂层的毛细管的电渗流情况。实验条件：分离电压 15 kV；分离缓冲溶液 5×10^{-3} mol/L 磷酸盐溶液(pH 8.0)；紫外检测器检测波长 214 nm；进样压力 100 mbar，进样时间 5 s。

3. 涂层次数对电渗流的影响

按照实验步骤 1. 制备不同涂层次数的聚多巴胺修饰毛细管。分离缓冲溶液 5 mmol/L 磷酸盐溶液(pH 8.0)，以硫脲为标记物，记录 1～3 次多巴胺修饰毛细管的硫脲的迁移时间。

4. 聚多巴胺涂层毛细管的电色谱性质

配制生长素混合溶液：吲哚乙酸和吲哚丁酸浓度为 1 μg/mL，苯氧乙酸和 2,4-二氯苯氧乙酸的浓度为 2 μg/mL。

取干净的无涂层毛细管，分别使用 pH=7.0，8.0，9.0 的 5×10^{-3} mol/L 磷酸盐作为分离缓冲溶液，进样压力 100 mbar，进样时间 5 s，分离电压 15 kV，紫外检测器检测波长为 214 nm，得到电泳图，研究生长素在未涂层毛细管上的分离情况。

取单次涂层毛细管，用 5×10^{-3} mol/L 磷酸盐(pH 8.0)平衡 10 min，然后利用该缓冲溶液，其他条件同未涂层毛细管分离条件，研究生长素在涂层毛细管上的分离情况。

5. 再次冲洗毛细管

实验结束再手动设置分别用甲醇、0.1 mol/L 氢氧化钠溶液、蒸馏水各冲洗毛细管 5 min。

6. 关闭仪器

取出所有样品瓶，关闭仪器和计算机。

五、实验数据及结果

(1) 比较硫脲在两个毛细管的出峰时间，计算它们的理论塔板数。
(2) 计算不同涂层次数毛细管的电渗流淌度。
(3) 计算四种分析物在两种毛细管条件下的分离度，并分析实验结果。

六、注意事项

同实验 67 "注意事项"。

七、思考题

(1) 毛细管电色谱的分离原理是什么?
(2) 聚多巴胺涂层是如何影响分析物分离的?

第18章 流动注射-原子光谱联用分析法

18.1 基本原理

流动注射(flow injection，FI)这一溶液处理方法是 Ruzicka 和 Hanse 于 1975 年首次提出的。经过 40 多年的发展，FI 技术已广泛应用于溶液分析的各个领域。FI 与原子光谱检测器联用是其最为成功的应用范例之一，与传统原子光谱分析相比，其独特优点主要表现在：①显著减少样品消耗，在某些应用场景如血液、唾液、汗液分析中有重要意义；②对样品中盐分及黏度有高耐受性；③具备间接测定有机成分的广泛功能；④具备在线分离富集样品功能；⑤在氢化物发生原子光谱分析中显著降低干扰。

对于复杂样品中超痕量元素的测定需预富集分离，以降低检出限、提高选择性及灵敏度。常用的手工和间歇式预富集操作不仅费时、耗样量大，且样品易受污染和损失。FI 在线预富集分离技术不仅能够克服手工和间歇式预富集分离操作的这些缺点，而且为一些元素的价态分析提供了可能性。现已证明，FI 在线预富集分离与原子光谱技术的联用是实现复杂样品中超痕量元素全自动测定的行之有效的方法。通常用于原子光谱分析的 FI 在线预富集分离技术根据吸着手段的不同可分为填充柱预富集和编结反应器(knotted reactor，KR)预富集。

18.1.1 FI 在线 KR 吸附预富集原子光谱联用技术

KR 通常由疏水性材料如聚四氟乙烯(PTFE)等微管编结而成，将 KR 应用于 FI 在线预富集最早是为了实现在线共沉淀分离与原子吸收光谱(AAS)的联用。Fang 等成功地发展了以 KR 为吸附介质的流动注射在线预富集与火焰原子吸收光谱(FAAS)联用新技术。研究表明，分析物与反应试剂所形成的中性配合物是通过分子吸附而被富集于以 PTFE 微管编结而成的 KR 内壁上。与 FI 在线微柱预富集分离体系相比，KR 体系不需要填料作吸附剂，反压低，可以较大样品流速补偿其富集效率低的缺点，并且使用寿命几乎无限长。以 KR 为吸附介质的 FI 在线预富集与 FAAS、电热原子吸收(ETAAS)、电感耦合等离子体原子发射光谱(ICP-AES)和等离子体质谱(ICP-MS)联用技术已经广泛地应用于环境和生物样品中的(超)痕量元素(形态)分析。

18.1.2 FI 在线置换吸附预富集原子光谱联用技术

1. 置换吸附的原理

置换吸附预富集是指通过选择适当的元素 M1，使其与配合剂 R 形成的配位化合物 RM1 的稳定性比被分析元素配位化合物(RM2)的稳定性低，但比共存元素配位化合物(RM3)的稳定性高。这样，使样品溶液通过预先被 RM1 吸附的 KR 或填充微柱，由置换反应 M2+RM1 $\longrightarrow$ RM2+M1 使分析元素配位化合物 RM2 吸附在 KR 或填充微柱上，并排除共存元素的竞争吸附。

2. FI 在线 KR 置换吸附预富集与 FAAS/ETAAS 联用技术

基于置换反应的原理，利用不同金属离子与二乙基二硫代氨基甲酸钠(DDTC)形成的有机金属配位化合物的稳定性不同，Yan 等提出了 FI 在线置换吸附预富集 FAAS 联用技术测定复杂样品中痕量铜的高选择性方法。Li 等实现了 FI 在线 KR 置换吸附预富集与 ETAAS 的联用，并将其应用于环境、生物和食品样品中痕量汞的无干扰测定。

3. FI 在线微柱置换吸附预富集与 ETAAS 联用技术

Yan 等将置换吸附应用于 FI 在线微柱预富集 ETAAS 联用技术中，实现了鱼肉中甲基汞的选择性测定。利用香烟过滤嘴对中性有机分子的强吸附作用，将其填充于 PTFE 微柱中作为吸附剂。选用 Cu(Ⅱ)与 DDTC 形成的配位化合物预涂覆在填充纤维表面，由于 MeHg-DDTC 的稳定性比 Cu-DDTC 高，MeHg(Ⅰ)通过与 Cu-DDTC 置换反应而富集于纤维表面。基体中与 DDTC 的配位化合物的共存重金属离子稳定性比 Cu-DDTC 低，不能与 Cu-DDTC 进行置换反应，不会干扰甲基汞的置换、吸附、富集及检测。

18.2 仪器及使用方法

18.2.1 FIA-3100 流动注射仪

FIA-3100 流动注射仪具有双 6 通道蠕动泵，16 孔 8 通道多功能注入阀，9 步编程设定泵与阀的工作状态，可通过机内单片机或外接 PC 机自动控制全部操作，1～99 次或无限循环操作，RS-232C 标准通信接口，提供通信代码和编程要求，模块化设计，便于更换与维修，结构紧凑，占据实验台面积仅 420 mm×200 mm。适用于流动注射及其他连续或间歇流动操作模式的样品处理，尤其适合与原子吸收光谱等光谱分析检测仪器联用。其与原子光谱分析联用可完成自动在线吸着柱预浓集、自动蒸气发生-气液分离(配气液分离附件)、自动在线稀释、微量进样功能(与自动进样器联用)。

仪器的操作方法如下：
(1) 接好电源，打开仪器电源，显示屏显示"FIA-3100"，采样阀处于采样位置。
(2) 检查各部件及管路、流路是否连接正常。
(3) 按"编程、存储、检查及修改程序"的要求进行操作。

18.2.2 原子吸收分光光度计

ZA-3000 原子吸收分光光度计采用直流偏振塞曼校正技术，对被测元素可实现高可靠性的背景校正，可完全通过软件实现相应的分析。石墨炉分析采用专用石墨管实现更高精度的双进样功能。在石墨炉分析中引入暴沸自动检测功能，可对样品干燥过程中导致分析精度降低的样品暴沸进行自动检测。通过新增石墨管残留清除功能和自动进样器的快速进样，也可实现更快和更高精度的分析。待机中可自动关闭空心阴极灯，降低能耗，实现节能。

1. ZA-3000 原子吸收分光光度计的使用方法

1) FAAS 操作方法

(1) 开机：依次开启稳压电源、空气压缩机(分压 0.5 MPa)、乙炔钢瓶(分压 0.09 MPa，总压低于 0.5 MPa 需要更换钢瓶)、水循环机(20℃±2℃)、排风、计算机；将所需空心阴极灯插入灯位(关机状态插灯，开机只换灯位)；打开仪器主机电源，15 s 后打开软件"原子吸收分光光度计"。

(2) 关机：依次关闭乙炔钢瓶、水循环机、空气压缩机、仪器主机、排风、稳压电源、软件和计算机。

2) ETAAS 操作方法

石墨炉原子吸收分光光度计操作流程如图 18-1 所示。

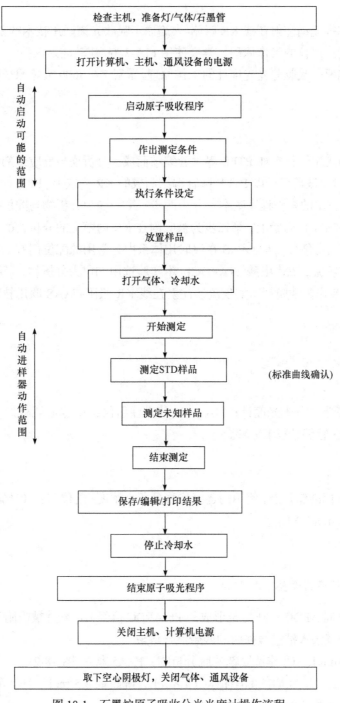

图 18-1　石墨炉原子吸收分光光度计操作流程

实验 70　流动注射在线 KR 吸附-火焰原子吸收光谱联用技术测定痕量铅

一、实验目的

(1) 了解并掌握流动注射在线 KR 吸附-火焰原子吸收光谱联用技术的基本原理。

(2) 掌握流动注射仪的工作原理,学会使用 FIA-3100 流动注射仪。

(3) 掌握火焰原子吸收分光光度计的工作原理,了解 ZA-3000 火焰原子吸收分光光度计操作使用。

二、实验原理

KR 通常是由疏水性材料如 PTFE 等微管编结而成,分析物与反应试剂所形成的中性配合物是通过分子吸附而被富集于以 PTFE 微管编结而成的 KR 内壁上。FI 在线 KR 吸附预富集分离与 FAAS 联用技术的操作程序基本上分为两步:第一步为分析物与配位剂在线形成中性配位化合物,并吸附在 KR 内壁上;第二步为被吸附在 KR 内壁上的分析物的洗脱及 FAAS 在线检测。在 FI 吸附预富集分离与 FAAS 在线联用体系中,常用的配位剂有二乙基二硫代氨基甲酸钠(DDTC)和吡咯烷二硫代甲酸铵(APDC)。本实验选用 Pb^{2+} 为分析物,采用 APDC 作为配位剂,以 HCl 水溶液作为洗脱剂,实现流动注射在线 KR 吸附-FAAS 联用技术测定水样中的痕量铅。

三、仪器与试剂

1. 仪器

ZA-3000 原子吸收分光光度计;FIA-3100 流动注射仪;Pb 空心阴极灯;内径 0.5 mm、长度 250 cm 的 PTFE 管编结成 KR 管。

2. 试剂

1000 mg/L Pb 标准储备液,使用前逐级稀释到所需浓度;配位剂:0.01%(质量分数) APDC;洗脱剂:3 mL 4.5 mol/L HCl。

四、实验步骤

1. 流动注射程序的设置

(1) Pb 与配位剂 APDC 在线配位形成的 Pb-APDC 流经 KR 管并被吸附于 KR 管上。

(2) 将一段空气泵入推空微柱内的残余混合溶液。

(3) 采用 4.5 mol/L HCl 作洗脱剂洗脱分析物,FAAS 检测(图 18-2)。

富集时间 30 s,Pb 标准溶液消耗体积 1.8 mL,洗脱剂 4.5 mol/L HCl 消耗体积 2.0 mL,0.01% APDC 消耗体积 1.8 mL。

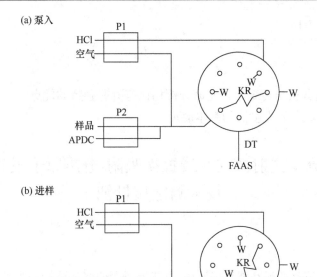

图 18-2　流动注射在线 KR 吸附-火焰原子吸收检测示意图

2. 火焰原子吸收分光光度计仪器参数的设置

检测波长 283.3 nm，狭缝宽 1.3 nm，灯电流 7.5 mA，乙炔气体流量 2.2 L/min，空气流量 9.4 L/min。

3. 标准曲线的绘制

分别取 2.0 mg/L Pb 标准溶液 1.0 mL、2.0 mL、3.0 mL、4.0 mL、5.0 mL 于 50 mL 容量瓶中，进行流动注射在线 KR 吸附-FAAS 检测，绘制标准曲线。

4. 样品分析

将河水样品过滤后，用硝酸酸化至 pH=1.6。用上述方法分别对样品进行测量，计算出样品中铅的含量。

五、实验数据及结果

(1) 根据实验数据采用 Origin 或 Excel 软件，绘制标准曲线。
(2) 由标准曲线计算样品中铅的含量。

六、注意事项

(1) 流动注射仪使用后要使用清洗程序清洗仪器管道；先关闭控制程序再关闭仪器的电源；注意将泵头的压杆螺丝松开，以保护蠕动管；关掉电源开关后，稍等 3~4 s，方可再开机。
(2) 保证经 KR 富集后进入 FAAS 的样品为澄清液，以免堵塞雾化器中的毛细管。

(3) 实验室保持通风。

七、思考题

(1) FI 原子光谱分析与传统原子光谱分析相比有哪些独特的优点？

(2) 简述原子吸收分光光度法的基本原理。

实验 71　流动注射微柱在线置换吸附-电热原子吸收光谱联用技术测定痕量钯

一、实验目的

(1) 了解并掌握流动注射在线置换吸附-电热原子吸收光谱联用技术的基本原理。

(2) 掌握流动注射仪的工作原理，学会使用 FIA-3100 流动注射仪。

(3) 掌握电热原子吸收分光光度计的工作原理，了解 ZA-3000 原子吸收分光光度计操作使用。

二、实验原理

FI 在线预富集分离技术可有效克服手工和间歇式预富集分离操作的缺点。FI 与原子光谱的联用是实现复杂样品中超痕量元素全自动测定的行之有效的方法。20 世纪 80 年代末至 90 年代初期，FI 与原子光谱的重要进展是 FI 与 ETAAS 的联用。将在线分离富集手段应用于 ETAAS，可明显提高 ETAAS 的测定灵敏度和选择性。

钯在环境和生物样品中的含量非常低，通常样品基体中的干扰元素很多并且含量高，给钯的检测带来了困难，迫切需要更加精密、准确的分析测试手段。FI 在线吸附预富集-ETAAS 联用体系具有高灵敏度、简单、易操作等优点，非常适合这种复杂样品中低含量元素的检测。香烟过滤嘴纤维具有韧性好、机械强度大、孔径致密均匀、表面积非常大等优点，是一种良好的吸附富集材料。该材料对有机金属配合物具有很好的吸附作用，但对游离的金属离子却几乎没有吸附。本实验使用普通的配位剂 APDC 和简单、易得的吸附剂(香烟过滤嘴纤维)，首先将 Cu 与 APDC 形成的配合物预涂覆在填充纤维表面，由于 Pd-APDC 的稳定性比 Cu-APDC 高，Pd(Ⅱ)通过与 Cu-APDC 发生置换反应富集在纤维表面，基体中与 APDCP 配位稳定性比 Cu 低的共存金属离子不能与 Cu-APDC 进行置换反应，不会干扰 Pd 的测定，从而可对 Pd 进行选择性的测定。同时可将该方法用于路旁土壤中钯的测定。

三、仪器与试剂

1. 仪器

ZA-3000 原子吸收分光光度计；钯空心阴极灯；FIA-3100 流动注射仪；内径 0.35 mm 的 PTFE 管，PTFE 微柱(6 mm×2 mm i.d.)。

2. 试剂

1000 mg/L (NH$_4$)$_2$PdCl$_4$ 标准储备液，1000 mg/L Cu 标准储备液，使用前均逐级稀释到所需浓度；配位剂：0.005%(质量分数)APDC；洗脱剂：无水乙醇。

四、实验步骤

1. 流动注射参数的设置

程序和操作顺序如下：第一步，Cu 与配位剂 APDC 在线配位形成的 Cu-APDC 流经微柱并被吸附于过滤嘴纤维上；第二步，当阀位切换到注射位，电磁阀关闭，泵 1 将一段空气泵入推空微柱内的残余混合溶液；第三步，阀位和泵状态不变，开启阀，样品或标准液泵入微柱，Pd(II)与预涂覆的 Cu-APDC 发生置换反应，Pd-APDC 配合物被富集于纤维表面；第四步，阀位保持注射位，泵 1 运转，电磁阀关闭，空气流将微柱内的残余溶液排空；第五步，阀位切换至采样位，泵 1 运转，电磁阀关闭，乙醇溶液注满洗脱环；第六步，阀位切换至注射位，自动进样器臂的顶端插于石墨管口上，并使其尽量接近对面石墨管内壁；第七步，空气推动乙醇以洗脱被吸附在填充纤维上的 Pd-APDC，送入 ETAAS 检测；第八步，阀位切换至采样位，洗脱液传输管的顶端退出石墨管的进样孔，启动 ETAAS 加热程序。整个过程如图 18-3 所示。

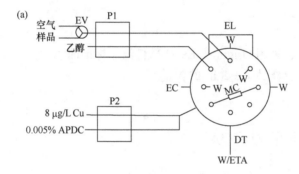

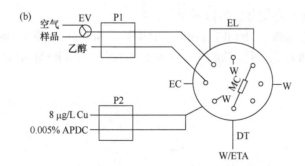

图 18-3 流动注射微柱在线置换吸附-电热原子吸收光谱检测示意图

富集时间 60 s，Pd 标准溶液消耗体积 2.8 mL，洗脱剂乙醇消耗体积 0.04 mL，8.0 μg/L Cu 溶液消耗体积 0.9 mL，0.005% APDC 消耗体积 0.5 mL。

2. 石墨炉升温程序的设置

石墨炉升温程序的设置参数如表 18-1 所示。

表 18-1　石墨炉升温程序的设置参数

过程	温度/℃	时间/s	Ar 流速/(mL/min)
干燥	60～120	60	200
灰化	400	20	200
原子化	2550	7	0
净化	2650	3	200

3. 标准曲线的绘制

分别取 100.0 μg/L Pd 溶液(pH=3.0)0.5 mL、1.0 mL、2.0 mL、3.0 mL、4.0 mL、5.0 mL 于 50 mL 容量瓶中，进行 FI 在线置换吸附-ETAAS 检测，绘制标准曲线。

4. 样品分析

将道路两旁的土壤样品放于烘箱内 60℃烘干，然后平行称取样品 0.3～0.4 g 三份，加入一定量的王水(HCl-HNO₃，体积比 3∶1)放入微波消解炉中，逐渐升温至 180℃消解 30 min。冷却后，慢慢加热将余酸赶尽，再用稀盐酸溶解、过滤、冷却、定容至 50 mL。用氨水调节 pH 至 3 左右。用上述方法分别对样品进行测量，计算出样品中 Pd 的含量。

五、实验数据及结果

(1) 根据实验数据，采用 Origin 或 Excel 软件绘制标准曲线。
(2) 由标准曲线计算样品中 Pd(Ⅱ)的含量。

六、注意事项

同实验 70 "注意事项"(1)和(3)。

七、思考题

(1) 原子吸收光谱法定量分析的依据是什么?
(2) 比较常见重金属离子 Hg(Ⅱ)、Pd(Ⅱ)、Cu(Ⅱ)、Ni(Ⅱ)、Ag(Ⅱ)、Bi(Ⅲ)、Tl(Ⅲ)、Pb(Ⅱ)、Co(Ⅱ)、Cd(Ⅱ)、Sb(Ⅲ)、Fe(Ⅲ)、Zn(Ⅱ)、In(Ⅲ)、Te(Ⅳ)、Mn(Ⅱ)与 APDC 的配位化合物的稳定性顺序。

第 19 章 圆二色光谱分析法

19.1 基 本 原 理

19.1.1 背景知识

随着人们对生命科学的日益关注，分析化学的深入发展将越来越多地突出、加强生物分析。特别是人类基因测序工程完成后，生物、医学方面的需要使蛋白质的相关研究成为生物分析中的重要课题。

自 Kendrew 采用 X 射线衍射技术首次揭示肌红蛋白的折叠结构以来，蛋白质的研究从氨基酸残基序列的测定深入空间结构——构象的确定。近年来，人们发现疯牛病、克雅氏病、震颤等神经退行性疾病是由 Prion 病蛋白所致，而构象变化在 Prion 病蛋白的致病因素中起着至关重要的作用。这使人们进一步认识到蛋白质的构象对其生理功能的巨大意义。要深入理解蛋白质的生物活性，就必须了解它的构象及其相关变化。目前，确定蛋白质构象最准确的方法是 X 射线晶体衍射，但对结构复杂、柔性的生物大分子来说，得到所需的晶体结构较为困难。二维、多维核磁共振技术能测出溶液状态下较小蛋白质的构象，但对分子量较大蛋白质的计算处理非常复杂。相比之下，圆二色(circular dichroism, CD)光谱是研究稀溶液中蛋白质构象的一种快速、简单、准确的方法。

一个光学活性物质对各种波长的光都产生旋光。假设该光学活性物质对某一波长的光产生吸收，有吸收峰，这时如有一个平面偏振光，它的波长与该物质的吸收带相应，当它入射到该物质时，除产生旋光外，还有光吸收性质的各向异性。可以将上述的平面偏振光分解成两束相位相同、振幅绝对值相等、旋光方向相反的圆偏振光。光吸收的各向异性可表现在对此两束圆偏振光的吸光度 A_L 与 A_R 不相等，此时有

$$\Delta A \equiv A_L - A_R \neq 0 \tag{19-1}$$

圆偏振光所表现的光吸收的各向异性称为圆二色性。ΔA 可以用来定量描述圆二色性。一束光透过有吸收的物质，它的光量子的振幅$|E|$与吸光度 A 遵守朗伯-比尔定律

$$I_\lambda = |E_\lambda|^2$$

$$I_{0\lambda} = |E_{0\lambda}|^2$$

$$\frac{|E_\lambda|}{|E_{0\lambda}|} = e^{-\frac{\varepsilon cl}{2}} \tag{19-2}$$

当两束旋转方向相反、相位相同而振幅绝对值相等的圆偏振光透过一个光学活性物质，其波长正好能产生圆二色性时，透射的两束圆偏振光有两点变化：一是相位变化，其改变量与 $n_L - n_R$ 有关；二是振幅改变。但是这两束圆偏振光的频率及波长不变。设两个长度不等的矢量 E_1 和 E_2，它们有共同的原点，如这两个矢量以相同的角速度但按相反旋转方向旋转，矢量的端点各扫出两个圆的轨迹。它们的合成端点轨迹是椭圆。椭圆的长轴是$|E_1|+|E_2|$，短轴是

$|E_1|-|E_2|$。因此如前所述，从光学各向异性物质透射的两束圆偏振光叠加的结果已不是平面偏振光而是椭圆偏振光。此椭圆的长轴与入射的平面偏振光夹角即是该时刻的旋光角。可见，由于物质的圆二色性，一束平面偏振光或由它分解成的两束圆偏振光射入物质时，物质的圆二色性既可以直接用 $\Delta A = A_L - A_R$ 表示，也可用所形成椭圆的特征表示。

　　1969 年，Greenfield 最早用 CD 光谱数据估计了蛋白质的构象，相关的研究方法陆续有报道。特别是近年来，用远紫外圆二色(far-UV CD)数据分析蛋白质二级结构，不但在计算方法和拟合程序上有了极大发展，而且随着 X 射线晶体衍射和核磁共振技术的提高，越来越多的蛋白质的精确构象得到测定，为 CD 数据的拟合提供了更精确的数据库。研究者还发现，用 CD 光谱研究蛋白质三级结构具有独特优点，发展了远紫外 CD 光谱辨认蛋白质三级结构的方法及相关程序；此外，近紫外圆二色(near-UV CD)作为一种灵敏的光谱探针，可反映蛋白质中芳香氨基酸残基、二硫键微环境的变化。CD 光谱作为研究溶液状态下蛋白质或多肽构象的一种手段，已受到研究者的广泛关注。

　　近年来，随着商品化振动圆二色谱仪(VCD)的不断成熟，其应用也日趋广泛。振动圆二色谱可以认为是圆二色与红外光谱的结合。与 ECD 相比，VCD 光谱吸收峰较多且分辨率好，并能对光谱进行较好的指认，利用 VCD 可以得到分子结构特别是光学活性基团更为丰富的信息，这对于分子的绝对构型判定有非常大的帮助。一个样品经 VCD 测量可得两个振动光谱，即 VCD 光谱和它的原始振动光谱，用以推测分子结构和构象方面的信息，这些分子就包括人们熟悉的多肽、蛋白质、核酸、碳水化合物及一些药物分子等。另外，VCD 正在成为有效的手性分子的诊断探针，在不对称合成方面发挥着重要作用。

19.1.2　蛋白质的圆二色性

　　蛋白质是由氨基酸通过肽键连接而成的具有特定结构的生物大分子。蛋白质一般有一级结构、二级结构、超二级结构、结构域、三级结构和四级结构几个结构层次。在蛋白质或多肽中，主要的光学活性基团是肽链骨架中的肽键、芳香氨基酸残基及二硫键。当平面圆偏振光通过这些光活性的生色基团时，光活性中心对平面圆偏振光中左、右圆偏振光的吸收不相同，产生吸收差值。这种吸收差的存在造成了偏振光矢量的振幅差，圆偏振光变成了椭圆偏振光，这就是蛋白质的圆二色性。圆二色性的大小常用摩尔吸光系数差($\Delta\varepsilon$)来度量，也可用摩尔椭圆度 $[\theta]$ 来度量，它与摩尔吸光系数差之间的换算关系式为

$$[\theta] = \frac{4500}{\pi}(\varepsilon_L - \varepsilon_R)\ln10 \tag{19-3}$$

通常近似为

$$[\theta] = 3300\Delta\varepsilon \tag{19-4}$$

　　蛋白质的 CD 光谱一般分为两个波长范围：178~250 nm 的远紫外区 CD 光谱和 250~320 nm 的近紫外区 CD 光谱。远紫外区 CD 光谱反映肽键的圆二色性。在蛋白质或多肽的规则二级结构中，肽键是高度有规律排列的，排列的方向性决定了肽键能级跃迁的分裂情况。因此，具有不同二级结构的蛋白质或多肽所产生 CD 谱带的位置、吸收的强弱都不相同。α螺旋结构在靠近 192 nm 有一正的谱带，在 222 nm 和 208 nm 处表现出两个负的特征肩峰谱带；β折叠的 CD 谱在 216 nm 有一负谱带，在 185~200 nm 有一正谱带；β转角在 206 nm 附近有一正 CD 谱带，而在左手螺旋 P2 结构相应的位置有负的 CD 谱带。根据所测得蛋白质

或多肽的远紫外 CD 谱, 能反映出蛋白质或多肽链二级结构的信息。尽管处于不对称微环境的芳香氨基酸残基、二硫键也具有圆二色性, 但它们的 CD 信号出现在 250~320 nm 近紫外区。这些信息可以作为光谱探针研究它们不对称微环境的扰动, 对肽键在远紫外区的 CD 信号并不造成干扰。

19.1.3　CD 测量的样品准备及条件选择

CD 是一种定量的、灵敏的光谱技术。因此, 样品的准备及测量条件的选择对分析计算蛋白质构象的准确性至关重要, 尤其是一些蛋白质的构象信息出现在低于 195 nm 的真空紫外区, 对试剂和缓冲体系的要求更高。测试用的蛋白质样品中应避免含有可产生光吸收的杂质, 缓冲溶液和溶剂在配制溶液前最好做单独的检查, 透明性极好的磷酸盐可用作缓冲体系。

蛋白质最佳浓度的选择和测定决定 CD 数据计算二级结构的准确性。CD 光谱的测量一般在蛋白质含量相对低(0.01~0.2 mg/mL)的稀溶液中进行, 溶液最大的吸收不超过 2。稀溶液可减少蛋白质分子间的聚集, 但如果太稀, 则导致蛋白质过多地吸附在容器壁上, 影响实验的准确性。确定蛋白质的精确浓度是计算样品的二级结构的关键, 一般蛋白质在 280 nm 附近的吸光系数可用来计算浓度, 但此处吸收信号与蛋白质的构象有关, 该方法的误差一般可达到 5%。更精确的方法有: 定量氨基酸分析; 用缩二脲方法测量多肽骨架浓度或测氮元素的浓度; 也可以在完全变性条件下测芳香氨基酸残基的吸收, 确定蛋白质的准确浓度。

真空紫外 CD 谱的测试要求很高, 光路必须使用大通量、高纯度氮气洗涤, 一般选用光路径为 0.05~1 mm 的圆形石英测试池, 以减少光吸收。此外, 为减少光谱的失真, 响应波长应小于 CD 峰半高度的 1/10(通常蛋白质是 15 nm)。采用慢的扫描速度和较长的响应时间可以提高 CD 的信噪比。必要时, 用数据平滑算法和傅里叶变换对谱图进行平滑处理, 可以得到较高质量的光谱图。

19.1.4　远紫外 CD 数据拟合计算蛋白质二级结构

由于 222 nm 和 208 nm 是α螺旋结构的特征峰, 早期就曾利用这两处的摩尔椭圆度$[\theta]_{208}$或$[\theta]_{222}$简单估计α螺旋的占比:

$$f_\alpha = -([\theta]_{208} + 4000)/29000 \tag{19-5}$$

或

$$f_\alpha = -([\theta]_{222} + 3000)/33000 \tag{19-6}$$

式中: f_α为α螺旋所占分量, 即α螺旋所含的氨基酸残基与整个蛋白质氨基酸残基数的百分比。式(19-6)中的常数是根据实验推出的经验值。该方法只考虑了α螺旋单波长的贡献, 而忽略了蛋白质中其他二级结构对$[\theta]$的贡献, 会产生误差, 但优点是可以快速收集这两点的数据, 特别是在动力学和热力学的研究中, 可作为光谱探针对α螺旋的变化进行简单的推算。

利用 CD 数据更完全地拟合计算二级结构的基本原理是, 假设蛋白质在波长 λ 处的 CD 信号 C_λ 是蛋白质中各种二级结构组分的线性加和, 则有

$$C_\lambda = \sum f_i C_{\lambda_i} \tag{19-7}$$

式中: C_{λ_i} 为第 i 种二级结构在波长 λ 处的 CD 数据; f_i 为第 i 种二级结构所占的分量。

若忽略噪声与其他因素对 CD 光谱的影响, 并假设溶液态蛋白质与晶体中的二级结构相

同, 则可利用已知结构的蛋白质或多肽的 CD 光谱作为参考根据, 对未知蛋白质的二级结构进行拟合计算, 得出α螺旋、β折叠、β转角、无规卷曲等结构所占的分量 f_i。对α螺旋、β折叠结构还能分别计算出规则和扭曲两种不同结构的分量。已用于拟合的参考蛋白质共有 48 种, 参考蛋白质的精确结构主要是通过 X 射线晶体衍射或核磁共振技术测定, 包括 Johnson 等报道的 29 种、Keiderling 等报道的 5 种、Yang 等报道的 6 种, 以及 Sreerama 等最近报道的 3 种球蛋白和 5 种失活蛋白质。已报道的计算方法及拟合程序较多, 按先后分别有: 多级线性回归 (multilinear regression), 拟合程序为 the G&F, LINCOMB, MLR; 峰回归(ridge regression), 拟合程序为 CONTIN; 单值分解(singular value decomposition), 拟合程序为 SVD; 凸面限制分析或凸约束分析(convex constraint analysis), 拟合程序为 CCA; 神经网络(neural nets), 拟合程序为 K2D; 自洽方法(self-consistent methods), 拟合程序为 SELCON; 联用方法, 拟合程序为 CDSSTR 等。

SELCON 是 Sreerama 和 Woody 在原有的一些计算方法上进行改造得到的。SELCON 新的计算程序为 SELCON3。该程序采用自洽算法, 假设待测蛋白质的二级结构与某种已准确测定结构的参考蛋白质相同, 用测量的 CD 光谱取代参考蛋白质的 CD 光谱, 用单值分解(SVD)算法和多种局部线性化模型, 反复计算取代后的收敛性。正确的拟合结果满足四个规则: ①总数规则, 拟合后各二级结构分量之和应为 0.95～1.05; ②分数规则, 每种二级结构的分量应大于−0.025; ③光谱规则, 实验和计算光谱之间的均方根应小于 $0.25\Delta\varepsilon$; ④螺旋规则, α螺旋结构的分量由参考蛋白质决定。最后的拟合结果是能满足以上四个规则所有结果的平均值。SELCON3 不但运算速度快, 而且能较好地估计球蛋白中α螺旋、β折叠、β转角结构的分量。对计算程序补充后, 还可计算左手螺旋 P2 的分量, 但对高β折叠结构的估计不够理想。

CONTIN 由 Provencher 和 Glökner 提出, 最新的拟合程序是 CONTIN/LL。该方法采用峰回归算法, 假设待测蛋白质的 CD 光谱 (C_λ^{obs}) 是 N 个已知构象的参考蛋白质 CD 光谱的线性组合, 进行拟合计算, 使下面函数的值最小:

$$\sum_{\lambda=1}^{n}(C_\lambda^{\text{calc}} - C_\lambda^{\text{obs}})^2 + \alpha^2\sum_{j=1}^{N}(\nu_j - N^{-1})^2 \tag{19-8}$$

式中: C_λ 为波长 λ 处的 CD 光谱; α 为调节因子; ν_j 为用第 j 个参考蛋白质线形拟合得出的计算光谱 C_λ^{calc} 的拟合系数。其约束条件是: 每种二级结构的分量不小于 0, 且各种二级结构的分量之和为 1。通过调节因子 α 可以对拟合范围进行调整。CONTIN/LL 对β转角的估计较好, 由于拟合的结果直接取决于参考蛋白质的选择, 适当增补不同类型的参考蛋白质可提高该方法拟合的准确性。

CDSSTR 是 Johnson 综合了几种方法的特点发展起来的一种新的计算拟合方法, 特点是只需要最少量的参考蛋白质, 就能得到较好的分析结果。拟合计算时, 先从已知精确构象的蛋白质中任意挑选, 组成参考蛋白质。每次组合结果应满足三个基本选择条件: ①各二级结构分量之和应为 0.95～1.05; ②各二级结构的分量应大于−0.03; ③实验光谱和计算光谱的均方根应小于 $0.25\Delta\varepsilon$。最后的拟合结果是能满足以上三个规则所有结果的平均值。研究表明, 对 CD 数据进行拟合时, 联用以上三种程序, 可以提高预测蛋白质二级结构的可信度。

K2D 由 Böhm 等首先提出, 采用了神经网络算法。在神经网络中有三种单元: 输入单元能接受外部的 CD 光谱信号, 并送到其他单元; 输出单元能接受其他单元的信号, 并输出拟合蛋白质二级结构的结果; 隐藏单元能接受其他单元的信号, 并能发出信号到其他单元。Böhm 的神经网络算法中, 输入层包含有 83 个单元, 对应 260～178 nm 中 83 个波长数据; 隐藏层中有 45 个神经元；输出层有 5 个神经元，分别是α螺旋、平行和反平行β折叠、β转角和其他二级结构的分量。在神经网络中有两项不同的状态：学习状态(或训练状态)和回忆状态。学习状态联系在 CD 数据和拟合结果之间，出现错误时进行权重调节，直到拟合结果与真实二级结构的差别最小。该方法对α螺旋、反平行β折叠的拟合结果好。Sreerama 和 Woody 研究表明，用两个隐藏层可以得到更好的结果，但缺点是耗时较长。

Sreerama 等对采用不同波长 CD 数据，不同数量、种类的参考蛋白质，不同计算拟合方法所得出的结果进行了详细的对比研究，并将 CD 数据计算得出的二级结构与 X 射线晶体衍射的结果进行对比，相关系数和平均方差都较理想，尤其是α螺旋、β折叠的计算结果准确性很高，这说明利用远紫外 CD 数据计算蛋白质的二级结构具有较好的准确性。

19.1.5　圆二色数据分析蛋白质三级结构

远紫外 CD 数据除了能用来计算蛋白质二级结构的分量外，研究者发现它也能提供有关蛋白质三级结构的信息。1976 年，Levitt 和 Chothia 在 *Nature* 上报道，规则蛋白质的三级结构模型可分为四类：①全α型，以α螺旋这种结构为主，其分量大于 40%，而β折叠的分量小于 5%；②全β型，以β折叠这种结构为主，其分量大于 40%，而α螺旋的分量小于 5%；③α+β型，α螺旋及β折叠分量都大于 15%，这两种结构在空间上是分离的，且超过 60%的折叠链是反平行排列；④α/β型，α螺旋及β折叠分量都大于 15%，这两种结构在空间上是相同的，且超过 60%的折叠链平行排列。

1983 年，Manavalan 和 Johnson 在 *Nature* 上报道，蛋白质这四种不同类型的三级结构具有特征的 CD 光谱，可以用来辨认蛋白质的三级结构类型。全α型、α+β型、α/β型蛋白质具有一些共同的 CD 光谱特征：它们在 222 nm 和 208 nm 都表现出明显的负峰，而在 190~195 nm 都有正峰，这些特征能使这三种类型与全β型蛋白区别开来。全α型蛋白质的正、负 CD 信号交叉发生在低于 172 nm 波长位置。若交叉发生在更高的波长位置，则很可能是含有β型结构，此处的细微差别可以将全α型蛋白质与α+β和α/β型蛋白质区别开来。通过 222 nm 和 208 nm 两处的 CD 数据对比，能区分α+β和α/β两种不同类型的蛋白质。α+β型蛋白质 208 nm 的 CD 值比 222 nm 大；而α/β型蛋白质的 CD 光谱特征正好相反。Johnson 等在大量的研究基础上发现，利用蛋白质的 CD 光谱特征辨认三级结构类型具有较好的准确性。根据这些研究结果，Venyaminov 等用簇分析算法及相应的 Cluster 程序，输入 236~190 nm 的 CD 数据，可以计算拟合出蛋白质三级结构的类型。

19.1.6　近紫外圆二色光谱探针反映氨基酸残基的微环境

蛋白质中芳香氨基酸残基，如色氨酸(Trp)、酪氨酸(Tyr)、苯丙氨酸(Phe)及二硫键处于不对称微环境时，在近紫外区 250~320 nm 表现出 CD 信号。研究表明，Phe 残基的 CD 信息表现在 255 nm、261 nm、268 nm 附近；Tyr 残基的信息表现在 277 nm 左右；而在 279 nm、284 nm、291 nm 是 Trp 残基的信息；二硫键的变化信息反映在整个近紫外 CD 光谱上。因此，近紫外 CD 光谱可作为一种灵敏的光谱探针，反映 Trp、Tyr、Phe 及二硫键所处微环境的扰动，能用来研究蛋白质三级结构精细变化。Carter 等用近紫外 CD 光谱探针较好地揭示了人血清白蛋白(HSA)及其三个结构域中的芳香氨基酸残基、二硫键在不同的 pH 条件下所处微环境的改变。研究发现，近紫外 CD 光谱灵敏地反映出微量 Ag$^+$诱导 HSA 中芳香氨基酸残基及二硫键所处的微环境发生缓慢扰动。近紫外 CD 光谱的测量与远紫外 CD 光谱相似。值得注意的是，近紫外 CD 光谱测量所需蛋白质溶液的浓度一般比远紫外 CD 光谱大 1～2 个数量级，近紫外 CD 光谱的测量可在 1 cm 的方形石英池中进行。

19.1.7　小结

综上所述，远紫外 CD 数据可快速计算出稀溶液中蛋白质的二级结构，辨别三级结构类型；近紫外 CD 光谱可灵敏反映出芳香氨基酸残基、二硫键的微环境变化。CD 光谱不但能快速、简单、准确地研究溶液中蛋白质和多肽的构象，而且运用断流、电化学等附加装置，结合温度、时间等变化参数，可广泛用于了解蛋白质-配体的相互作用、监测蛋白质分子在外界条件诱导下发生的构象变化、探讨蛋白质折叠和失活过程中的热力学与动力学等多方面的研究。随着 CD 光谱技术的进一步发展，它必将在蛋白质研究领域中发挥更加重要的作用。VCD 光谱对多肽和蛋白质的二级结构也十分灵敏，多用于定量测定。

19.2　仪器及使用方法

圆二色光谱仪是一种比较复杂的高精度设备，它的安装调试要由专业人员来完成。仪器的性能调整到规定的指标后，使用者通过键盘就可以操作仪器，测量圆二色光谱。使用圆二色光谱仪进行样品的圆二色光谱测定时，要考虑实验参数的选择。

19.2.1　样品与样品杯

样品的浓度根据该样品的性质、测量的波长范围等因素决定，一般为每毫升几微克到几十微克。样品杯由高度均匀的熔融石英制作，它不会带来附加的圆二色性，也不会对光产生散射。杯的光径(决定测量中试样的厚度)为 0.1～50 mm。

样品的浓度与样品杯光径配合，将装满样品的杯子置入样品室，若光电倍增管电压为 200～500 V，则浓度与光径的配合是适宜的，但一般希望提高样品浓度而用较短光径的杯子以将溶剂的影响减小到最低限度，若光电倍增管电压超过 800 V，则必须降低样品浓度或选用更短光径的杯子。一般被测样品的光密度(optical density，O.D.)值不大于 2。

19.2.2　波长范围

如果已知试样光学活性吸收带的波长范围，一般将起始波长定在吸收带开始之前 50～100 nm，在吸收带扫描完成后圆二色光谱为 0 时即可终止波长扫描。当吸收带的波长范围未知时，可先用较快的扫描速度在一定波长范围进行扫描确定，然后取稍宽的波长范围作为测量的波长范围。

19.2.3　波长标尺

圆二色光谱仪波长标尺有五挡：0.5 nm/cm、1 nm/cm、2 nm/cm、5 nm/cm 和 10 nm/cm(若与 DP-500N 数据处理机联用，可有 1、2、5、10、20、50、100、200 八挡)。当几个圆二色光谱带出现在较窄的波长范围内时，则应选取较小的波长标尺，如在磁圆二色性(MCD)测量中可能出现许多尖锐的带，取 2 nm/cm 或 5 nm/cm 是适宜的；如果吸收带较宽，或者扫描范围很大，则选用较大的标尺，如 20 nm/cm、50 nm/cm 或 100 nm/cm。

19.2.4　圆二色光谱标尺(灵敏度)

灵敏度分为九挡：0.1 mdeg/cm、0.2 mdeg/cm、0.5 mdeg/cm、1 mdeg/cm、2 mdeg/cm、5 mdeg/cm、10 mdeg/cm、20 mdeg/cm 和 50 mdeg/cm。当样品的 O.D.值小而椭圆度较大时，样品的浓度可提高，同时选用较长光径的杯子，这种情况下可用较低的灵敏度，如 10～50 mdeg/cm。调整样品的浓度和杯子的光径，保持样品的 O.D.值低于 2，利用较低的灵敏度进行测量，可得最佳信噪比(S/N)。

19.2.5　时间常数

时间常数可以用来改善圆二色光谱的信噪比(S/N)。S/N 正比于时间常数(s)的平方根。它的选择要考虑所用的圆二色光谱标尺(灵敏度)，一般是灵敏度越低(每厘米对应的毫度数 mdeg/cm 越大)，时间常数应越小。例如，圆二色光谱标尺是 20 mdeg/cm、5 mdeg/cm、1 mdeg/cm、0.5 mdeg/cm，则时间常数应分别选为 0.25 s、0.5～1 s、0.5～8 s、1～16 s。

19.2.6　扫描速度

选择波长扫描速度一般需考虑的因素如下：

(1) 样品的谱学特征，如样品的圆二色光谱曲线是尖锐、很宽还是窄，样品的吸收是强还是弱，样品的椭圆率是大还是小。

(2) 所用的时间常数的大小。

(3) 测量的波长范围。走纸速度或波长扫描速度的选择可请教有经验的谱仪操作人员或参阅仪器手册。

19.2.7　狭缝宽度

"谱带宽度"选择开关提供了四挡恒定的谱带宽度，即 2 nm、1 nm、0.5 nm、0.2 nm；在手动控制状态，狭缝宽度从 2000～10 μm 随意调整。在标准操作时谱带宽度选为 1 nm。

对于高分辨率测量，要用较窄的狭缝宽度，此时光电倍增管的电压较高，谱的信噪比差。虽然正常测量的最佳谱带宽度是 1～2 nm，但是特殊情况下要牺牲分辨率而选取较宽的狭缝宽度。例如，当样品的光密度很高但是圆二色光谱很小时，就要保持测定圆二色光谱峰所需要的足够浓度，并用较宽的狭缝宽度。不过此时要特别小心，因为在样品的 O.D.值过高的情况下可能存在由荧光或杂散光引起的某些假象。

实验 72　圆二色光谱研究蛋白质与小分子作用后的构象变化

一、实验目的

(1) 了解圆二色光谱研究蛋白质二级构象的基本原理和方法。

(2) 学会设计用圆二色光谱监测蛋白质与小分子作用后构象变化的实验。

(3) 学习并掌握用简单的方法计算二级结构中α螺旋的含量。

二、实验原理

一个光学活性物质对各种波长的光都产生旋光。假设该光学活性物质对某一波长的光产生吸收，有吸收峰，这时如有一个平面偏振光，它的波长与该物质的吸收带相应，当它入射到该物质时，除产生旋光外，还有光吸收性质的各向异性。可以将上述的平面偏振光分解成两束相位相同、振幅绝对值相等、旋光方向相反的圆偏振光。其中，电矢量相互垂直、振幅相等、相位相差四分之一波长的左、右圆偏振光重叠而成的是平面圆偏振光。平面圆偏振光通过光学活性分子时，这些物质对左、右圆偏振光的吸收不相同，产生的吸收差值就是该物质的圆二色性。圆二色性可用摩尔吸光系数差$\Delta\varepsilon_M$来度量，且有

$$\Delta\varepsilon_M = \varepsilon_L - \varepsilon_R \tag{19-9}$$

式中：ε_L和ε_R分别为左和右圆偏振光的摩尔吸光系数。如果$\varepsilon_L-\varepsilon_R>0$，则$\Delta\varepsilon_M$为"+"，有正的圆二色性，相应于正科顿(Cotton)效应；如果$\varepsilon_L-\varepsilon_R<0$，则$\Delta\varepsilon_M$为"–"，有负的圆二色性，相应于负科顿效应。

　　吸收差的存在造成了矢量的振幅差，因此圆偏振光通过介质后变成了椭圆偏振光。圆二色性也可用椭圆度θ或摩尔椭圆度$[\theta]$来度量。$[\theta]$和$\Delta\varepsilon_M$之间的关系如式(19-4)所示。

　　圆二色光谱表示的是$[\theta]$和$\Delta\varepsilon_M$与波长之间的关系，可用圆二色光谱仪测定。一般仪器直接测定的是椭圆度θ，可换算成$[\theta]$和$\Delta\varepsilon_M$，换算关系式如下：

$$[\theta] = 100\theta / cl \tag{19-10}$$

$$\Delta\varepsilon_M = \theta / 33cl \tag{19-11}$$

式中：c为物质在溶液中的浓度(mol/L)；l为光程长度(液池的长，cm)。输入c和l的值，一般仪器能自动进行换算并给出所需的关系。

　　圆二色光谱仪需要将平面偏振光调制成左、右圆偏振光，并用很高的频率交替通过样品，因而设备复杂。完成这种调制的是电致或压力致晶体双折射的圆偏振光发生器(也称为 Pocker 池或应力调制器)。圆二色光谱仪一般采用氙灯作光源，辐射光通过由两个棱镜组成的双单色器后，成为两束振动方向互相垂直的偏振光，由单色器的出射狭缝排出一束非寻常光后，寻常光由 CD 调制器调制成交变的左、右圆偏振光，这两束圆偏振光通过样品产生的吸收差由光电倍增管接收检测。图 19-1 是圆二色光谱仪测定装置示意图。

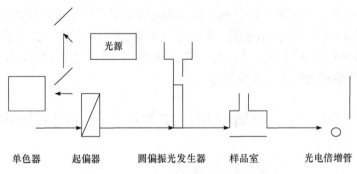

单色器　　起偏器　　圆偏振光发生器　　样品室　　光电倍增管

图 19-1　圆二色光谱仪测定装置示意图

　　除了产生 CD 现象外，圆偏振光通过光学活性分子还产生旋光色散(ORD)现象。这是由于光活性分子对左、右圆偏振光的折射率不同，因此左、右圆偏振光以不同的速度传播，引起偏振光面的旋转，旋转角度称为旋光度，表示旋光度随波长变化的关系称为旋光色散。CD 和 ORD 是同一现象的两个不同的表现方面。

　　蛋白质是由氨基酸通过肽链组成的具有特定结构的生物大分子。蛋白质中氨基酸残基的

排列次序是蛋白质的一级结构,而肽链中局部肽段骨架形成的构象称为二级结构。二级结构是靠肽链骨架中羰基上的氧原子和亚氨基上的氢之间的氢键维系的,根据肽链的旋转方向与氢键之间的夹角不同,蛋白质的二级结构主要分为α螺旋、β折叠、转角、环形和任意性较大的无规卷曲几类。这些二级结构的不对称性使蛋白质具有光学活性,也就具有特征 CD 光谱。其中,α螺旋在 222 nm 和 208 nm 处有负的科顿效应,表现出两个负的肩峰谱带,在靠近 192 nm 有一正的谱带。β折叠的 CD 光谱在 216 nm 有一负的谱带,而在 195～200 nm 有一正的谱带。

由于 222 nm 和 208 nm 是α螺旋的特征峰,因此估计α螺旋的含量可从这两点的平均椭圆度得到,关系式分别如式(19-5)和式(19-6)所示。f_α是α螺旋所含的残基与整个蛋白质分子的残基数的百分比,$[\theta]_{222}$和$[\theta]_{208}$分别指在 222 nm 和 208 nm 时的摩尔椭圆度,其他常数是根据实验推出的经验值。虽然上面两式中仅考虑了单波长时α螺旋的贡献,而忽略了其他组分对$[\theta]$的贡献,具有一定的误差,但可利用上面两式进行快速简单的推算。

另外,多级线形回归是一种更完全、较简单的分析二级结构的方法。假设所得到的光谱是单个二级结构光谱的线形加和,又令f_i为每种二级结构的含量,则有

$$\sum f_i = 1 \tag{19-12}$$

并有

$$[\theta]_\lambda = \sum f_i[\theta]_{\lambda,i} + 噪声 \tag{19-13}$$

式中:$[\theta]_\lambda$为实测的 CD 曲线在波长 λ 处的摩尔椭圆度;$[\theta]_{\lambda,i}$为每种构象在波长 λ 处的摩尔椭圆度。从已知晶体结构的蛋白质可以知道在不同波长 λ 处蛋白质各种二级结构的含量。解一系列方程可以得到$[\theta]_{\lambda,i}$的值,进而可求出未知蛋白质每种二级结构的含量,用最小二乘法等几种拟合方法使$\sum f_i$等于或近似为 100%。

三、仪器与试剂

1. 仪器

JASCO715 圆二色光谱仪;紫外-可见分光光度计;精确天平(万分之一);1 mL 注射器;25 mL 容量瓶;1 mL、2 mL 分度吸量管。

2. 试剂

人血清白蛋白;牛血清白蛋白(BSA,分析纯);维生素 B$_{12}$(分析纯);缓冲溶液(分析纯),pH 4.0 HAc-NaAc、pH 7.0～9.0 磷酸盐体系;0.06% d-10-樟脑磺酸铵溶液($\Delta\varepsilon_{M-290.5}$=2.36,$\Delta\varepsilon_{M192.5}$=-4.90);二次去离子水。

四、实验步骤

1. 测试条件

1) 蛋白质浓度

CD 测量一般在相对低的稀溶液(0.01～0.2 mg/mL)中进行,溶液最大的 UV 吸收不超过 2。

2) 样品池

CD 有圆形和方形两种石英测试池。方形测试池光路径为 1 cm。在二级结构的测试中一般选光路径为 1 mm 的圆形测试池,以减少光吸收。

3) 测试波长

不同的计算程序要求输入的波长范围不同。一般在 260～180 nm 可以满足要求。但低于 195 nm 的远紫外波长范围的测试对真空度、缓冲溶液等测试条件的要求很高。

4) 测试参数

为提高信噪比，可以采用慢的扫描速度和较长的响应时间。例如，响应时间 4 s，扫描速度 20 nm/s 可得到较高质量的光谱图。为减少光谱偏差，响应波长宽度应小于半峰宽(通常蛋白质是 15 nm)的 1/10。

2. 测试步骤

1) 准备样品

准确量取蛋白质和维生素 B_{12}(VB12)溶液，用分光光度法测蛋白质的浓度。对比配制 A、B、C、D 四种溶液：A 为 pH=4.0 蛋白质，B 为 pH=4.0 蛋白质+VB12，C 为 pH=7.0～9.0 蛋白质，D 为 pH=7.0～9.0 蛋白质+VB12 溶液，且 A、B、C、D 溶液具有相同的离子强度和温度。另外，蛋白质溶液中加入 VB12 后，需要放置一段时间，使蛋白质与 VB12 分子作用达到平衡。

2) 开机

打开高纯氮气，通入光路。打开计算机，进入操作界面。开启氙灯。等待约 30 min，待仪器充分预热后，方可使用。

3) 两点法校正 CD 读数

进入测试界面，输入测试参数。用注射器将 0.06% d-10-樟脑磺酸铵溶液注入 1 mm 测试池中，扫描波长范围 300～195 nm。按 290.5 nm 和 192.5 nm 两点读数分别为 18.7 mdeg 和 −38.9 mdeg 进行校准。

4) 测试

进入测试界面，输入测试参数。对 A、B、C、D 分别扫描两次。输入文件进行保存，并比较四者的相似与差异。

5) 数据处理

测试后，仪器自动保存的为椭圆度 θ 与波长的关系图。进入数据处理界面，输入要处理的文件名，选择转换成 $\Delta\varepsilon_M$ 与波长之间的关系图，并另存为 txt 数据文件。

6) 关机

(1) 打开样品室，取出测试池。

(2) 退出操作界面，关闭氙灯。

(3) 关闭氮气，关闭主机电源。

(4) 关闭计算机主机，关闭打印机、显示器等电源。

(5) 断开墙上电源。

(6) 清洗测试池，清洁环境，盖好仪器罩，认真填写仪器操作记录。

五、实验数据及结果

以 "用 CD 光谱研究牛血清白蛋白与 Co(Ⅱ)作用后的构象变化" 为例：pH 7.43 生理条件下，浓度为 1.442×10^{-6} mol/L 的蛋白质与适量的 Co(Ⅱ)作用 8 min 后，对比测量 CD 光谱的变化。根据实验得到的 txt 文件用 Origin 作图，如图 19-2 所示。图中纵坐标为平均残基摩尔椭圆度，横坐标为波长。从图中可明显看到 BSA 在 222 nm 和 208 nm 的两个负科顿效应的峰，而在 195 nm 有一个正科顿效应的峰。这与α螺旋的特征相似。BSA 与 Co^{2+} 作用 8 min 后，在 222 nm、208 nm 及 195 nm 的平均残基摩尔椭圆度的绝对值都减小。简单估计α螺旋的含量变化，可将 222 nm 和 208 nm 两点的平均摩尔残基椭圆度分别代入式(19-5)和式(19-6)。两式计算结果见表 19-1。

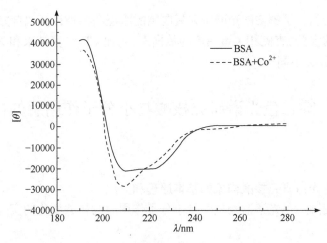

图 19-2　牛血清白蛋白与 Co^{2+} 作用后的构象变化

表 19-1　简单估计α螺旋的含量变化

摩尔椭圆度/α螺旋含量	BSA 体系	BSA+Co^{2+}体系
$[\theta]_{208}/f_{\alpha,208}$	−20877.6/58.20%	−20444.3/56.71%
$[\theta]_{222}/f_{\alpha,222}$	−20931.5/54.43%	−18290.1/46.42%

　　除上述简单的处理方法外，常用 SELCON3、CONTINLL、CDSSTR 软件处理 CD 数据，分别计算 6 种二级结构的含量，并用 CLUSTER 得到三级结构的变化。用以上软件处理时，要注意使用残基的平均 $\Delta\varepsilon_M$ 作为计算单位，并根据不同的波长范围，选择相对应的蛋白质数据库进行拟合计算。在上述的例子中，计算结果见表 19-2。

表 19-2　用三种软件处理 CD 数据所得各二级结构的含量变化

程序	体系	α螺旋(r)	α螺旋(d)	β折叠(r)	β折叠(d)	转角	无规卷曲
SELCON3	BSA	0.381	0.201	0.038	0.037	0.123	0.232
	BSA+Co^{2+}	0.339	0.193	0.040	0.044	0.136	0.227
CONTINLL	BSA	0.367	0.205	0.001	0.051	0.197	0.179
	BSA+Co^{2+}	0.371	0.216	0.005	0.036	0.157	0.216
CDSSTR	BSA	0.416	0.198	0.060	0.033	0.134	0.158
	BSA+Co^{2+}	0.384	0.203	0.043	0.035	0.127	0.211

六、注意事项

(1) 实验过程中保证环境通风良好。

(2) 开机前确认高纯氮气已经打开。做完实验后，及时关闭高纯氮气。

(3) 爱护石英测试池，应轻拿轻放，避免磕碰。

七、思考题

(1) 查阅相关资料，了解 CD 光谱研究蛋白质的原理和各种计算拟合方法的特点。

(2) 根据所做的实验,查阅相关蛋白质的数据库,对比 CD 计算结果和 X 射线衍射或 NMR 方法得出的结果有什么不同。

实验 73　圆二色光谱研究核酸与小分子作用后的构象变化

一、实验目的

(1) 了解圆二色光谱研究核酸构象的基本原理和方法。

(2) 学会设计用圆二色光谱监测核酸与小分子作用后的构象变化的实验。

二、实验原理

与蛋白质一样，核酸的结构通常也可分为四级结构。核酸分子主要由四种不同的碱基组成，实验证明这些碱基的含量和组成顺序对核酸的 CD 行为有影响，因而 CD 光谱可提供核酸一级结构的信息。核酸的骨架链由磷酸和核糖基团组成。骨架链中每个核苷酸单位长度含有 6 个可转动的单键。另外，核糖环构象和糖苷键的扭角也有各种变化。这些因素使核酸的构象分析相对于蛋白质或多糖来说复杂得多。

DNA 以双螺旋构象存在，在这种构象中，两条方向相反的主链处在螺旋外侧，碱基则处于内侧。两条链形成右手螺旋，有共同的螺旋轴。双螺旋构象由链间的碱基配对和碱基间的疏水作用维系。普遍认为 DNA 在水溶液中的双螺旋属 B 型。这种类型的双螺旋中，碱基平面垂直于螺旋轴，相邻两个碱基上下间隔 3.4 Å，每十对碱基组成一个螺旋，一条链中相邻两个碱基的方向相差 36°。溶液条件改变时，如加入乙醇或提高盐浓度等，DNA 的双螺旋会从 B 型转变成 A 型、C 型。在 A 型双螺旋中，碱基平面和螺旋轴成 70°倾斜角，由 11 个碱基组成一个螺旋，碱基间夹角、螺距等均与 B 型不同。C 型双螺旋的各种结构参数和 B 型的相差不大。RNA 单链的局部区域由于互补碱基的存在也能形成双螺旋，其类型为 A 型。

Gratzer 等测定了 16 个 DNA 的 CD 光谱，发现它们的谱形基本上是相同的，在 75~280 nm 处有正峰，在 245~250 nm 是负峰。这些峰的绝对值因它们的组成不同而变化。RNA 在近紫外区的正峰通常在 260~265 nm，而 DNA 则在 270~275 nm。

Johnson 和 Tinoco 根据 RNA 和 DNA 的不同构象计算得到的两者的 CD 曲线与实际观察到的相似。根据他们的解释，B 型 DNA 中碱基平面互相平行，且垂直于螺旋轴。各种跃迁距中，有的产生正 CD 贡献，有的产生负 CD 贡献。由于螺旋中存在四种不同碱基，存在各种各样的跃迁距，因而大体上也就互相抵消，不显出正 CD 贡献的优势。但在 RNA 中，碱基平面也倾斜于螺旋轴，上述情况就不会发生，因而表现出右手螺旋的正 CD 贡献。另外，由于 RNA 中碱基平面的倾斜，某碱基与其第二、第三邻近碱基的相互作用合起来可能会比其与第一邻近碱基的相互作用产生更大的 CD 贡献。此种效应加上上述效应就造成 RNA 的 CD 值比 DNA 大的情况。

RNA 或 DNA 的 CD 值均比相应的同聚物的 CD 值小得多。尤其是 DNA，其 200 nm 以上的 CD 值并不比碱基单体的大多少。这可能是 RNA 或 DNA 分子中四种不同碱基间的多种多样的相互作用大部分互相抵消的缘故。

三、仪器与试剂

1. 仪器

JASCO715 圆二色光谱仪；精确天平(万分之一)；25 ml 容量瓶；1 mL、2 mL、5 mL 分度吸量管。

2. 试剂

青鱼精子 DNA(生化试剂)；汞形态储备液：1000 mg/L 和 10 g/L(以 Hg 计)的 $HgCl_2$ 标准水溶液；1000 mg/L 和 10 g/L(以 Hg 计)的氯化甲基汞和氯化乙基汞的甲醇溶液；1000 mg/L 和 10 g/L(以 Hg 计)氯化苯基汞的丙酮溶液，标准溶液在使用时由储备液逐级稀释制得；缓冲溶液(分析纯)：pH 7.4 的磷酸盐体系；0.06% d-10-樟脑磺酸铵溶液($\Delta\varepsilon_{M-290.5}$=2.36，$\Delta\varepsilon_{M-192.5}$=−4.90)；二次去离子水。

四、实验步骤

1. 测试条件

同实验 72。

2. 测试步骤

1) 准备样品

准确量取核酸和不同形态汞的溶液。

对比配制 A、B、C、D 四种溶液：A 为 pH=7.4 核酸，B 为 pH=7.4 核酸+无机汞溶液，C 为 pH=7.4 核酸+甲基汞溶液，D 为 pH=7.4 核酸+苯基汞溶液，且 A、B、C、D 溶液具有相同的离子强度和温度。另外，核酸溶液中加入汞的溶液后，需要放置一段时间，使核酸溶液中加入不同形态汞作用达到平衡。

2) 开机

打开高纯氮气，通入光路。打开计算机，进入操作界面。开启氙灯。等约 30 min，待仪器充分预热后，方可使用。

3) 两点法校正 CD 读数

进入测试界面，输入测试参数。用注射器将 0.06% d-10-樟脑磺酸铵溶液注入 1 mm 测试池中，扫描波长范围 300～195 nm。按 290.5 nm 和 192.5 nm 两点读数分别为 18.7 mdeg 和 −38.9 mdeg 进行校准。

4) 测试

进入测试界面，输入测试参数。对 A、B、C、D 分别扫描两次。输入文件进行保存，并比较四者的相似与差异。

5) 数据处理

测试后,仪器自动保存的为椭圆度 θ 与波长的关系图。进入数据处理界面,输入要处理的文件名,选择转换成 $\Delta\varepsilon_M$ 与波长之间的关系图,并另存为 TXT 数据文件。

6) 关机

同实验 72。

五、实验数据及结果

将四种形态的汞(0.5 mmol/L,以 Hg 计)与 DNA(0.5 mmol/L,以 b.p.计)在含 100 mmol/L NaCl 的 10 mmol/L 磷酸盐缓冲液(pH 7.4)中温育 12 h 后,用于 CD 光谱检测。如图 19-3 所示,天然 DNA 表现出 B 型的典型特征:①在 308~261 nm 出现较大的正峰,在 280 nm 处的摩尔椭圆度 $[\theta] = +7934(\text{deg} \cdot \text{cm}^2/\text{dmol})$;②在 261~234 nm 出现较大的负峰,在 245 nm 处的摩尔椭圆度 $[\theta] = -3398(\text{deg} \cdot \text{cm}^2/\text{dmol})$;③较小的正峰出现在 234~218 nm,在 227 nm 处的摩尔椭圆度 $[\theta] = -957(\text{deg} \cdot \text{cm}^2/\text{dmol})$;④较小的负峰出现在 218~207 nm,在 212 nm 处的摩尔椭圆度 $[\theta] = -3038(\text{deg} \cdot \text{cm}^2/\text{dmol})$。

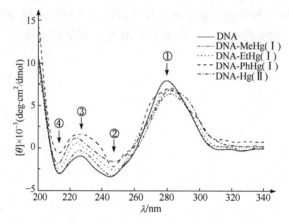

图 19-3 青鱼精子 DNA 与不同形态汞相互作用的 CD 光谱

当 0.5 mmol/L DNA 与 0.5 mmol/L 四种形态的汞反应 12 h 后,DNA 的 CD 光谱特征峰的强度有所减弱,并发生不大明显的红移(如谱带①的特征峰从 279 nm 移至 282 nm,以及谱带②的特征峰从 245 nm 移至 248 nm)。上述结果表明,在本实验条件下,汞与 DNA 的物质的量浓度比为 1:1 时,四种形态的汞与 DNA 的结合对 DNA 的双螺旋结构只有轻微扰动。可能汞与 DNA 的碱基键合形成了稳定的配合物,部分破坏链间碱基配对(A 和 T,G 和 C 间形成的氢键)和碱基间的疏水作用,对 DNA 的二级结构有所影响,但并不会改变 DNA 分子的构型。

六、注意事项

同实验 72 "注意事项"。

七、思考题

(1) 查阅相关资料,了解 CD 光谱研究核酸的原理。

(2) 根据所做的实验,理解 CD 光谱研究不同形态汞与 DNA 作用,以及不同形态汞对 DNA 构象的影响。

实验 74　圆二色光谱结合手性贵金属纳米粒子探针测定环境水中的痕量 Hg²⁺

一、实验目的

(1) 了解 Ag^+ 与 L-半胱氨酸形成的手性配合物纳米粒子探针的高旋光活性的特点，掌握探针的合成方法。

(2) 了解圆二色光谱结合手性贵金属纳米粒子探针用于定量分析的原理，掌握应用该体系测定环境水中的痕量 Hg^{2+} 的方法。

二、实验原理

随着圆二色光谱研究的发展，作为一种操作简单的光谱，凭借其对某些手性物质响应的灵敏和选择性，圆二色光谱在定量分析方面的应用越来越广泛。本实验介绍一种基于手性配合物纳米粒子探针的圆二色光谱在金属离子 Hg^{2+} 测量方面的应用。

用圆二色光谱测量非光学活性的金属离子，需要一种探针。通过研究发现手性贵金属纳米离子具有非常大的光学活性，且合成简单，应用方便，响应迅速，非常适合用于圆二色光谱定量分析。

Ag^+ 与 L-半胱氨酸进行反应，通过微波辅助的方法，可得到高旋光活性的 Ag^+ 与 L-半胱氨酸形成的手性配合物纳米粒子探针。通过相关表征及推测，得到纳米粒子组装的可能结构，如图 19-4 所示。

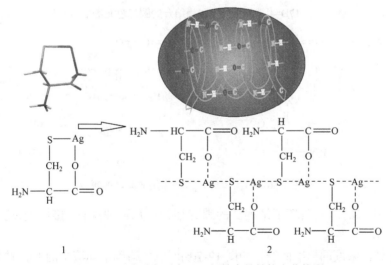

图 19-4　L-半胱氨酸与 Ag^+ 相结合的结构变化推测

结构 1 和结构 2 的典型圆二色光谱分别如图 19-5(a)和(b)中实线所示。

结构 2 即为应用于圆二色光谱定量分析 Hg^{2+} 的纳米探针。探针与 Hg^{2+} 作用的原理如图 19-6 所示。

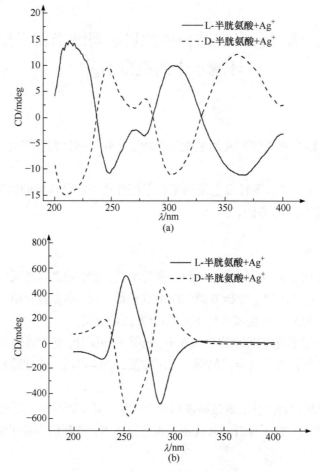

图 19-5　L/D-半胱氨酸与 Ag⁺相结合的圆二色光谱信号变化

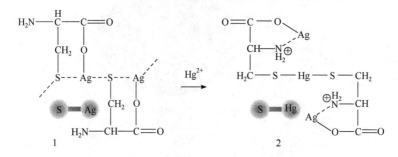

图 19-6　结构 2 与 Hg²⁺相作用的原理推测

可以发现 Hg²⁺的加入破坏了结构 2 的螺旋结构，从而使探针的圆二色光谱信号锐减，如图 19-7(a)所示。

可以测定 Hg²⁺浓度的标准曲线，如图 19-7(b)所示，得到未知液中的 Hg²⁺浓度。

三、仪器与试剂

1. 仪器

JASCO715 圆二色光谱仪；光程 1 cm 石英比色皿；精确天平(万分之一)；10 mL 容量瓶；

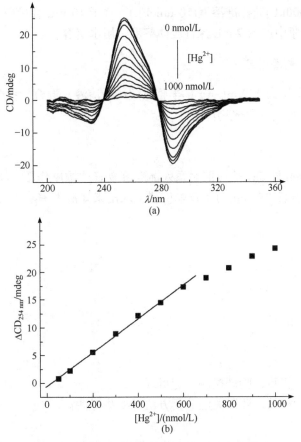

图 19-7 探针圆二色光谱信号随 Hg^{2+} 加入的变化情况(a)和
254 nm 处圆二色光谱信号变化与 Hg^{2+} 浓度关系的标准曲线(b)

1 mL、0.1 mL 移液器；120 W 控温水浴超声器。

2. 试剂

硝酸银(分析纯)；L-半胱氨酸(分析纯)；$HgCl_2$ 标准水溶液；二次去离子水。

四、实验步骤

1. 合成 Ag^+ 与 L-半胱氨酸手性配合物纳米粒子探针

取 L-半胱氨酸(22 μmol/L)和 $AgNO_3$(20 μmol/L)各 50 mL，在 100mL 烧杯中混匀后置于 37℃水浴中，以 120 W 的功率超声 30 min，即可作为探针使用。此时，水分散相的 pH 为 5.8。

2. 测试条件

CD 有圆形和方形两种石英测试池。方形测试池光路径是 1cm。测量波长范围 200～400 nm。扫描速度 100 nm/min。响应时间 4 s。数据间隔 0.1 nm。光谱带宽 2 nm。

3. 响应曲线的溶液配制

取一系列体积(0 μL、50 μL、100 μL、200 μL、300 μL、400 μL、500 μL、600 μL、700 μL、

800 μL、900 μL、1000μL)的标准溶液(10 μmol/L)，置于 10 mL 容量瓶中，再分别加入 6 mL 水，然后向每个容量瓶中加入 2 mL 探针胶体溶液，用水定容。

4. 未知液圆二色光谱测定

取 8 mL 未知液水样加入 2 mL Ag-L-半胱氨酸探针溶液，混合后摇匀，静止 200 s 后，用 1 cm 光程的比色皿进行圆二色光谱测定。

5. 数据处理

测试后，用 254 nm 处 CD 响应值对系列标准溶液 Hg^{2+} 浓度作图，绘制标准曲线，计算方法检出限，再代入未知液 254 nm 处 CD 响应值，求出未知液中 Hg^{2+} 浓度。

6. 关机

同实验 72。

五、注意事项

同实验 72 "注意事项"。

六、思考题

(1) 如何设计表征实验，验证推测反应机理？
(2) 如果测试实际样品，还需关注分析方法的哪些特性？

第 20 章　X 射线衍射分析法

20.1　基　本　原　理

20.1.1　X 射线衍射分析的发展历程

1895 年，德国物理学家伦琴研究阴极射线时，意外发现了一种穿透力很强的射线，由于当时对此光线的本质不了解，故采用数学里常用的未知数 X 命名，即 X 射线，后人也称为伦琴射线。伦琴因为发现 X 射线获得 1901 年第一个诺贝尔物理学奖。从此，X 射线开创了人类探索物质世界的新纪元，与 X 射线有关的研究获得诺贝尔奖十余次。X 射线被发现不久，就用于探测可见光下不透明物质的内部结构，如在医学上检测人体骨骼、在工程上进行金属探伤等。

在发现 X 射线衍射之前，人们对材料的认识与观察局限于化学分析和光学显微镜分析。受物理光学极限分辨率的限制，光学显微镜仅能分辨点间距 200 nm($1\ nm=10^{-9}$ m)以上的微结构。与可见光、红外光、紫外光、γ 射线等本质一样，X 射线是一种电磁波，所以 X 射线也称为 X 光。X 射线在电磁波谱中的位置介于紫外光与 γ 射线之间，其波长范围为 0.01～100 Å ($1\ Å=1\times10^{-10}$ m)。

1912 年，德国物理学家劳厄利用晶体作为衍射光栅，成功观察到 X 射线衍射现象，并得到第一张 X 射线衍射花样，由此获得 1914 年诺贝尔物理学奖。劳厄衍射的意义有两个：第一，证明 X 射线是波长比可见光小的电磁波；第二，证明晶体由原子点阵构成，从实验上证明了原子存在的真实性。从此，X 射线技术为人类认识材料的微观结构开创了新途径。

1912 年劳厄关于 X 射线衍射的论文发表后，引起了布拉格父子的关注，并提出了著名的布拉格方程 $2d\sin\theta = n\lambda$(其中 d 为衍射面的间距，λ 为 X 射线波长，θ 为布拉格衍射角，n 为整数)解释 X 射线晶体衍射。X 射线入射周期性的晶体物质时，在空间某些方向上发生相干增强，而在其他方向上发生相干抵消(如图 20-1 所示，$BD=CD=d\sin\theta$)。衍射线的方向和强度反映了材料内部的晶体结构和相组成。

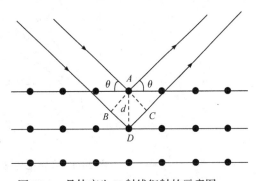

图 20-1　晶体产生 X 射线衍射的示意图

1916 年，德拜和谢乐采用底片记录多晶粉末的衍射花样，首次提出 X 射线多晶衍射技术。1928 年，盖格和弥勒采用计数管记录 X 射线衍射线强度，由此 X 射线衍射仪诞生。

20.1.2　X 射线的产生及 X 射线谱

利用高速运动电子流轰击金属靶材，电子的运动受阻，失去动能，其中一小部分能量转变为电磁波,可获得 X 射线。图 20-2 为 X 射线管的结构示意图,其中阴极为绕成螺旋形的钨丝,阳极为被轰击的金属靶材。加热到白热的钨丝放射出电子,在数万伏高压电场的作用下,高速运动的电子与金属靶材碰撞时,发生能量转换,其中大约 1%的能量转变为 X 射线,其他主要转变成热能。为避免靶材受热熔化,必须通冷却水对阳极进行降温。

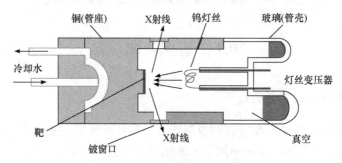

图 20-2　X 射线管的结构示意图

X 射线管可以发射两类 X 射线:一类是连续 X 射线谱;另一类是在连续谱的基础上叠加若干条具有一定波长的 X 射线所构成的谱线,称为特征 X 射线谱或标识 X 射线谱。图 20-3 为金属靶材发出的连续及特征 X 射线谱图。对于特定靶材,其特征谱的波长为定值,改变管电压和管径流大小只会影响特征谱的强度,而不影响其波长。只有当管电压高于某特定值时,才会在连续谱上出现特征谱,通常将开始产生特征谱线的临界电压称为激发电压,低于激发电压,则只有连续谱没有特征谱。特征谱的波长反映了靶材的特征,因此称为特征 X 射线谱。

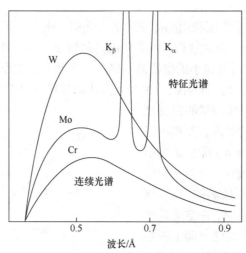

图 20-3　金属靶材发出的连续及特征 X 射线谱图

各种靶材都有自己特定的激发电压值,如 Mo 靶的激发电压为 20 kV。特征 X 射线的产生机理与靶材原子的内部结构紧密相关,图 20-4 为特征 X 射线谱的命名原则。原子中的电子按照能量不同,可位于能量依次升高的 K、L、M、N 等不连续能级上,当 X 射线管中灯丝发出的电子达到一定能量时,将靶材原子中的 K 层电子击出,靶材原子处于 K 激发态,其外层电子将跃迁至 K 层,以降低原子能量,此时辐射出的光子形成特征 X 射线。当 L 层电子跃迁至 K 层时,发出的 X 射线称为 K_α 辐射,M 层电子跃迁至 K 层时发出的 X 射线称为 K_β 辐射。

同理，L 层电子被击出时，会产生一系列 L 系辐射。由图 20-4 可以看出，K_β 辐射的光子能量大于 K_α 辐射的能量，即 K_β 的电子波长小于 K_α 辐射，但是 K_α 辐射的强度却比 K_β 辐射强得多。这是因为 K 层与 L 层为相邻能级，K 层空位被 L 层电子填充的概率远远超过被 M 层电子填充的概率，因此 K_β 的强度比 K_α 小得多，事实上 K_α 的强度为 K_β 的 5 倍。另外，L 层由于能级分裂，所以 K_α 存在 $K_{\alpha 1}$ 和 $K_{\alpha 2}$ 双重线辐射，两者具有微小的能量差别。

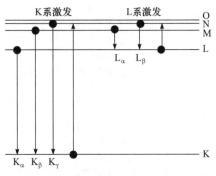

图 20-4　特征 X 射线谱的命名原则

在 X 射线谱中，K_α 谱线强度极高，因此 X 射线衍射仪常用 K_α 辐射。为获得单一波长，X 射线衍射仪常采用滤片吸收辐射中的连续谱和 K_β 辐射。一般选用原子序数比靶材原子序数小的金属作为滤片材料，如铜靶可以选用镍滤片。

20.1.3　X 射线衍射的定性物相分析

X 射线衍射仪扫描多晶样品，可以获得 X 射线衍射(X-ray diffraction，XRD)谱图，即衍射线的强度随衍射角 2θ 变化得到的分布。由于每种物质的晶体都有特定的晶体结构和晶胞尺寸，而衍射峰的位置及衍射强度完全取决于该物质的内部结构特点，因此每一种结晶物质都有自己独特的衍射花样，即"指纹"谱。它们的特征可以用各个衍射面的面间距 d 和衍射线的相对强度 I 来表征。根据晶体对 X 射线的衍射特征：衍射线的位置、强度及数量，可以鉴定晶体物质的物相。

X 射线定性相分析是将所测得的未知物相的衍射谱图与粉末衍射卡片(powder diffraction files，PDF 卡片)中的已知晶体结构物相的标准数据相比较(可通过计算机自动检索或人工检索进行)，以确定所测试样中所含物相。

1. PDF 卡片简介

1938 年，Hanawalt 等首先对物质衍射花样进行整理和分类。1942 年，美国材料试验协会(ASTM)将每种物质的面间距 d 和相对强度 I/I_1 及其他数据以卡片形式出版，称为 ASTM 卡片。这套卡片数量逐年增加。1969 年，粉末衍射标准联合委员会(JCPDS)负责卡片的出版，称为 PDF 卡片。目前，已有卡片近百组，包括有机、无机物相约 200 000 种。

图 20-5 为 PDF 卡片的简化示意图，从中不仅可以获得 XRD 定性分析所需的衍射峰信息，还包括资料来源、样品的晶体学数据及物理性质。下面对其进行分栏介绍。

1 栏：$1a$、$1b$、$1c$ 分别列出衍射图中最强、次强、再次强三强线的面间距，按强度大小顺序排列。$1d$ 为样品的最大面间距。

2 栏：$2a$、$2b$、$2c$、$2d$ 分别为 1 栏各线的相对强度 I/I_1，其中最强线强度(I_1)定为 100。

3 栏：衍射测试时的实验条件。Rad.表示 X 射线源种类，如 Cu-K_α、Mo-K_α 等；λ 表示 X 射线波长，单位为 Å；Filter 表示滤片材料，若注明 Mono 表示使用晶体单色器；Dia.表示圆筒相机内径；Cut off 表示实验装置所能测得的最大面间距；I/I_1 表示强度测量方法；d Corr. Abs.? 表示 d 值是否经过吸收校正；Ref.表示参考资料。

4 栏：物质的晶体学数据。Sys.表示晶系；a_0，b_0，c_0，α，β，γ 表示点阵参数；A 表示轴比 a_0/b_0；C 表示轴比 c_0/b_0；Z 表示晶胞中的原子或化学式单元的数目；Ref.表示参考资料。

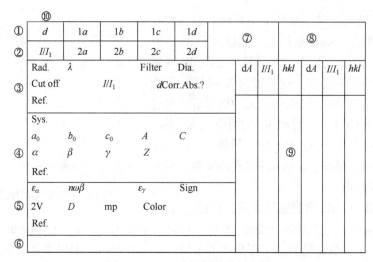

图 20-5　PDF 卡片的简化示意图

5 栏：光学和物理性质数据。ε_α，$n\omega\beta$，ε_γ 表示折射率；Sign 表示光性正负；2V 表示光轴夹角；D 表示密度；mp 表示熔点；Color 表示颜色；Ref.表示参考资料。

6 栏：有关资料和数据，包括试样来源、制备方式。有时注明 S.P.表示升华点；D.T.表示分解温度；T.P.表示转变点。此栏相当于备注栏，其他如旧卡片的删除情况也会在这一栏注明。

7 栏：物质的化学式及英文名称。合金、金属氢化物、硼化物、碳化物、氮化物和氧化物采用美国材料试验协会的金属体系物相符号。这种符号分为两部分，圆括号内为物相组成，当物相有一定化学比或成分变动范围不大时，用化学式表示，如(TiO_2)、(Fe_3C)等。在圆括号之后，注明晶胞中原子数目和点阵类型，如(TiO_2)6T、(Fe_3C)16O 等。表示点阵类型的符号是：C.简单立方，B.体心立方，F.面心立方，T.简单正方，U.体心正方，R.简单三方，H.简单六方，O.简单正交，P.体心正交，Q.底心正交，S.面心正交，M.简单单斜，N.底心单斜，Z.简单三斜。

8 栏：矿物学名称或通用名称，有机物为结构式。此区右上角标有★者，表示数据高度可靠；i 表示已经标定指数和估计强度，但可靠性不如前者；无符号表示可靠性一般；o 表示可靠性较差；c 表示数据是计算值。

9 栏：面间距、相对强度及衍射指数，按面间距 d 值的大小由大到小排列。dÅ 表示面间距；I/I_1 表示相对强度，hkl 表示衍射指数。

10 栏：卡片序号。例如，锐钛矿型 TiO_2 的卡片序号为 21-1272，其中 21 代表该卡片位于第 21 组，后面的数字表明卡片在该组内为 1272 号。

2. PDF 检索

利用 PDF 卡片检索手册，可以从数十万张卡片中查到所需要的 PDF 卡片。现代物相分析可以利用计算机快速准确地检索到衍射数据所对应的物相。后面将介绍利用 Jade 软件进行物相检索。

20.1.4　X 射线衍射的定量相分析

在混合物中，某一相的衍射强度取决于其相对含量，因此可以根据 X 射线衍射强度与所含物相的质量分数的对应关系进行定量分析。但对于多相物质，由于吸收的影响，某一组分相的衍射线强度与其体积并不呈线性关系,因此需要处理吸收系数的影响。常见的定量分析方法有外标法和内标法。

1. 外标法

通过对比试样中待测相的某条衍射线和其纯相(外标物质)的同一条衍射线的强度,获得待测相含量的方法称为外标法。在分析过程中,需要在相同实验条件下分别测定纯物相及待测样品中该相某条衍射线的强度(一般选择最强线),计算该相在待测样品中的含量。衍射线强度由两次实验分别测定,任何影响衍射线强度的实验条件变化都会使测定结果出现偏差,如压片的一致性很难保证,包括粒度、厚度、混合均匀性、表面光洁度等。另外,由于不同物质的吸收系数不同,此方法不能用于含有未鉴定物相的样品。

2. 内标法

向样品中加入某种标准物(内标物,如刚玉),根据待测相与标准物的衍射线强度比确定物相含量的方法称为内标法。

设样品中的待测相为 j 相,其含量为 w_j。样品中加入标准物后,j 相含量降低为 w_j',标准物的含量为 w_s,此值根据样品与标准物的配比计算,为已知量。

$$\frac{I_j'}{I_s} = K \frac{w_j'}{w_s} \tag{20-1}$$

式中:I_j' 和 I_s 分别为 j 相和标准物的衍射线强度,可由实验测出。w_s 已知,只要得知 K 值,可计算出 w_j'。K 值一般可由两种方法获得:一是利用已知物相含量的样品测出两相衍射线强度比后,根据式(20-1)计算 K 值;二是利用 PDF 卡片库,通过列出的衍射线强度导出 K 值。

计算出 K 之后,通过 XRD 进行定量分析的步骤如下:

(1) 选取已知量的内标物 s 与待分析样品配制成混合样品(控制 w_s 为 0.2 左右),研磨并混合均匀。

(2) 测定配好样品的 I_j 和 I_s 值。

(3) 根据公式计算出 w_j' 或 w_j。

内标法仅涉及待测相的衍射线强度,即使待测样中含有非晶态物质,也不妨碍内标法对样品中各个物相的测定。此外,内标法不受样品吸收的干扰,由于它清除了样品基体吸收的影响,有时又称为基体清除法,而将标准物称为清除剂。此方法在工业分析中应用较多。

X 射线衍射定量分析受外界和特定条件以及晶体的条件限制,分析误差往往较大,一般仅用于粗略分析。

20.1.4　粒径分析

当纳米粒子的颗粒小到一定程度时,会引起 X 射线衍射峰的宽化。X 射线衍射宽化法是测定颗粒粒径的好方法,可采用谢乐公式计算晶粒的平均大小,具体公式如下:

$$D = \frac{K\lambda}{\beta\cos\theta} \tag{20-2}$$

式中:K 为谢乐常数,一般取 0.89;λ 为 X 射线的波长;β 为衍射峰的半高宽(弧度);θ 为布拉格衍射角。

需要注意的是，这里的 β 是指由于样品的晶粒过小而引起的衍射峰宽化，而不是实测的衍射峰半峰宽。在实测的衍射峰半峰宽中，还包括与仪器条件有关的仪器变宽。一般可以通过内标法或外标法确定衍射峰的变化，从实测衍射峰的半峰宽中扣除仪器变宽，得到 β。

另外，通过粉末 X 射线衍射还可以进行晶体学参数的测定、介孔结构测定、材料应力及晶格畸变等方面的研究，在此不再一一赘述。

20.2　Jade 软件处理 XRD 数据

Jade 软件是处理粉末 XRD 数据的重要软件，也是搜索标准衍射数据的有力工具。图 20-6 为 Jade 软件的基本界面，包括处理 XRD 数据常用的平滑、寻峰、检索等基本功能。下面以处理锐钛矿型 TiO_2 的 XRD 数据为例，介绍 Jade 软件的基本使用方法。操作主要步骤为：平滑谱线、扣除基线、物相检索及数据导出。

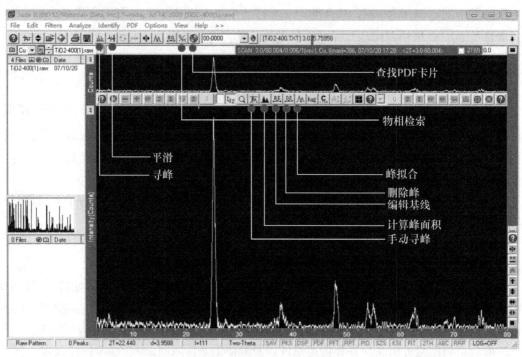

图 20-6　Jade 软件的基本界面

平滑谱线：通过"File-read"或菜单栏中的文件夹图标将 raw 类型数据文件打开，也可以将文件直接拖拽入界面打开。如图 20-7 所示，对数据进行平滑操作。鼠标选定上层的区域，在下层的区域中就会显示黄色选区的曲线。右键单击菜单栏中的图标，打开对话框，拖动上层按钮，可以查看平滑效果。图 20-7 中下方的曲线为平滑后的效果，上方的曲线为未平滑的效果，移动按钮到合适位置，然后点击对话框中的"Close"，左键单击平滑按钮，得到平滑效果。

寻找并扣除基线：单击"BG"按钮，利用鼠标微调红色圆点，对基线进行调节。基线确定之后，再次点击"BG"按钮，基线自动被扣除。

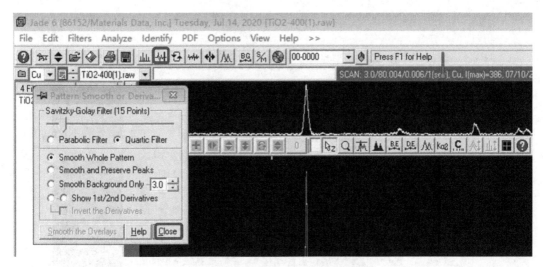

图 20-7　Jade 软件的平滑谱线操作界面

　　物相检索：右键单击 S/M 键，出现如图 20-8 所示的物相检索界面。选择相应的数据库及待测样品中可能存在的元素(此处选择 Ti 和 O)，点击 "OK"，软件进行自动检索(图 20-9)。软件通过对比，将给出最匹配的一些结果，勾选最符合的检索结果，相应的标准 PDF 卡片(卡片号为 21-1272 的锐钛矿型 TiO_2)的峰便在图中标出(图 20-10)。

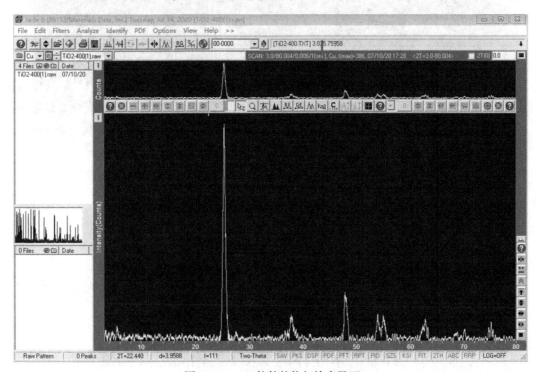

图 20-8　Jade 软件的物相检索界面

　　导出数据：操作为 File-Save-Primary pattern as txt，数据自动保存到软件安装目录的 data 文件夹中。用此数据，可以在 Origin 中进行作图。

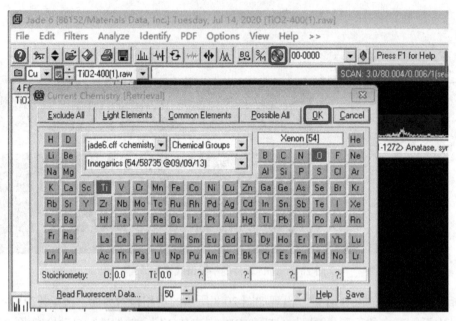

图 20-9　Jade 软件物相检索中选择元素界面

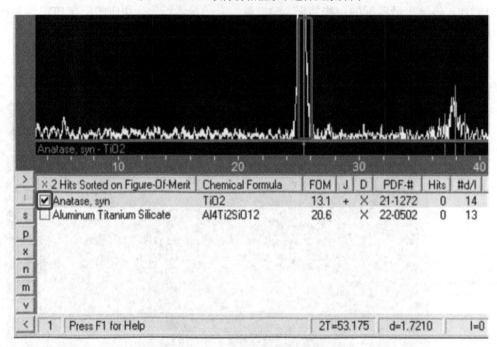

图 20-10　Jade 软件物相检索结果的界面

实验 75　TiO₂ 纳米晶体的 XRD 物相测定及粒径分析

一、实验目的

(1) 了解粉末 X 射线衍射分析的基本原理。

(2) 了解 X 射线衍射仪的主要组成部分及作用。

(3) 掌握 X 射线衍射定性分析的方法。

(4) 对 TiO_2 纳米晶体进行物相定性分析和粒度测定。

(5) 熟悉使用 Jade 软件处理衍射数据。

二、实验原理

纳米 TiO_2 晶体主要有三种晶形：板钛型、金红石型和锐钛矿型。金红石型和锐钛矿型是常见的两种晶形，也是本实验测试的两种晶体(表 20-1)。两者都属于四方晶系，钛氧形成八面体，金红石型和锐钛矿型 TiO_2 分别为共边和共顶点构型。

表 20-1　金红石型和锐钛矿型 TiO_2 的晶体信息

TiO_2 晶形	晶系	晶胞参数		
		a	b	c
锐钛矿型	四方	0.536		0.953
金红石型	四方	0.459		0.296

由于晶形不同，金红石型和锐钛矿型 TiO_2 晶体的衍射谱图不同，通过测试其 XRD 谱图，可以进行物相鉴定。另外，通过谢乐公式可大致计算晶粒的平均大小。

三、仪器与试剂

1. 仪器

D/max-2200/PC X 射线衍射仪(Cu 靶，工作电压和电流分别为 40 kV 和 40 mA)；玛瑙研钵；玻璃样品架。

2. 试剂

含 TiO_2 晶体的待测样。

四、实验步骤

1. 开机

(1) 依次打开衍射仪和循环水机的空气开关，待循环水机内水温符合设定后，打开衍射仪后面主开关，然后打开衍射前面的控制器开关 cp1 和 cp2。

(2) 打开计算机主机，打开桌面上的衍射仪控制程序，依次点击开机、开 X 射线管，依据衍射仪的运行状况，选择 "long time no use" 或 "everyday use"，进行光管老化。

(3) 在光管老化过程中，电压和电流分别升至 40 kV 和 40 mA，光管老化结束。

2. 样品测试

(1) 固体粉末样品用玛瑙研钵研细至 200～300 目，压入样品架的槽内，样品表面要求平整光滑。

(2) 放置样品。注意：先按主机面板上"DOOR OPEN"键打开样品台门，然后将样品架插到样品台上，样品中心对准样品台中心。放好样品后，轻轻地关严防护门。

(3) 打开计算机主机上的测试程序，设置测试样品的保存路径和文件名，设置扫描速度(一般为 2°～3°/min)和扫描范围(10°～80°)，点击进行扫描，得到衍射谱图。测试过程中如需终止，点击"Stop"按钮。

(4) 测定完毕后，打开衍射仪，取出样品，处理并复制数据(后缀分别为.raw 和.txt)。

3. 关机

(1) 点击计算机衍射仪控制程序中的"set"图标，将电压和电流分别降至 20 kV 和 2 mA后，通过控制程序关闭 X 射线发生器，并关闭计算机。
(2) 关闭衍射仪前面的控制器开关 cp1 和 cp2 后，关闭衍射仪后面主开关。
(3) 继续通冷却水 15 min，关闭循环水机电源。
(4) 关闭衍射仪和循环水机的空气开关。

五、实验数据及结果处理

(1) 将实验数据作图，得到每一个衍射峰的位置(2θ 值)和相对强度。
(2) 根据上面结果确定样品的物相和结构，并对主要的衍射峰进行归属。
(3) 测量样品三个最高衍射峰的半高宽，利用谢乐公式计算 TiO_2 纳米晶体对应的粒径，然后求其平均粒径。

六、注意事项

(1) 在衍射仪放置和取出样品前一定注意要先按衍射仪上的"DOOR OPEN"键，开门、关门时轻拉轻推，避免猛力碰撞，以免仪器发生非正常断路。
(2) 样品需研细至 200～300 目，压入样品架的槽内，样品表面要求平整光滑，样品槽周围擦拭干净。

七、思考题

(1) 多晶衍射时能否用多种波长的混合 X 射线？为什么？
(2) 将实验所得衍射线条数及相对强度与卡片中的一一对照，完全一致吗？试说明误差来源。

实验 76　通过 XRD 测定锐钛矿型 TiO_2 的含量

一、实验目的

(1) 了解粉末 X 射线衍射定量分析的基本原理。
(2) 掌握 X 射线衍射定量分析的方法。
(3) 对样品中锐钛矿型 TiO_2 纳米晶体进行含量测定。

二、实验原理

纳米 TiO_2 由于其优异的物理化学性质而应用广泛，特别在环境领域，可用作光催化剂处理废水和净化空气。在大于其带隙能的光照条件下，TiO_2 光催化剂不仅能降解环境中的有机污染物生成 CO_2 和 H_2O，还可氧化除去大气中低浓度的氮氧化物 NO_x 和含硫化合物 H_2S、SO_2 等有毒气体。不同晶形的 TiO_2 中，锐钛矿型 TiO_2 的光催化活性优于金红石型 TiO_2。采用溶胶-凝胶法制备 TiO_2 纳米晶体时，生成晶体的晶形与煅烧温度及时间有关。为大致测定样品中锐钛矿型 TiO_2 的含量，可采用 XRD 对其进行定量分析。

NaCl 属立方晶系，衍射峰较少，可用作内标物。本实验以 NaCl 为内标物，将其以 20% 的质量分数比例掺入待测样品中，通过测量样品中锐钛矿型 TiO_2 衍射峰[hkl(101)，d(3.52Å)，2θ(25.3°)]和内标物 NaCl 衍射峰[hkl(200)，d(2.82 Å)，2θ(31.7°)]的强度，获得衍射强度比值，通过与 PDF 卡片计算所得的 K 值，可计算得到待测样品中锐钛矿型 TiO_2 的含量。

三、仪器与试剂

1. 仪器

D/max-2200/PC X 射线衍射仪(Cu 靶，工作电压和电流分别为 40 kV 和 40 mA)；玛瑙研钵；玻璃样品架。

2. 试剂

NaCl 晶体(分析纯)；含锐钛矿型 TiO_2 晶体的待测样。

四、实验步骤

1. 开机

同实验 75。

2. 样品测试

(1) 样品的预处理：先将样品和内标物 NaCl 于烘箱中 105℃干燥 2 h，取出放入干燥器中冷却至室温。

(2) 准确称取 2 g 样品和 0.5 g NaCl，在玛瑙研钵内搅拌均匀，研磨至 200～300 目，压入样品架的槽内，样品表面要求平整光滑。

(3) 放置样品。

(4) 打开计算机主机上的测试程序，设置测试样品的保存路径和文件名，设置扫描速度和扫描范围(25°～35°)，点击进行扫描，得到衍射谱图。测试过程中如需终止，点击"Stop"按钮。

(5) 测定完毕后，打开衍射仪，取出样品，处理并复制数据(后缀分别为.raw 和.txt)。

3. 关机

同实验 75。

五、实验数据及结果处理

(1) 将实验数据作图，得到两个衍射峰的相对强度。

(2) 根据 Jade 软件中的 PDF 卡片数据，通过列出的衍射线强度导出 K 值。

(3) 利用定量计算公式，计算样品中锐钛矿型 TiO_2 的含量。

六、注意事项

(1) 样品制备在 XRD 定量分析中具有重要作用，需要将内标物和样品混合均匀，并研细过 200 目筛。

(2) 制样时不要用载玻片用力压及拖拽，以免产生择优取向，造成某些衍射峰强度偏高。

七、思考题

(1) 物相定量分析的原理是什么？

(2) 如何降低定量分析的检测误差？

参 考 文 献

白泉, 王超展. 2015. 基础化学实验Ⅳ(仪器分析实验). 北京: 科学出版社.

北京大学化学系仪器分析教学组. 1997. 仪器分析教程. 北京: 北京大学出版社.

北京师范大学化学系分析研究室. 1985. 基础仪器分析实验. 北京: 北京师范大学出版社.

蔡艳荣. 2010. 仪器分析实验教程. 北京: 中国环境科学出版社.

常建华, 董绮功. 2012. 波谱原理及解析. 3 版. 北京: 科学出版社.

陈国珍, 黄贤智, 许金钩, 等. 1990. 荧光分析法. 2 版. 北京: 科学出版社.

陈立仁. 2001. 高效液相色谱基础与实践. 北京: 科学出版社.

陈培榕, 李景虹, 邓勃. 2006. 现代仪器分析实验与技术. 2 版. 北京: 清华大学出版社.

陈新坤. 1987. 电感耦合等离子体光谱法原理和应用. 天津: 南开大学出版社.

陈新坤. 1991. 原子发射光谱分析原理. 天津: 天津科学技术出版社.

陈义. 2000. 毛细管电泳技术及应用. 北京: 化学工业出版社.

达世禄. 1999. 色谱学导论. 2 版. 武汉: 武汉大学出版社.

邓延倬, 何金兰. 2000. 高效毛细管电泳. 北京: 科学出版社.

杜斌, 张振中. 2001. 现代色谱技术. 郑州: 河南医科大学出版社.

范苓, 夏豪刚. 2001. 气相色谱/质谱法测定水中五氯酚. 环境监测管理与技术, 13(1): 33-34.

方肇伦. 1997. 关于流动注射分析今后发展的若干见解. 岩矿测试, 16(2): 138-140.

复旦大学化学系. 1986. 仪器分析实验. 上海: 复旦大学出版社.

傅若农. 2000. 色谱分析概论. 北京: 化学工业出版社.

国家药典委员会. 2017. 中国药典分析检测技术指南. 北京: 中国医药科技出版社.

江超华. 2014. 多晶 X 射线衍射技术与应用. 北京: 化学工业出版社.

金斗满, 朱文祥. 1996. 配位化学研究方法. 北京: 科学出版社.

金文睿, 魏继中, 王新省. 1993. 基础仪器分析. 济南: 山东大学出版社.

柯以侃, 董慧茹. 2015. 分析化学手册: 分子光谱分析. 北京: 化学工业出版社.

李启隆. 1995. 电分析化学. 北京: 北京师范大学出版社.

梁汉昌. 2000. 痕量物质分析气相色谱法. 北京: 中国石化出版社.

刘云圻. 2017. 石墨烯从基础到应用. 北京: 化学工业出版社.

刘振海, 畠山立子. 2000. 分析化学手册(第八分册): 热分析. 2 版. 北京: 化学工业出版社.

鲁子贤, 崔涛, 施庆洛. 1987. 圆二色性和旋光色散在分子生物学中的应用. 北京: 科学出版社.

马成龙. 1989. 近代原子光谱分析. 沈阳: 辽宁大学出版社.

牟世芬, 刘克纳. 2000. 离子色谱方法及应用. 北京: 化学工业出版社.

南开大学化学系《仪器分析》编写组. 1978. 仪器分析(下册). 北京: 人民教育出版社.

宁永成. 2000. 有机化合物结构鉴定与有机波谱学. 2 版. 北京: 科学出版社.

潘峰, 王英华, 陈超. 2018. X 射线衍射技术. 北京: 化学工业出版社.

蒲国刚, 袁倬斌, 吴守国. 1993. 电分析化学. 合肥: 中国科学技术大学出版社.

秦海林, 于德泉. 1999. 分析化学手册(第七分册): 核磁共振波谱分析. 2 版. 北京: 化学工业出版社.

史景江, 马熙中. 1995. 色谱分析法. 重庆: 重庆大学出版社.

宋敏. 2015. 药物分析实验与指导. 3 版. 北京: 中国医药科技出版社.

孙传经. 1979. 气相色谱分析原理与技术. 北京: 化学工业出版社.

藤嶋昭, 相泽益男, 井上徹. 1995. 电化学测定方法. 陈震, 姚建年, 译. 北京: 北京大学出版社.

王伯康. 2000. 综合化学实验. 南京: 南京大学出版社.

王宗明, 何欣翔, 孙殿卿. 1990. 实用红外光谱法. 2 版. 北京: 石油工业出版社.

吴国祯. 2014. 拉曼谱学: 峰强中的信息. 3 版. 北京: 科学出版社.

吴谨光. 1994. 近代傅里叶变换红外光谱技术及应用(上、下卷). 北京: 科学技术文献出版社.

吴守国, 袁倬斌. 2006. 电分析化学原理. 合肥: 中国科学技术大学出版社.

吴瑶庆, 孟昭荣. 2019. 无机元素原子光谱分析样品预处理技术. 北京: 中国纺织出版社有限公司.

武汉大学. 2018. 分析化学(下册). 6 版. 北京: 高等教育出版社.

武汉大学化学系. 2001. 仪器分析. 北京: 高等教育出版社.

西北师院, 陕西师大, 河北师大, 等. 1987. 有机分析教程. 西安: 陕西师范大学出版社.

严宝珍. 1995. 核磁共振在分析化学中的应用. 2 版. 北京: 化学工业出版社.

严秀平, 尹学博, 余莉萍. 2005. 原子光谱联用技术. 北京: 化学工业出版社.

阎长泰. 1991. 有机分析基础. 北京: 高等教育出版社.

阎隆飞, 孙子荣. 1999. 蛋白质分子结构. 北京: 清华大学出版社.

杨频, 高飞. 2002. 生物无机化学原理. 北京: 科学出版社.

杨守祥, 李燕婷, 王宜伦. 2009. 现代仪器分析教程. 北京: 化学工业出版社.

叶宪曾, 张新祥. 2007. 仪器分析教程. 2 版. 北京: 北京大学出版社.

叶勇, 胡继明, 曾云鹗. 1998. 表面增强拉曼技术及 FT-拉曼的研究及应用. 大学化学, 1: 6-10.

殷学锋. 2002. 新编大学化学实验. 北京: 高等教育出版社.

于世林. 2000. 高效液相色谱方法及应用. 北京: 化学工业出版社.

云自厚, 欧阳津, 张晓彤. 2005. 液相色谱检测方法. 2 版. 北京: 化学工业出版社.

张济新, 孙海霖, 朱明华. 1994. 仪器分析实验. 北京: 高等教育出版社.

张剑荣, 戚苓, 方惠群. 1999. 仪器分析实验. 北京: 科学出版社.

张树霖. 2017. 拉曼光谱学及其在纳米结构中的应用(上册): 拉曼光谱学基础. 北京: 北京大学出版社.

赵天增, 秦海林, 张海艳, 等. 2018. 核磁共振二维谱. 北京: 化学工业出版社.

赵文宽, 张悟铭, 王长发, 等. 1997. 仪器分析实验. 北京: 高等教育出版社.

郑国经. 2016. 分析化学手册: 原子光谱分析. 3 版. 北京: 化学工业出版社.

中国科学技术大学化学与材料科学学院实验中心. 2011. 仪器分析实验. 合肥: 中国科学技术大学出版社.

朱自莹, 顾仁敖, 陆天虹. 1998. 拉曼光谱在化学中的应用. 沈阳: 东北大学出版社.

俎栋林, 高家红. 2014. 核磁共振成像: 物理原理和方法. 北京: 北京大学出版社.

Acar O. 2005. Determination of cadmium, copper and lead in soils, sediments and sea water samples by ETAAS using a Sc+Pd+NH₄NO₃ chemical modifier. Talanta, 65: 672-677.

Borges A R, Becker E M, Dessuy M B, et al. 2014. Investigation of chemical modifiers for the determination of lead in fertilizers and limestone using graphite furnace atomic absorption spectrometry with Zeeman-effect background correction and slurry sampling. Spectrochimica Acta Part B: Atomic Spectroscopy, 92:1-8.

Bruch M D. 1996. NMR Spectroscopy Techniques. 2nd ed. New York: Marcel Dekker, Inc.

Fang Z-L, Xu S-K, Dong L-P, et al. 1994. Determination of cadmium in biological materials by flame atomic absorption spectrometry with flow injection on-line sorption preconcentration. Talanta, 41: 2165-2172.

Florence T M. 1970. Anodic stripping voltammetry with a glassy carbon electrode mercury-plated *in situ*. Journal of Electroanalytical Chemistry, 27: 273-281.

Freiser H. 1978. Ion-Selective Electrodes in Analytical Chemistry. New York: Plenum Press.

Gratzer W B, Hill L R, Owen, R J. 1970. Circular dichroism of DNA. Eur J Biochem, 15: 209-214.

Gruenwedel D W, Cruikshank M K. 1990. Mercury-induced DNA polymorphism: probing the conformation of Hg(Ⅱ)-DNA via staphylococcal nuclease digestion and circular dichroism measurements. Biochemistry, 29: 2110-2116.

Johnson W C Jr, Tinoco I Jr. 1969. Circular dichroism of polynucleotides: A simple theory. Biopolymers, 7: 727-749

Li W, Qian D, Wang Q, et al. 2016. Fully-drawn origami paper analytical device for electrochemical detection of glucose. Sensors and Actuators B, 231: 230-238.

Li Y, Jiang Y, Yan X-P. 2002. Determination of trace mercury in environmental and foods samples by on-line coupling of flow injection displacement sorption preconcentration to electrothermal atomic absorption spectrometry. Environ Sci Technol, 36: 4886-4891.

Lin Q, Lin H, Zhang Y, et al. 2013. Determination of trace Pb(Ⅱ), Cd(Ⅱ) and Zn(Ⅱ) using differential pulse stripping voltammetry without Hg modification. Science China Chemistry, 56: 1749-1756.

Liu P, Su Z-X, Wu X-Z, et al. 2002. Application of isodiphenylthiourea immobilized silica gel to flow injection on-line microcolumn preconcentration and separation coupled with flame atomic absorption spectrometry for interference-free determination of trace silver, gold, palladium and platinum in geological and metallurgical samples. J Anal Atom Spectrom, 17: 125-130.

Masaaki T, Ashish K S, Elvis N. 2003. Enhanced conformational changes in DNA in the presence of mercury(Ⅱ), cadmium(Ⅱ) and lead(Ⅱ) porphyrins. J Inorg Biochem, 94: 50-58.

Nacef M, Chelaghmia M L, Affoune A M, et al. 2019. Electrochemical investigation of glucose on a highly sensitive nickel-copper modified pencil graphite electrode. Electroanalysis, 31: 113-120.

Nan J, Yan X P. 2010. A circular dichroism probe for L-cysteine based on the self-assembly of chiral complex nanoparticles. Chem Eur J, 16: 423-427.

Nan J, Yan X P. 2010. Facile fabrication of chiral hybrid organic-inorganic nanomaterial with large optical activity for selective and sensitive detection of trace Hg^{2+}. Chem Commun, 46: 4396-4398.

Plambeck J A. 1982. Electroanalytical Chemistry: Basic Principles and Applications. New York: John Wiley & Sons Inc.

Ruzicka J, Hansen E H. 1975. Flow injection analyses. Part 1. A new concept of fast continuous flow analysis. Anal Chim Acta, 78: 145-157.

Serjeant E P. 1984. Potentiometry and Potentiometric Titrations. New York: John Wiley & Sons Inc.

Settle F. 1997. Handbook of Instrumental Techniques for Analytical Chemistry. Upper Saddle River: Prentice Hall PTR.

Skoog D A, Holler F J, Crouch S R. 2016. Principles of Instrumental Analysis. 7th ed. Boston: Cengage Learning.

Skoog D A, West D M, Holler F J. 1992. Fundamentals of Analytical Chemistry. 6th ed. Florida: Saunders College Publishing.

Yan X-P, Li Y, Jiang Y. 2002. A flow injection on-line displacement sorption preconcentration and separation technique coupled with flame atomic absorption spectrometry for determination of trace copper in complicated matrices. J Anal Atom Spectrom, 17: 610-615.

Yan X-P, Li Y, Jiang Y. 2003. Selective measurement of ultratrace methylmercury in fish by flow injection on-line microcolumn displacement sorption preconcentration and separation coupled with electrothermal atomic absorption spectrometry. Anal Chem, 75: 2251-2255.

附　录

附录一　元素分析线波长

元素	分析线/nm		光谱衍射级	元素	分析线/nm		光谱衍射级
Ag	670.784	I	50	La	394.910	II	85
Al	309.271	I	108	Li	670.784	II	50
As	189.042	I	177	Lu	261.542	II	126
Au	242.795	I	138	Mg	279.533	II	120
B	249.773	I	135	Mn	257.610	II	130
Ba	455.403	II	74	Mo	202.030	II	166
Be	313.042	II	107	Na	313.548	II	107
Bi	223.061	I	151	Nb	309.418	II	108
Ca	393.366	II	85	Nd	430.358	II	78
Cd	228.802	I	147	Ni	221.647	II	152
Ce	413.765	II	81	Os	225.585	II	149
Co	228.616	II	147	P	177.499	I	189
Cr	283.563	II	118	Pb	220.353	II	151
Cu	324.754	I	103	Pd	340.458	I	98
Dy	353.170	II	95	Pr	414.311	II	81
Er	337.271	II	99	Pt	214.423	II	157
Eu	381.967	II	88	Re	227.525	II	148
Fe	259.940	II	129	Rh	343.489	I	98
Ga	294.364	I	114	Ru	267.876	II	126
Gd	335.047	II	100	S	180.731	I	185
Ge	265.118	I	127	Sb	217.581	I	154
Hf	339.980	II	99	Sc	361.384	II	93
Hg	184.950	I	180	Se	196.090	I	171
Ho	345.600	II	97	Si	251.612	I	185
I	178.276	I	188	Sm	359.260	II	93
In	325.609	I	103	Sn	189.989	II	176
Ir	224.268	II	150	Sr	407.771	II	82
K	766.490	I	44	Ta	268.517	II	125

元素	分析线/nm		光谱衍射级	元素	分析线/nm		光谱衍射级
Tb	332.440	II	101	W	239.709	II	140
Te	214.281	I	157	Y	371.030	II	90
Ti	334.941	II	100	Yb	328.937	II	102
Tl	190.864	II	175	Zn	213.856	I	157
Tm	313.126	II	106	Zr	339.138	II	99
V	309.311	II	108				

附录二　20种氨基酸的名称、缩写、结构式

名称	缩写	结构式
丙氨酸，alanine	Ala, A	$CH_3CH(NH_2)COOH$
精氨酸，arginine	Arg, R	$H_2NCNH(CH_2)_3CHCOOH$，其中一个C上为 NH，另一上为 NH_2
天冬酰胺，asparagine	Asn, N	$NH_2COCH_2CH(NH_2)COOH$
天冬氨酸，aspartic acid	Asp, D	$HOOCCH_2CH(NH_2)COOH$
半胱氨酸，cysteine	Cys, C	$HSCH_2CH(NH_2)COOH$
谷氨酸，glutamic acid	Glu, E	$HOOCCH_2CH_2CH(NH_2)COOH$
谷氨酰胺，glutamine	Gln, Q	$NH_2COCH_2CH_2CH(NH_2)COOH$
甘氨酸，glycine	Gly, G	H_2NCH_2COOH
组氨酸，histidine	His, H	（咪唑环）$-CH_2CH(NH_2)COOH$
异亮氨酸，isoleucine	Ile, I	$CH_3CH_2CH(CH_3)CH(NH_2)COOH$
亮氨酸，leucine	Leu, L	$(CH_3)_2CHCH_2CH(NH_2)COOH$
赖氨酸，lysine	Lys, K	$H_2NCH_2CH_2CH_2CH_2CH(NH_2)COOH$
甲硫氨酸，methionine	Met, M	$CH_3SCH_2CH_2CH(NH_2)COOH$
苯丙氨酸，phenylalanine	Phe, F	（苯环）$-CH_2CH(NH_2)COOH$
脯氨酸，proline	Pro, P	（吡咯烷环）$-COOH$
丝氨酸，serine	Ser, S	$HOCH_2CH(NH_2)COOH$
苏氨酸，threonine	Thr, T	$CH_3CHOHCH(NH_2)COOH$

续表

名称	缩写	结构式
色氨酸, tryptophan	Trp, W	（吲哚环）CH$_2$CH(NH$_2$)COOH
酪氨酸, tyrosine	Tyr, Y	HO—（苯环）—CH$_2$CH(NH$_2$)COOH
缬氨酸, valine	Val, V	(CH$_3$)$_2$CHCH(NH$_2$)COOH

附录三　典型有机化合物的重要基团频率*($\tilde{\nu}$/cm^{-1})

化合物	基团	X—H 伸缩振动区	三键区	双键伸缩振动区	部分单键振动和指纹区
烷烃	—CH$_3$	ν_{asCH}: 2962±10(s) ν_{sCH}: 2872±10(s)			δ_{asCH}: 1450±10(m) δ_{sCH}: 1375±5(s)
	—CH$_2$—	ν_{asCH}: 2926±10(s) ν_{sCH}: 2853±10(s)			δ_{CH}: 1465±20(m)
	—CH—	ν_{CH}: 2890±10(w)			δ_{CH}: ～1340(w)
烯烃	C=C（顺式 H,H）	ν_{CH}: 3040～3010(m)		$\nu_{C=C}$: 1695～1540(m)	δ_{CH}: 1310～1295(m) γ_{CH}: 770～665(s)
	C=C（反式 H,H）	ν_{CH}: 3040～3010(m)		$\nu_{C=C}$: 1695～1540(w)	γ_{CH}: 970～960(s)
炔烃	—C≡C—H	ν_{CH}: ≈3300(m)	$\nu_{C≡C}$: 2270～2100(w)		
芳烃	（苯环）	ν_{CH}: 3100～3000(变)		泛频: 2000～1667(w) $\nu_{C=C}$: 1650～1430(m) 2～4 个峰	δ_{CH}: 1250～1000(w) γ_{CH}: 910～665 单取代: 770～735(vs) ≈700 (s) 邻双取代: 770～735(vs) 间双取代: 810～750(vs) 725～680(m) 900～860(m) 对双取代: 860～790(vs)
醇类	R—OH	ν_{OH}: 3700～3200(变)			δ_{OH}: 1410～1260(w) ν_{CO}: 1200～1000(s) γ_{OH}: 750～650(s)
酚类	Ar—OH	ν_{OH}: 3705～3125(s)		$\nu_{C=C}$: 1650～1430(m)	δ_{OH}: 1390～1315(m) ν_{CO}: 1335～1165(s)
脂肪醚	R—O—R′				ν_{CO}: 1230～1010(s)
酮	R—C(=O)—R′			$\nu_{C=O}$: ≈1715(vs)	
醛	R—C(=O)—H	≈2820, ≈2720(w) 由于 ν_{C-H} 和 δ_{C-H} 倍频之间的费米共振，因而产生两条弱而尖的吸收带		$\nu_{C=O}$: ≈1725(vs)	

续表

化合物	基团	X—H 伸缩振动区	三键区	双键伸缩振动区	部分单键振动和指纹区
羧酸	R—C(OH)=O	ν_{OH}: 3400~2500(m)		$\nu_{C=O}$: 1740~1690(m)	δ_{OH}: 1450~1410(w) ν_{CO}: 1266~1205(m)
酸酐	—C(O)—O—C(O)—			$\nu_{asC=O}$: 1850~1880(s) $\nu_{sC=O}$: 1780~1740(s)	ν_{CO}: 1170~1050(s)
酯	—C(O)—O—R	泛频 ν_{C-O}: ≈3450(w)		$\nu_{asC=O}$: 1770~1720(s)	ν_{COC}: 1300~1000(s)
胺	—NH₂	ν_{NH_2}: 3500~3300(m) 双峰		δ_{NH}: 1650~1590(s,m)	ν_{CN}(脂肪): 1220~1020(m,w) ν_{CN}(芳香): 1340~1250(s)
	—NH	ν_{NH}: 3500~3300(m)		δ_{NH}: 1650~1550(vw)	ν_{CN}(脂肪): 1220~1020(m,w) ν_{CN}(芳香): 1350~1280(s)
酰胺	—C(O)—NH₂	ν_{asNH_2}: ≈3350(s) ν_{sNH_2}: ≈3180(s)		$\nu_{C=O}$: 1680~1650(s) δ_{NH}: 1650~1250(s)	ν_{CN}: 1420~1400(m) γ_{NH_2}: 750~600(m)
	—C(O)—NHR	ν_{NH_2}: ≈3270(s)		$\nu_{C=O}$: 1680~1630(s) $\delta_{NH}+\gamma_{CN}$: 1750~1515(m)	$\nu_{CN}+\gamma_{NH}$: 1310~1200(m)
	—C(O)—NRR′			$\nu_{C=O}$: 1670~1630(s)	
酰卤	—C(O)—X			$\nu_{C=O}$: 1810~1790(s)	
腈	—C≡N		$\nu_{C≡N}$: 2260~2240(s)		
硝基化合物	R—NO₂			ν_{asNO_2}: 1565~1543(s)	ν_{sNO_2}: 1385~1360(s) ν_{CN}: 920~800(m)
	Ar—NO₂			ν_{asNO_2}: 1550~1510(s)	ν_{sNO_2}: 1365~1335(s) ν_{CN}: 860~840(s) 不明: ≈750(s)
吡啶类	(吡啶环)	ν_{CH}: ≈3030(w)		$\nu_{C=C}$及$\nu_{C=N}$: 1667~1430(m)	δ_{CH}: 1175~1000(w) γ_{CH}: 910~665(s)
嘧啶类	(嘧啶环)	ν_{CH}: 3060~3010(w)		$\nu_{C=C}$及$\nu_{C=N}$: 1580~1520(m)	δ_{CH}: 1000~960(m) γ_{CH}: 825~775(m)

*表中 vs，s，m，w，vw 用于定性地表示吸收强度很强，强，中，弱，很弱。